空间科学与技术研究丛书

空间星光测量相机系统设计

SPACE STARLIGHT MEASUREMENT CAMERA SYSTEM DESIGN

王伟之　翟国芳　宗云花　王巧霞　贾永丹　著

北京理工大学出版社
BEIJING INSTITUTE OF TECHNOLOGY PRESS

内容简介

本书较为系统和全面地介绍了星相机的应用背景、工作原理、关键技术及实现验证全要素，主要包括星相机姿态测量及光轴测量原理、星相机光学系统设计及杂散光抑制、星相机光机结构设计及仿真、星相机电子学软硬件设计、星点质心提取及快速星图识别算法、星相机精密热控设计及验证、星相机光轴测量算法及验证、星相机标定及精度评价，以及星相机环境试验及验证等内容。

本书可作为航天遥感、信息处理、人工智能、仪器仪表等专业的高年级本科生和研究生教材，也可供从事航天光学遥感、导航及相关专业研究的工程技术人员参考。

版权专有 侵权必究

图书在版编目（CIP）数据

空间星光测量相机系统设计 / 王伟之等著. -- 北京：北京理工大学出版社，2023.1

ISBN 978-7-5763-2041-1

Ⅰ.①空… Ⅱ.①王… Ⅲ.①恒星-天文测量法-测量系统-系统设计 Ⅳ.①P128

中国国家版本馆 CIP 数据核字（2023）第 007833 号

出版发行 / 北京理工大学出版社有限责任公司
社　　址 / 北京市海淀区中关村南大街 5 号
邮　　编 / 100081
电　　话 / (010)68914775(总编室)
　　　　　(010)82562903(教材售后服务热线)
　　　　　(010)68944723(其他图书服务热线)
网　　址 / http://www.bitpress.com.cn
经　　销 / 全国各地新华书店
印　　刷 / 三河市华骏印务包装有限公司
开　　本 / 710 毫米×1000 毫米　1/16
印　　张 / 20.25
彩　　插 / 20
字　　数 / 348 千字
版　　次 / 2023 年 1 月第 1 版　2023 年 1 月第 1 次印刷
定　　价 / 106.00 元

责任编辑 / 曾　仙
文案编辑 / 曾　仙
责任校对 / 周瑞红
责任印制 / 李志强

图书出现印装质量问题，请拨打售后服务热线，本社负责调换

前　言

近年来，随着空间科学和技术发展的需要，高精度航天光学测绘、激光地形测量、星间导航定向等领域对有效载荷姿态确定的精度要求越来越高，而且对相应姿态测量仪器提出了更多的测量要求。在此背景下，利用空间星光进行测量的星相机以其相比于星敏感器更多的功能属性和高精度特性，逐渐进入人们的视野，并显示了其巨大的应用潜力。相较于传统星敏感器，星相机不仅能够提供高精度的姿态信息，还能提供光轴测量、焦距等有效信息。本书立足于星相机的系统设计，较为全面地介绍了星相机的实现过程，可以作为工程应用参考。

本书是在作者课题组近 10 年来完成的多项课题所取得的研究成果基础上，结合国内外相关领域的研究成果撰写而成。全书共分为 10 章。第 1 章介绍了星相机的应用背景、工作原理，国内外相关研究现状，以及星相机的相关关键技术；第 2 章围绕星相机设计任务分析和误差建模开展了分析和介绍；第 3 章主要介绍了星相机光学系统设计，以及杂散光抑制相关内容；第 4 章针对星相机光机结构设计及仿真分析技术进行了描述；第 5 章重点介绍了星相机电子学总体架构设计、软硬件设计相关内容；第 6 章围绕星点质心提取算法、快速星图识别算法进行了阐述，这一章是本书研究的难点和核心；第 7 章主要对星相机精密热控从设计方法、设计措施，热设计仿真及试验验证进行了介绍；第 8 章是星相机的扩展应用，重点介绍了星相机光轴测量相关算法、电子学设计及试验验证等内容；第 9 章重点介绍了星相机地面标定方法，以及实验室/外场/在轨精度评价等相关内容；第 10 章介绍了星相机环境试验及验证相关内容，主要包括力学环境试验、热平衡试验、热真空试验、EMC 试验，是星相机面向工程应用的必要环节。

本书由王伟之、翟国芳、宗云花、王巧霞、贾永丹撰写。其中，第 1、2、4 章由王伟之撰写；第 3 章由贾永丹撰写；第 5 章由翟国芳、宗云花撰写；第 6 章由翟国芳撰写；第 7 章由王巧霞撰写；第 8 章由王伟之、翟国芳撰写；第 9 章由王伟之、宗云花、贾永丹撰写；第 10 章由王巧霞、宗云花撰写。本书由王伟之负责全书统稿和审校，朱永红对全文进行了校对。

感谢王任享院士、胡莘研究员、王建荣副总师团队等长期以来的关怀、支持和帮助；感谢中国空间技术研究院遥感卫星总体部王祥总指挥、刘希刚总师、游江副总指挥、李少辉副总师、高洪涛副总师、景泉高工、郭倩蕊高工、陈曦高工、赵利民高工、王倩莹高工、王家玮高工等的大力支持和热心帮助；感谢北京空间机电研究所杨秉新院士在课题前期做出的杰出贡献和给予的长期关怀，感谢测绘领域办伏瑞敏总指挥、高卫军副总师、三室主任李强研究员一直以来的信任和支持；感谢本课题组团队梁艳波研究员、刘晓鹏高工、于艳波高工、邸晶晶高工、王妍高工、王庆雷高工、段维宏工程师、任宇宁工程师、姜宏佳工程师、申才立高工等在课题中做出的贡献。此外，本书还部分参考了北京航空航天大学张广军院士、魏新国教授团体等国内外同行的相关研究成果，在此一并致谢。

感谢北京理工大学出版社李炳泉副社长、曾仙编辑，北京空间机电研究所王小勇副所长、阮宁娟副所长、科技委副主任陈晓丽研究员、王盟工程师等对本书的出版所做的大量工作和大力支持。最后，感谢在本书撰写过程中所有给予关心和帮助的人们！

2023 年 1 月于北京航天城

目 录

第1章 绪 论

1.1 星相机应用背景

探索浩瀚宇宙，离不开各种先进航天器的发展。随着空间科学和技术发展的需要，各种航天器朝着“一星多用、一星多能”的方向发展，对高质量数据获取、多源数据融合、星上智能处理等提出了迫切的需求。传统意义上，星敏感器主要用于卫星姿态数据获取，主要服务于卫星姿态控制系统[1]，难以兼顾到其他方面的数据获取和处理要求。在此背景下，具有多功能属性的空间星光测量相机（以下简称“星相机”）逐渐走入人们的视野，并在高精度航天光学测绘、激光地形测量、星间导航定向等多个重要领域彰显巨大的应用潜力。

按照欧洲空间标准化合作组织（ECSS）给出的定义，星相机属于星敏感器的一种，应具备的最基本功能为成像[2]，如表1-1所示。

表1-1 各类星敏感器最基本功能

星敏感器	成像	星跟踪	自主星跟踪	自主姿态确定	自主姿态跟踪	角速率测量	图像下传
星相机	★						☆
星跟踪器	★	★	☆				☆
自主星跟踪器	☆	☆	☆	★	★	☆	☆

注：★必有功能；☆可选功能。

本书对星相机的功能进行了扩展，在成像的基础上增加了自主姿态确定、图像下传、激光斑接收等功能，赋予了星相机新的内涵。

1.1.1 高精度光学测绘

航天光学测绘首先通过卫星获取多视角地物影像，经过地面处理，最终获取立体影像、数字高程模型（digital elevation model，DEM）、数字地表模型（digital surface model，DSM）、数字地面模型（digital terrain model，DTM）等一系列高价值图像产品，在透明战场环境建设、精确制导武器打击、城市规划、应急测绘等军民领域具有重要的应用价值[3-7]。

航天光学测绘目前主要采用三种技术体制：单线阵、双线阵、三线阵。美国从 IKONOS、GeoEye-1 到 WorldView-1~4，无一例外均采用了敏捷平台加单线阵测绘体制，法国的 Pleiades 和 SPOT6/7、印度的 CartSat-2 系列也采用单线阵测绘体制[8-11]，主要通过配置高精度星敏感器（简称“星敏”）获取姿态信息，如表 1-2、表 1-3 所示。

采用双线阵测绘体制的光学卫星一般为专用测绘卫星，其载荷配置情况如表 1-4 所示。相比于单线阵测绘体制，双线阵测绘对卫星的轨道维持能力、姿态机动能力要求不高[12]；与三线阵测绘体制相比，双线阵测绘获取影像数据量减少1/3，测绘效率相对较高，在体积、质量等方面具有优势，适用于大比例尺测绘[13]。

三线阵测绘与双线阵测绘的基本原理相同，与双线阵测绘不同的是增加了正视影像，可以按照三线阵影像空中三角测量光束法平差实现测图功能，以三线阵影像本身计算外方位元素，从而大大降低对飞行器姿态稳定度的要求[14]。我国的天绘一号卫星、ZY-3 卫星，以及日本的 ALOS-1 均采用该体制测绘。三线阵测绘体制载荷配置情况如表 1-5 所示。

总的来看，当制图比例尺达到 1∶10 000 及以上时，配置高精度的星敏成为必然，究其原因，很大程度上在于采用前方交会法获取立体影像，其高程精度极大地受姿态测量精度的影响，并且主要受俯仰方向的测姿精度影响，这给姿态测量元件的布局提供了启示。王任享等[15]给出了高程精度与测姿精度之间的变化关系，如图 1-1 所示。由图可知，测姿精度对高程精度影响明显。因此，对于高精度大比例尺测绘，有必要提高星敏感器的姿态确定精度。

表 1-2 国外单线阵测绘体制载荷配置-1

名称		IKONOS	WorldView-1	GeoEye-1	WorldView-2	WorldView-3
发射年份		1999	2007	2008	2009	2014
轨道高度/km		681	450	684	770	617
主载荷指标	光学系统	同轴三反	离轴三反	同轴三反	同轴三反	同轴三反
	谱段	PAN，4MS	PAN	PAN，4MS	PAN，8MS	PAN，8MS，8SWIR，11CAVIS
	焦距/m	10	8	13.3	13.3	16
	口径/m	0.7	0.6	1.1	1.1	1.1
	视场角/(°)	>0.95	>1.31	>1.28	>1.22	>1.22
	地面像元分辨率/m	0.82	0.45	0.41(PAN)，1.65(MS)	0.46(PAN)，1.8(MS)	0.31(PAN)，1.24(MS)，3.7(SWIR)，30(CAVIS)
	幅宽/km	11.3	16	15.2	16.4	13.1
平台		洛马 LM900 平台	BCP5000 平台	SA-200HP 平台	BCP5000 平台	BCP5000 平台
LE90/m	无控	12	3.7	6	3.6	<3.5
	有控	3	2	3	2	—
CE90/m	无控	25	4	4	3.5	<3.5
	有控	2	2	3	2	—
比例尺		<1：10 000	<1：5 000	<1：5 000	<1：5 000	<1：5 000

表 1-3 国外单线阵测绘体制载荷配置-2

名称		CartoSat-2/A/B/C	Pleiades-1/2[10]	SPOT6/7[11]	Resurs-P	WorldView-4
发射年份		2007，2008，2010，2016	2011，2012	2012，2014	2011	2016
轨道高度/km		630	694	694	470	617
主载荷指标	光学系统	同轴三反	同轴三反	同轴三反	同轴	同轴三反
	谱段	PAN	PAN，4MS	PAN，4MS	PAN，5MS	PAN，4MS
	焦距/m	5.6	12.9	3.2	4	16
	口径/m	0.7	0.65	0.2	0.5	1.1
	视场角/(°)	>0.87	>1.65	4.9	>5.2	>1.22
	地面像元分辨率/m	0.8（A/B），0.65（C）	0.5（PAN），2（MS）	1.5（PAN），6（MS）	1（PAN），4（MS）	0.31（PAN），1.24（MS）
	幅宽/km	9.6	20	60	38	13.1
平台		IRS-2 平台	AstroSat-1000 平台	AstroSat-500Mk2 平台	Resurs-DK 平台	洛马 LM900 平台
LE90/m	无控	—	10	30	20	3
	有控	—	2	10	—	—
CE90/m	无控	—	—	—	—	3
	有控	—	2	—	—	—
比例尺		<1：10 000	<1：10 000	1：25 000	—	<1：5 000

表 1-4 双线阵测绘体制载荷配置情况

项目名称		SPOT5[11]	CartoSat-1[16]	Bars-M1/M2[17]	GF-7[18]
发射年份		2002	2005	2015，2016	2019
轨道高度/km		832	630	551，542	500
主载荷指标	光学系统	折射式	离轴三反	—	离轴三反
	谱段	PAN	PAN，4MS	7个	PAN，4MS
	焦距/m	0.58	1.98	—	5.52
	口径/m	0.12	0.5	—	0.52
	视场角/(°)	8	2.16	—	2.7
	地面像元分辨率/m	5	前视2.5(PAN)，后视2.2(PAN)	1.1~1.35	前视0.8(PAN)，后视0.65(PAN)
	幅宽/km	120	前视30，后视27	60	前视22.3，后视23
平台配置		SED16星敏（姿控精度为0.034°）	姿态漂移稳定度为0.000 5°/s	激光高度计	—
LE90/m	无控	15	80	—	—
	有控	—	5	—	—
CE90/m	无控	10	70	—	—
	有控	—	5	—	—
比例尺		1∶10 000[19]	1∶10 000	—	1∶10 000(有控)

表 1-5 三线阵测绘体制载荷配置情况

项目名称		TH-1/02/03[20]	ZY-3/02[21]	ALOS-1[22]
发射年份		2010，2012，2015	2012，2016	2006
轨道高度/km		500	500	691
主载荷指标	光学系统	折射式	折射式	离轴
	谱段	PAN，4MS	PAN，4MS	PAN
	焦距/m	—	1.7	—
	口径/m	—	0.2	—
	视场角/(°)	7	≥6	≥7.6
	地面像元分辨率/m	5	2.1(PAN)，3.4(PAN)	2.5
	幅宽/km	60	≥51	≥35
平台配置		星敏-相机共基准；03星增加双频GPS	星敏精度5″(3σ)；双频GPS（实时精度<10 m，1σ)；陀螺漂移误差：0.02°/h；02星增加激光测高仪[23]	星敏；惯性基准；GPS；姿态稳定度：0.000 002°/0.37 ms(短期)、0.000 2°/5 s(长期)
比例尺		1∶50 000	1∶50 000[5]	1∶25 000

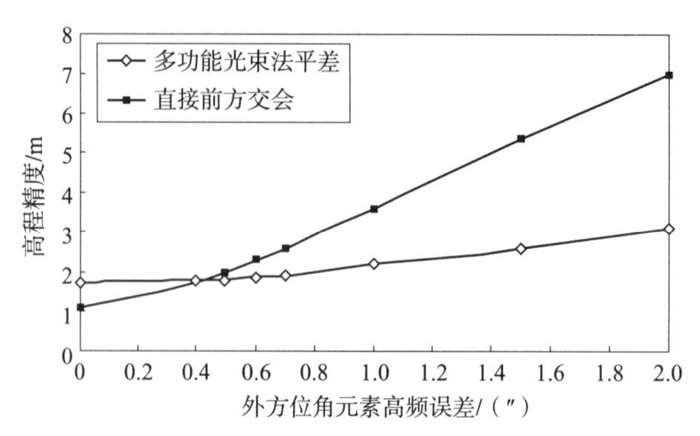

图 1-1　高程精度与测姿精度之间的变化关系[15]

传统意义上采用星敏定姿，不仅需要考虑星敏本身的精度，还需要考虑星敏与高分辨率光学相机的夹角稳定性，其主要原因是在轨（尤其是低轨卫星）周期性温度环境的变化会引起星敏与相机间夹角的周期性缓变，这种变化如不加抑制，将极大地影响定姿精度。以“天绘一号”为例，其俯仰方向低频误差达到 10″[24]。

综上，考虑在轨温度变化引起的低频误差，以及空间布局对俯仰方向的姿态测量误差，可以针对性地设计星相机布局提高俯仰方向的姿态测量精度，同时拓展星相机测量能力以消除热引起的低频误差，从而实现甚高精度的相机绝对定姿。

1.1.2　激光地形测量

GLAS 是美国第一代冰卫星（ICESAT）的主载荷，其主要使命是在极地测量冰盖的高度，以便确定冰盖的平衡质量及其对全球海平面变化的贡献[25]。GLAS 恒星参考架如图 1-2[26] 所示。其中，激光参考相机（laser reference camera，LRC）既起到了星相机作用——可以捕获恒星（Star），还接收激光脉冲分束光斑（GLAS Laser）、星敏参考光（CRS ST），通过联合陀螺及星敏姿态数据，可以为激光脉冲准确定姿，显示了星相机在激光地形测量中的巨大应用前景。

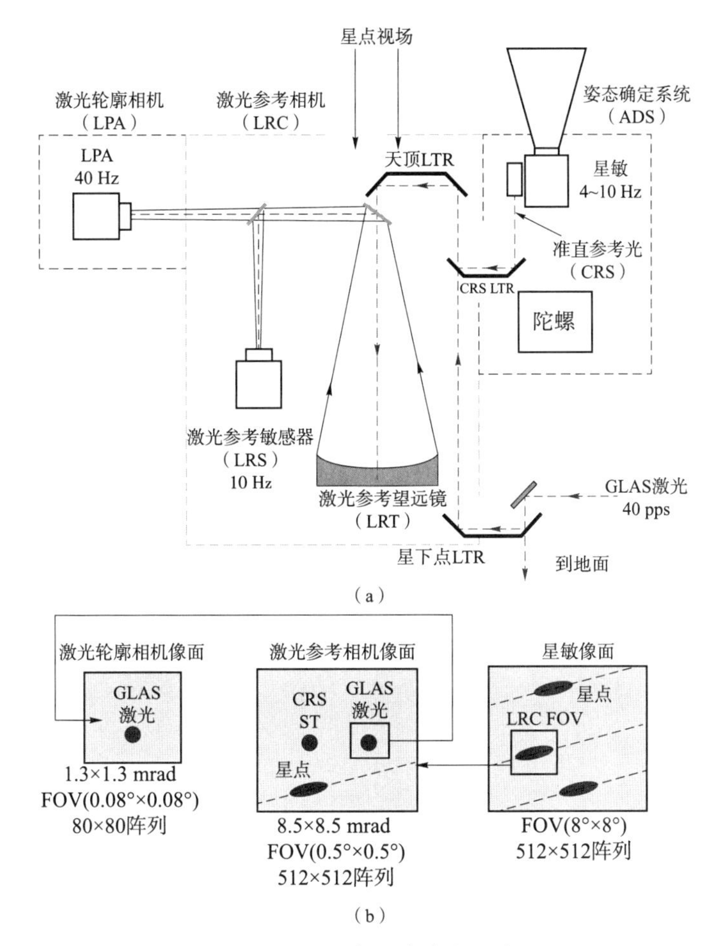

图 1-2 GLAS 恒星参考架示意图

（a）光路图（附彩图）；（b）像面上光点分布

1.1.3 星间导航定向

进入 21 世纪以来，导航卫星在军民商等领域发挥着越来越重要的作用，美国、欧盟、俄罗斯均建立了各自的导航星座（分别为 GPS、伽利略、格洛纳斯三大系统），我国积极开展了北斗导航星座的组网建设，具备了全球覆盖的能力。导航星座的空间基准维持是确保导航系统长期自主稳定运行的重要环节，而基于星间测距的自主定轨必然存在星座的整体旋转和漂移，即存在星座空间基准的衰减问题[27]。通过增加星相机进行恒星观测，可以提高卫星自主定轨能力。

1.2 星相机工作原理

星相机可以兼具姿态测量、视轴监视、激光指向记录等能力，以下分别描述其相关工作原理。

1.2.1 星相机定姿原理

星相机定姿原理与星敏感器一致，其工作原理如图 1-3 所示。首先，通过星相机拍摄星空图像，采用星点质心提取算法进行处理，获取多个星点质心坐标；然后，与内置导航星表进行模式识别与匹配，进而得到天球坐标系下的姿态数据。

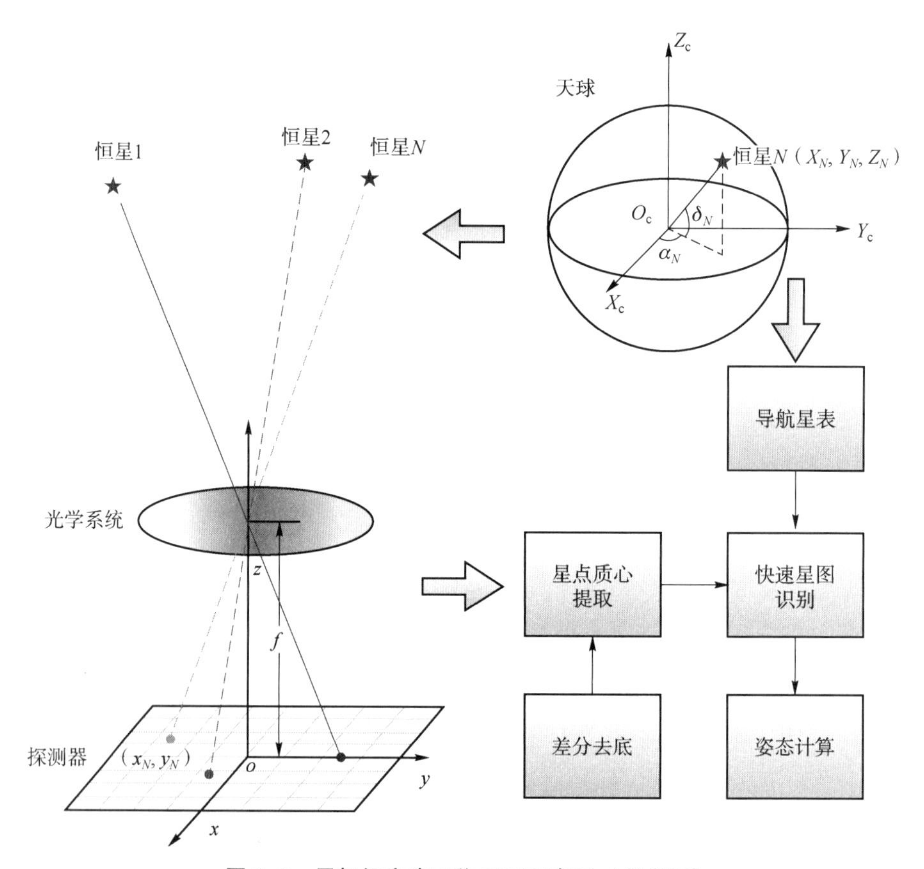

图 1-3 星相机定姿工作原理示意图（附彩图）

天球坐标系下任意恒星 N 的坐标矢量为

$$\boldsymbol{v}_N=\begin{bmatrix}X_N\\Y_N\\Z_N\end{bmatrix}=\begin{bmatrix}\cos\alpha_N\cos\delta_N\\\sin\alpha_N\cos\delta_N\\\sin\delta_N\end{bmatrix}\tag{1-1}$$

式中，α_N,δ_N——恒星 N 在天球坐标系下的赤经与赤纬。

与之类似，可以得到恒星 N 在星相机坐标系 $oxyz$ 下的归一化矢量为

$$\boldsymbol{w}_N=\frac{1}{\sqrt{(x_N-x_o)^2+(y_N-y_o)^2+f^2}}\begin{bmatrix}-(x_N-x_o)\\-(y_N-y_o)\\f\end{bmatrix}\tag{1-2}$$

式中，(x_o,y_o)——探测器坐标系下星相机主点坐标；

(x_N,y_N)——探测器坐标系下恒星 N 的坐标；

f——星相机的焦距。

设卫星姿态方向余弦矩阵为 $\boldsymbol{A}$，即

$$\boldsymbol{w}_N=\boldsymbol{A}\boldsymbol{v}_N\tag{1-3}$$

当观测矢量有多个时，卫星三轴姿态确定问题等价为 Wahba 问题，可以通过 QUEST（quaternion estimation）等算法求出最优姿态矩阵 $\boldsymbol{A}_{\mathrm{q}}$，使如下指标函数达到最小[28-30]

$$J(\boldsymbol{A}_{\mathrm{q}})=\frac{1}{2}\sum_i\alpha_i\|\boldsymbol{w}_i-\boldsymbol{A}_{\mathrm{q}}\boldsymbol{v}_i\|^2,\quad i=1,2,\cdots\tag{1-4}$$

式中，α_i——加权因子，$\sum\limits_i\alpha_i=1$。

1.2.2 星相机视轴监视原理

星相机视轴监视的工作原理如图 1-4 所示。其利用星相机的局部光学视场以及探测接收面，对从参考基准上发出的基准光（通常为 2 束）进行曝光，经过星点质心提取算法处理，获取相应星点质心坐标；当星相机视轴相对参考基准偏转时，探测器接收到的光点位置将发生偏转，利用偏转前后的坐标即可计算得到星相机视轴相对于参考基准的角度偏转。

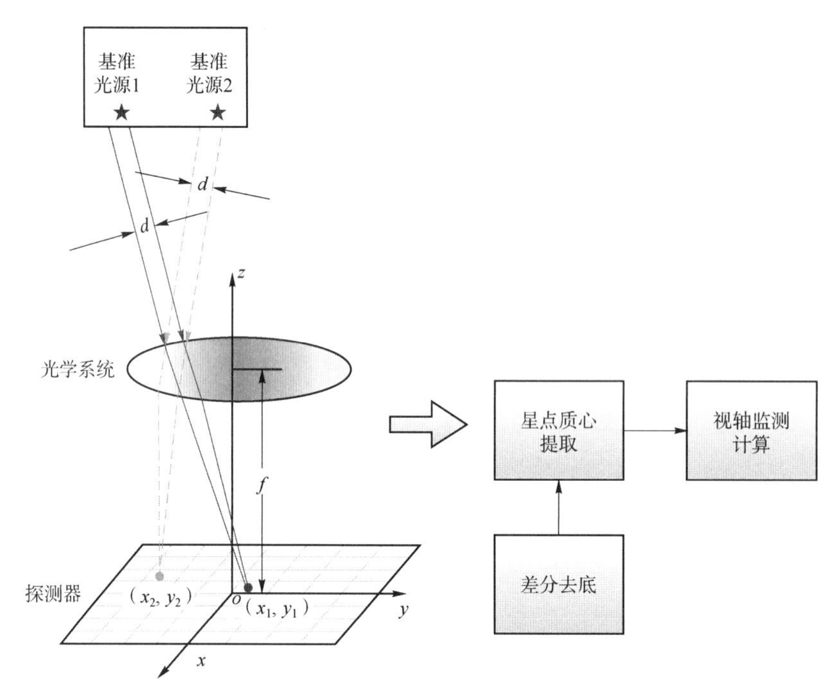

图 1-4　星相机视轴工作原理示意图（附彩图）

基准光源采用 LED 或 LD 激光二极管，则估算在探测器上的艾里斑半径为

$$R=\frac{1.22\lambda f}{d} \tag{1-5}$$

式中，λ——基准光源中心波长；

d——星相机接收到的激光束直径。

以两个光点情形为例，星相机视轴绕基准 X 轴转角变化的简化模型如图 1-5 所示。

计算公式为

$$\Delta\alpha=\arctan\left(\left(\frac{-(y_{11}-y_{01})\cdot p-(y_{22}-y_{02})\cdot p}{2}\right)\cdot\frac{\cos^2\alpha}{f}\right) \tag{1-6}$$

式中，p——像元尺寸；

α——初始光点矢量与星相机光轴夹角；

$(x_{01},y_{01}),(x_{02},y_{02})$——初始光点坐标值；

$(x_{11},y_{11}),(x_{22},y_{22})$——变化后的光点坐标值。

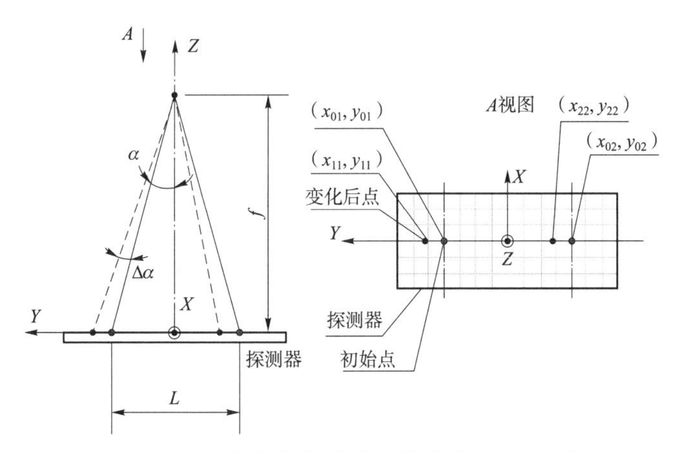

图 1-5　星相机视轴绕基准 *X* 轴转动测量示意图

星相机视轴绕基准 *Y* 轴转角变化的简化模型如图 1-6 所示，计算公式为

$$\Delta\beta=\arctan\left(\left(\frac{-(x_{11}-x_{01})\cdot p-(x_{22}-x_{02})\cdot p}{2}\right)\cdot\frac{1}{f}\right) \tag{1-7}$$

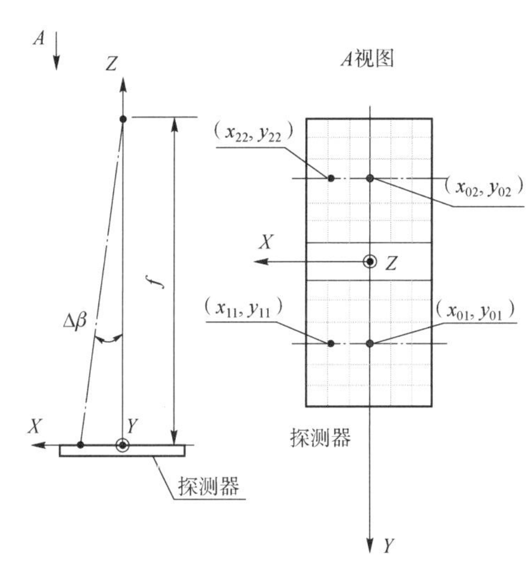

图 1-6　星相机视轴绕基准 *Y* 轴转动测量示意图

星相机视轴绕基准 *Z* 轴转角变化的简化模型如图 1-7 所示，计算公式为

$$\Delta\gamma=\arctan\frac{-(x_{11}-x_{01})\cdot p+(x_{22}-x_{02})\cdot p}{L} \tag{1-8}$$

式中，L——两个初始光点间距。

此外，还可以计算星相机焦距的变化情况，计算公式为

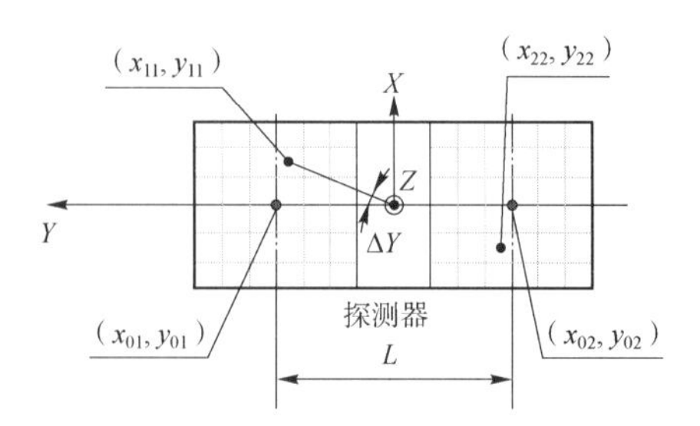

图 1-7 星相机视轴绕基准 Z 轴转动测量示意图

$$\Delta f=\frac{-(y_{11}-y_{01})\cdot p+(y_{22}-y_{02})\cdot p}{L}\cdot f \tag{1-9}$$

通常，当星相机具备定姿功能与视轴监视功能时，视轴监视拍摄图像与定姿模式拍摄图像在时序上交替进行，以免相互影响。

1.2.3 星相机激光指向记录原理

星相机激光指向记录的原理与视轴监视一致，所监视的激光为 1 个或多个；所不同的是，通常激光指向记录获取星点后，提供给激光束指向抖动补偿系统，以便更好地维持出射激光的指向稳定性。星相机激光指向记录的工作原理如图 1-8 所示。

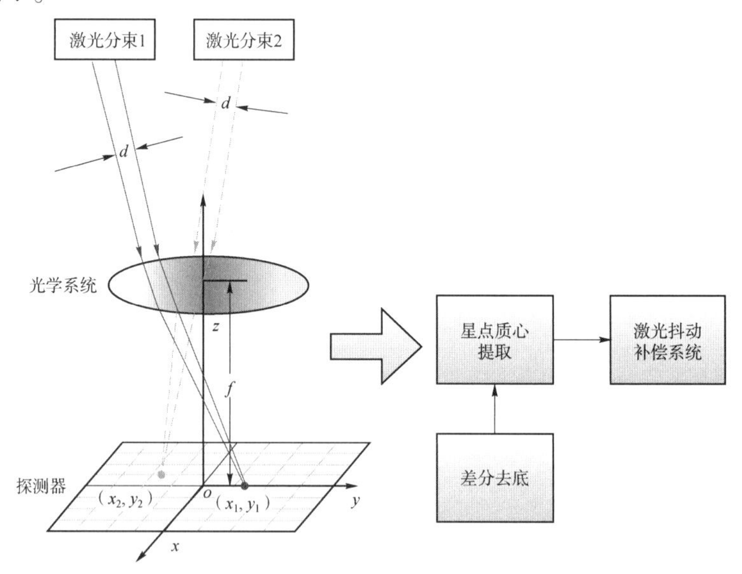

图 1-8 星相机激光指向记录工作原理示意图（附彩图）

1.3 国内外研究现状

根据星相机的功能特点，本节分别从高精度星敏/星相机、视轴监视技术、激光指向记录技术三方面对国内外研究现状进行综述。

1.3.1 高精度星敏/星相机

SED36 星敏感器是法国 SODERN 公司研制的高精度星敏感器的代表，已在 Pleiades 敏捷卫星上得到应用并取得良好效果。SED36 采用分体式结构设计，优化了机热耦合特性，使得热弹性误差得到很好的改善；此外，对光学系统畸变采用了更加精确的校正，并升级了星表，增加了导航星数，确保了姿态确定精度[31-32]。图 1-9 所示为 SED36 星敏感器示意图，其主要指标如表 1-6 所示。

（a） （b）

图 1-9 SED36 星敏感器[31]

（a）头部；（b）电子学部件

表 1-6 SED36 星敏感器主要指标[31]

参数	指标
精度 —偏置误差 —低频误差（3σ） —噪声（3σ）	（LEO 轨道，5 年，(20±3)℃，8 Hz） <10″（最大，三轴） 1″/6″(*X*、*Y* 轴/*Z* 轴) 8″/50″(*X*、*Y* 轴/*Z* 轴)
捕获时间	< 4 s
跟踪星数	12 颗
更新频率	1～10 Hz

续表

参数	指标
太阳抑制角	30°（25°可选）
工作温度	[-30 ℃，+60 ℃]
质量	头部：1.3 kg；电子学部件：1.5 kg；遮光罩：0.9 kg
功耗	8.4 W
接口	1553B（RS422 可选）
寿命	LEO 为 5 年；GEO 为 15 年

HAST 星敏感器是美国 Ball 公司研制的一款亚角秒级高精度星敏感器，应用在 GeoEye-1 敏捷商业卫星上，是后者在无控制点情况下获取高精度定位的关键环节，HAST 星敏感器如图 1-10 所示[33]，其主要指标如表 1-7 所示。

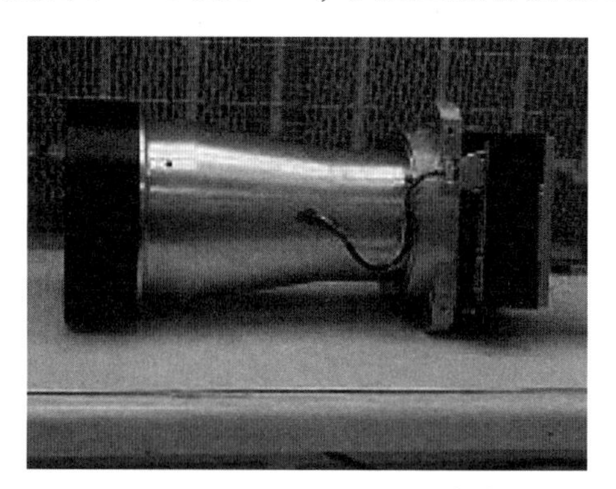

图 1-10 HAST 星敏感器[33]

表 1-7 HAST 星敏感器主要指标[33]

参数	指标	参数	指标
精度	0.2″(1σ)	探测灵敏度	5.5 mv（56 Hz 拍摄频率）； 6.9 mv（20 Hz 拍摄频率）
视场角	8.8°×8.8°	动态性能	4°/s
焦距	200 mm	质量	20.4 kg
口径	110 mm	功耗	<60 W
更新频率	2 Hz	星表星数	6 000 颗

AST-301 星敏感器是美国洛克希德·马丁公司研制的一款高精度星敏感器，2003 年搭载 JPL（Jet Propulsion Laboratory，喷气推进实验室）负责的空间红外望远镜 SIRFT 发射。AST-301 导航星达 71 830 颗，在没有任何先验信息的条件下，

AST-301 星敏感器全天任何地方 3 s 内成功获得姿态的概率为 99.98%[34]。如图 1-11 所示，其主要指标如表 1-8 所示。

图 1-11　AST-301 星敏感器[34]

表 1-8　AST-301 星敏感器主要指标

参数	指标	参数	指标
精度	0.18″(1σ)	探测灵敏度	9.2 mv
视场角	5°×5°	动态性能	<0.25°/s（保精度）; <2.1°/s（持续跟踪）
焦距	105 mm	质量	7.1 kg
口径	88 mm	功耗	18 W
更新频率	2 Hz	星表星数	71 830 颗

国内方面，北京空间机电研究所与北京航空航天大学联合开发了一款小型化高精度星相机（图 1-12），并于 2018 年搭载高景一号（SuperView-1）卫星发射成功，经在轨验证其精度指标达到 0.6″，其主要指标如表 1-9 所示。

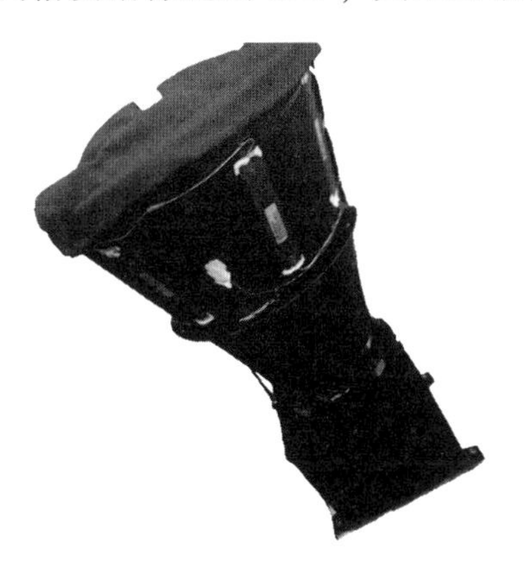

图 1-12　SuperView-1 星相机

表 1-9 SuperView-1 星相机主要指标

参数	指标	参数	指标
精度	0.6″(3σ)	功耗	<20 W
捕获时间	≤0.2 s	质量	3.5 kg
输出帧频	5 Hz（四元数）； 1 Hz（星窗图像）	动态性能	<0.5°/s（精度为 1.5″(3σ)）； <2.0°/s（持续跟踪）
探测灵敏度	7.5 mv	太阳抑制角	35°

北京控制工程研究所研制的星敏感器目前也达到亚角秒精度，ST-VHA-CCD-1 星敏感器的精度达到 0.93″并经过飞行验证，ST-SP-UHA-APS-1 星敏感器的精度达到 0.3″[35]。这两款产品如图 1-13 所示，其主要指标如表 1-10 所示。

图 1-13 北京控制工程研究所高精度星敏感器[35]

（a）ST-VHA-CCD-1 星敏感器；（b）ST-SP-UHA-APS-1 星敏感器

表 1-10 北京控制工程研究所高精度星敏感器主要指标[35]

星敏感器	ST-VHA-CCD-1	ST-SP-UHA-APS-1
精度	0.93″(3σ)，X、Y 轴；8.2″，Z 轴	0.3″(3σ)，X、Y 轴；1.5″，Z 轴
捕获时间	<10 s	<6 s
更新频率	2 Hz	8 Hz
动态性能	0.6°/s	0.2°/s
太阳抑制角	40°	35°
视场角	5°×5°	Φ2°
质量	7.7 kg	11 kg
功耗	≤18 W	≤17 W
通信接口	RS422/1553B	1553B
一次电源	28 V	100 V
寿命	8 年	15 年

1.3.2 视轴监视技术

1990 年发射的德国、美国和英国联合研制的伦琴卫星（Roentgen satellite，ROSAT）采用了主动光源，用于监视主相机光轴与星敏感器光轴的角度变化关系，在主相机焦平面放置主动光源，光线经过导光棱镜进入星敏感器视场成像，通过事后处理，测量精度达到 1″(1σ)[35]。

北京空间机电研究所基于自准直测量原理建立了星相机视轴监视系统，并成功应用于某测绘相机系统。如图 1-14 所示，基准光源发出准直平行光，经过导光组件进入星相机探测视场，形成两个测量光斑，当星相机相对基准光源发生空间转动时，光斑在探测器上随之移动，通过计算即可得到相关转角变化情况，从而完成对星相机视轴的监视。根据试验结果，该系统在真空环境下视轴监视精度达 0.1″。

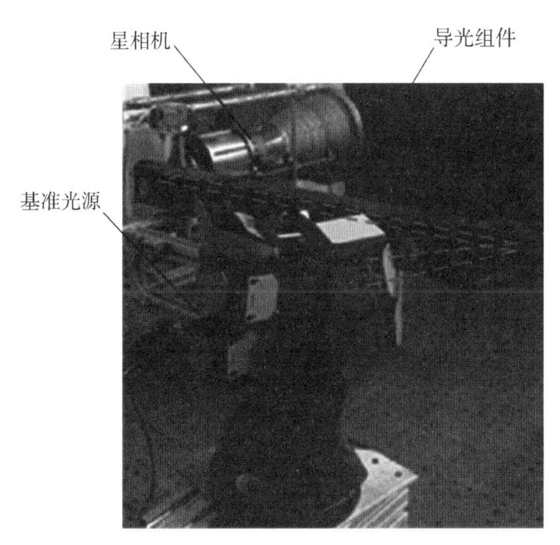

图 1-14 星相机视轴监视系统（附彩图）

同济大学王占山等[36]提出一种基于菲涅尔双棱镜的在轨小角度测量方法，如图 1-15 所示。激光经准直后通过菲涅尔双棱镜两个反射面后分成两束平行光，分别由探测器接收，形成两个光斑。应用到在轨角度测量时，探测器与激光光源固定在航天器平台基座上，菲涅尔双棱镜与星敏感器进行固连。当双棱镜相对平台基座有角度变化时，两个光斑位置会发生相应变化，进而可以求解得到双棱镜的空间角度变化。

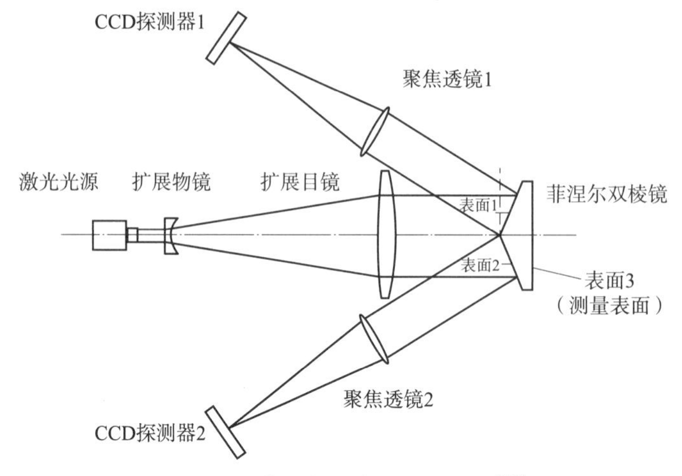

图 1-15 菲涅尔双棱镜测角原理[36]

1.3.3 激光指向记录技术

美国在 2003 年发射的 ICESat 搭载了 GLAS（geoscience laser altimeter system，地球科学激光测高系统），成功利用激光参考相机（laser reference sensor，LRS）对激光指向进行了测量（相关原理见 1.1.2 节），精度达到 1.5″（1σ）[25]，LRS、LPA 等测量元件布局如图 1-16 所示。

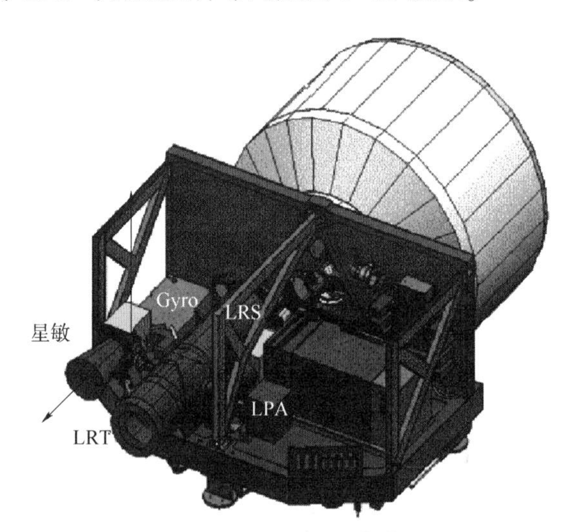

图 1-16 GLAS 整机示意图[25]（附彩图）

2018 年，美国发射了第二代冰卫星 ICESat-2，先进地形激光测高系统（advanced topographic laser altimeter system，ATLAS）是其唯一的探测载荷[37]。ATLAS 采用了与 GLAS 类似的激光指向记录设计，与 GLAS 不同的是，其激光参考系统（LRS）采用了星相机与指向相机背对背固连设计，从而可以全时段进行测量。ATLAS 光学系统如图 1-17 所示，其光学系统原理如图 1-18 所示。

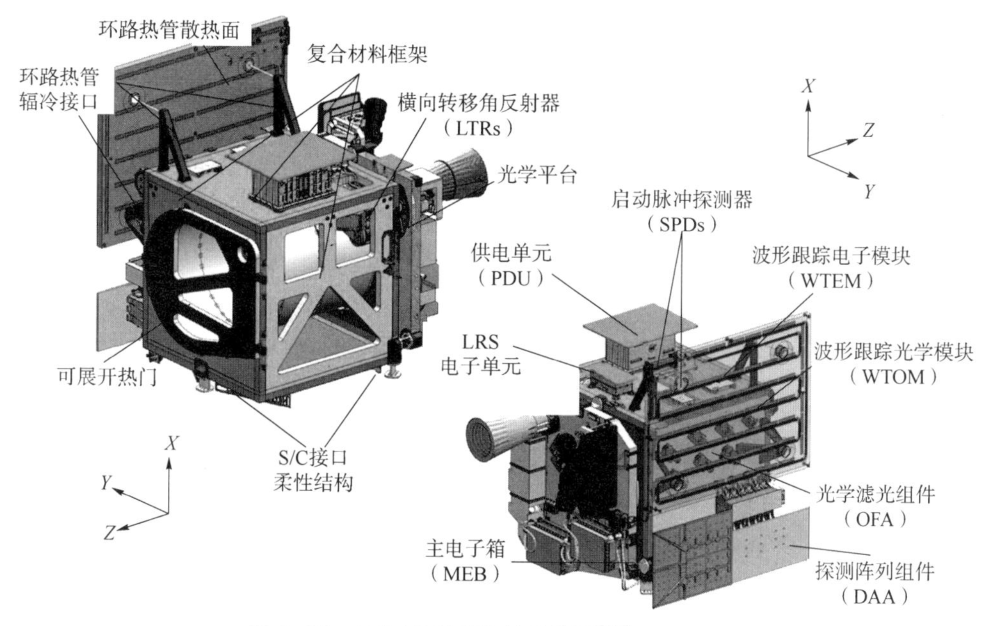

图 1-17 ATLAS 光学系统示意图[38]（附彩图）

由图 1-18 可知，ATLAS 光学系统主要分为两部分：激光发射及监视系统、激光接收及监视系统。激光发射及监视系统：激光发射系统 DOE 分光产生的 532 nm 激光首先通过光束快摆机构进入其横向转移角反射器（lateral transfer retro-reflectors，LTRs），绝大部分能量透过 LTRs 出射用于激光测量任务，其余部分参考光通过 LTRs 折转 180° 进入激光参考系统（laser reference system，LRS），由其接收记录。其中的 ND 滤光片用于将激光能量衰减到 LRS 可接收范围。LRS 的作用主要有：用于在惯性空间下对分束进入的 532 nm 激光光束监视成像；对望远镜装调监视系统（telescope alignment monitoring system，TAMS）发出的参考光进行成像；为光束快摆机构提供视轴稳定控制反馈；产生激光发射回波路径信号。激光接收及监视系统主要用于接收回波信号及对激光接收部分光轴监视，TAMS 光源发出 4 束 520 nm 的参考光，穿过后光学系统及望远系统（主

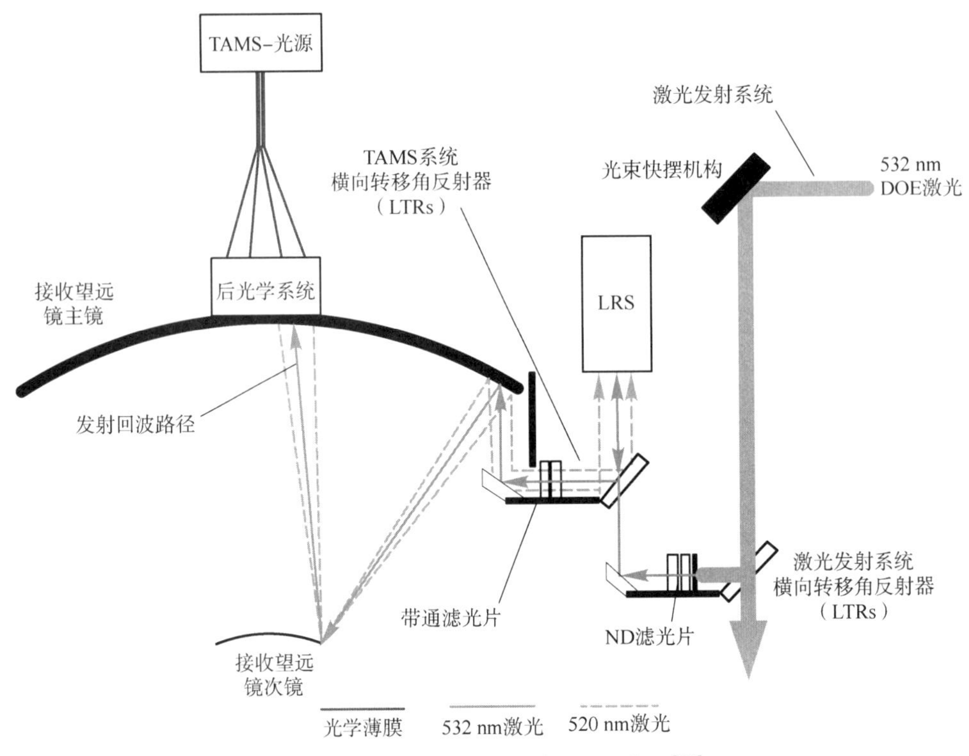

图 1-18 ATLAS 光学系统原理示意图[39]

镜、次镜）经过 LTRs 折转 180°后进入 LRS，由其接收记录。其中，带通滤光片对 520 nm 透过，对 532 nm 发射回波路径信号进行衰减。

1.4 星相机关键技术

星相机的主要作用是服务星上核心载荷（尤其是光学有效载荷），因此具有很强的系统工程特点，需要充分运用系统工程思想[40]，以实现最优实践。总的来看，星相机综合了天文、光学、机械、计算机、热控、计量等学科知识，关键技术包括全链路误差分析与建模、低畸变光学系统设计、星图识别算法等。

1. 全链路误差分析与建模

星相机的服务对象主要为各种有效载荷。以航天光学测绘任务为例，其定位精度与星相机精度息息相关，包含了两层含义：星相机自身定姿精度；星相机与测绘相机之间的传递误差。针对前者，国内外学者从误差分类、误差控制方面做了许多研究工作[2,32]；针对后者，相关研究主要集中在组合定姿卫星三轴的精度分析[30,41-42]，鲜有针对测绘相关领域的应用。

本书围绕星相机自身定姿误差和传递误差两个主要环节，以课题组参与研制的某测绘相机系统为例，对星相机全链路误差进行了分析和建模，提出了基于测绘定位精度的最优布局设计[43]。

2. 低畸变光学系统设计

星相机主要应用于高精度测量领域，对光学系统质量要求高，给光学系统设计带来了相当的难度。主要难点包括大视场低畸变设计、无热化设计、能量集中度形状控制等方面。

本书从星相机的基本性能要求和像差要求入手，对星相机光学系统选型进行了讨论，对星相机光学系统像质评价进行了分析，并在课题组的研制基础上，结合设计实例进行了验证。

3. 电子学设计技术

星相机一般采用大面阵 CMOS 器件作为探测器，需要在轨实时处理星图，这为星相机电子学设计带来很大考验。目前采用较多的是基于 FPGA+DSP 架构的电路设计，较好地利用了 FPGA 并行处理和 DSP 浮点运算的特性；此外，还有基于 FPGA+CPU 架构的电路设计，相比于前者，它可以直接利用 FPGA 内置软核进行核心算法开发，一定程度上节约了电路设计资源。

本书给出了课题组研究的基于 ZYNQ 架构的电子学设计，利用其 FPGA 进行电路接口程序控制，利用其 ARM 进行星图识别及姿态计算。

4. 星点质心提取算法

星点质心提取是指从星图图像中获取有效信息，将其直接用于后续的星图识别或视轴监视计算等，星点质心提取速度、质心提取精度都是影响星相机最终性能的重要因素。星点质心提取主要包括亚像元细分算法、图像模糊模拟、运动补偿、滤波等方面[44-51]。

本书对星点质心提取算法进行了介绍，结合课题实际，采用迭代质心加权算法进行质心提取，实现了良好的质心提取精度，为高精度星相机后处理奠定了良好的基础。

5. 导航星表筛选

导航星表是星相机能够进行自主星图识别的基础，导航星的数量、星等、分布等筛选直接影响星图识别的效率和效果，进而影响星相机的工作性能。导航星表的筛选算法主要基于分布均匀化准则展开[52]，目前已经发展出一系列筛选算法。

本书提出了一种基于环向和径向特征的导航星表筛选算法。相较于传统方法，该算法不需要对星表进行天区划分，初始天区捕获后由已识别恒星的星模式构成临时星表，进行下一次匹配，不存在天区重合和不均匀问题；具有星图识别效率高、鲁棒性高、星表占用存储空间适中等优点。

6. 星图识别算法

星图识别算法是星相机能够进行自主姿态确定的核心技术，一般可分为子图同构和模式识别两大类[53]。前者发展出的算法主要包括三角形法、四边形法、金字塔、凸多边形法等，后者的典型算法包括栅格算法、鲜花算法[54]和基于神经网络的识别算法。

本书提出的算法为一种鲜花算法，在文献［54］的基础上进行了改进，并实现了工程化，其算法效率和鲁棒性均取得良好的效果。

7. 光机热集成分析技术

星相机在轨受空间热环境的影响，尤其是低轨卫星（光学卫星大量利用低轨太阳同步轨道良好的光照条件进行对地观测）外热流随着轨道发生周期性变化。对于高精度星相机，必须考虑空间热环境对相机成像质量及指向变化的影响。

本书采用光机热集成仿真分析技术，建立了星相机外热流变化到结构温度场的映射模型，进而得到热光学变化，最终得出星相机的探测性能及视轴抖动变化情况，可以用于在轨性能预估和评价。

8. 杂光抑制技术

星相机属于弱目标探测类型，对杂光抑制要求严格，必须采取措施进行处理。本书从杂光评价方法入手，对星相机杂光抑制设计进行了讨论，基于课题组项目采用一级视不见消杂光设计，并进行了相关试验验证。

9. 标定与测试技术

星相机设计制造过程中总是存在偏差（如光学畸变误差、热变形误差），这些误差若不进行标定，将极大地影响星相机的性能。星相机的标定是确保星相机性能的重要环节，也是评价星相机性能指标的重要手段，目前一般可分为参数标定、精度标定两个方面。

星相机地面参数标定方法主要有两种，一种基于多星靶标进行标定，另一种基于单星模拟器结合转台进行标定。前者主要受限于靶标刻画和标定精度，但操作相对简单；后者主要受限于转台的精度，且对参试设备环境敏感性有一定要求。本书对这两种参数标定方法都进行了介绍，并结合课题项目进行了测试和验证。

星相机精度标定可分为实验室标定和外场标定。前者可以通过测试设备进行单项标定，但结果不直观；后者结果直观，但受限于大气环境影响，需要考虑误差剔除的影响。本书对这两种精度标定方法均进行了介绍，并结合课题项目给出了实测结果。

1.5 本章小结

本书以北京空间机电研究所研制的星相机相关工作为基础，紧密围绕其特色应用背景和领域，对星相机的设计、实现与验证相关工作进行了系统梳理和阐述，希望可为相关领域的同行和专家学者提供一定参考。

参考文献

[1] 屠善澄. 卫星姿态动力学与控制 [M]. 北京：中国宇航出版社，1999.

[2] Star sensors terminology and performance specification：ECSS-E-ST-60-20C [S/OL]. [2021-06-01]. http://ecss.nl/standard/ecss-e-st-60-20c-star-sensor-terminology-and-performance-specification/.

[3] 张为华，汤国建，文援兰，等. 战场环境概论 [M]. 北京：科学出版社，2013.

[4] 冯德军，刘佳琪，张雅舰，等. 精确打击武器战场环境导论 [M]. 北京：国防工业出版社，2017.

[5] 李德仁. 我国第一颗民用三线阵立体测图卫星：资源三号测绘卫星 [J]. 测绘学报，2012，41（3）：317-322.

[6] 王建荣，王任享，胡莘. 光学摄影测量卫星发展 [J]. 航天返回与遥感，2020，41（2）：12-16.

[7] NASIR S，IQBAL I A，ALI Z，et al. Accuracy assessment of digital elevation model generated from Pleiades tri stereo-pair [C]//IELCONF，2015：193-197.

[8] 龚燃. 斯波特- 6 卫星于 9 月升空 [J]. 国际太空, 2012 (9): 9-13.

[9] WorldView-4 satellite [EB/OL]. (2017-02-04) [2018-06-08]. http://spaceflight101.com/worldview-4.

[10] 徐伟, 朴永杰. 从 Pleiades 剖析新一代高性能小卫星技术发展 [J]. 中国光学, 2013, 6 (1): 9-17.

[11] 朱仁璋, 丛云天, 王鸿芳, 等. 全球高分光学星概述 [J]. 航天器工程, 2016, 25 (1): 95-117.

[12] 莫凡, 曹海翊, 刘希刚, 等. 大比例尺航天测绘系统体制研究 [J]. 航天器工程, 2017, 26 (1): 12-19.

[13] 牛瑞, 王昱, 王建荣. 航天双线阵相机无控定位性能预测与仿真 [J]. 测绘科学技术学报, 2011, 28 (5): 351-355.

[14] 曹海翊, 刘希刚, 李少辉, 等. “资源三号” 卫星遥感技术 [J]. 航天返回与遥感, 2012, 33 (3): 7-16.

[15] 王任享, 王建荣, 胡莘. 光学卫星摄影无控定位精度分析 [J]. 测绘学报, 2017, 46 (3): 332-337.

[16] 刘韬. 俄罗斯对地观测卫星最新发展 [J]. 国际太空, 2016 (7): 53-60.

[17] Bars-M: Russia's first digital cartographer [EB/OL]. (2016-03-28) [2018-06-08]. http://www.russianspaceweb.com/bars-m.html.

[18] 王长杰, 杨居奎, 孙立, 等. “高分七号” 卫星双线阵相机的设计及实现 [J]. 航天返回与遥感, 2020, 41 (2): 29-38.

[19] 刘韬. 国外光学测绘卫星发展研究 [J]. 国际太空, 2016 (1): 67-74.

[20] 王任享, 王建荣, 胡莘, 等. 天绘一号 03 星定位精度初步评估 [J]. 测绘学报, 2016, 45 (10): 1135-1139.

[21] HARUHISA S. Overview of Japanese Earth observation programs [J]. Proceedings of SPIE, 2011, 8176 (81760E): 1-10.

[22] 范宁, 祖家国, 杨文涛, 等. WorldView 系列卫星设计状态分析与启示 [J]. 航天器环境工程, 2014, 31 (3): 337-342.

[23] 唐新明, 谢俊峰, 付兴科, 等. 资源三号 02 星激光测高仪在轨几何检校与试验验证 [J]. 测绘学报, 2017, 46 (6): 714-723.

[24] 王任享，王建荣，胡莘. 卫星摄影测量姿态测定系统低频误差补偿 [J]. 测绘学报，2016，45（2）：127-129.

[25] BAR-ITZHACK I Y. Polar decomposition for attitude determination from vector observation [C]//AIAA，1992：4545.

[26] SUNGKOO B，CHARLES W，BOB S. GLAS PAD calibration using laser reference sensor data [C]//AIAA/AAS，Astrodynamics Specialist Conference and Exhibit，Rhode Island，2004：4857.

[27] 杨元喜，任夏. 自主卫星导航的空间基准维持 [J]. 武汉大学学报（信息科学版），2018，43（12）：1780-1786.

[28] SHUSTER M D. New quests for better attitudes [R]. NASA，92N14077，1992：125-137.

[29] 邢飞，尤政，孙婷，等. APS CMOS 星敏感器系统原理及实现方法 [M]. 北京：国防工业出版社，2017.

[30] 吕振铎，雷拥军. 卫星姿态测量与确定 [M]. 北京：国防工业出版社，2013.

[31] BLARRE L，OUAKNINE J，ODDOS-MARCEL L. High accuracy Sodern star trackers：recent improvement proposed on SED36 and HYDRA star trackers [C]//AIAA Guidance，Navigation，and Control Conference and Exhibit，2006：6046.

[32] 卢欣，武延鹏，钟红军，等. 星敏感器低频误差分析 [J]. 空间控制技术与应用，2014，40（2）：1-7.

[33] MICHAELS D，SPEED J. Ball aerospace star tracker achieves high tracking accuracy for a moving star field [C]//2005 IEEE Aerospace Conference，2005：1-7.

[34] ROELOF W H，VAN B. SIRTF autonomous star tracker [J]. Proceedings of SPIE-The International Society for Optical Engineering，2003，4850：108-121.

[35] 袁利，王苗苗，武延鹏，等. 空间星光测量技术研究发展综述 [J]. 航空学报，2020，41（8）：623724.

[36] 来颖，沈正祥，王占山，等. 基于菲涅尔双棱镜的在轨小角度测量方法 [J]. 红外与激光工程，2016，45（3）：0317002.

[37] ABDALATI W，ZWALLY H J，BINDSCHADLER R，et al. The ICESat-2 laser altimetry mission [J]. Proceedings of the IEEE，2010，98（5）：735-751.

[38] DOUGLAS M, JOHN L, THORSTEN M, et al. ICESat-2 the benefits of collecting altimetric measurements of the Earth's surface [J]. Proceedings of SPIE, 9241: 924108.

[39] TYLER E. Optical development system lab alignment solutions for the ICESat-2 ATLAS instrument [C]//2013 IEEE Conference Proceedings, 2013: 1-9.

[40] 陶家渠. 系统工程原理与实践 [M]. 北京: 中国宇航出版社, 2013.

[41] 马红亮, 陈统, 徐世杰. 多星敏感器测量最优姿态估计算法 [J]. 北京航空航天大学学报, 2013, 39 (7): 869-873.

[42] 王真, 魏新国, 张广军. 多视场星敏感器结构布局优化 [J]. 红外与激光工程, 2011, 40 (12): 2469- 2473.

[43] WANG W Z, WANG Q L, GAO W J. Star camera layout and orientation precision estimate for stereo mapping satellite [C]//ISSOIA2018, Beijing, 2018: 111-118.

[44] RUFINO G, ACCARDO D. Enhancement of the centroiding algorithm for star tracker measure refinement [J]. Acta Astronautica, 2003, 53: 135-147.

[45] JIA H, YANG J K, LI X J, et al. Systematic error analysis and compensation for high accuracy star centroid estimation of star tracker [J]. Science China-Technological Sciences, 2010, 53: 3145-3152.

[46] XU W, FENG H J, XU Z H, et al. A novel star image thresholding method for effective segmentation and centroid statistics [J]. Optik, 2013, 124: 4673-4677.

[47] WEI X G, XU J, LI J, et al. S-curve centroiding error correction for star sensor [J]. Acta Astronautica, 2014, 99: 231-241.

[48] 廖育富, 钟建勇, 陈栋. 基于星点质心运动轨迹模糊星图退化参数估计 [J]. 红外与激光工程, 2014, 43 (9): 3162-3167.

[49] BAKER K L, MOALLEM M M. Iteratively weighted centroiding for Shack Hartmann wace-front sensors [J]. Optical Express, 2007, 15 (8): 5147-5159.

[50] VYAS A, ROOPASHREE M B, RAGHAVENDRA PRASAD B, et al. Improved iteratively weighted centroiding for accurate spot detection in laser guide star based Shack Hartmann sensor [J]. Poceedings of SPIE, 2010, 7588: 748806.

[51] 张俊，郝云彩，刘达. 迭代加权质心法机理及多星定位误差特性研究 [J]. 光学学报，2015，35 (2)：024001.

[52] VEDDER J D. Star trackers, star catlogs, and attitude determination: probabilistic aspects of system design [J]. Journal of Guidence, Control, and Dynamics, 1993, 16 (3): 498-504.

[53] PADGETT C, DELGADO K K, UDOMKESMALEE S. Evaluation of star identification techniques [J]. Journal of Guidance, Control, and Dynamics, 1997, 20 (2): 259-266.

[54] GONG J Q, WU L, GONG J B, et al. Flower algorithm for star pattern recognition in space surveillance with star trackers [J]. Optical Engineering, 2009, 48 (12): 124401.

第 2 章 任务分析与误差建模

2.1 引言

任务分析的目的是将用户需求转化为对系统定量化的指标要求和约束条件[1]，以便以适当可接受的代价开展相关的研制工作。本章将对星相机初步参数确定、技术指标分析等方面进行描述，可为星相机设计提供总体思路；此外，还对星相机误差分类进行介绍，并开展全链路误差建模与分析。

2.2 星相机初步参数确定

影响星相机测量精度的因素有很多，初始设计时，可采用休斯公司评价星敏姿态角精度的公式进行参数初步选择，俯仰方向与偏航方向角误差计算公式如下[2]：

$$\sigma_{\text{cross-boresight}}=\frac{\theta_{\text{FOV}}\cdot\sigma_{\text{centr}}}{N_{\text{pixel}}\cdot\sqrt{N_{\text{star}}}} \tag{2-1}$$

式中，$\sigma_{\text{cross-boresight}}$——俯仰方向与偏航方向角误差；

θ_{FOV}——星相机视场角；

σ_{centr}——星点质心定位误差；

N_{pixel}——光敏器件像元数；

N_{star}——参与运算的星点数。

当前，星点质心定位误差与星点形貌、信噪比、质心提取算法等密切相关，一般为 0.1 像元的水平。在星点质心定位误差确定的条件下，星相机俯仰方向与偏航方向角误差主要取决于星相机视场角、光敏器件像元数及参与运算的星点数。星相机视场角的大小与所选光学系统焦距和光敏器件像元数有关；参与运算的星点数又与视场角大小相关，一般情况下，参与运算的星点数取 4~12，对于高精度星敏，该值可取到 10 或以上（如应用于 Pleiades 的 SED36，其跟踪星数为 12 颗）。参与运算的星点数过多将增加系统设计复杂性，过少则难以满足精度要求。国内外中高精度星敏/星相机的主要指标如表 2-1 所示。

表 2-1　国内外中高精度星敏/星相机的主要指标

名称	测姿精度/[(″),1σ]	质量/kg	视场角	口径/mm	焦距/mm	极限星等/mv	应用
HAST	0.2	24.5	8.8°×8.8°	110	200	6.9	GEO1
SED36	1	3.7	—	—	—	—	Pleiades
AST-301	0.18	7.1	5°×5°	88	105	9.2	SIRTF
ASTRO10	≤1.5	3.1	17.6°×13.5°	25	28	6	国内多颗
ASTRO15	≤1	7.1	13.8°×13.8°	50	55	6.5	—
ASTROAPS	≤1	2	20°	36	43.3	5.8	—
SuperView-1	0.6	3.5	18°×18°	50	100	7.5	—
ST-VHA-CCD-1	0.93	7.7	5°×5°	—	—	—	—
ST-SP-UHA-APS-1	0.3	11	Φ2°	—	—	—	—

总的来看，对于中等精度星敏，一般选择口径相对较小、焦距相对较短的，通过增大视场角捕获足够数量的恒星。对于高精度星敏/星相机，一般选择口径较大的，以便提高敏感星等，进而在保证捕获恒星数量的前提下可采取较小的视场角；在焦距方面，一般选择焦距较长的，以提高角分辨率，从而实现高精度测量。

2.2.1　探测器选型

星相机探测器一般选用 CMOS 器件，探测器的选型直接关系到星相机焦距和视场的匹配，同时也是星相机电路开发和算法实现的基础约束。目前，面阵 CMOS 器件的国外主要开发厂商有奥地利的 AMS 公司（2015 年收购比利时的

CMOSIS)、美国的仙童半导体公司、法国的 Teledyne e2v 公司等，国内长光辰芯公司近年来也发展迅速，具备了大面阵 CMOS 器件开发能力。AMS 公司的典型面阵 CMOS 探测器指标如表 2-2 所示[3-6]，其量子效率（quantum efficient，QE）如图 2-1 所示。

表 2-2 AMS 公司的典型面阵 CMOS 探测器指标

参数名称	CMV2000	CMV4000	CMV20000	CMV50000
有效像元	2 048 × 1 088	2 048 × 2 048	5 120 × 3 840	7 920 × 6 004
像元尺寸/μm	5.5×5.5	5.5×5.5	6.4×6.4	4.6×4.6
快门形式	流水线全局快门	流水线全局快门	流水线全局快门	流水线全局快门
功耗/mW	650	650	1 100	3 000
帧频/(帧 · s^{-1})	340	180	30	30
量化位数/位	10，12	10，12	12	12
暗噪声/e^-	13（RMS）	13（RMS）	8（RMS）	8.8（RMS）
满阱电子/ke^-	13.5	13.5	15	14.5（一般）；58（Binning）
动态范围/dB	60	60	66	64（一般）；68（Binning）
工作温度/℃	[-30，70]	[-30，70]	[-20，70]	[-30，70]
构型				

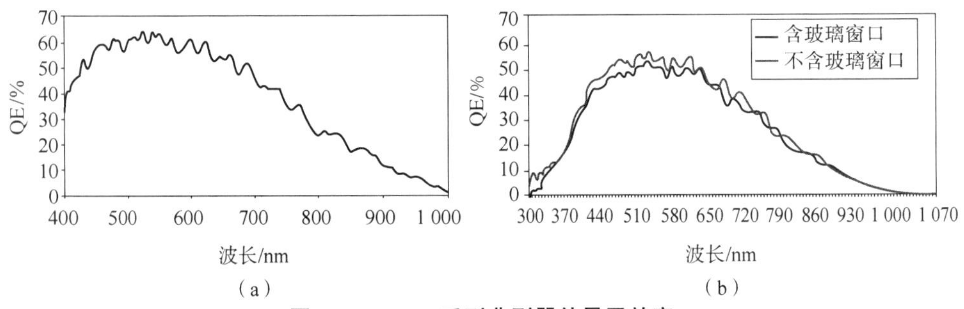

图 2-1 CMV 系列典型器件量子效率

（a）CMV2000；（b）CMV4000（附彩图）

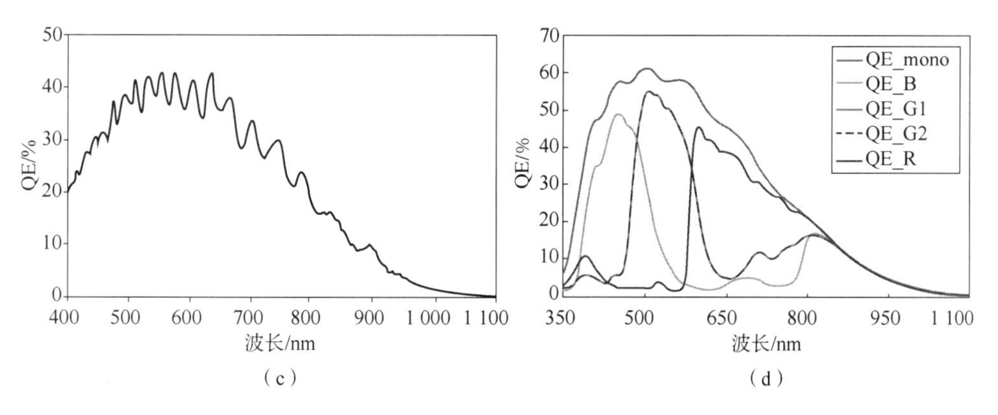

图 2-1　CMV 系列典型器件量子效率（续）

（c）CMV20000；（d）CMV50000（附彩图）

从上述 CMV 系列器件量子效率图可知，其主要光谱段集中在 450~850 nm 谱段，满足星相机的使用，且量子效率也相对较高。

2.2.2　焦距选择

根据星相机焦距、视场角以及探测器大小之间的约束关系（图 2-2），给出其相互约束公式如下：

$$f\times\tan\left(\frac{\theta_{\mathrm{FOV}}}{2}\right)=\frac{\sqrt{\omega_1 L_x^2+\omega_2 L_y^2}}{2} \tag{2-2}$$

式中，L_x, L_y——探测器长边和短边长度；

ω_1, ω_2——L_x, L_y 的权重。

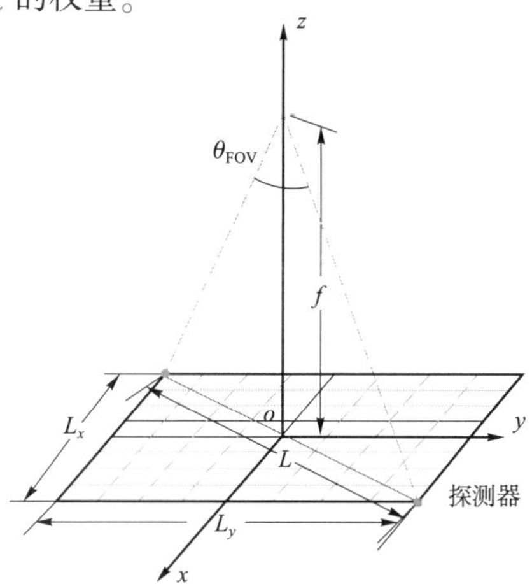

图 2-2　星相机焦距与视场角约束关系

当采用外接圆视场设计时，ω_1,ω_2 均取 1；当采用内接圆视场设计时，ω_1，ω_2 分别取 0,1；当按长边设计圆视场时，ω_1,ω_2 分别取 1,0。

在 ω_1,ω_2 不同取值情况下，不同探测器选型情况下星相机焦距与视场角的关系如图 2-3 所示。

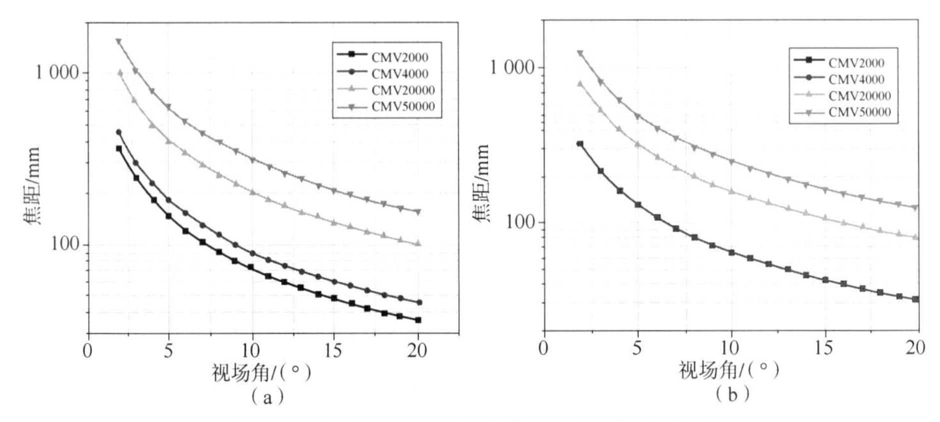

图 2-3 给定探测器星相机焦距与视场角的关系

(a) $\omega_1=1,\omega_2=1$；(b) $\omega_1=1,\omega_2=0$

2.2.3 精度初步分析

方案设计初期，在确定探测器选型及焦距后，可以利用式（1-1）进行初步的精度评估。一般将质心提取精度取为 0.1 像元，不同视场角对应的星相机精度如图 2-4 所示。

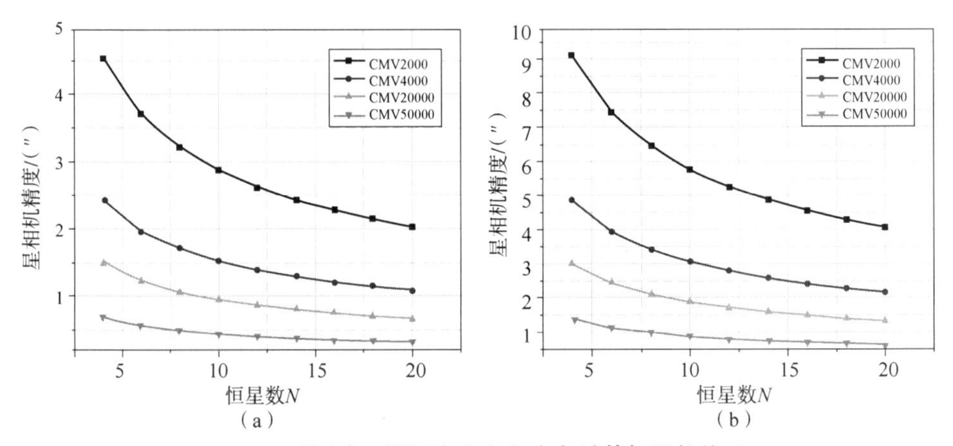

图 2-4 给定探测器星相机视场角与计算恒星数关系

(a) 视场角为 5°；(b) 视场角为 10°

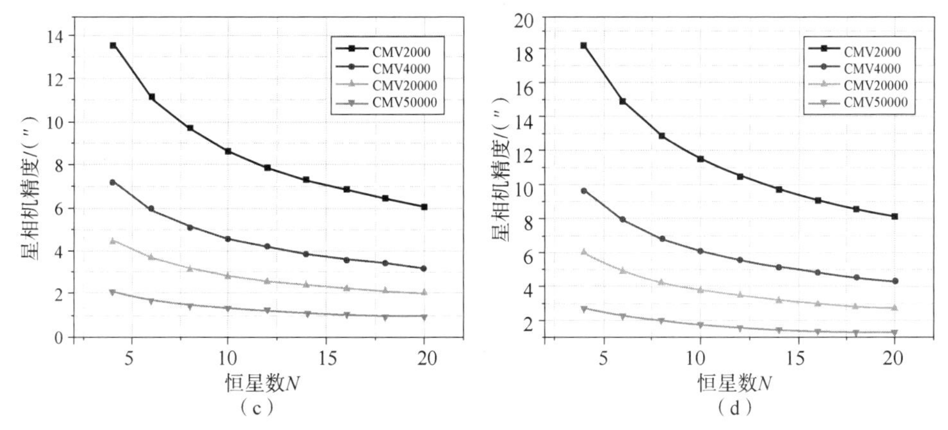

图 2-4　给定探测器星相机视场角与计算恒星数关系（续）

(c) 视场角为 15°；(d) 视场角为 20°

由图 2-4 可知，参与计算的恒星数越多，星相机精度越高；在捕获恒星数相同的情况下，视场角越小，星相机精度越高，但这意味着焦距需要尽可能长，且在小视场内对弱星的敏感能力要提高，而这通常依靠扩大相机口径来实现。总体设计时，需要在精度与实现代价方面进行充分的权衡。

2.2.4　探测灵敏度需求

星相机的探测灵敏度直接决定了在视场内能捕获的恒星数，在不考虑信噪比的理想条件下，星相机在一定视场内所能捕获的恒星数量可根据如下公式估算：

$$N_{\mathrm{star}} = 6.57\mathrm{e}^{1.08\mathrm{mv}} \theta_{\mathrm{FOV}}^{2} \left(\frac{360^{2}}{\pi} \right)^{-1} \tag{2-3}$$

式中，mv——视星等；

N_{star}——视场内恒星数量。

数值仿真结果如图 2-5 所示。由图 2-5 可知，当捕获恒星数大于 10 时，视场角越大所需的敏感星等要求越低。但实际设计时需要考虑精度约束关系，以 10°视场角为例，所需的敏感星等要求达到 7 mv。

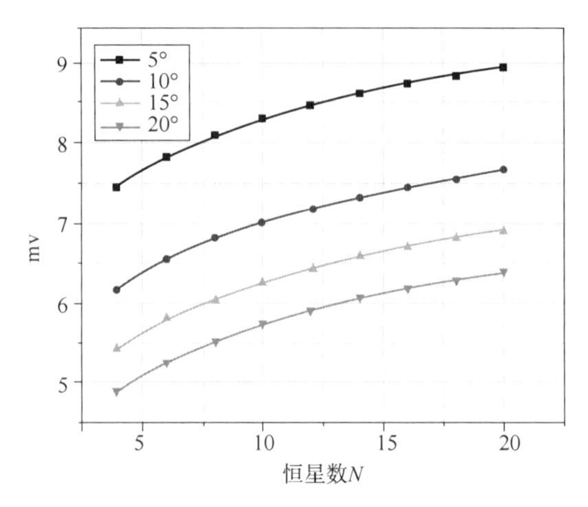

图 2-5 不同视场角情况下视星等与捕获恒星数的关系（附彩图）

2.2.5 曝光时间分析

对于运行在 LEO（low earth orbit，低地球轨道）的卫星，星相机在轨工作期间，受轨道角速度和姿态角速度的影响，图像会在飞行过程中产生拖尾，对这种拖尾如不进行适当控制，将使得星点信噪比降低，造成星相机精度下降，严重时甚至无法工作，对于高精度星相机，有必要对这种图像拖尾进行控制或处理。可采取的措施有：减小曝光时间，或者在不减小曝光时间的条件下采用面阵时间延时积分（time delayed integration，TDI）技术。采用 TDI 技术的好处是能够在同等条件下增强星相机对弱星的探测能力。美国洛克希德·马丁公司研制的 AST-301 使用 TDI 技术对 X 轴向的图像像移进行运动补偿，避免飞行方向的精度降低；在 Y 轴方向使用图像运动合成（image motion accommodation，IMA）技术，使合成图像信噪比最大，其星图的质心算法提高到 1/50 像元的水平，最终达到在 0.42°/s 的速度下做到精确跟踪[7]。AST-301 采用面阵 TDI CCD 器件，一般情况下，其在 X 方向的运动补偿效果如图 2-6 所示，其结果是将二维拖尾图像转变为一维拖尾图像。

IMA 过程如下：首先在运动补偿后图像的星点条带短边邻近区域计算背景噪声 r，然后在星点局部图像中将该背景的噪声去除，利用下式计算星点条带中峰值信噪比（SNR）：

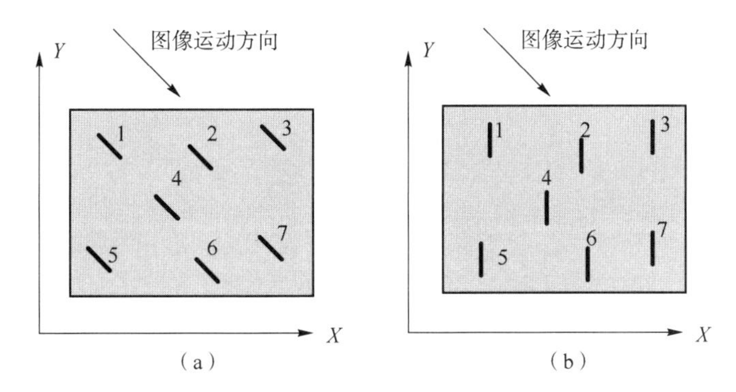

图 2-6　AST-301 TDI 运动补偿效果示意图

(a) 运动补偿前；(b) 运动补偿后

$$\mathrm{SNR}_{\mathrm{peak}}=\frac{(n+1)\cdot s}{\sqrt{n+1}\cdot r}=\sqrt{n+1}\,\frac{s}{r} \tag{2-4}$$

式中，s——星点条带信号均值；

n——星点条带所占的像元数量。

相比于传统 SNR 平均计算方法，IMA 在提升图像敏感能力方面有极大的改善。假设一个初始星点占据 4 像元，其信号总和为 S，图像模糊后扩展 $2n$ 像元，两种信噪比计算方法的比例关系如下：

$$F=\frac{\mathrm{SNR}_{\mathrm{average}}}{\mathrm{SNR}_{\mathrm{peak}}}=\frac{S/(4r)}{\sqrt{n+1}\cdot S/[(4+2n)\cdot r]}=\frac{1+n/2}{\sqrt{n+1}} \tag{2-5}$$

显然，图像模糊越严重，IMA 效果越显著。以 AST-301 为例，其在角速度为 0.5°/s 时，n 为 26，对应敏感星等降低 1.1 mv，而如果按照传统方法，敏感星等能力将降低 2.9 mv[7]。

对于专用测绘卫星，常规作业条件下不需要进行大范围频繁机动，对于星相机的影响主要在于轨道角速度作用下运动方向的图像拖尾，因此可以采取合理的布局设计和 TDI 技术消除一维拖尾的影响。实施效果示意如图 2-7 所示。

当星相机 TDI 与运动角速度完全匹配时，图像积分时间的关系如下式：

$$\omega t=\frac{d_0}{f}\cdot\frac{180}{\pi}\cdot\cos\theta \tag{2-6}$$

式中，ω——轨道角速度；

t——积分时间；

d_0——像元尺寸大小；

θ——飞行方向安装角度。

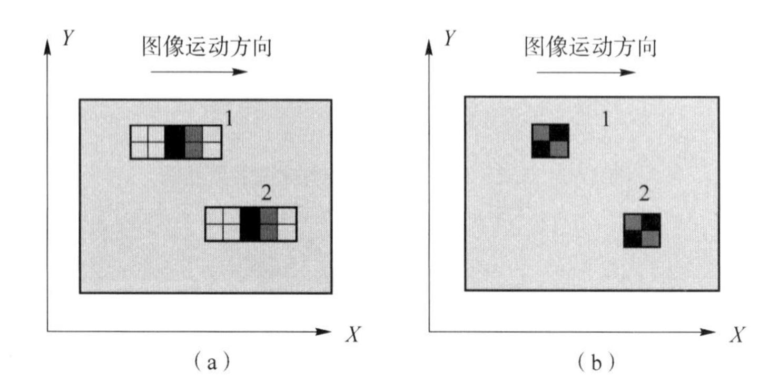

图 2-7　星相机运动补偿效果示意图

(a) 运动补偿前；(b) 运动补偿后

实例计算：采用 500 km 太阳同步轨道，其轨道角速度约为 0.065°/s，飞行方向安装角度设为 20°，不同星相机焦距条件下一级 TDI 曝光时间如图 2-8 所示。

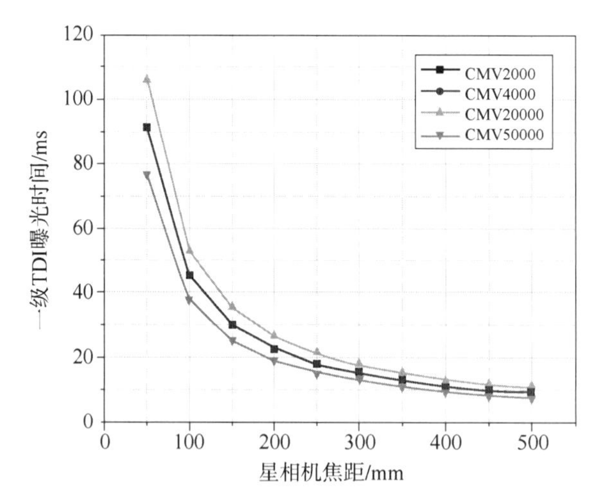

图 2-8　星相机焦距与一级 TDI 曝光时间关系（附彩图）

2.2.6　通光口径分析

星相机的通光孔径大小直接决定了进入镜头的光流量大小，从前述分析可知，为保证极限星等探测能力，需要考虑采用较大的镜头口径，但采用大口径长焦距设计会导致星相机体积、质量增加，因此需要折中考虑。П. 博诺科夫给出一般相机镜头研制难度系数公式如下：

$$C=\frac{D}{f}\cdot\tan\frac{\theta_{\mathrm{FOV}}}{2}\cdot\sqrt{\frac{f}{100}} \tag{2-7}$$

式中，C——研制难度系数，值越大代表设计和加工水平越高，相应的难度也越大，中等设计难度情况下，一般取值范围为 0.06~0.08；

f——星相机焦距；

D——通光口径。

2.2.7　光谱范围分析

天球中恒星的光谱组成不同，按照哈佛天文台的分类，根据色温不同用字母表示为 O、B、A、F、G、K、M 几种，极限星等为 8.5 mv 的恒星在各谱段的分布见表 2-3。

表 2-3　极限星等为 8.5 mv 的恒星分布

类型	O	B	A	F	G	K	M
百分比/%	1	10	22	19	14	31	3

由表 2-3 可知，O 类恒星所占比例极小，因此只考虑 B~M 类恒星。根据维恩定律，不同色温的恒星对应峰值波长不同，对于 B~M 型恒星，设计星相机光谱范围为 450~850 nm 即可满足探测谱段要求。

中心波长的设计需要兼顾器件的光谱响应函数及不同色温峰值波长的恒星比例，本书课题结合表 2-3，以及镜头的透过率，给出各类恒星相对光谱效率曲线（器件与恒星光谱加权）如图 2-9 所示。根据图 2-9，可以进行中心波长的设计。以本书课题为例，所选取的中心波长为 650 nm。

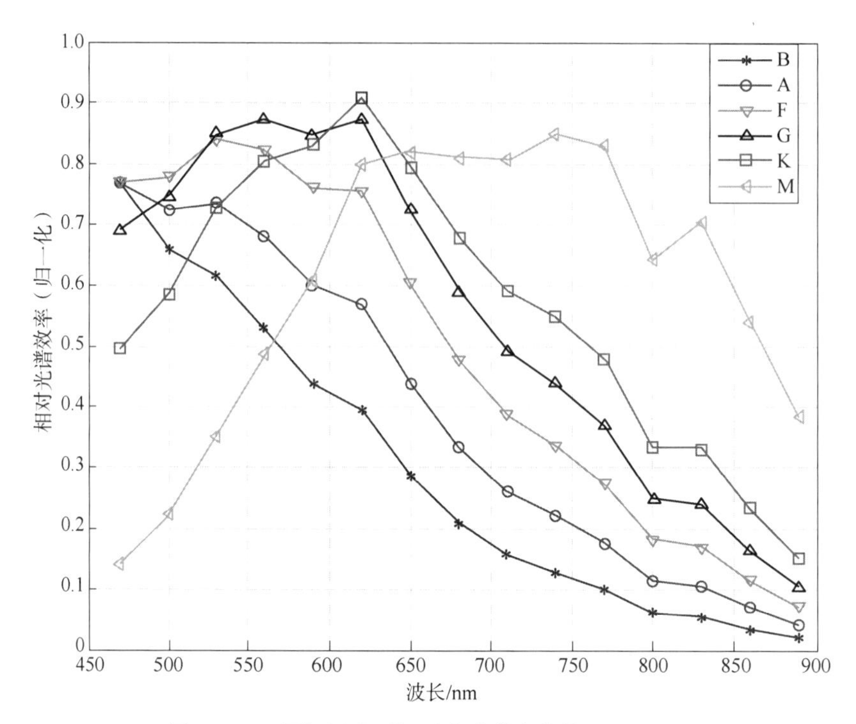

图 2-9　不同恒星类型相对光谱效率曲线（附彩图）

2.2.8　初步参数确定

根据前述小节的分析，可以进行探测器选型、焦距设计、通光口径设计、视场角设计、光谱范围设计，以及敏感星等和导航星数的初选。

2.3　星相机技术指标分析

初步选定星相机参数后，需要对主要指标特性满足情况进行进一步的分析和确认，以便开展下一步的工程设计。

2.3.1　获星概率分析

星相机获星概率包括两方面含义：视场中出现 N 颗恒星的概率；视场中出现恒星的捕获概率。视场中出现恒星 $\geqslant N$ 颗的概率可以按照泊松分布计算[8]，公式如下：

$$P(X \geqslant N)=1-\sum_{k=0}^{N-1} \mathrm{e}^{-\lambda} \frac{\lambda^{k}}{k!} \tag{2-8}$$

式中，λ——视场中出现星的均值。

仿真计算结果如图 2-10 所示。

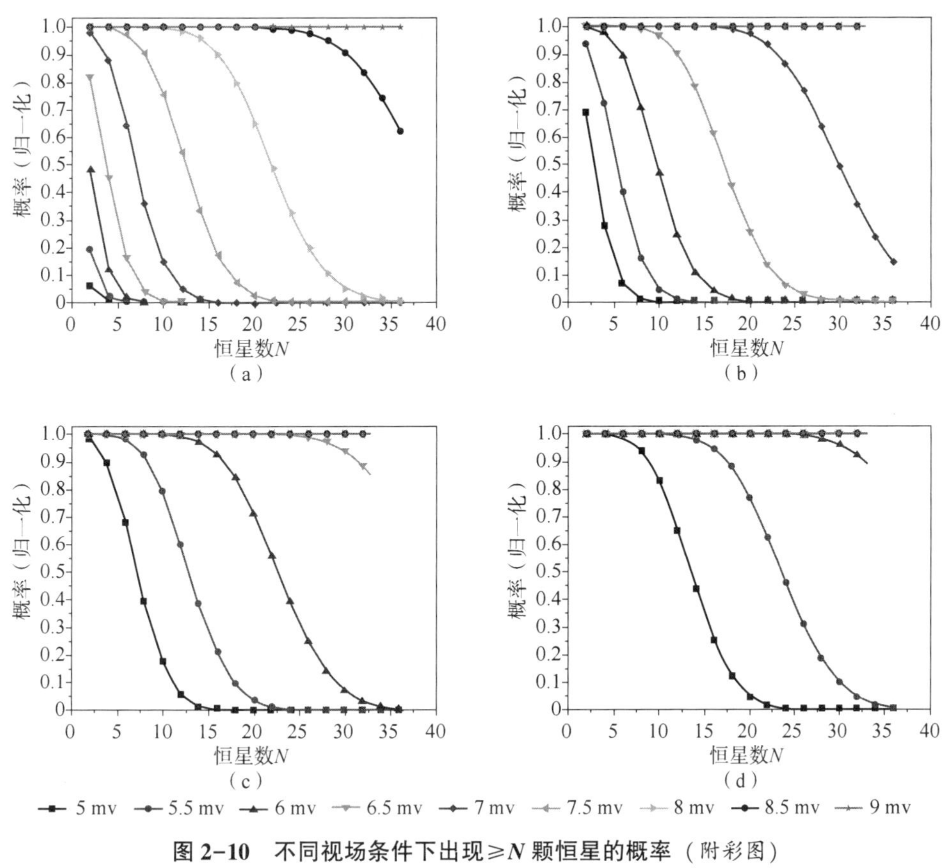

图 2-10　不同视场条件下出现≥N 颗恒星的概率（附彩图）

(a) 5°视场；(b) 10°视场；(c) 15°视场；(d) 20°视场

由图 2-10 可知，随着视场减小，如果捕获恒星数量维持不变，则需要提高对暗星的敏感能力。

能够捕获恒星是星相机工作的基础条件，对于高精度星相机，一般要求敏感星等在 7 mv 以上，属于暗弱目标探测，对噪声相对敏感。噪声的大小直接影响捕获恒星的概率。

本书采用噪声模型作为星相机捕获恒星概率的计算模型，噪声模型参数主要包括：

①星点质心相对于指定像元中心的偏移量；

②星点光斑直径；

③CMOS 器件固有噪声（包括信息读出电子线路的噪声）；

④信噪比（星图像包含的总信号与像元噪声之间的比例）；

⑤未落入较亮光源（月球、太阳、地球）视场的背景杂散光；

⑥像元累计信号的霰弹噪声；

⑦信号量化位数；

⑧搜索星图像的探测阈值；

⑨搜索星图像时的区域大小；

⑩计算星图像能量中心时的区域大小；

⑪星点质心提取算法。

本书课题采用在 2×2 像元内的搜索算法，在此条件下，星图中的获星概率取决于星图像信噪比和星点直径。考虑到采用 TDI 计算，星点模拟可以采用二维高斯函数表示如下[9]：

$$I(x,y)=\frac{I_0}{2\pi\sigma_{\mathrm{PSF}}^2}\exp\left[-\frac{(x-x_0)^2+(y-y_0)^2}{2\sigma_{\mathrm{PSF}}^2}\right] \tag{2-9}$$

式中，I——单位时间内收到的信号之和；

I_0——星点能量分布中心的信号；

(x_0,y_0)——星点能量分布中心；

σ_{PSF}——能量分布的高斯半径，主要取决于光学设计和装调的结果。

蒙特卡洛仿真分析结果如图 2-11、图 2-12 所示。

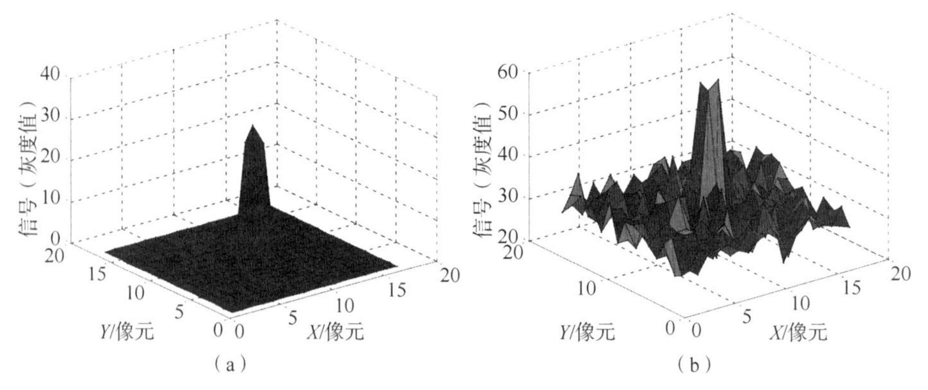

图 2-11 星点模拟示意图（附彩图）

(a) 理想星点；(b) 加入噪声后的星点

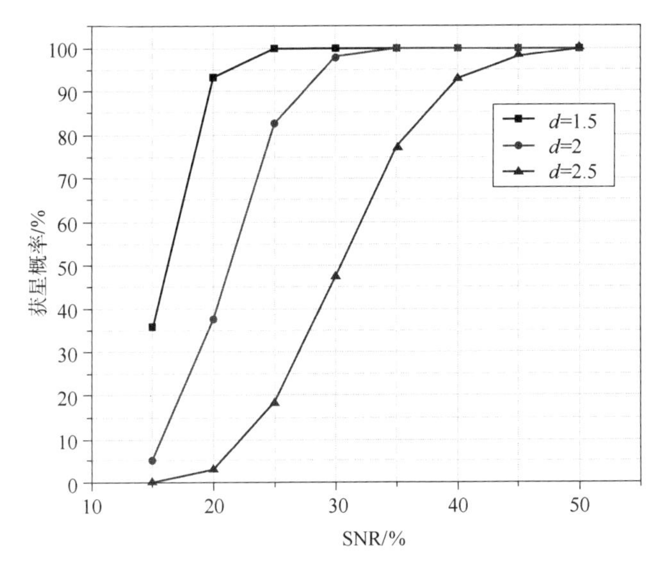

图 2-12　不同信噪比（SNR）条件下星点直径 d 与获星概率的关系

由图 2-12 可知，随着 SNR 提高，获星概率也提高；在同一信噪比条件下，星点越大，获星概率越低，直观上可以理解为：在星点能量一定的条件下，星点尺寸增大时，其能量被多个像元稀释，使得每个像元上平均信号水平下降，从而被噪声淹没的概率增大。

2.3.2　信噪比分析

信号为探测器上产生的电子数，其计算公式如下：

$$N_e = \frac{N_p \cdot T \cdot \mathrm{QE} \cdot \mathrm{FF} \cdot t}{n_s} \tag{2-10}$$

式中，N_e——探测器上产生的电子数，e^-；

T——光学系统透过率，预估为 0.8；

QE · FF——探测器量子效率×像元填充因子，一般在 0.5 左右；

t——积分时间；

n_s——探测器弥散斑上中心像元等效个数；

N_p——1 s 内光学系统入瞳上的光子数，

$$N_p = 5\times10^{10}\times2.512^{-mv}\frac{\pi D^2}{4} \tag{2-11}$$

式中，D——通光口径。

星相机噪声背景主要由器件、读出线路、信号量化信息、太阳背景杂散光噪声、积分级数等组成。以 CMV4000 为例，其主要参数如表 2-4 所示。

表 2-4 CMV4000 等效噪声组成

类型	固有噪声 N_t	杂散光噪声 N_b	光子噪声 N_g	暗噪声 N_d	PRNU 噪声 N_r	DSNU 量化噪声 N_s
噪声值	13 e^-	5 e^-	$\sqrt{N_e}$	125 e^-/s	1% $\sqrt{N_e}$	3 LSB/s①

由表 2-4 可知，光子噪声所占的成分最大，噪声随着积分级数增加也增大。按照信噪比定义：

$$\mathrm{SNR}=\frac{N_e}{N_{\mathrm{noise}}}=\frac{N_e}{\sqrt{N_t^2+N_b+N_g^2+N_d^2+N_r^2+N_s^2}} \tag{2-12}$$

杂散光噪声：为降低杂散光的影响，需要分析确定遮光罩衰减系数要求（相对于直接见太阳时的照度），一般需要控制在数个电子范围内。

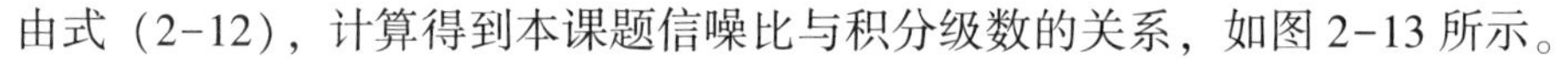

由式（2-12），计算得到本课题信噪比与积分级数的关系，如图 2-13 所示。

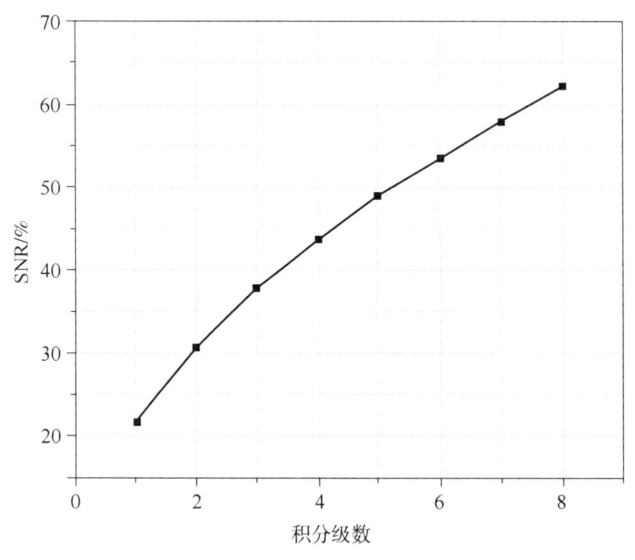

图 2-13 信噪比与积分级数的关系

① 最低有效位（least significant bit，LSB）。

由图 2-13 可知，可以通过增加积分级数来提高信噪比。但是，增加积分级数会使得星相机信息处理数据量增大，需要在积分级数与输出帧频之间进行权衡取舍。

2.3.3　卫星角速度影响分析

卫星角速度变化主要影响星相机的动态性能，当卫星角速度与 TDI 不匹配时，会引起星相机图像发生拖尾，进而使得图像尺度变大。所允许的图像尺度变大情况可根据图 2-12 进行估算。以本课题为例，要求图像 TDI 失配导致的拖尾不超过 0.5 像元，在此情况下可以保持精度。

2.3.4　卫星角加速度影响分析

当星相机积分时间较长时，卫星角加速度可对星相机视轴位置及卫星坐标轴位置的确定产生影响。以本课题星相机为例，当星点质心在允许范围内发生位移为 0.1″ 时，与星相机中积分级数相关的卫星可达的最大角加速曲线如图 2-14 所示。

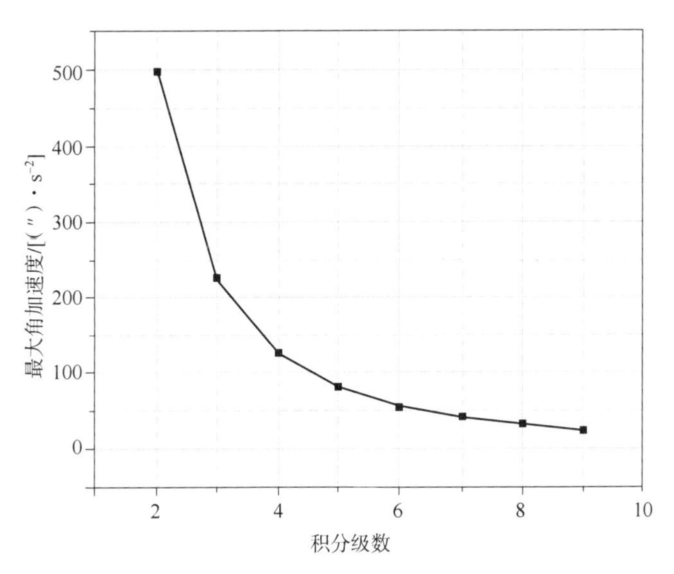

图 2-14　积分级数与卫星可达的最大角加速度的关系

2.3.5 侧摆工作能力分析

星相机在卫星上的安装角度一般为空间角，当卫星侧摆时，会使得图像在探测器上运动方向发生倾斜（图 2-6），从而使得图像拖尾为二维情形。如果不采取一定的措施或加以限制，将导致星相机精度下降。具体情况需要根据星相机安装角度进行计算，在设计时应予以考虑。

2.3.6 星相机总体设计思路

星相机总体设计思路可以概括如下：

（1）选择长焦距大口径镜头设计，以提高角分辨率和暗星敏感能力。

（2）选择大面阵探测器，以便在加长焦距后仍然具有足够的探测视场。

（3）采用 TDI 技术进行运动补偿，以进一步提高对暗星的探测能力。

（4）充分分析获星概率、视场角等因素，并提出对卫星的约束需求。

2.4 星相机误差建模与分析

星相机的一个最主要任务是确定高分辨率光学相机的视轴指向，这实质上是一个天地全链路过程，包含了星相机定姿、星相机指向与高分辨率光学相机指向之间的误差传播。美国的 WorldView-4 卫星采用 HAST 星敏，星敏精度为 $0.2''(1\sigma)$[10-11]，而其无控制点定位精度圆误差 CE90 优于 3 m，采用雅可比矩阵模型[12-14]，其公式为

$$\begin{cases} CE90 = 2.14\sqrt[4]{\sigma_x^2 \cdot \sigma_y^2} \\ LE90 = 1.65\sqrt{\sigma_z^2} \\ CE95 = 2.45\sqrt[4]{\sigma_x^2 \cdot \sigma_y^2} \\ LE95 = 1.96\sqrt{\sigma_z^2} \end{cases} \tag{2-13}$$

特别注意，当 $\sigma_x = \sigma_y$ 时，$CE90 = 2.14\sigma_x$，$CE95 = 2.45\sigma_x$。定义星相机定姿精度传递效率如下：

$$\mathrm{Eff}=\frac{\tan(\sigma_{\mathrm{STC}})\cdot H}{\sigma_x}=\frac{\tan(\sigma_{\mathrm{STC}})\cdot H}{\mathrm{CE90}/2.14} \tag{2-14}$$

式中，H——轨道高度；

σ_{STC}——星相机精度（1σ）。

将 WorldView-4 参数代入式（2-14），可以得到其传递效率为 43%。以国内卫星“高景一号”为例，所采用的星敏精度为 1.5″（1σ）左右，轨道高度为 530 km，无控制点定位精度最好情况下为 8.5 m（1σ）左右，则计算得到传递效率约为 45%。由此可见，中间过程的传播误差不可忽略。本节将对星相机误差进行分析，此外还将针对测绘领域应用对星相机全链路误差进行建模和分析。

2.4.1　星相机误差分类

影响星相机/星敏感器的误差种类繁多，相应的分类方法也不尽相同[15-17]，且都主要集中在对星敏感器自身精度评价上。日本在为 ALOS 配套研制星敏感器时给出了图 2-15 所示的误差树。欧洲空间标准化合作组织（ECSS）对星敏感器误差的分类如图 2-16 所示。

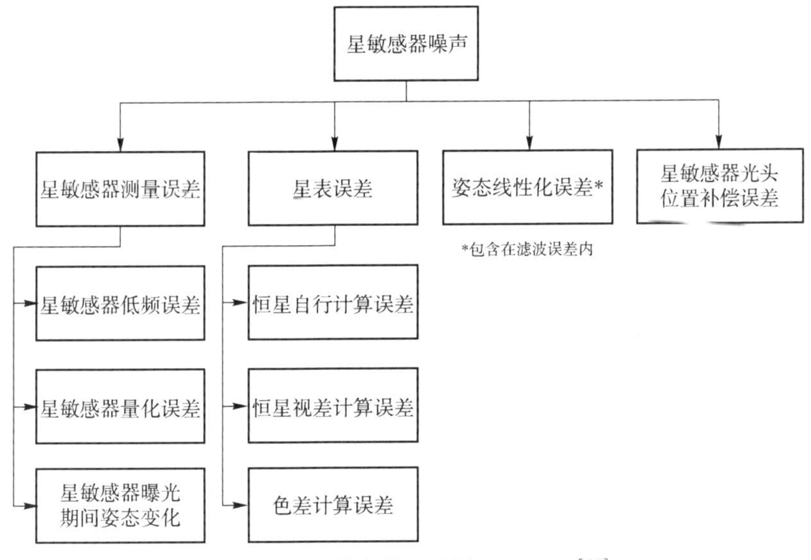

图 2-15　星敏感器误差树（ALOS）[16]

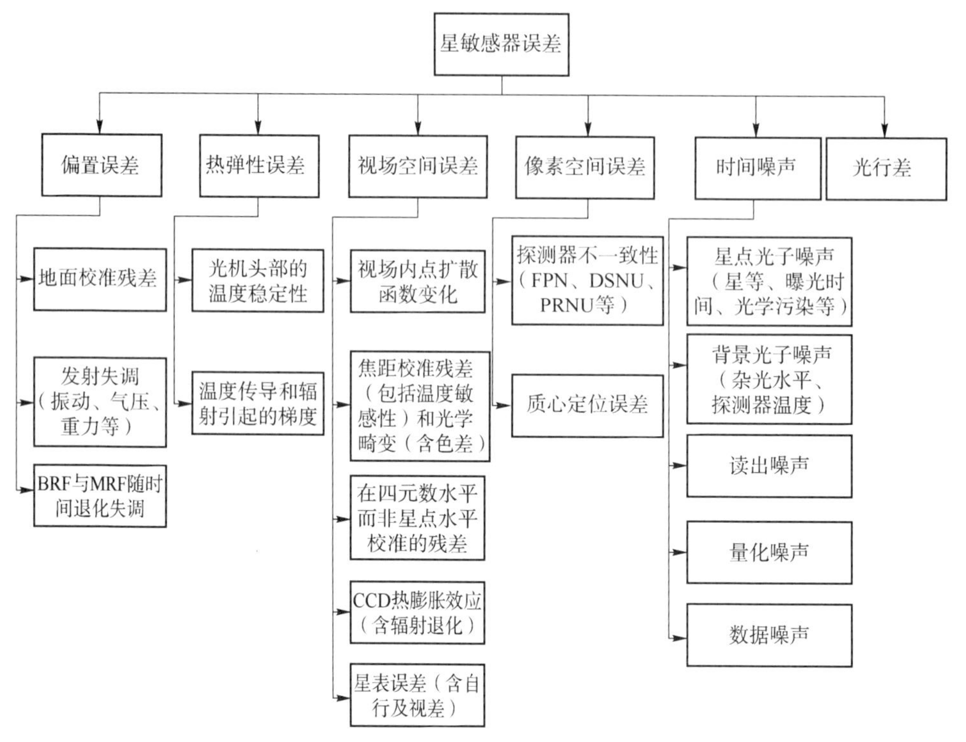

图 2-16 星敏感器误差树（ECSS）[17]

上述误差分类主要从误差性质进行分类，有助于理解各项误差的来源。本书从工程角度出发，从测量角度对星相机误差进行了分类，如图 2-17 所示。

2.4.2 星相机误差分析

按照本书的分类，以下对星相机误差项进行逐项分析。

1. 星图质心确定误差

星图质心确定误差是影响星相机精度的最主要因素之一，包含了探测器不一致性、星点光子噪声、背景光子噪声、读出噪声、量化噪声、数据噪声等，此外还与质心提取算法误差有关。其中，探测器不一致性噪声主要包括：

（1）探测器光子响应非一致性（photo response non uniformity，PRNU）。

（2）探测器暗信号不一致性（dark signal non uniformity，DSNU）。

（3）探测器暗电流尖峰——是否相关取决于探测器技术。

（4）探测器固定模式噪声（fixed pattern noise，FPN）——是否相关取决于探测器技术。

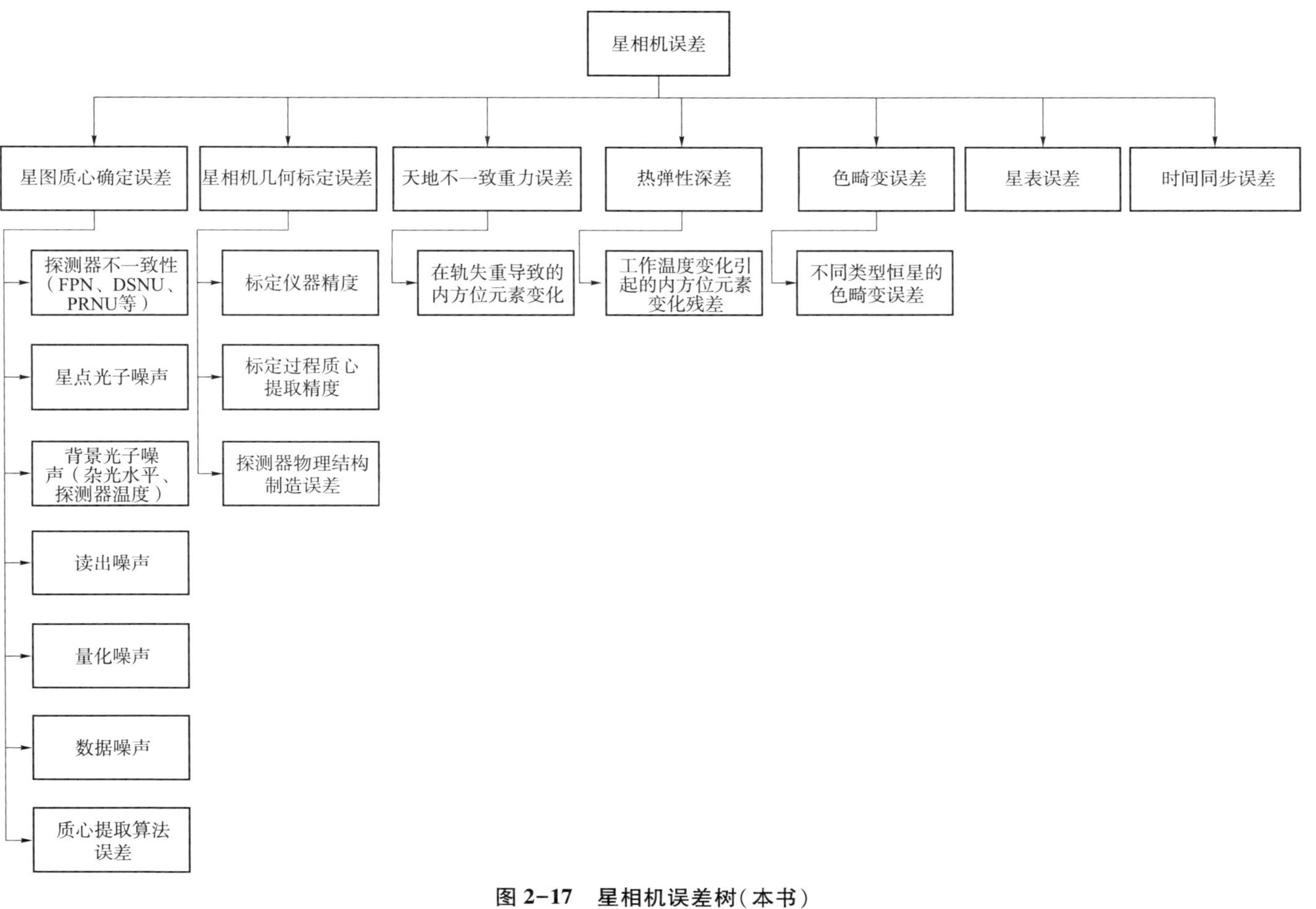

图 2-17　星相机误差树（本书）

总的来看，星图质心确定误差表现为像素空间误差和时间误差，是一种综合的随机误差。第 9 章将对星图质心确定误差进行相关分析。

2. 星相机几何标定误差

本书所讨论的星相机具备星图识别功能，而星相机星图识别算法一般要求对星点角距或模式进行严格匹配，因此对星相机应进行高精度内方位元素几何标定。目前的常用标定方法有靶标法和转台法，标定误差主要取决于标定仪器自身的误差，以及标定算法带来的误差。此外，由于标定过程将探测器作为理想模型，因此应考虑制造过程带来的误差，第 9 章将对靶标法、转台法进行详细论述。

3. 天地不一致重力误差

星相机在地面完成标定后，受发射动力学环境、重力等天地不一致性影响，其主点主距难免产生微小的变化，会引入小量的误差。对于高精度星相机而言，该项误差一般控制在 0.1″左右。

4. 热弹性误差

对于 LEO 光学测绘卫星而言，其在轨温度环境呈现周期性变化，这种温度环境变化反映到卫星上，其结果是使得温度边界发生变化，进而造成光学测绘相机和星相机温度产生波动。这种温度波动的结果有两个：

（1）使得测量坐标系相对于机械坐标系发生轨道周期性漂移。主要反映的是测绘相机热变形引起的视轴指向误差、传递路径上的热变形误差，以及星相机热变形引起的视轴指向误差的综合结果。

（2）星相机自身温度波动导致的光学系统热畸变误差。星相机一般采用折射玻璃材料，其折射率、曲率等随着温度发生变化，从而引起光学系统发生轻微变化。

上述两种误差均为时域低频非随机噪声，不能通过常规的卡尔曼滤波进行消除[15]。对于前者，可以通过增加在轨光学监视的手段进行消除；对于后者，由于很难进行轨道周期性标定，因此该误差会影响到星相机的最终精度。

5. 色畸变误差

星相机色差是衡量星相机光学系统设计好坏的最重要标准之一。由于色差难以进行在轨校正，因此必须严格控制色畸变大小。根据光学系统相对孔径大小，一般高精度星相机设计要求色畸变小于 5 μm。

6. *星表误差*

星表误差的来源为根据天文星表导出的导航星表的测量精度、恒星自行及视差修正后的残差，该项误差一般很小。采用第谷星表，可以实现星表误差小于 0.1″。

7. *时间同步误差*

星相机一般的曝光时间在数十毫秒到百毫秒之间，时间相对较长。以 500 km轨道 LEO 卫星计算，1 ms 内卫星角位移约为 0.2″，相当可观。因此，必须通过严格的时间同步控制，以降低时间不同步带来的误差影响。当前技术水平下，一般可实现时间同步精度在微秒（μs）级，因此由时间同步带来的误差几乎可以忽略不计。

2.4.3　全链路误差建模与分析

为实现无控制条件下高精度影像定位，采用高精度星敏感器对卫星姿态进行确定是关键[18]，其本质是提高测绘卫星的有效载荷（即测绘相机系统的姿态确定精度）。星敏感器的不同布局会引起测绘相机姿态确定精度的变化，最终影响影像定位精度[19-21]。

文献［19］基于(w,z)参数给出了星敏三轴姿态角观测的误差模型，研究了多星敏安装方位对定姿精度的影响，其建模过程较为复杂，且未对其具体应用进行说明。文献［20］研究了三星敏视场布局和定姿精度的影响，但其假定星敏视轴夹角两两相等；文献［21］基于双矢量定姿原理给出了总的姿态误差估计，但未对各方向误差进行分离。文献[20]、[21]仅适用于定性分析，在实际应用上存在局限。

本书以光学测绘卫星为背景，所搭载星相机的最重要任务是确定测绘相机的绝对指向。对于采用前方交会法[22]的测绘相机系统，俯仰角度的变化对定位精度影响最大[18]。2.4.2 节讨论了星相机自身的误差情况，本节针对双线阵测绘相机系统，采用专用双星相机布局，基于双矢量定姿原理和误差加权方法，建立测绘相机系统定位精度评价模型，并给出星相机的最优布局设计和定位精度分析。

1. 测绘相机定姿原理[23]

设有测绘相机坐标系 $OXYZ$，前后视相机坐标系 $OX_FY_FZ_F$、$OX_BY_BZ_B$ 由测绘相机坐标系绕 Y 轴分别转动角度 φ_F、φ_B 得到，在测绘相机坐标系 $OXYZ$ 下星相机 1、2 的视轴单位矢量为 $\boldsymbol{V}_{ec1}$、$\boldsymbol{V}_{ec2}$，如图 2-18 所示。

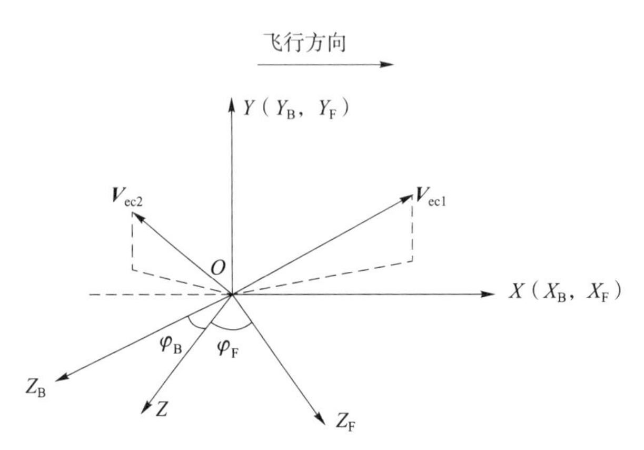

图 2-18 测绘相机坐标系与前后视相机坐标系/星相机视轴关系

按照双矢量定姿原理[20]，根据 $\boldsymbol{V}_{ec1}$、$\boldsymbol{V}_{ec2}$ 构建新的单位矢量 $\boldsymbol{X}'$、$\boldsymbol{Y}'$、$\boldsymbol{Z}'$，从而构建新坐标系。公式如下：

$$\begin{cases} \boldsymbol{Y}' = \dfrac{\boldsymbol{V}_{ec1} + \boldsymbol{V}_{ec2}}{|\boldsymbol{V}_{ec1} + \boldsymbol{V}_{ec2}|} \\ \boldsymbol{Z}' = \dfrac{\boldsymbol{V}_{ec1} \times \boldsymbol{V}_{ec2}}{|\boldsymbol{V}_{ec1} \times \boldsymbol{V}_{ec2}|} \\ \boldsymbol{X}' = \boldsymbol{Y}' \times \boldsymbol{Z}' \end{cases} \tag{2-15}$$

则从星相机 1、2 构建的新坐标系到测绘相机坐标系的过渡矩阵如下：

$$\boldsymbol{M}_{STC1-STC2} = [\boldsymbol{X}' \quad \boldsymbol{Y}' \quad \boldsymbol{Z}'] \tag{2-16}$$

2. 全链路误差建模

设两台星相机的视轴确定误差均为 $\delta\phi_{STC}$，如图 2-19 所示，其等效为 Y'轴的确定误差为 $\delta\phi_{Y'}$，公式如下：

$$\delta\phi_{Y'} = \frac{\delta\phi_{STC}}{\sqrt{2} \cdot \sin\theta} \tag{2-17}$$

式中，θ ——星相机 STC1 与 STC2 视轴夹角的 1/2。

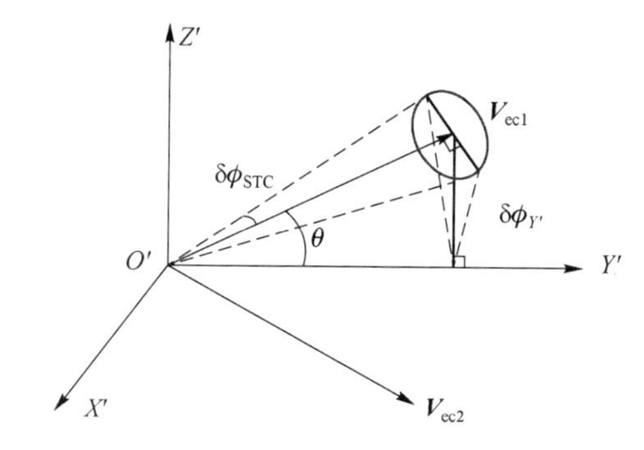

图 2-19　星相机视轴确定误差向新坐标系传递图解

与之类似，可以得到 X'、Z'轴的确定误差 $\delta\phi_{X'}$、$\delta\phi_{Z'}$，公式如下：

$$\delta\phi_{X'}=\frac{\delta\phi_{STC}}{\sqrt{2}\cdot\sin\left(\frac{\pi}{2}-\theta\right)} \tag{2-18}$$

$$\delta\phi_{Z'}=\frac{\delta\phi_{STC}}{\sqrt{2}\cdot\sin\frac{\pi}{2}} \tag{2-19}$$

则测绘相机坐标系 X、Y、Z 三轴的误差矩阵公式如下：

$$\begin{bmatrix}\overline{\delta\phi_X}\\\overline{\delta\phi_Y}\\\overline{\delta\phi_Z}\end{bmatrix}^{\mathrm{T}}=\boldsymbol{M}_{STC1-STC2}\begin{bmatrix}\delta\phi_{X'}&0&0\\0&\delta\phi_{Y'}&0\\0&0&\delta\phi_{Z'}\end{bmatrix} \tag{2-20}$$

进一步，测绘相机坐标系 X、Y、Z 轴的确定误差公式如下：

$$\begin{bmatrix}\delta\phi_X\\\delta\phi_Y\\\delta\phi_Z\end{bmatrix}=\begin{bmatrix}\sqrt{\overline{\delta\phi_X}(1)^2+\overline{\delta\phi_Y}(1)^2+\overline{\delta\phi_Z}(1)^2}\\\sqrt{\overline{\delta\phi_X}(2)^2+\overline{\delta\phi_Y}(2)^2+\overline{\delta\phi_Z}(2)^2}\\\sqrt{\overline{\delta\phi_X}(3)^2+\overline{\delta\phi_Y}(3)^2+\overline{\delta\phi_Z}(3)^2}\end{bmatrix} \tag{2-21}$$

与之类似，可得前后视相机坐标系三轴的确定误差。

根据摄影测量理论，在已知立体影像的外方位元素值条件下，前方空间交会地面点坐标公式是航天摄影测量的最基本环节[24]。根据文献［18］给出的摄影测量空间前方交会关系如图 2-20 所示。图中，f、f'为前后视相机焦距；φ_F、φ_B

为前、后视相机视轴与垂线夹角；B 为摄影基线长度；H 为轨道高度；α 为两个摄站对应的地心角；R 为地球半径；y、y'分别为前后视相机线阵边缘距离中心的长度。

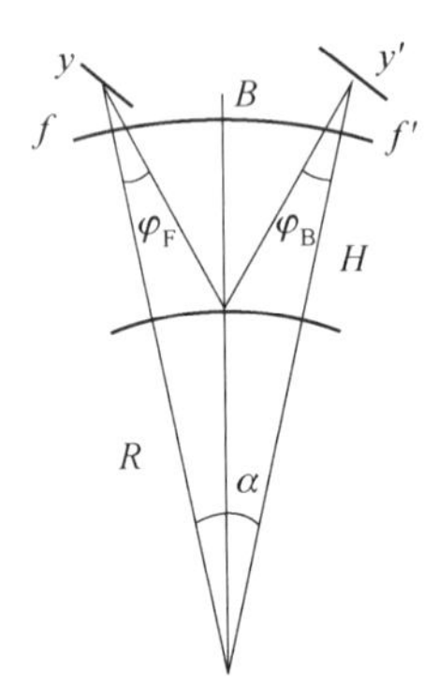

图 2-20 摄影测量空间前方交会关系[18]

仅考虑星相机姿态测量精度误差时，测绘相机影像定位精度公式简化如下：

$$\begin{cases} m_{XM}=\sqrt{\dfrac{H^2}{2}(1-\tan^2\alpha)^2 m_\varphi^2+\dfrac{(Hy\tan\alpha)^2}{2f^2}m_\omega^2+\dfrac{(Hy)^2}{2f^2}m_\kappa^2} \\ m_{YM}=\sqrt{\dfrac{(Hy)^2}{2(f\tan\alpha)^2}m_\varphi^2+\dfrac{H^2}{2}m_\omega^2+\dfrac{(f^2H\tan^2\alpha+Hy^2)^2}{2f^4\tan^2\alpha}m_\kappa^2} \\ m_{ZM}=\dfrac{H}{B}\sqrt{\dfrac{2H^2}{\cos^4\alpha}m_\varphi^2+\dfrac{2(Hy\tan\alpha)^2}{f^2}m_\omega^2+\dfrac{2(Hy)^2}{f^2}m_\kappa^2} \end{cases} \tag{2-22}$$

式中，m_{XM},m_{YM},m_{ZM}——平面 X、Y 及高程 Z 的定位误差；

$m_\varphi,m_\omega,m_\kappa$——测绘相机系统姿态角测量误差。

XY 平面定位精度见公式：

$$m_{XYM}=\sqrt{m_{XM}^2+m_{YM}^2} \tag{2-23}$$

进一步，引入定位精度加权评价公式：

$$m_{\mathrm{IWO}}=\sqrt{Q^2m_{XYM}^2+m_{ZM}^2} \tag{2-24}$$

式中，m_{IWO}——定位精度评价指数；

Q——加权因子，公式如下：

$$Q=\frac{\mathrm{RMSEz}}{\mathrm{RMSEp}} \tag{2-25}$$

式中，RMSEp,RMSEz——平面位置误差和高程误差，取值可参考表2-5。

表2-5 1：10 000比例尺制图要求[25]

地形	RMSEp/m	RMSEz/m
平地	5.0	0.5
丘陵	5.0	1.5
山地	7.5	3.0
高山地	7.5	6.0

3. 仿真分析结果

星相机1、2坐标系与测绘相机系统坐标系按照ZXY转序过渡矩阵描述，公式如下：

$$\boldsymbol{C}(\gamma,\beta,\alpha)=\begin{bmatrix} \cos\alpha\cos\gamma-\sin\alpha\sin\beta\sin\gamma & \cos\alpha\sin\gamma+\cos\gamma\sin\alpha\sin\beta & -\cos\beta\sin\alpha \\ -\cos\beta\sin\gamma & \cos\beta\cos\gamma & \sin\beta \\ \cos\gamma\sin\alpha+\cos\alpha\sin\beta\sin\gamma & \sin\alpha\sin\gamma-\cos\alpha\cos\gamma\sin\beta & \cos\alpha\cos\beta \end{bmatrix} \tag{2-26}$$

式中，α——绕Y轴的转角，即俯仰角；

β——绕X轴的转角，即滚动角；

γ——绕Z轴的转角，即偏航角。

星相机1、2按照YOZ面对称布局，令星相机1的过渡矩阵$\boldsymbol{M}_{\mathrm{STC1}}=\boldsymbol{C}(\gamma,\beta,\alpha)$，则星相机2的过渡矩阵$\boldsymbol{M}_{\mathrm{STC2}}=\boldsymbol{C}(\gamma,\beta,-\alpha)$。

其余仿真参数设置如下：轨道高度$H=500$ km；前后视相机焦距均为8 m；线阵长度$y=300$ mm；星相机视轴夹角为30°，视轴确定精度$\delta\phi_{\mathrm{STC}}=0.5''$，RMSEp、RMSEz分别取为5 m和1.5 m。

在不同滚动角和俯仰角条件下测绘相机系统、前后视相机三轴指向误差，如图2-21~图2-23所示。

由图2-21（a）可知，测绘相机系统X轴确定精度随着滚动角、俯仰角的增大而提高；由图2-21（b）可知，测绘相机系统Y轴确定精度随着滚动角、俯仰角的增大而变差；由图2-23（c）可知，测绘相机系统Z轴确定精度与俯仰角无关，随着滚动角增加而降低。图2-22、图2-23的结果与图2-21类似。

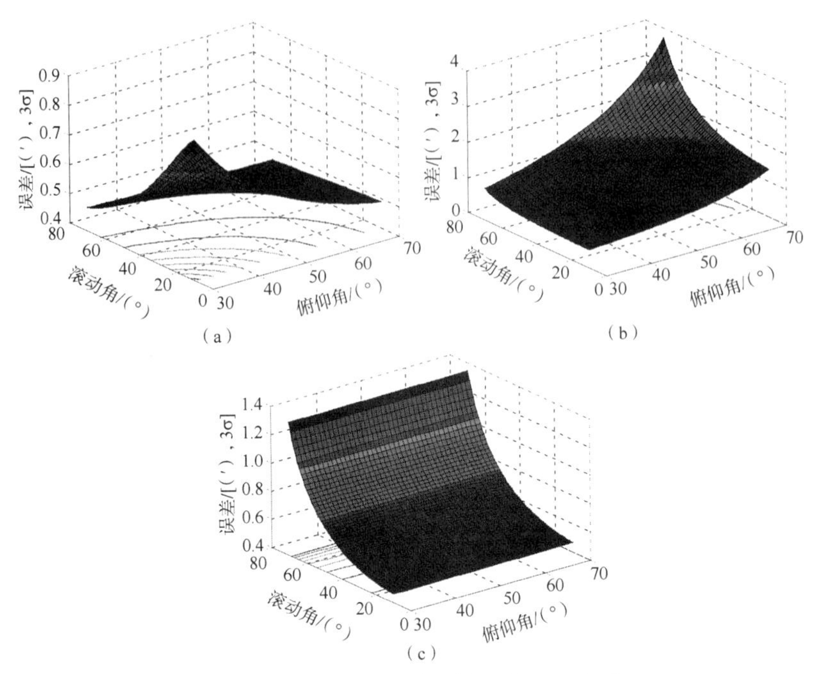

图 2-21　测绘相机系统三轴误差（附彩图）

(a) 测绘相机系统 X 轴；(b) 测绘相机系统 Y 轴；(c) 测绘相机系统 Z 轴

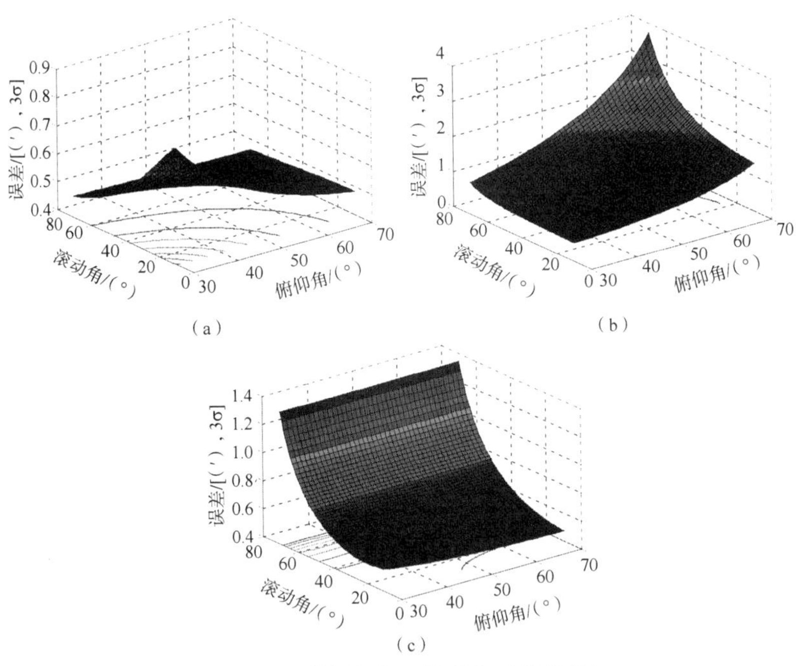

图 2-22　前视相机三轴误差（附彩图）

(a) 前视相机 X_F 轴；(b) 前视相机 Y_F 轴；(c) 前视相机 Z_F 轴

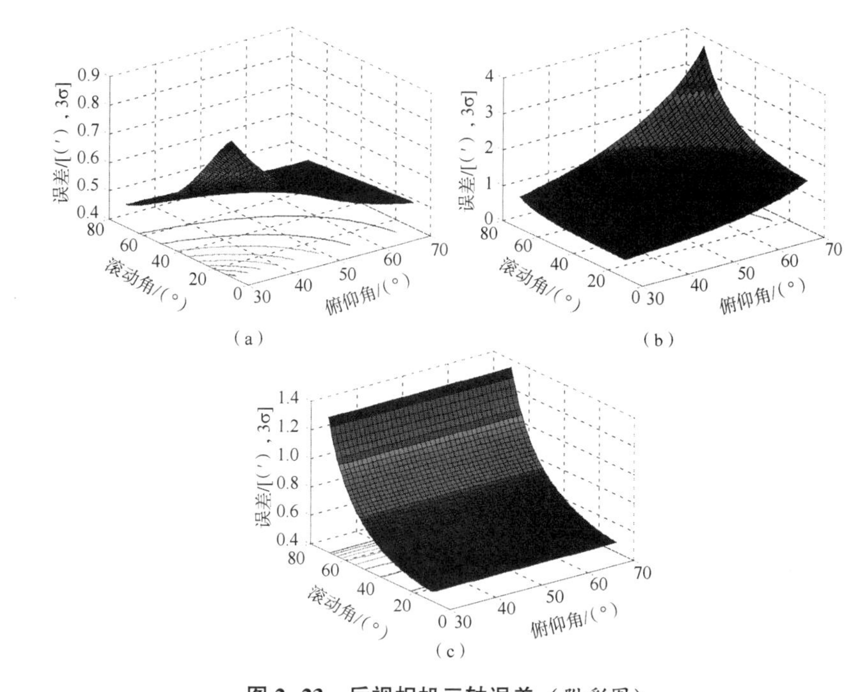

图 2-23　后视相机三轴误差（附彩图）

（a）后视相机 X_B 轴；（b）后视相机 Y_B 轴；（c）后视相机 Z_B 轴

显然，使测绘相机系统 X、Y、Z 三轴同时达到最优是不可能的，需要进行综合评估。通过引入前述加权评价指数，得到结果如图 2-24 所示。

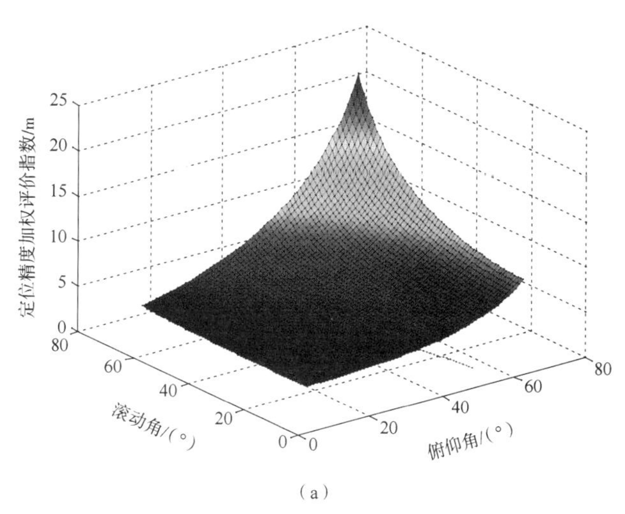

图 2-24　定位精度综合评价与星相机视轴夹角的关系（附彩图）

（a）定位精度加权评价指数

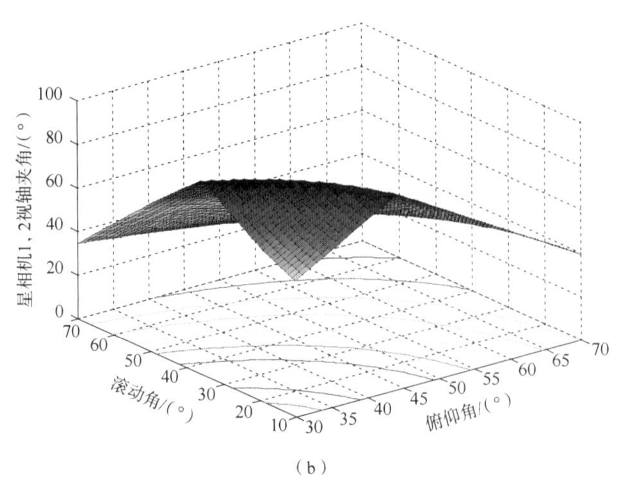

(b)

图 2-24 定位精度综合评价与星相机视轴夹角的关系（续）（附彩图）

(b) 星相机视轴夹角

由图 2-24（a）可知，按照定位精度加权评价方法，可得到星相机布局角度滚动角、俯仰角的系统最优解；由图 2-24（b）可知，此时星相机 1、2 视轴夹角并非越大越好，这一点与文献［21］中是有区别的，值得注意。

蒙特卡洛仿真分析的结果如图 2-25 所示。

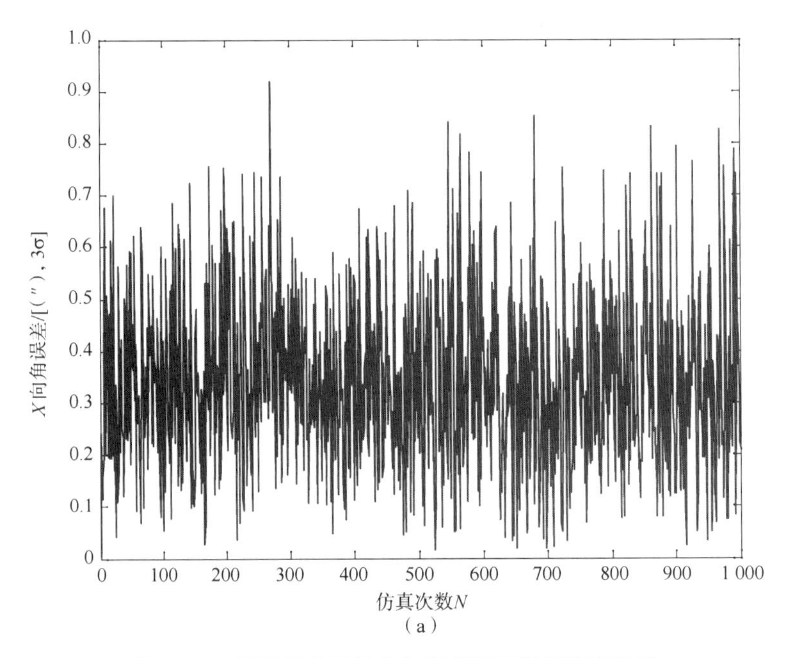

(a)

图 2-25 测绘相机三轴方向姿态确定精度仿真结果

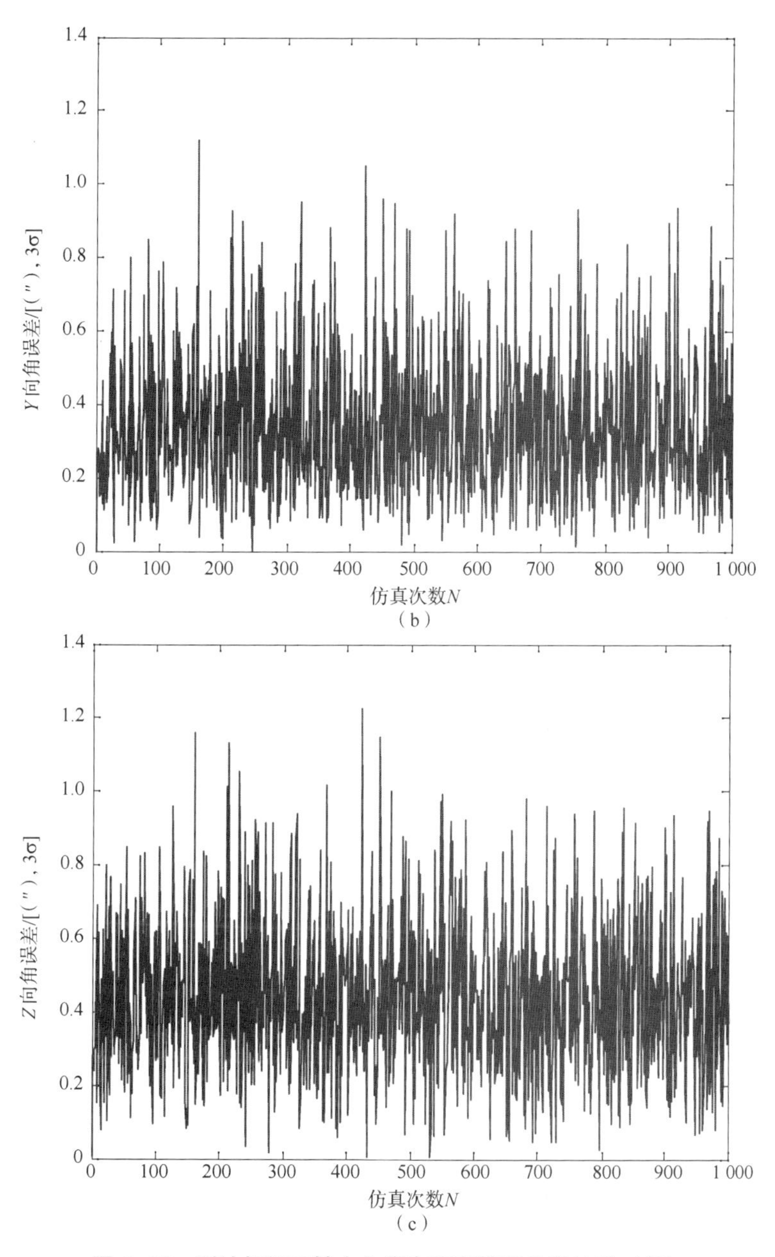

图 2-25　测绘相机三轴方向姿态确定精度仿真结果（续）

由图 2-25 可知，测绘相机系统俯仰方向姿态确定精度为 0.4″，与理论计算结果一致。换算到高程定位精度为 2.1 m，平面定位精度为 2 m。

2.5 本章小结

本章介绍了星相机初步参数的确定过程，重点从探测器选型、焦距选择、精度分析、探测灵敏度需求等方面进行了论述，给出了星相机技术指标分析相关情况介绍，包括获星概率分析、信噪比分析、对卫星的相关反要求，梳理出了总体设计的相关思路，为后续开展进一步设计工作提供基础。此外，本章还介绍了星相机误差分类，并对相关误差逐项进行分析。基于此，本章建立了全链路误差模型，并结合测绘实际应用给出了相关的仿真分析结果，蒙特卡洛仿真结果与误差模型匹配良好，验证了误差模型的正确性。本章内容是后续开展星相机设计的总体依据。

参考文献

[1] LARSON W L, WEITZ J R. Space mission analysis and design [M]. 3rd ed. California: Picrocosm Press, 1999.

[2] LIEBE C C. Accuracy performance of star trackers - a tutorial [J]. IEEE Transactions on Aerospace and Electronics Systems, 2002, 38 (2): 587-599.

[3] CMOSIS. CMV2000: 2MP global shutter CMOS image sensor for machine vision [EB/OL]. (2021-11-11) [2021-12-20]. https://ams.com/en/cmv2000.

[4] CMOSIS. CMV4000: 4MP global shutter CMOS image sensor for machine vision [EB/OL]. (2021-11-11) [2021-12-20]. https://ams.com/en/cmv4000.

[5] CMOSIS. CMV20000: 20MP global shutter CMOS image sensor for machine vision [EB/OL]. (2021-11-11) [2021-12-20]. https://ams.com/en/cmv20000.

[6] CMOSIS. CMV50000: 35 mm 47.5Mp CMOS machine vision image sensor [EB/OL]. (2019-12-20)[2021-12-20]. https://ams.com/en/cmv50000.

[7] ROELOF W H, VAN B. SIRTF autonomous star tracker [J]. Proceedings of SPIE-The International Society for Optical Engineering, 2003, 4850: 108-201.

[8] VEDDER J D. Star trackers, star catlogs, and attitude determination: probabilistic

aspects of system design [J]. Journal of Guidence, Control, and Dynamics, 1993, 16 (3): 498-504.

[9] 鹿瑞，武延鹏. 动态拖尾星图模拟算法研究 [J]. 空间控制技术与应用，2016，42 (4): 57-62.

[10] WorldView-4 satellite [EB/OL]. (2017-02-04) [2018-06-08]. http://spaceflight101.com/worldview-4.

[11] MICHAELS D, SPEED J. Ball aerospace star tracker achieves high tracking accuracy for a moving star field [C] // 2005 IEEE Aerospace Conference, 2005: 1-7.

[12] 王建荣，王任享，胡莘. 卫星影像定位精度评估粗探 [J]. 航天返回与遥感，2017，38 (1): 1-5.

[13] ITEK Corporation. Conceptual design of an automated mapping satellite system (Mapsat) [R]. National Technical Inforation Service, 1981.

[14] Federal Geographic Data Committee. Geospatial positioning accuracy standard part 3: national standard for spatial data accuracy [R]. FGDC-STD-007.3-1998, 1998.

[15] 卢欣，武延鹏，钟红军，等. 星敏感器低频误差分析 [J]. 空间控制技术与应用，2014，40 (2): 1-7.

[16] TAKANORI I, HIROKI H, TAKESHI Y, et al. Precision attitude determination for the advanced land observing satellite (ALOS): design, verification, and on-orbit calibration [C] // AIAA Guidance, Navigation and Control Conference and Exhibit, Hilton Head, 2007: 1-18.

[17] ECSS Secretariat. ECSS-E-ST-60C: star sensors terminology and performance specification [S]. Noordwijk: ESA, 2008.

[18] 王新义，高连义，尹明，等. 传输型立体测绘卫星定位误差分析与评估 [J]. 测绘科学技术学报，2012，29 (6): 427-434.

[19] 马红亮，陈统，徐世杰. 多星敏感器测量最优姿态估计算法 [J]. 北京航空航天大学学报，2013，39 (7): 869-874.

[20] 李健，张广军，魏新国. 多视场星敏感器数学模型与精度分析 [J]. 红外与

激光工程，2015，44（4）：1223-1228.

[21] 吕振铎，雷拥军. 卫星姿态测量与确定［M］. 北京：国防工业出版社，2013.

[22] 王任享，王建荣，胡莘. 光学卫星摄影无控定位精度分析［J］. 测绘学报，2017，46（3）：332-337.

[23] WANG W Z，WANG Q L，GAO W J. Star camera layout and orientation precision estimate for stereo mapping satellite［C］//ISSOIA 2018，Beijing，2018.

[24] 王任享. 三线阵 CCD 影像卫星摄影测量原理［M］. 2 版. 北京：测绘出版社，2016.

[25] 全国地理信息标准化技术委员会. 国家基本比例尺地图 1∶5 000　1∶10 000 地形图：GB/T 33177—2016［S］. 北京：中国标准出版社，2016.

第3章 星相机光学设计及杂散光抑制

3.1 引言

星相机光学系统用于对星空进行成像，具有激光地形测量功能的星相机光学系统能同时接收激光脉冲分束光斑，本质上属于点目标成像光学系统。然而，随着星相机姿态确定精度的提高[1-2]，光学系统残余像差容限的逐级缩小，星相机光学系统较点目标成像光学系统的各项技术指标要求更为严格，给光学系统设计及杂散光抑制带来了极大的考验。本章重点对星相机光学系统设计及杂散光抑制进行介绍。

3.2 星相机光学系统基本性能及评价

3.2.1 星相机基本性能参数

影响星相机光学系统性能的基本参数主要有焦距、视场角和相对孔径[3-4]。在探测器尺寸一定的情况下，星相机光学系统焦距和视场角决定了所能探测星等的星点数量；而在给定姿态确定精度条件下，既可以通过长焦距小视场设计实现，也可以通过短焦距大视场设计实现。星相机光学系统相对孔径决定了恒星在像面上的照度，随着星相机姿态确定精度的不断提高，小相对孔径光学系统以其对暗星探测更高的灵敏度优势得到越来越多的应用。

目前公开报道的星相机光学系统焦距范围约为20~300 mm；视场角范围约为

$\Phi6.5^\circ \sim \Phi33^\circ$，相对孔径范围约为 1∶1.1～1∶3[5-12]。

3.2.2 星点质心位置精度影响因素分解

在轨/地面对星图进行处理并计算星相机姿态信息时，首先要根据获取的星点图像提取星点的质心位置信息，星点质心位置的准确性很大程度上决定了星相机的精度[13-15]。影响星点质心位置确定精度的主要因素包括光学系统残余像差影响、星点质心提取精度、地面/在轨标定精度[16]，前两项因素与光学系统设计强相关，在此重点阐述。如图 3-1 所示，从光学系统角度考虑，星点质心位置精度包含以下几个要素：

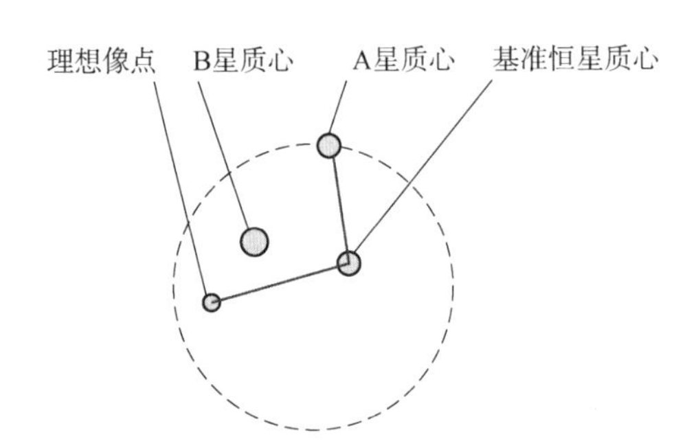

图 3-1　星点质心位置分解示意图

1）基准恒星自身的质心位置精度

通常需根据星相机的星等探测能力分析来确定基准恒星的类型。设计光学系统时主要以基准恒星光谱作为设计输入，考虑到其星点质心位置与光斑形状有关，为提高质心提取精度，在设计过程中需使光学系统的弥散斑形状接近圆形，而光斑形状与光学系统的非对称像差相关。因此，星相机光学系统设计过程中主要考虑彗差、倍率色差的影响。此外，畸变也会影响边缘视场星点在像面上的成像位置，设计过程中亦需考虑。

2）其他恒星与基准恒星的位置精度

其他恒星与基准恒星间的质心位置差异的本质是不同类别恒星间色温不同导致的波长权重的区别，像差的本质主要是倍率色差的影响；此外，特定像点视场不一致导致的畸变同样存在。

3）质心位置与实际像点位置偏差的影响

理想像点通常指高斯像点，其在高斯像面上的垂轴高度就是理想像高[17]。

一般星相机光学系统内方位元素标定是以靶标点质心位置代替理想像高，并通过其与理想像高之间的偏差最小二乘数据进行拟合得到焦距校准值。此过程中近似考虑了主光线的畸变像差，但未考虑质心位置与实际像点位置偏差的影响。为保证星相机光学系统性能，需对质心位置与实际像点位置偏差进行校正。

3.2.3　星相机光学系统像差要求分析

星相机在高分辨率光学测绘、激光测绘等领域具有很好的应用背景，随着测绘相机光轴指向精度提高的需要，星相机较星敏感器的测量精度要求也提高，因此对星相机光学系统的像差控制也提出了更高要求。

星相机作为一种角距测量系统，其像点在像面上的位置精度是其核心指标之一，从传统点目标及空间成像系统角度考虑，其对能量集中度、畸变、倍率色差、温度稳定性因素都有要求，文献[5]、[18]、[19]等在设计过程中对上述指标进行了不同程度的分析。除此以外，色温及温度变化情况下，各项指标的变化情况、质心位置与理想像高之间的偏差亦需考虑。

实际光学系统设计过程中需考虑以下问题涉及的相关像差：

(1) 质心位置与像高之间的偏差。彗差、倍率色差的存在将引起质心位置偏移，设计过程中需考虑上述像差的校正。

(2) 保证实际测量精度。光学系统畸变将影响星相机的姿态确定精度，光学系统设计过程中需考虑畸变的校正。

(3) 像差控制基本原则。像差引起像点弥散要满足系统指标分解要求。

3.2.4　星相机光学系统评价方法

传统的像质评价方法有适用于小像差光学系统的瑞利（Rayleigh）判据、中心点亮度，适用于大像差光学系统的分辨率、点列图，以及适用于这两种光学系统的光学传递函数判据[20]。其中，前四种评价方法本身都以点源目标成像时的能量集中程度来表征光学系统的成像质量。在不考虑衍射的情况下，光学系统的成像质量主要与系统的像差大小有关，而像差理论是光学设计的理论基础；考虑衍射现象时，可以通过实际成像波面或光学传递函数评价。因此，在星相机光学系统设计阶段，需通过光学传递函数曲线、能量集中度曲线、色温及温度变化（均匀温升和温度梯度变化）情况下星点质心位置精度、质心位置与理想像高的偏差、光学系统像差（倍率色差、畸变）来评价星相机光学系统。

3.3 星相机光学系统选型

星相机光学系统属于暗弱目标成像系统，一般要求光学系统相对孔径大于一定数值，以满足星相机信噪比的要求。星相机光学系统一般基于典型光学系统构型进行复杂化及改进设计，以达到技术指标要求，满足在轨使用性能。

3.3.1 Cooke 物镜

Cooke 物镜是同时校正 7 种像差的最简结构，其构型如图 3-2 所示。相对孔径范围一般为 1/2~1/8；视场角范围一般≤70°。

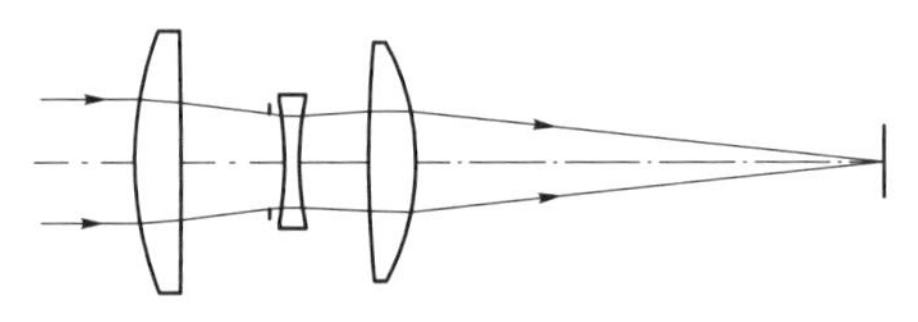

图 3-2 Cooke 物镜

3.3.2 Petzval 物镜

该物镜由两组分开的消色差物镜组成，由匈牙利物理学家、数学家 Joseph Petzval 设计。该系统由于存在场曲，视场角一般不大，其构型如图 3-3 所示。相对孔径 L/f' 范围一般为 1/1~1/4，视场角 2ω 范围一般≤16°。

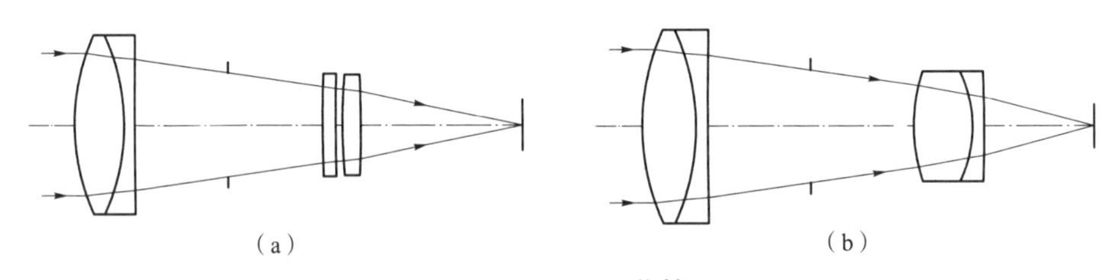

图 3-3 Petzval 物镜

3.3.3　Tessar 物镜和 Heliar 物镜

Tessar 物镜的基本构型如图 3-4 所示，相对孔径 L/f' 范围一般为 1/2.8~1/4.5，视场角 2ω 范围一般≤55°。Heliar 物镜的基本构型如图 3-5 所示，相对孔径 L/f' 范围一般为 1/2~1/5，视场角 2ω 范围一般≤60°。

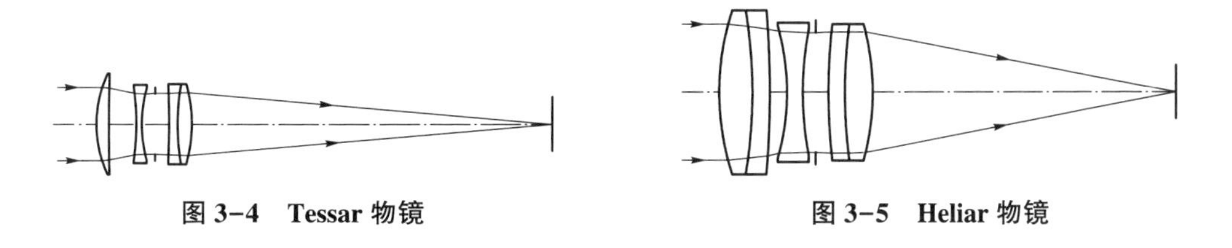

图 3-4　Tessar 物镜　　图 3-5　Heliar 物镜

3.3.4　双高斯物镜

双高斯物镜是一种对称型物镜，可以很好地校正轴外像差，其构型如图 3-6 所示。相对孔径 L/f' 范围一般为 1/0.95~1/6，视场角 2ω 范围一般≤60°。

3.3.5　摄远物镜

摄远物镜的典型特点为物镜总长小于物镜焦距，有利于减小系统体积。实现原理为缩短筒长 L，使主平面前移，摄远比 L/f' 一般介于 1~1.25 之间，其构型如图 3-7 所示。相对孔径范围一般为 1/1.2~1/8，视场角范围一般≤ 95°。

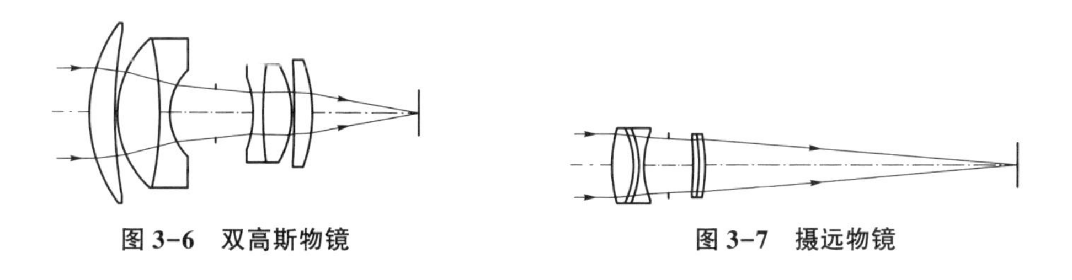

图 3-6　双高斯物镜　　图 3-7　摄远物镜

3.3.6　变焦物镜

变焦物镜可在一定范围内切换焦距，从而改变像的尺寸，并始终保持像面位置不变。变焦距的方法一般分为光学补偿法和机械补偿法。光学补偿是使几个透镜组等速同向运动，具有运动简单的优点，但像面位置不能保持始终稳定。机械补偿变焦系统由前固定组、后固定组、变倍组和补偿组构成，如图 3-8 所示。其中，变倍组线性沿光轴方向移动，补偿组非线性沿光轴方向移动。由于机械补偿变焦系统的像面位置能够始终稳定，所以应用较广泛。

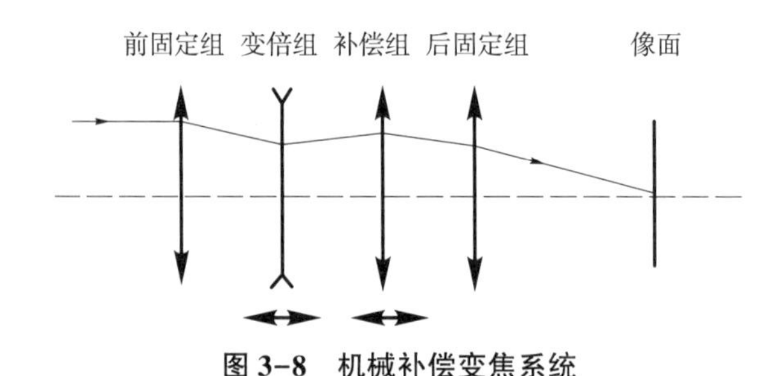

图 3-8　机械补偿变焦系统

接下来，介绍机械补偿法的光学原理[17]。

设变倍组沿光轴移动量为 q_1，补偿组沿光轴移动量为 q_2。由动态光学和稳像原理可知

$$\beta_2\beta_{20}(1-\beta_1\beta_{10})q_1+(1-\beta_2\beta_{20})q_2=0 \tag{3-1}$$

式中，β_{10},β_{20}——变倍组和补偿组在初始位置的垂轴放大率；

β_1,β_2——移动后变倍组和补偿组的垂轴放大率。

由式（3-1）可得

$$\left(\frac{1}{\beta_1\beta_{10}}-1\right)q_1+\frac{1}{\beta_1\beta_{10}}\left(\frac{1}{\beta_2\beta_{20}}-1\right)q_2=0 \tag{3-2}$$

将

$$\begin{cases}q_1=x'_{10}-x_1=-f'_1(\beta_{10}-\beta_1)\\ q_2=x'_{20}-x_2=-f'_2(\beta_{20}-\beta_2)\end{cases} \tag{3-3}$$

代入式（3-2），得

$$\left(\frac{1}{\beta_1}-\frac{1}{\beta_{10}}+\beta_1-\beta_{10}\right)f'_1=\left(\frac{1}{\beta_2}-\frac{1}{\beta_{20}}+\beta_2-\beta_{20}\right)f'_2 \tag{3-4}$$

由上述公式可解出 q_2 和 q_1 的关系。

星相机光学系统向着兼顾捕获与识别的需求发展，变焦距光学系统是星相机后续发展中的一个潜在方向。

3.3.7　反射式光学系统

随着星相机光学系统焦距逐渐变长，探测暗星的能力更强，因此视场要求可以相对较小。在此条件下，星相机光学系统可以考虑采用反射式构型，不仅可以避免色差的影响，而且能够使结构简化。反射式光学系统的基本构型如图 3-9、图 3-10 所示。

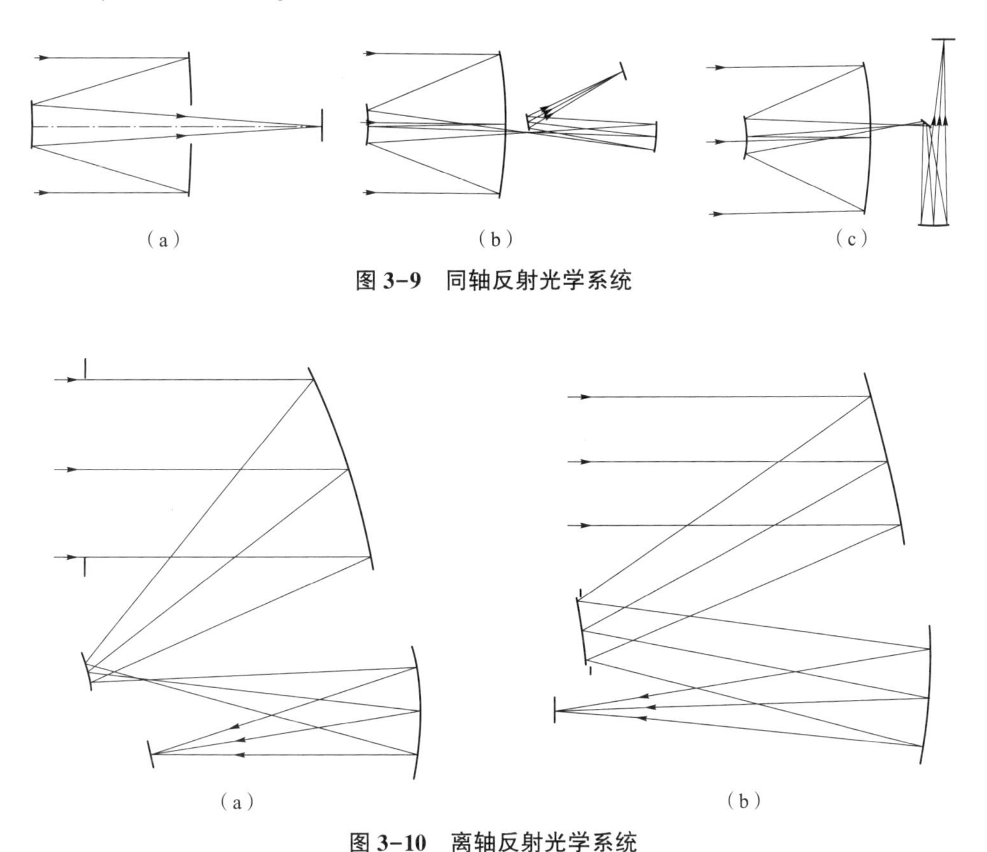

图 3-9　同轴反射光学系统

图 3-10　离轴反射光学系统

3.3.8　其他光学系统

随着姿态确定精度需求的提高，星相机光学系统指标要求越来越高，折衍混合光学系统、折反射式光学系统、复杂表面光学系统等新型光学系统形式也可用用于星相机光学系统的设计选型。

3.4 星相机光学系统设计实例[21]

3.4.1 设计思路

确定光学系统的基本构型后，在设计之初先综合权衡光学系统的 MTF（modulation transfer function，调制传递函数），同时考虑要求像元内的能量集中度。当规定像元对应的频率处光学系统传递函数达到一定程度时，对光学系统的倍率色差和畸变进行校正；当畸变和倍率色差校正到技术指标要求的范围内时，可以认为基准恒星质心位置已经确定。当基准恒星质心位置相对固定后，考虑其与高斯像点之间的偏差。此时，其他恒星相对于基准恒星的质心位置偏差也不会很大，可进行适当校正。最后，基于初始结构确定前的消热差理论综合考虑消热特性[22]。

3.4.2 设计指标及实现

星相机典型光学系统主要技术指标及实现情况如表 3-1 所示。

表 3-1 光学系统主要技术指标及实现情况

参数	指标要求	实现情况
波长/μm	0.5~0.8	0.5~0.8
视场角/(°)	18.5	18.5
焦距/mm	100	100
F#	2	2
能量集中度	>85%，在 3×3 像元	≥90%，在 3×3 像元
畸变/μm	≤2	<1.8
色差/μm	≤2	<0.8
工作温度/℃	15~25	15~25

3.4.3　设计结果及像质评价

根据设计指标要求，选取有利于校正轴外像差的对称式双高斯系统为初始结构，并进行复杂化。设计过程中按照消热差理论进行消热设计，且保证光学系统弥散斑形状，当光学系统 MTF 接近衍射极限后，对光学系统的非对称像差及畸变进行控制，最终得到一个有利于工程实现的八片球面镜光学系统。

光学系统的结构形式如图 3-11 所示。

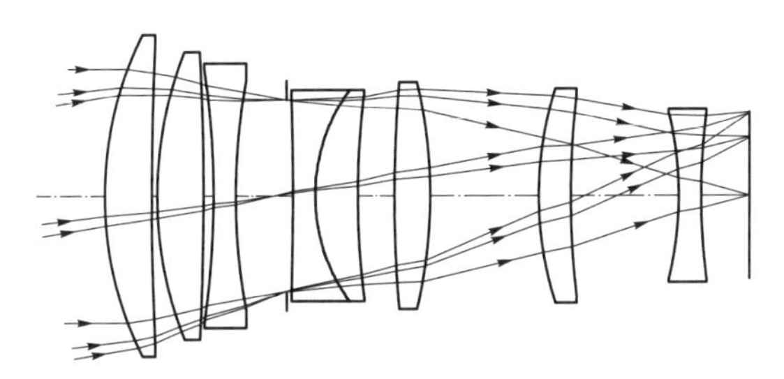

图 3-11　光学系统的结构形式

光学系统场曲畸变曲线如图 3-12 所示，光学系统中心设计波长畸变≤0.5 μm，光学系统最大畸变<1.8 μm。

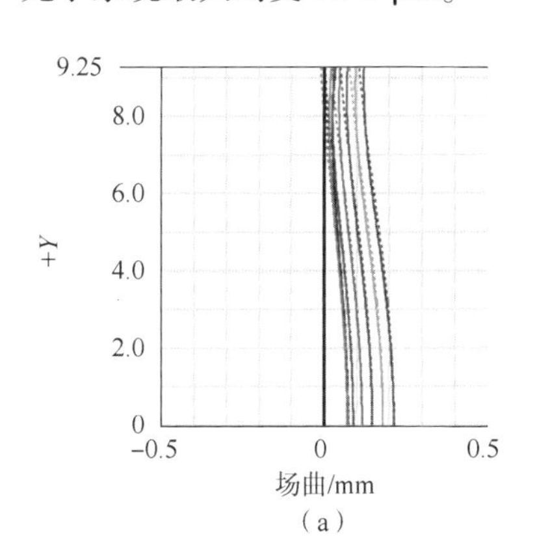

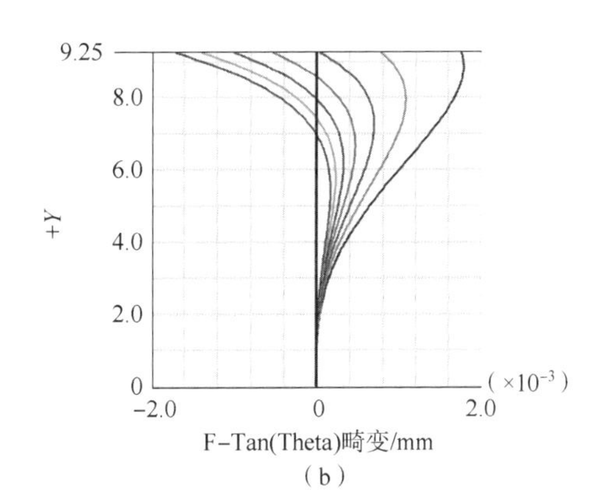

图 3-12　光学系统场曲畸变曲线（附彩图）

(a) 场曲；(b) 畸变

光学系统倍率色差曲线如图 3-13 所示，倍率色差小于 0.8 μm。

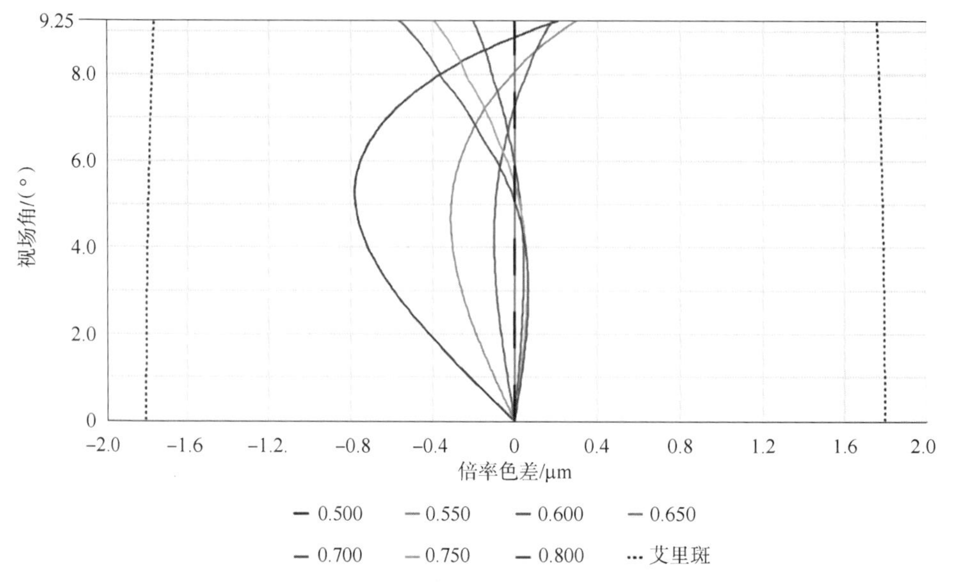

图 3-13 光学系统倍率色差曲线（附彩图）

光学系统的能量集中度曲线如图 3-14 所示，光学系统 3×3 像元内的能量集中度均值>90%。

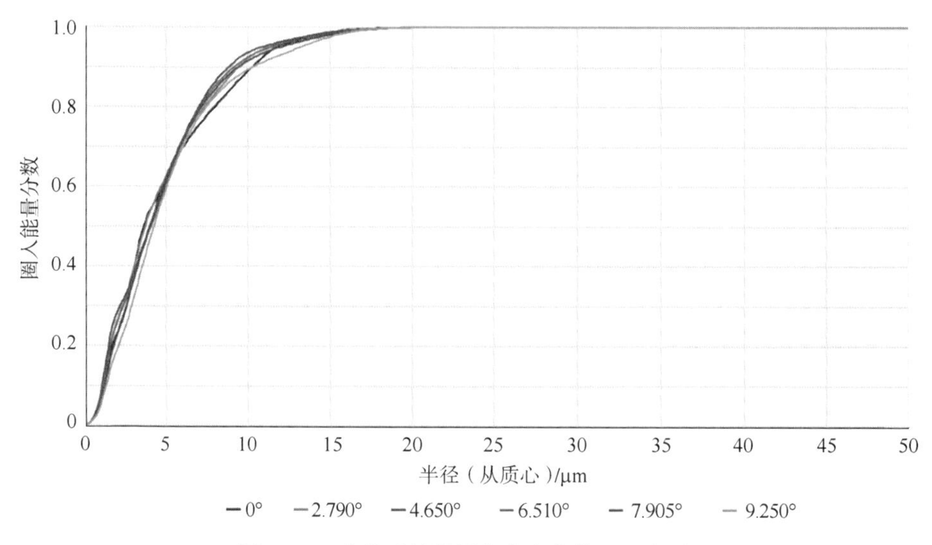

图 3-14 光学系统能量集中度曲线（附彩图）

光学系统的点列图如图 3-15 所示。除边缘视场外，系统点列图基本接近圆形，光学系统像质良好。

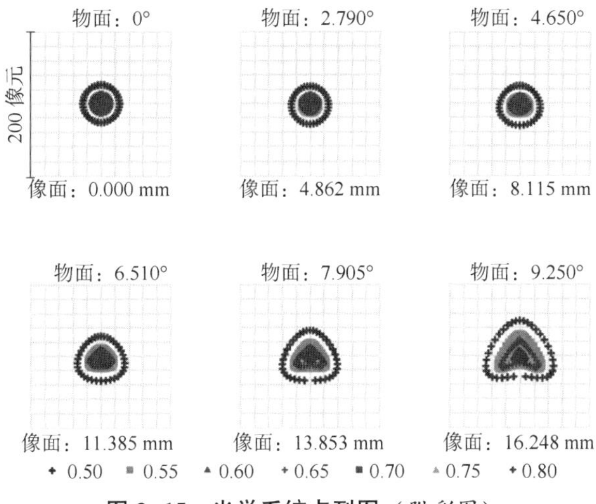

图 3-15　光学系统点列图（附彩图）

3.4.4　质心位置精度分析

3.4.4.1　其他恒星与基准恒星间的质心位置偏差

根据目标星等在天区中的分布情况，选取 K 类恒星为基准，计算其他各类恒星的质心位置相对于基准恒星的质心位置偏差（表 3-2），全视场范围内恒星色温变化导致的质心位置偏差最大值为 0. 332 2 μm，对于大视场星相机光学系统而言，该值相对较小，可接受。

表 3-2　各类恒星与基准恒星的质心位置偏差　　单位：μm

归一化视场角	B	A	F	G	K	M
0	0	0	0	0	0	0
0. 3	−0. 116 6	−0. 081 5	−0. 055 3	−0. 032 1	0	0. 079 2
0. 5	−0. 145 2	−0. 100 8	−0. 067 9	−0. 039 2	0	0. 093 2
0. 7	−0. 091 2	−0. 061 0	−0. 039 8	−0. 022 3	0	0. 041 8
0. 9	0. 056 5	0. 044 8	0. 033 3	0. 021 0	0	−0. 077 2
1. 0	**0. 332 2**	0. 241 1	0. 168 3	0. 100 4	0	−0. 289 9

3.4.4.2　质心位置与理想像高偏差

各种类别的恒星质心位置相对于理想像高的偏差如表 3-3 所示，全视场范围内恒星色温变化导致的质心位置与理想像高的最大偏差为 0. 648 5 μm。

表 3-3 各类恒星质心位置与理想像高的偏差 单位：μm

归一化视场角	B	A	F	G	K	M
0	0	0	0	0	0	0
0.3	−0.512 1	−0.477 0	−0.450 8	−0.427 6	−0.395 5	−0.316 0
0.5	**−0.648 5**	−0.604 1	−0.000 6	−0.542 5	−0.503 3	−0.410 1
0.7	−0.585 1	−0.554 9	−0.000 5	−0.516 2	−0.493 9	−0.452 1
0.9	−0.369 2	−0.380 9	−0.000 4	−0.404 7	−0.425 7	−0.502 9
1.0	0.020 7	−0.070 4	−0.000 1	−0.211 1	−0.311 5	−0.601 4

3.4.5 温度稳定性分析

温度稳定性分析过程以光学系统第一片透镜位置为固定端，焦面位置根据实际温变情况自由膨胀。光学系统结构件采用铝合金（线胀系数为 $23.1\times10^{-6}/\text{K}$）材料，计算 15 ℃、20 ℃、25 ℃三个温度条件下光学系统的质心位置偏差及质心位置与像高的偏差。分析结果表明，光学系统焦距变化量≤4.5 μm。

3.4.5.1 均匀温度分析

以 20 ℃条件下基准恒星质心位置为基准，改变评价温度后，光学系统各类恒星质心位置与基准位置之间的偏差如表 3-4、表 3-5 所示。15 ℃条件下，全视场范围内各类恒星与 20 ℃基准恒星的质心位置偏差最大值为 0.322 3 μm；25 ℃条件下，全视场范围内各类恒星与 20 ℃基准恒星的质心位置偏差最大值为 0.356 2 μm。可见，在温度变化情况下，各类恒星与基准恒星间的质心位置偏差较小。

表 3-4 15 ℃条件下各类恒星与基准恒星的质心偏差 单位：μm

归一化视场角	B	A	F	G	K	M
0	0	0	0	0	0	0
0.3	−0.122 8	−0.088 1	−0.062 1	−0.039 2	−0.007 4	0.071 0
0.5	−0.156 2	−0.112 3	−0.079 9	−0.051 5	−0.012 9	0.078 9
0.7	−0.107 9	−0.078 5	−0.057 9	−0.040 9	−0.019 3	0.020 5
0.9	0.035 0	0.022 4	0.010 3	−0.002 7	−0.024 5	−0.104 2
1.0	0.305 9	0.213 8	0.140 2	0.071 6	−0.029 8	**−0.322 3**

表 3-5　25 ℃条件下各类恒星与基准恒星的质心偏差　　单位：μm

归一化视场角	B	A	F	G	K	M
0	0	0	0	0	0	0
0. 3	−0. 111 1	−0. 075 7	−0. 049 2	−0. 025 8	0. 006 7	0. 086 8
0. 5	−0. 135 4	−0. 090 4	−0. 057 1	−0. 028 1	0. 011 7	0. 106 4
0. 7	−0. 076 2	−0. 045 3	−0. 023 5	−0. 005 4	0. 017 7	0. 061 5
0. 9	0. 075 5	0. 064 6	0. 053 8	0. 042 1	0. 022 0	−0. 052 8
1. 0	**0. 356 2**	0. 266 1	0. 194 0	0. 126 9	0. 027 5	−0. 259 7

以 20 ℃条件下理想像高为基准，评价温度改变后，光学系统各类恒星质心位置与中心设计波长像高之间的偏差如表 3-6、表 3-7 所示。15 ℃条件下，全视场范围内各类恒星与 20 ℃像高偏差最大值为 0. 659 5 μm；25 ℃条件下，全视场范围内各类恒星与 20 ℃像高偏差最大值为 0. 638 7 μm。可见，在温度变化情况下，质心位置偏差较小。

表 3-6　15 ℃条件下各类恒星质心位置与像高的偏差　　单位：μm

归一化视场角	B	A	F	G	K	M
0	0	0	0	0	0	0
0. 3	−0. 518 3	−0. 483 6	−0. 457 6	−0. 434 7	−0. 402 9	−0. 324 5
0. 5	**−0. 659 5**	−0. 615 6	−0. 583 2	−0. 554 8	−0. 516 2	−0. 424 4
0. 7	−0. 601 8	−0. 572 4	−0. 551 8	−0. 534 8	−0. 513 2	−0. 473 4
0. 9	−0. 390 7	−0. 403 3	−0. 415 4	−0. 428 4	−0. 450 2	−0. 529 9
1. 0	−0. 005 6	−0. 097 7	−0. 171 3	−0. 239 9	−0. 341 3	−0. 633 8

表 3-7　25 ℃条件下各类恒星质心位置与像高的偏差　　单位：μm

归一化视场角	B	A	F	G	K	M
0	0	0	0	0	0	0
0. 3	−0. 506 6	−0. 471 2	−0. 444 7	−0. 421 3	−0. 388 8	−0. 308 7
0. 5	**−0. 638 7**	−0. 593 7	−0. 560 4	−0. 531 4	−0. 491 6	−0. 396 9
0. 7	−0. 570 1	−0. 539 2	−0. 517 4	−0. 499 3	−0. 476 2	−0. 432 4
0. 9	−0. 350 2	−0. 361 1	−0. 371 9	−0. 383 6	−0. 403 7	−0. 478 5
1. 0	0. 044 7	−0. 045 4	−0. 117 5	−0. 184 6	−0. 284 0	−0. 571 2

3.4.5.2 温度梯度分析

以 20 ℃条件下基准恒星质心位置为基准，评价温度改变后，光学系统各类恒星与基准恒星的质心偏差如表 3-8 所示。其中，温度梯度指沿光学系统径向存在的温度梯度差异。0.5 ℃温度梯度条件下，全视场范围内各类恒星与20 ℃时基准恒星的质心位置偏差最大值为 0.335 0 μm。可见，在温度梯度变化情况下，各类恒星与基准恒星间的质心位置偏差较小。

表 3-8 0.5 ℃温度梯度条件下各类恒星与基准恒星的质心偏差

单位：μm

归一化视场角	B	A	F	G	K	M
0	0	0	0	0	0	0
0.3	−0.116 0	−0.080 9	−0.055 0	−0.031 5	0.000 7	0.080 0
0.5	−0.144 0	−0.099 7	−0.067 0	−0.038 0	0.001 0	0.094 6
0.7	−0.090 0	−0.059 4	−0.038 0	−0.020 5	0.002 0	0.043 8
0.9	0.058 0	0.046 5	0.035 0	0.022 7	0.002 0	−0.075 2
1.0	**0.335 0**	0.243 7	0.171 0	0.103 2	0.003 0	−0.286 8

以 20 ℃条件下像高为基准，评价温度改变后，光学系统各类恒星质心位置与中心设计波长像高之间的偏差如表 3-9 所示。0.5 ℃梯度温度条件下，全视场范围内各类恒星与 20 ℃条件下像高偏差最大值为 0.647 4 μm。可见温度变化情况下，质心位置畸变变化不大。

表 3-9 0.5 ℃温度梯度条件下各类恒星质心位置与像高偏差

单位：μm

归一化视场角	B	A	F	G	K	M
0	0	0	0	0	0	0
0.3	−0.511 5	−0.476 4	−0.450 1	−0.427 0	−0.394 8	−0.315 5
0.5	**−0.647 4**	−0.603 0	−0.570 1	−0.541 3	−0.502 0	−0.408 7
0.7	−0.583 5	−0.553 3	−0.532 0	−0.514 4	−0.492 0	−0.450 1
0.9	−0.367 6	−0.379 2	−0.390 7	−0.403 0	−0.423 9	−0.500 9
1.0	0.023 2	−0.067 8	−0.140 5	−0.208 3	−0.308 6	−0.598 3

3.5　星相机杂散光抑制

杂散光是指到达光学系统像面的非成像光或经非正常光路到达像面的成像光。杂散光会影响光学系统的成像对比度和清晰度，为保证光学系统的成像性能，需对光学系统的杂散光进行研究和抑制。星相机光学系统属于暗弱目标探测，探测性能极易受到杂散光的影响，因此对杂散光抑制提出了严格的要求。

3.5.1　杂散光来源

太阳是星相机最强的背景杂散辐射源，其辐射波长主要在 0.3~3 μm 范围，其中波长 0.40~0.76 μm 的可见光区域的能量约占总辐射能的 45.5%[23-25]。可见星相机成像光谱范围内太阳辐射能量权重较大，对于由此产生的杂散光，必须采取相应手段予以抑制。

月光的影响主要包括月球自身的辐射及其对太阳辐射的反射。月球在满月时的星等约为-12.5 mv，远高于目标星的照度，对此需采取相应的抑制措施。

另外，视场外的其他星光也是杂散光源，但其能量较低，一般不予考虑。

对于运行于近地轨道的星相机而言，地气光已成为其工作过程中的严重干扰因素[26]。地气光主要包括地物自身辐射及地物表面反射的太阳辐射，地球自身的辐射波长小于 2 μm 的部分非常少，因此可以忽略地球自身辐射影响，重点关注地物表面反射的太阳光。大气和地表物质对太阳辐射光的散射和反射过程复杂，分析过程中通常将地球和大气等效为一个朗伯体[27-28]。实际上，地表上杂光光源的照度远大于 5、6 mv 星的照度[29]，同样应采取抑制措施。

3.5.2　星相机杂散光评价方法

评价光学系统杂散光影响的主要指标有点源透射比、照度分析图、杂散辐射比、杂光系数、遮挡衰减、消光比等[30-32]。目前，广泛应用的杂散光评价方法有杂散光系数（veiling glare index，VGI）、点源透过率函数（point source transmittance，PST）及杂光抑制比[33-34]。

GB/T 10988—2009 中对杂光系数的定义为：在均匀亮度的扩展视场中放置

一个黑斑，经被测样品成像后，其像中心区域上的光照度与移去黑斑放上白斑后在像面上同一处的光照度之比，以百分比表示。利用杂散光仿真分析软件计算的杂光系数与面源法检测的杂光系数定义略有不同。一般来说，仿真软件中对其定义为：均匀面光源入射到像面的杂散光能量与总光能量之比，以百分比表示。

杂散光系数 η 定义如下：

$$\eta=\frac{\phi_{\text{Total}}-\phi_{\text{IMG}}}{\phi_{\text{Total}}}\times 100\% \tag{3-5}$$

式中，ϕ_{Total}——光机系统焦面获取的总能量（通量）；

ϕ_{IMG}——光机系统焦面获取的成像光能量（通量）。

PST 的定义：由离轴角 β 的点源引起的探测器辐照度 $E_{\text{b}}(\beta)$ 与垂直于该点源的输入孔径上的辐照度 $E(\beta)$ 之比，即

$$\text{PST}_\beta=\frac{E_{\text{b}}(\beta)}{E(\beta)} \tag{3-6}$$

PST_β 要求计算光学系统入瞳处的辐照度，而有些光学系统入瞳处的辐照度不便计算。现阶段的仿真分析一般用改进的 PST 来对光学系统的杂散光进行评价，如图 3-16 所示，其定义为：离轴角 θ 的光源发出的光线在探测器或像面上的辐照度 $E_{\text{I}}(\theta)$ 与光线在光机系统入口处的辐照度值 $E_{\text{E}}(\theta)$ 之比[35]，即

$$\text{PST}(\theta)=\frac{E_{\text{I}}(\theta)}{E_{\text{E}}(\theta)} \tag{3-7}$$

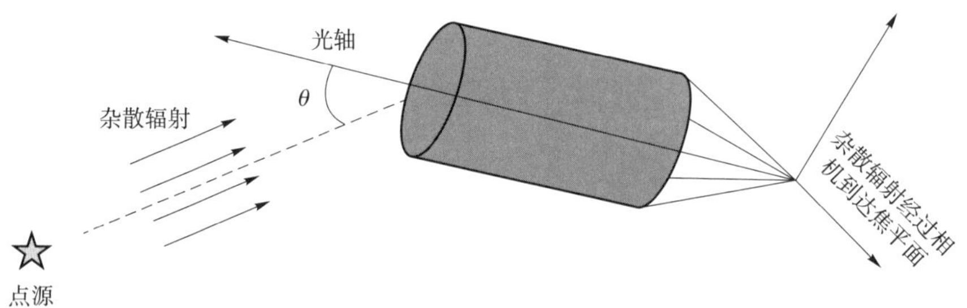

图 3-16 PST 定义原理示意图

杂光系数与 PST 之间的关系如下：

$$\eta=8F^2\int_{\omega_0}^{\pi/2}\text{PST}(\theta)\sin\theta\mathrm{d}\theta \tag{3-8}$$

式中，F——光机系统的相对孔径倒数；

ω_0——积分的起始角度；

$\pi/2$——半球域内的积分。

杂光系数能够全面反映背景杂散辐射的总体情况，但无法直接定位杂散光的路径。因此在进行杂散光分析时，可将该指标作为判定光机系统的杂散光抑制水平是否合格的一个必要而非充分条件。

PST 是杂散光入射角度 θ 的函数，在完成不同入射角度的 PST 扫描的情况下，即可绘制 PST 曲线。通过该曲线能够解读出杂散光抑制角度、异常杂散光入射角度等信息，从而可以实现杂散光路径的精确定位，亦可作为杂散光抑制设计的验证手段。

杂光系数和 PST 均为可测量项目，是表征光学系统本身杂散光抑制能力的指标，与杂散光光源的辐射强弱无关。VGI 与 PSI 的数值越小，表示光学系统对杂散光的抑制能力越强。

3.5.3　星相机杂散光抑制结构设计

星相机是透射式光学系统中对于杂散光抑制水平要求较高、抑制难度较大的一类系统，其抑制手段主要包括外遮光罩与消杂光光阑的设计以及消光漆的使用等。外遮光罩一般指包含挡光环的遮光罩，高性能的星相机遮光罩的消光比一般至少达到 1×10^{-6} 的量级水平。在透射式光学系统中，孔径光阑、视场光阑及里奥光阑的合理位置设置也是抑制杂散光的主要手段[36]。消光漆主要用于减少非成像光束到达像面的比例。

3.5.3.1　杂散光抑制性能分析

1）杂散光抑制性能技术要求

杂散光抑制性能技术要求应包括以下几部分：

（1）给定光机结构设计模型。

（2）给定杂光抑制角度分析要求。星相机杂光抑制角度一般包括飞行方向杂光抑制角度及垂直于飞行方向杂光抑制角度。

（3）给定杂散光源类型、各部组件表面辐射特性。星相机遮光罩反射表面的散射特性设置的依据基本包括：来自太阳的照度、云层边缘高度、大气边缘高度、云层反射系数、大气反射系数和轨道高度。

（4）对杂光抑制措施的具体要求。例如，对抑制结构的材料、质量以及消光漆特性的要求。

（5）给定杂光抑制结构的评价方法，即确定分析杂光系数、PST 还是杂光抑制比。

2）杂散光抑制性能分析流程

星相机杂散光抑制性能分析流程与对地观测遥感相机杂散光抑制性能分析流程基本一致，只是在光源参数设置上略有区别，具体流程如图 3-17 所示。

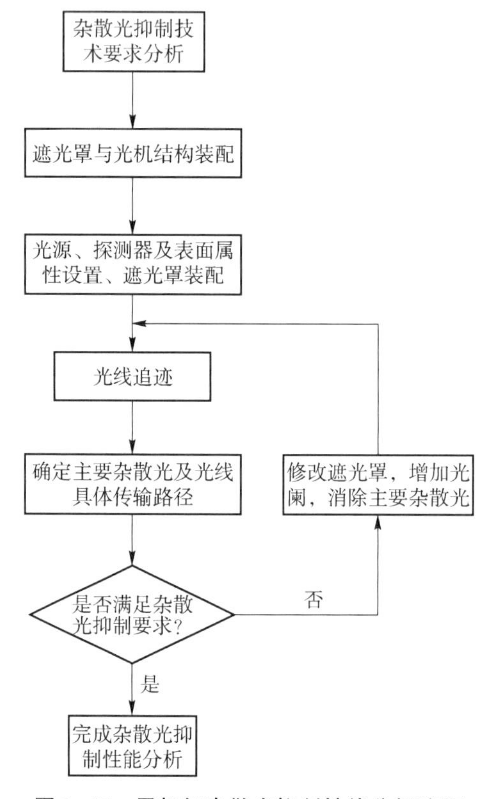

图 3-17　星相机杂散光抑制性能分析流程

3.5.3.2　杂散光抑制结构设计理论

接下来，以遮光罩对太阳的光抑制为例，对杂散光抑制结构设计理论进行说明。遮光罩最主要的参数之一是遮光罩太阳辐射衰减系数，它是太阳照度（1.37×10^5 lx）与杂散光在其出口处的照度之比。所要求的衰减系数由下式确定：

$$K_{os}=\frac{\rho\cdot\pi\cdot D_o^2\cdot t\cdot S_{pix}}{4\cdot f^2\cdot h\cdot c\cdot N_e}\cdot\int_{400}^{1\,000}\frac{B(\lambda)}{\pi}\cdot S(\lambda)\cdot\tau(\lambda)\cdot\lambda\cdot \mathrm{d}\lambda \qquad (3-9)$$

式中，ρ——星相机镜头杂光系数；

D_0——星相机镜头入瞳直径；

t——一级积分时间；

S_{pix}——星相机器件像元面积；

λ——辐射波长；

$B(\lambda)$——与波长 λ 相关的太阳亮度；

$S(\lambda)$——与波长 λ 相关的器件量化效率；

$\tau(\lambda)$——与波长 λ 相关的透过率；

f——星相机镜头焦距；

h——普朗克常数；

c——光速；

N_e——器件上的背景信号。

实际星相机受体积、质量等因素限制，其遮光罩无法做到无限长[37]。以星相机遮光罩主流形式二级遮光罩设计为例（图 3-18），简要介绍遮光罩的结构设计。二级遮光罩由Ⅰ级遮光罩和Ⅱ级遮光罩两部分组成，其中Ⅱ级遮光罩长度用 L_1 表示，则Ⅰ级遮光罩长度便为遮光罩总长与Ⅱ级遮光罩长度之差。设计过程中需根据实际应用环境限制，确定遮光罩总长 L、遮光罩前端挡光环高度、遮光罩连接光学系统端的挡光环高度、遮光罩口径。具体计算公式如下[38]：

$$L_1=(D_1-h_1)\tan\theta \tag{3-10}$$

$$L=L_1+(D+h_n)\tan\left(\frac{\pi}{2}-\theta\right) \tag{3-11}$$

$$\tan\omega=\frac{h_n-h_1}{L} \tag{3-12}$$

式中，h_1——遮光罩前端设置的挡光环高度；

h_n——遮光罩连接光学系统端的挡光环高度；

θ——规避角；

D_1——遮光罩口径；

D——光学系统第一片透镜的口径；

ω——半视场角；

L——遮光罩总长。

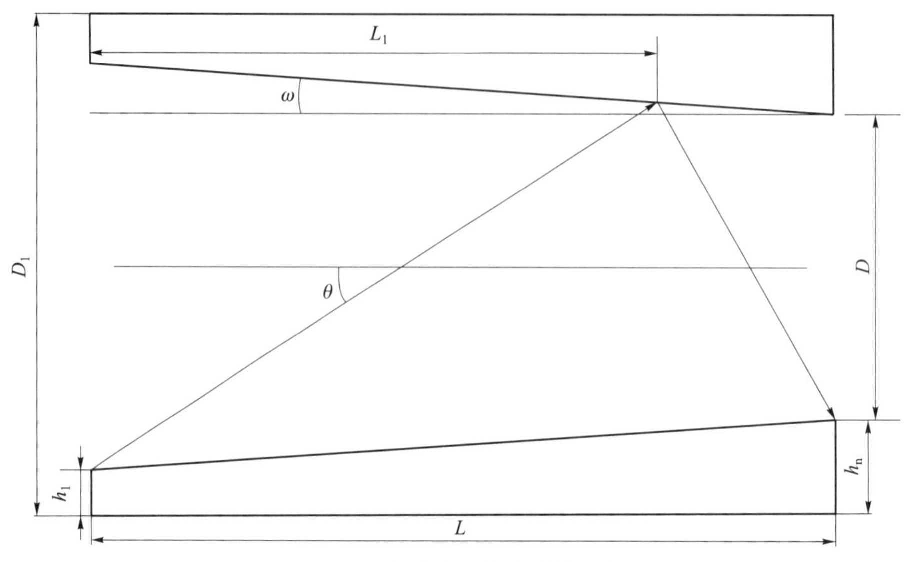

图 3-18　二级遮光罩长度计算示意图

挡光环的位置确定是遮光罩长度确定后的另一项重要工作，其确定方法如图 3-19 所示。

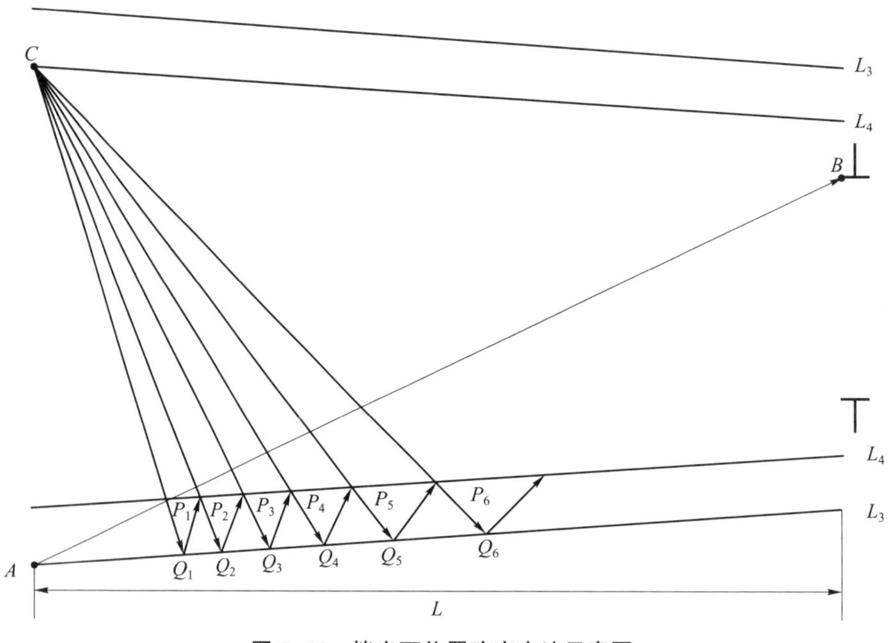

图 3-19　挡光环位置确定方法示意图

图 3–19 中的 L_3 和 L_4 分别为遮光罩的内表面和相机成像光束的最大包络线。具体计算过程如下[39]：

（1）通过遮光罩下端点 A 和相机入瞳上端点 B 的连线为视场外光线能够开始到达相机光学表面的极限情况，其与 L_4 相交于点 P_1。

（2）由成像光束最大包络的上端点 C 入射，过点 P_1 的光线经遮光罩内表面反射后与 L_4 相交于点 P_2。

（3）由成像光束最大包络的上端点 C 入射，过点 P_2 的光线经遮光罩内表面反射后与 L_4 相交于点 P_3。

（4）以此类推，直到经遮光罩内表面反射的光线超出遮光罩的长度 L 为止。

（5）点 $P_1, P_2, \cdots$ 就确定了遮光罩挡光环的位置。

3.5.3.3　杂散光抑制结构设计原则

一般来说，遮光罩的设计原则如下[38,40]：

（1）避免漏光现象发生，即非成像光线直接到达像面。

（2）降低非成像光的散射或反射表面反射率。

（3）选取强杂散辐射源的特定入射角度为规避角，即对于星相机而言主要关注太阳辐射的影响；大于规避角的入射强杂散辐射至少经过两次及以上的散射后才能进入光学系统。

（4）正常成像光线的边缘视场不能被杂散光抑制结构遮挡。

3.5.3.4　杂散光抑制结构设计结果

目前，国内外星相机遮光罩主要采用二级遮光罩和反射式遮光罩两种结构形式[32,41-43]。二级遮光罩结构紧凑，可避免内壁散射的强光直接进入镜头；反射式遮光罩用于将视场外强光反射回深空，所需的外遮光罩结构尺寸较大，从而导致质量较大。

为保证星相机光学系统满足所需的衰减系数要求，星相机遮光罩可采用二级遮光罩结构。第一级遮光罩的出窗是第二级遮光罩的入窗；工作角度下的直射光线仅进入第一级，因此来自光阑边缘的直射阳光的反射和二次漫反射不会落入第二级遮光罩出窗；只有被反射 4 次以上的光才能到达第二级出窗；与单级遮光罩相比，二级遮光罩的外形尺寸加大。

图 3-20 所示为典型星相机遮光罩杂散光抑制结构示意图。

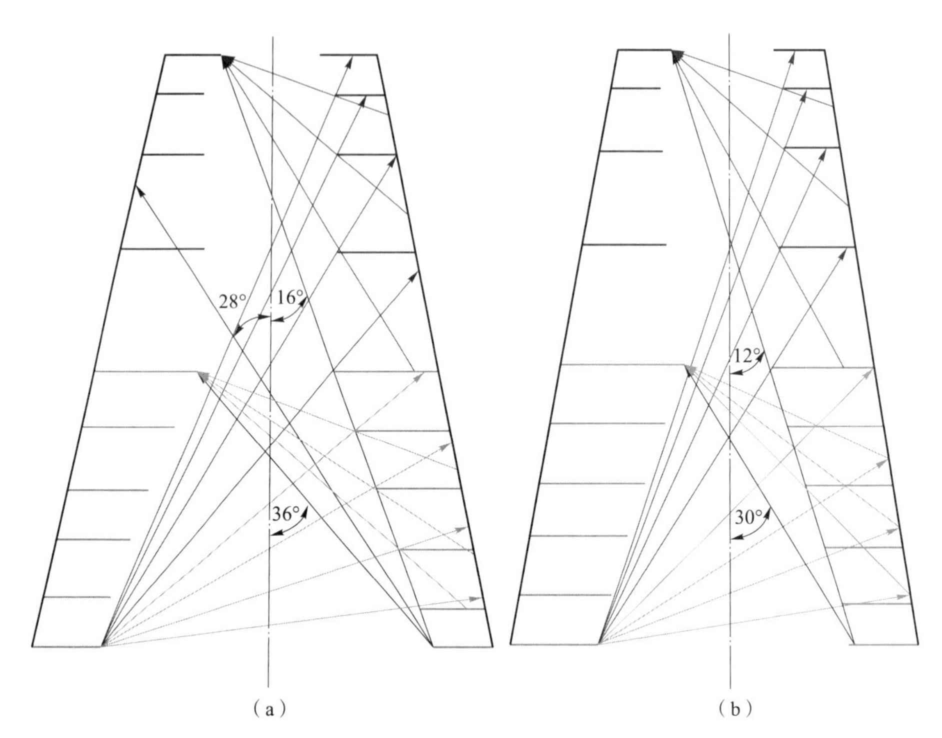

图 3-20 典型星相机遮光罩杂散光抑制结构示意图（附彩图）

（a）遮光罩沿飞行方向的剖面；（b）遮光罩垂直于飞行方向的剖面

3.5.4 星相机杂散光抑制性能测试

3.5.4.1 杂光系数

测量杂光系数的方法主要是黑斑法。放置于亮度均匀的扩展光源上的目标黑斑（理想黑斑）在待测光学系统像面上形成的黑斑像中心的照度与目标黑斑移去时像面的照度之比称为杂光系数。

当系统口径和物镜较小时，黑斑法的扩展光源可以是积分球，从而用于模拟背景辐射；当系统为长焦距或望远系统时，入射到光学系统的辐射来自半个无限空间，因此一般采用积分球和能形成无限远目标的准直透镜结合的方式（或者采用两个积分半球）实现，此时积分球内壁涂有高漫反射率介质，并在适当位置装若干照明灯，模拟张角为 2π 球面度的均匀扩展亮场；当系统为大口径、长焦距时，若要模拟黑体目标，其测试装置的吸收腔应在 10 倍系统焦距外，需要直径较大的积分球，因此用积分球测量实现起来比较困难，通常不采用。如图 3-21 所示，以积分球和准直物镜结合作为扩展光源为例的黑斑法测量系统主要由扩展光源、目标黑斑和待测光学系统三部分组成。

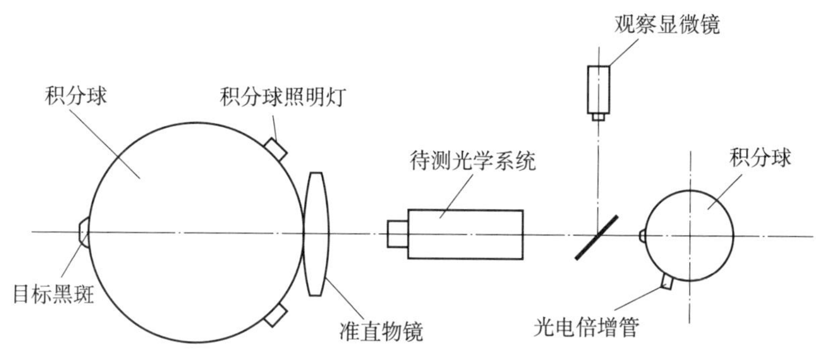

图 3-21　杂光系数测试装置示意图

3.5.4.2　PST

测量 PST 的方法为通过星模拟器测量相机入瞳处照度[44-45]。按照前述 PST 计算公式计算相机的杂光系数，其测试原理如图 3-22 所示。

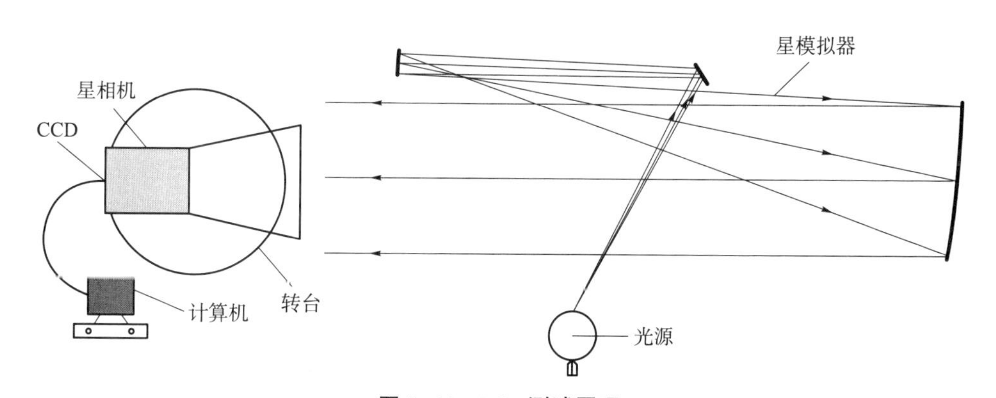

图 3-22　PST 测试原理

3.5.4.3　杂光抑制比

另一种与 PST 测试类似的方法是杂光抑制比测试法，其原理如图 3-23 所示。杂光抑制比测试法为通过测试不同成像条件下星相机镜头像面处的信号强度，按照杂光抑制比公式计算星相机的杂光抑制性能，以评估星相机的消杂光能力。

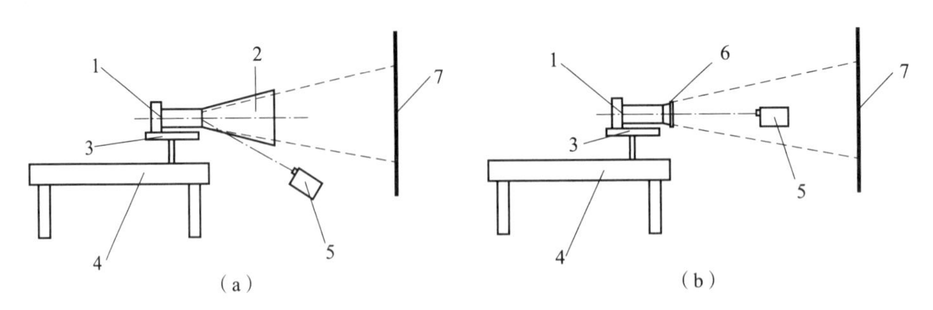

1—星相机；2—遮光罩；3—支架；4—安装台；5—太阳模拟器；6—毛玻璃；7—黑屏

图 3-23 杂光抑制比测试原理

(a) 带遮光罩测试状态；(b) 不带遮光罩测试状态

北京空间机电研究所与北京航空航天大学联合开发的小型化高精度星相机便是采用此方法进行杂光抑制性能测试。具体测试步骤如下：

第 1 步，按照图 3-23 (a) 架设星相机镜头、遮光罩及太阳模拟器，调整太阳模拟器的位置使其与遮光罩中心轴的夹角达到测试要求规定的条件，并记录实际角度数值。

第 2 步，通过综合检测台将星相机的积分时间设置为 t_1，接通太阳模拟器电源，拍摄 10 帧图像，将图像保存，并计算此时各图像的光信号平均灰度值，记录为$\overline{mt_1}$。

第 3 步，同样在 t_1 积分时间条件下，用遮光罩保护盖遮挡遮光罩入光口，拍摄 10 帧图像，将图像保存，并计算此时各图像的暗信号平均灰度值，记录为$\overline{m't_1}$。

第 4 步，关闭太阳模拟器、综合检测台及星相机。

第 5 步，拆下星相机遮光罩，按照图 3-23 (b) 架设星相机镜头、太阳模拟器，调整太阳模拟器的位置使其与星相机中心轴对准。

第 6 步，通过综合检测台将星相机的积分时间设置为 t_2，接通太阳模拟器电源，拍摄 10 帧图像，将图像保存，并计算此时各图像的光信号平均灰度值，记录为$\overline{mt_2}$。

第 7 步，同样在 t_2 积分时间条件下，用遮光罩保护盖遮挡星相机入光口，拍摄 10 帧图像，将图像保存，并计算此时各图像的暗信号平均灰度值，记录为$\overline{m't_2}$。

第 8 步，计算杂光抑制因子。公式如下：

$$K=\frac{B}{A}\times 100\%=\frac{(\overline{mt_2}-\overline{m't_2})/(t_2\times\tau)}{(\overline{mt_1}-\overline{m't_1})/t_1}\times 100\% \tag{3-13}$$

式中，τ——毛玻璃透过率。

北京空间机电研究所与北京航空航天大学联合开发的小型化高精度星相机杂光抑制性能测试装置如图 3-24 所示。

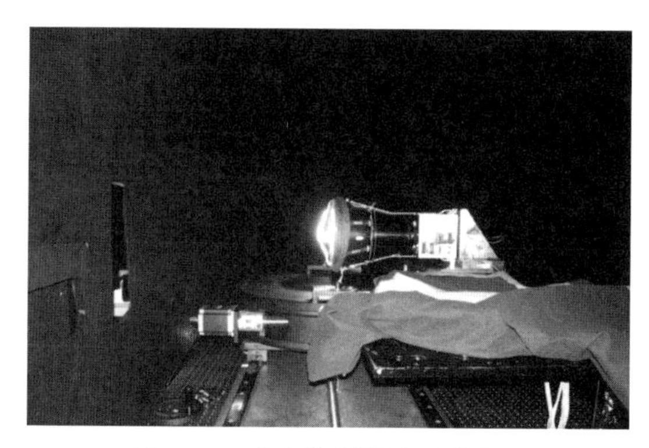

图 3-24　杂光抑制性能测试装置

3.6　本章小结

本章首先从星相机光学系统成像原理出发，介绍了星相机光学系统的基本性能及其评价方法，分解了星点质心位置精度的影响因素，进一步从质心位置精度的影响因素剖析了星相机光学系统对像差控制的要求；其次，从光学设计角度出发，介绍了星相机光学系统选型，并给出了一个星相机光学系统设计实例；最后，分析了星相机主要杂散光来源，介绍了目前常用的星相机杂散光评价方法，星相机杂散光抑制设计理论、杂散光抑制性能分析的基本要求及流程，给出了星相机杂散光抑制性能测试方法。

参考文献

[1] 王任享，王建荣，胡莘. 在轨卫星无地面控制点摄影测量探讨 [J]. 武汉大

学学报：信息科学版，2011，36（11）：1261-1264.
[2] 王任享. 三线阵 CCD 影像卫星摄影测量原理［M］. 北京：测绘出版社，2006.
[3] 萧泽新. 工程光学设计［M］. 2 版. 北京：电子工业出版社，2008.
[4] 安连生. 应用光学［M］. 3 版. 北京：北京理工大学出版社，2002.
[5] 郭彦池，徐熙平，乔杨，等. 大视场宽谱段星敏感器光学系统设计［J］. 红外与激光工程，2014，43（12）：3969-3972.
[6] 任秉文，金光，王天聪，等. 机载全天时星敏感器参数计及实验［J］. 红外与激光工程，2013，42（4）：1003-1010.
[7] 董瑛，邢飞，尤政. 基于 CMOS APS 的星敏感器光学系统参数确定［J］. 宇航学报，2004，25（6）：663-668.
[8] 黄欣. 星敏感器光学系统参数的确定［J］. 航天控制，2000，1：44-50.
[9] 朱杨，张新，伍雁雄，等. 紫外星敏感器光学系统设计及其鬼像分析［J］. 红外与激光工程，2016，45（1）：0118003.
[10] 汤天瑾. 无热化大相对孔径星敏感器光学系统设计［J］. 航天返回与遥感，2011，32（3）：36-42.
[11] 闫佩佩，樊学武，何建伟. 折/衍混合大相对孔径星敏感器光学系统设计［J］. 红外与激光工程，2011，40（12）：2458-2464.
[12] 钟红军，卢欣，李春江，等. 新型分体式星敏感器设计及其应用［J］. 红外与激光工程，2014，43（4）：1278-1283.
[13] 李春艳，谢华，李怀锋，等. 高精度星敏感器星点光斑质心算法［J］. 光电工程，2006，33（2）：41-44.
[14] 金占雷. CCD 斑质心算法的误差分析［J］. 航天返回与遥感，2011，32（1）：38-44.
[15] 王海涌，费峥红，王新龙. 基于高斯分布的星像点精确模拟及质心计算［J］. 光学精密工程，2009，17（7）：1672-1677.
[16] 张广军. 星图识别［M］. 北京：国防工业出版社，2011.
[17] 王志坚，王鹏，刘智颖. 光学工程原理［M］. 北京：国防工业出版社，2010.
[18] 武雁雄，吴洪波，张继真，等. 亚秒级甚高精度星相机光学系统设计［J］.

中国激光，2015，42（7）：0716001.

[19] 王宏力，陆敬辉，崔祥祥. 大视场星敏感器星光制导技术及应用［M］. 北京：国防工业出版社，2015.

[20] 郁道银，谈恒英. 光学工程［M］. 北京：机械工业出版社，2006.

[21] 贾永丹，王伟之，孙建，等. 高精度星相机光学系统像质评价及实现［J］. 空间控制技术与应用，2018，44（3）：43-49.

[22] 陈吕吉，李萍，冯生荣，等. 中波红外消热差双视场光学系统设计［J］. 红外技术，2011，33（1）：1-8.

[23] 张欢. 星敏感器光学系统设计及杂散光抑制技术的研究［D］. 西安：西安工业大学，2015.

[24] 郑循江. 轻小型高动态星敏感器技术研究［D］. 上海：上海交通大学，2012.

[25] 刘垒，张路，郑辛，等. 星敏感器技术研究现状及发展趋势［J］. 红外与激光工程，2007，36（9）：529-533.

[26] 杨阳，王宏力，陆敬辉，等. 地气光对星敏感器星提取精度影响分析［J］. 光电工程，2016，43（4）：8-13.

[27] 张春明，解永春，王立，等. 地球反照对星敏感器的影响分析［J］. 激光与红外，2012，42（9）：1011-1015.

[28] 肖相国，王忠厚，白加光，等. 地表反照对天基测量相机的影响［J］. 光子学报，2009，38（2）：375-361.

[29] 陈世平. 空间相机设计与试验［M］. 北京：宇航出版社，2003.

[30] 王丹艺. TMA 空间遥感相机消杂光技术研究［D］. 长春：长春理工大学，2014.

[31] 唐勇，卢欣，郝云彩. 星敏感器杂光抑制分析［J］. 航天控制，2004，22（3）：58-61.

[32] 田永明. 星敏感器消杂光技术研究［D］. 哈尔滨：哈尔滨工业大学，2005.

[33] 廖志波，焦文春，伏瑞敏. 透射式光学系统杂光系数计算方法［J］. 光子学报，2011，40（3）：424-427.

[34] ZHAO F，WANG S，DENG C，et al. Stray light control lens for Xing Long

1-meter optical telescope [J]. Optics and Precision Engineering, 2010, 18 (3): 513-520.

[35] SUN C M, ZHAO F, ZHANG Z. Stray light analysis of large aperture optical telescope using TracePro [J]. Proceedings of SPIE, 2014: 92981F-2.

[36] 宋宁，韩心志，李润顺，等. 航天遥感器里奇·克雷蒂安系统遮光罩的设计和分析 [J]. 光学学报，2006，12 (6): 821-826.

[37] SCHENKEL F W. A self deployable high attenuation light shade for spaceborne astronomical sensors [J]. Proceedings of SPIE, 1972, 28: 109-113.

[38] 徐亮，高立民，赵建科，等. 基于点源透过率测试系统的杂散光标定 [J]. 光学精密工程, 2016, 24 (7): 1607-1614.

[39] 朱成伟. 星敏感器遮光系统杂光抑制性能分析 [D]. 哈尔滨: 哈尔滨工业大学, 2015.

[40] 钟兴，贾继强. 空间相机消杂光设计及仿真 [J]. 光学精密工程，2009，17 (3): 621-625.

[41] 邹刚毅, 樊学武. 离轴三反射望远镜遮光罩设计与杂光分析 [J]. 光子学报, 2009, 38 (3): 606-608.

[42] 邓超. 空间太阳望远镜消杂散光分析 [J]. 红外与激光工程，2010，39 (4): 716-720.

[43] 廖志波, 伏瑞敏, 宗肖颖. 星敏感器反射式遮光罩设计 [J]. 红外与激光工程, 2011, 40 (1): 66-69.

[44] 廖胜, 沈忙作. 红外光学系统杂光 PST 的研究与测试 [J]. 红外与毫米波学报, 1996, 15 (5): 375-378.

[45] 王治乐，龚仲强，张伟，等. 基于点源透过率的空间光学系统杂光测量 [J]. 光学技术, 2011, 37 (4): 402-404.

第 4 章
星相机光机结构设计及仿真技术

4.1 引言

星相机光机结构设计技术是一项总体性很强的综合技术，需要从结构总体布局、质量功耗分配、抗力学环境、空间环境适应性等方面进行迭代和平衡，以实现最优设计。本章主要对星相机光机结构设计与仿真技术进行介绍。

4.2 星相机总体构型设计

星相机目前主要采用透射式系统设计，其总体结构布局大体可分为分体式、层摞式、包围式三类。

4.2.1 分体式

分体式结构主要包括两部分——光机头部（optical head，OH）、电子单元（electronic unit，EU）。采用分体式结构有利于将功率消耗较大的电子单元与精密光机头部物理隔离，降低光机头部的内热源影响，从而为高精度测量提供良好的温度环境保障。此外，采用分体式结构的电子单元可以灵活布置在卫星舱内，有利于降低空间辐射环境对电子单元的辐射影响。国外如法国 Sorden 公司研制的 SED36 和 HYDRA[1-2]、美国 Ball 公司研制的 HAST[3]，国内如北京控制工程研究所研制的甚高精度星敏[4-5]，都广泛采用了分体式结构的形式。

接下来，以法国 Sorden 公司研制的 HYDRA 星敏感器为例进行介绍，其光机头部如图 4-1 所示，主要包括以下主要组件：

（1）由探测器（APS）和半导体制冷器（TEC）组成的探测器模块。

（2）宽视场抗辐射镜头。

（3）用于内部二次电源及管理的转换板。

（4）探测器逻辑和图像预处理（ASIC）信号处理板。

（5）由钛合金制备的隔热遮光罩。

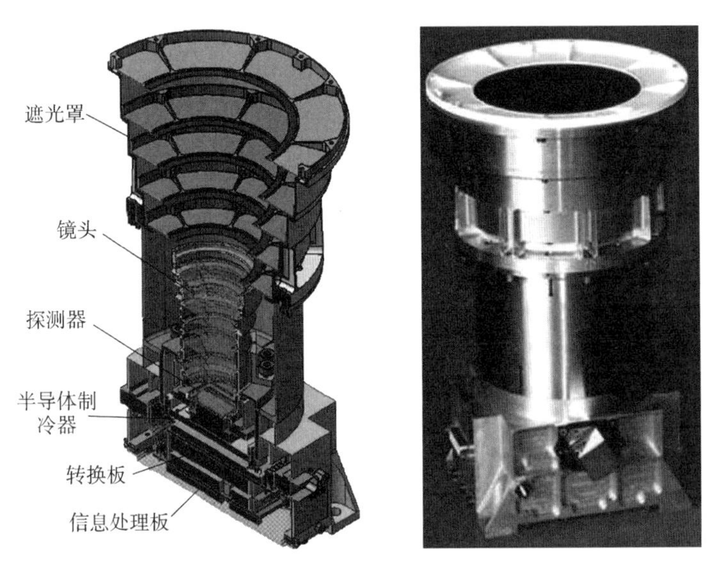

图 4-1 HYDRA 星敏感器光机头部[2]（附彩图）

电子单元用于与姿态系统和星敏之间进行信息交互和管理，并具备一对多管理能力，包括信号处理及供配电两个模块，主要功能有：对光机头部传输的数据进行处理，并形成姿态四元数和角速率数据；为光机头部提供电源。HYDRA 星敏电子单元的主要结构如图 4-2 所示。

4.2.2 层摞式

层摞式是指将星相机电子处理单元各功能板层摞在一起，形成整体结构。采用层摞式设计的优点有：

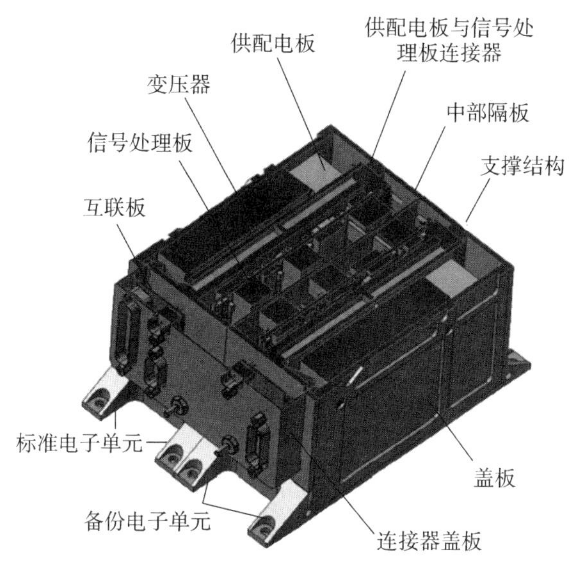

图 4-2　HYDRA 星敏电子单元的主要结构[2]（附彩图）

（1）整体结构一体化有利于减小总的尺寸、质量、功耗等方面的需求，尤其适用于微纳卫星、小卫星等应用场景。

（2）层摞式设计可减少板间传输电缆使用，有利于保证信号的完整性。

美国 AST-301 星敏感器[6]采用的层摞式结构设计，如图 4-3 所示。

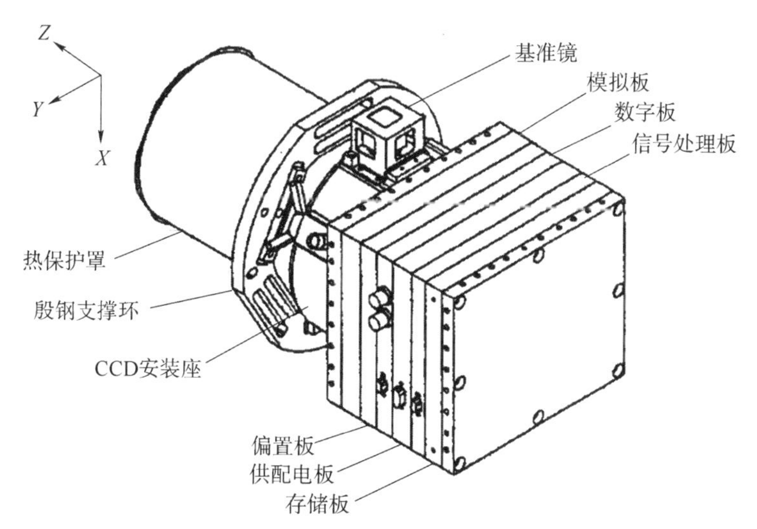

图 4-3　AST-301 星敏感器层摞式结构设计[6]

4.2.3 包围式

包围式设计充分利用了分体式设计和层摞式设计的优点。以 GLAS 上搭载的 HD-1003 星敏感器[7-8]为例（图 4-4）：其焦平面包括探测器和 TEC，与镜头连接；焦面电子学与后盖板直接相连，这一点与分体式别无二致，使得光敏头部散热设计易于实施；其余电子处理单元沿着镜头周向布置，充分吸收了层摞式设计的优点，电路板间连接距离短，有利于信号完整性设计。

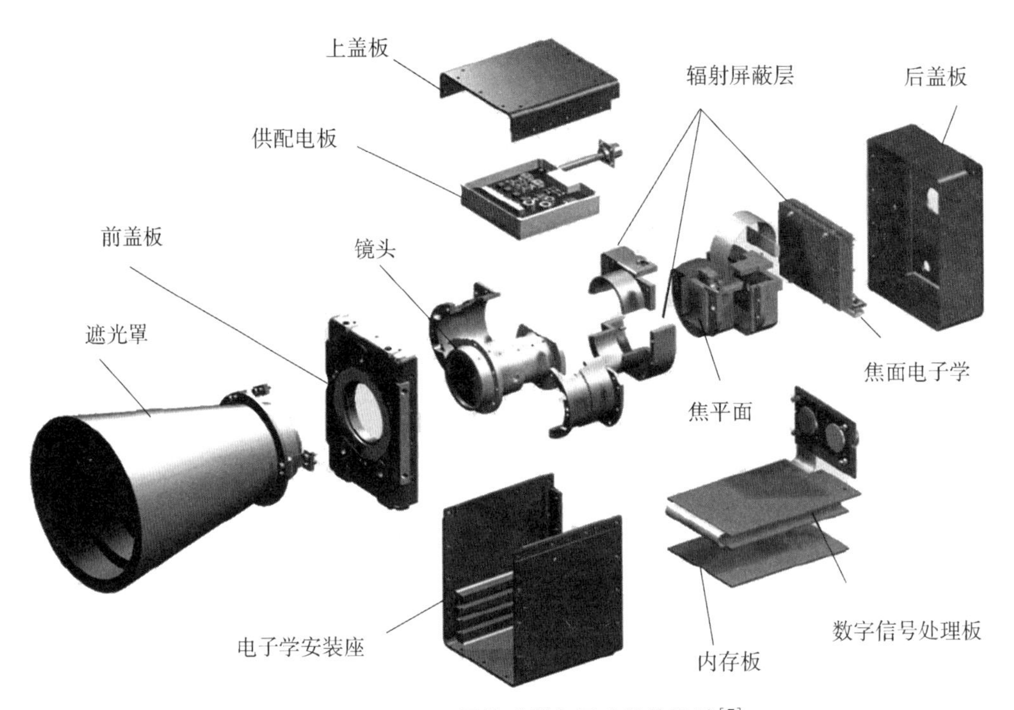

图 4-4 HD-1003 星敏感器包围式结构设计[7]

本书课题组与北京航空航天大学合作研制的一款星相机即采用了上述类似的包围式结构总体构型设计，在保证高精度的前提下实现了小型化和轻量化，如图 4-5 所示。

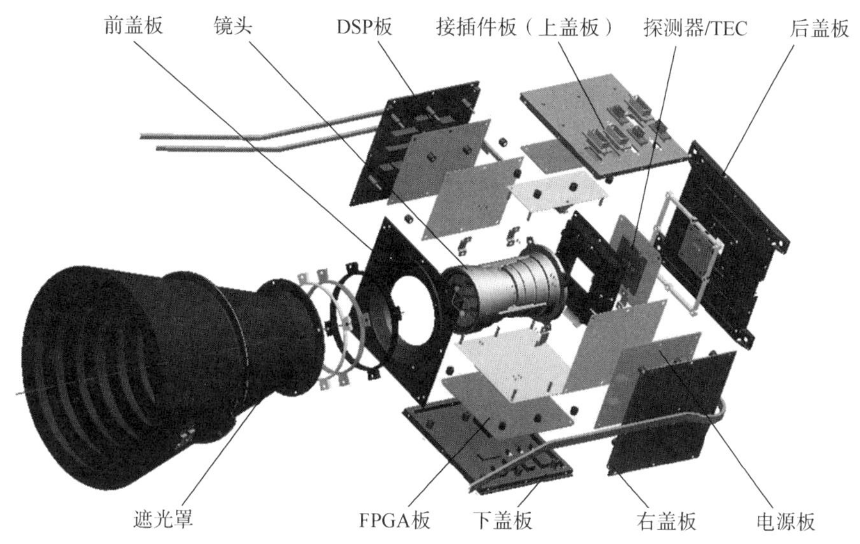

图4-5　本书课题组与北京航空航天大学合作研制的星相机（附彩图）

4.3　星相机光机结构设计

4.3.1　材料选择

星相机光机结构常用材料如表4-1所示。其中铝合金和钛合金常用于镜头结构设计及主体结构设计；玻璃钢主要用于隔热环节设计；T700复合材料可用于遮光罩或安装基座设计；C/SiC作为新型复合材料，具有膨胀系数低、比刚度高等特点，可用于探测器板安装基座设计，以提高结构力热稳定性。

表4-1　光机结构常用材料

材料名称	密度/($kg\cdot m^{-3}$)	弹性模量/GPa	泊松比	热膨胀系数/($\times10^{-6}℃^{-1}$)	抗拉强度/MPa	热导率/[$W\cdot(m\cdot K)^{-1}$]
铝合金5A06	2 700	68	0.33	22.0	330	126.1
铸钛ZTC4	4 400	114	0.29	9.1	825	5.44
玻璃钢	1 950	7(面内)，40(层间)	0.30	30	250(面内)，30(层间)	0.3
T700复合材料	1 800	50	0.32	1~3	490	26.38(面内)，0.6(层间)
C/SiC	2 300~2 700	90~130	0.30	−1.5~2.0	150~250	≥30

4.3.2 镜头结构设计

镜头结构的设计主要考虑以下几方面：

1）光学装调工艺性

透射式星相机镜头一般采用多片透镜组合设计，受光学元件折射率误差、光学加工误差等因素影响，实际装调过程中需要根据检测结果调整镜间距并控制偏心量，因此要求镜头结构的设计具有一定的调节能力。一般通过调整垫片进行镜间距控制，通过径向固定方式（注胶或顶丝）实现偏心量的调节。

2）抗力热环境

星相机随卫星发射时，过主动段需要承受剧烈的振动，作为精密光学仪器，需要确保星相机镜头能够承受力学环境的考核，就透射式镜头而言，一般要求镜头基频大于 100 Hz，承受过载能力要大于 20g，因此结构设计需要具有一定的强度和刚度，对于透镜固定环节尤其要考虑力学上的影响。与之类似，为使星相机镜头具有一定的热适应能力，可采用消热设计，在结构选材和胶层厚度方面进行优化设计来保证。Yodar 等[9]给出了多种经典的透镜固定方式设计，可根据实际情况进行选用。

3）空间辐照环境

星相机一般直接面向冷空间，受空间辐射环境的影响。为确保工作寿命，需要对星相机进行抗辐射设计，一般采用耐辐射玻璃或者通过增加耐辐射窗口设计来保证。

典型的星相机镜头结构设计如图 4-6 所示，每个透镜组均由透镜、透镜框、透镜压环等结构组成。透镜组与镜筒安装根据结构形式从中心向两侧逐个定心并安装。

对于采用注胶固定的透镜组件，胶斑的设计是其中的重要环节，主要从抗力学环境和热环境两方面进行设计。抗力学环境设计主要考虑胶斑的总面积需求，按照 Yodar 等[9]给出的计算公式：

$$Q_{\mathrm{MIN}} = W a_{\mathrm{G}} f_{\mathrm{S}} / J \tag{4-1}$$

式中，Q_{MIN}——最小黏结面积；

W——光学件质量；

a_{G}——最恶劣条件下加速度；

f_{S}——安全系数，一般大于等于 2，对于玻璃材料，保守取值 4 左右；

J——抗剪切强度。

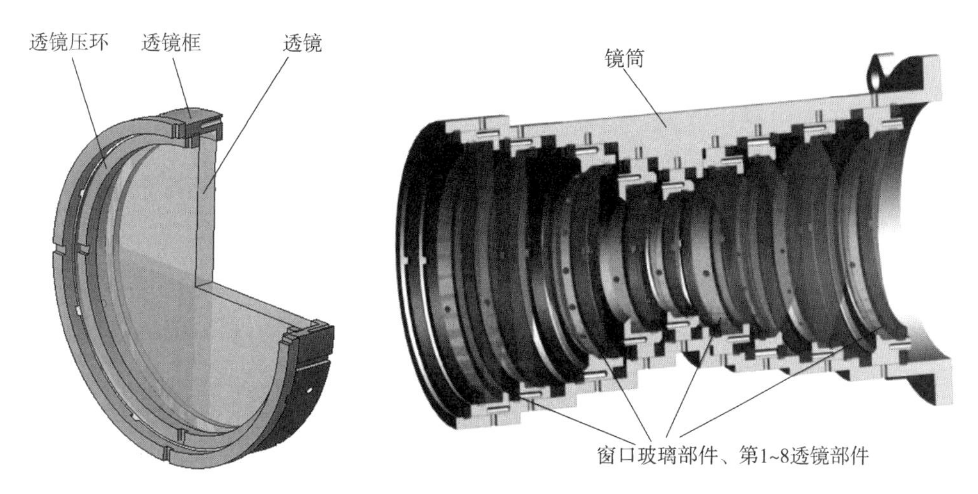

图 4-6　典型的星相机镜头结构设计（附彩图）

胶层厚度主要从消热设计方面考虑，洛克希德·马丁公司的 Vanbezooijen R 和 Muench T 等人给出的计算公式[9]：

$$t_2=\frac{(D_{\mathrm{G}}/2)(1-\nu_{\mathrm{e}})(\alpha_{\mathrm{M}}-\alpha_{\mathrm{G}})}{\alpha_{\mathrm{e}}-\alpha_{\mathrm{M}}-\nu_{\mathrm{e}}(\alpha_{\mathrm{G}}-\alpha_{\mathrm{e}})} \tag{4-2}$$

式中，D_{G}——透镜直径；

ν_{e}——胶层的泊松比；

$\alpha_{\mathrm{G}},\alpha_{\mathrm{M}}$——透镜和镜框的热膨胀系数；

α_{e}——胶层的有效热膨胀系数，薄胶层情况下，该值为块状胶（$0.43\leqslant\nu_{\mathrm{e}}\leqslant0.50$）热膨胀系数名义值的 2.52~3.00 倍。

4.3.3　焦平面结构设计

星相机焦平面主要根据探测器的选用形式进行适应性设计，其原则是既要确保连接可靠，又要确保良好的导热路径，以提高焦平面热稳定性。典型的探测器管脚分布有居中均布（如 CMV4000）及周向环绕（如 CMV20000）两种，结构设计如图 4-7 所示。

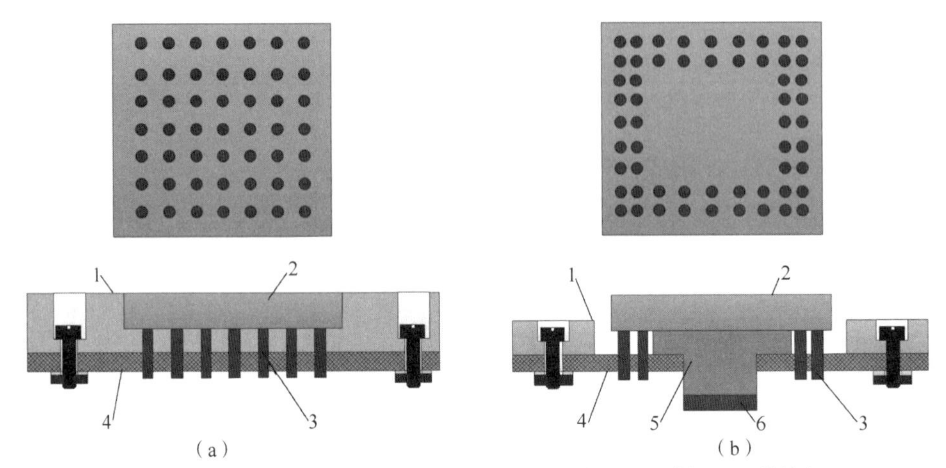

1—探测器安装板；2—探测器光敏面；3—探测器管脚；4—探测器电路板；5—散热座；6—TEC

图 4-7　星相机焦平面设计（附彩图）

（a）探测器管脚居中均布；（b）探测器管脚周向环绕

对于探测器管脚居中均布型，主要通过探测器安装板进行导热设计；对于探测器管脚周向环绕型，可在探测器背部中心部位设置合适的散热座，然后采用 TEC 制冷以维持探测器温度稳定性。

4.3.4　散热结构设计

星相机内热源主要包括探测器和电子学组件。探测器通过探测器安装板或 TEC 制冷将热量转移到外部金属壳体结构（图 4-7）；电子学组件常规采用导热垫的形式将热量导出到散热板（图 4-8），然后利用热管将热量导出到散热面。散热面可以采用独立的散热面设计，或者直接利用自身遮光罩外表面进行散热（图 4-9），前者布局更加灵活，后者结构紧凑并有利于节约资源。

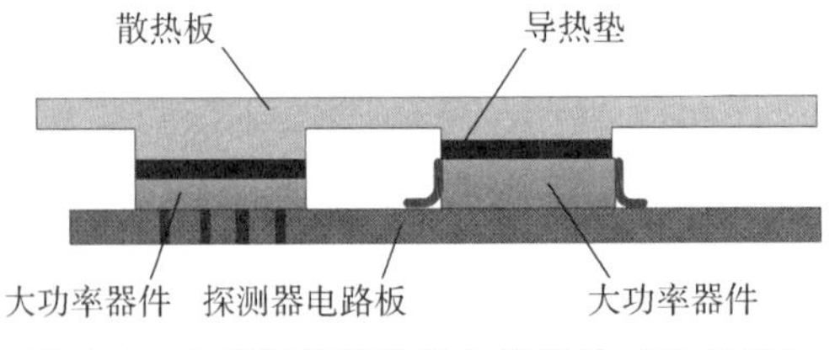

图 4-8　电路板典型散热结构设计（附彩图）

图 4-9　欧洲哨兵 2 号卫星 ASTRO 星敏散热面设计[10]

4.3.5　安装支架设计

实际应用时，一般将多个星相机组合使用，以提高三轴测量精度。因此，其安装支架的设计是必不可少的环节，根据星相机布局，可将其分为分布式安装和集中式安装两种方式。对于分布式安装，一般采用一体成型结构支架设计，如图 4-10 所示。

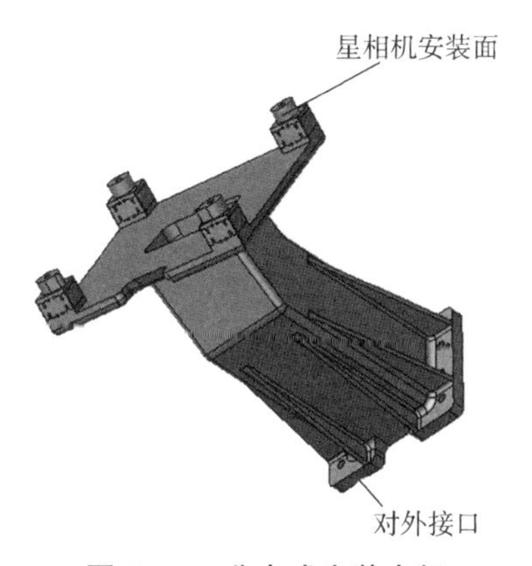

图 4-10　分布式安装支架

对于集中式安装，可采用一体成型结构设计或桁架支撑设计。前者成型难度相对较大，但实施简单，一般应用在精度要求相对较低的场合；后者设计更加灵活，可以通过消热设计实现稳定的指向[11]，但设计、制造、组装的难度较大，一般应用在精度要求高的场合。WorldView-2[12]卫星搭载的高精度星敏采用了桁架杆支撑设计，无控制点定位精度达到 3 m，桁架杆支撑具有良好的传递效率。桁架杆支架设计的典型结构如图 4-11 所示。

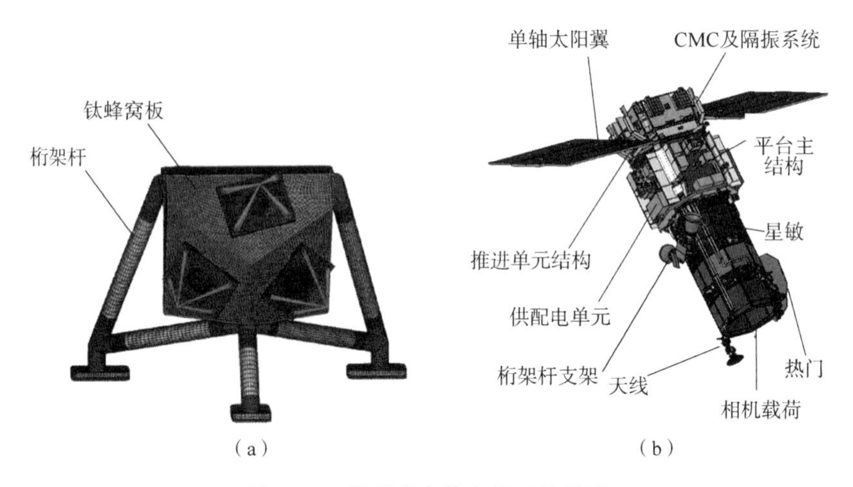

图 4-11 桁架式安装支架（附彩图）

（a）桁架杆组合支架[11]；（b）WorldView-2 桁架杆支架[12]

4.4 星相机光机结构仿真

结构仿真技术是现代航天器设计开发必不可少的环节：在设计阶段，用于产品的迭代优化设计，并对产品性能进行充分的预估；在产品开发阶段，可用于试验环节的复核复算。星相机属于精密仪器设备，通过试验迭代优化的代价较大，因此尤其有必要开展相应的仿真分析工作。

4.4.1 仿真要求

为了尽可能模拟真实情况，星相机光机结构仿真一般采用实体网格建模，对于采用胶粘接的设计环节，需要注意：胶层厚度需要进行实体建模，厚度方向一般设置为 3 层左右较为合适；对于径厚比较大的胶层，需要考虑其弹性模量在不同厚度下的变化情况。

胶层一般属于不可压缩体，研究表明，其径厚比不同时胶层的等效弹性模量显著变化[13]。线弹性实体胡克定律公式如下：

$$\begin{bmatrix}\sigma_{11}\\\sigma_{22}\\\sigma_{33}\\\tau_{11}\\\tau_{23}\\\tau_{31}\end{bmatrix}=\begin{bmatrix}E^* & \Theta & \Theta & & & \\ \Theta & E^* & \Theta & & & \\ \Theta & \Theta & E^* & & & \\ & & & G & & \\ & & & & G & \\ & & & & & G\end{bmatrix}\begin{bmatrix}\varepsilon_{11}\\\varepsilon_{22}\\\varepsilon_{33}\\\gamma_{11}\\\gamma_{23}\\\gamma_{31}\end{bmatrix}\tag{4-3}$$

式中，

$$E^*=\frac{(1-\upsilon)E}{(1+\upsilon)(1-2\upsilon)}\tag{4-4}$$

$$\Theta=\frac{\upsilon E}{(1+\upsilon)(1-2\upsilon)}\tag{4-5}$$

$\sigma_{11},\sigma_{22},\sigma_{33}$——三个方向的主应力；

$\tau_{12},\tau_{23},\tau_{31}$——三个平面的剪应力；

$\varepsilon_{11},\varepsilon_{22},\varepsilon_{33}$——三个方向的拉压应变；

$\gamma_{12},\gamma_{23},\gamma_{31}$——三个平面的剪应变；

E,υ,G——弹性模量、泊松比、剪切模量。

对于径厚比较大的薄胶层，当胶层受轴向拉力时，近似有 $\varepsilon_{11}=\varepsilon_{22}=0$，$\varepsilon_{33}=\varepsilon$，$\sigma_{33}=\sigma$，则由式（4-1）、式（4-4）可得

$$\frac{\sigma}{\varepsilon}=E^*=\frac{(1-\upsilon)E}{(1+\upsilon)(1-2\upsilon)}\tag{4-6}$$

因此，E^* 又称为等效弹性模量。

由式（4-6）可知，对于薄胶层而言，其等效弹性模量与泊松比关系密切。2002 年，Doyle 等[14]给出了不同径厚比（D/t）条件下等效模量倍率$(\sigma/(\varepsilon E))$的变化情况，如图 4-12 所示。

由图 4-12 可知，当径厚比达到 10，泊松比为 0.49 时，等效模量倍率达到 10 倍，即等效弹性模量为名义弹性模量的 10 倍，在仿真分析建模时必须充分予以考虑。

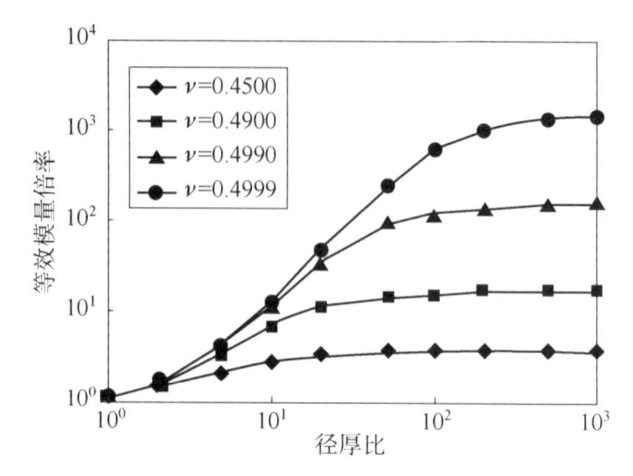

图 4-12 不同径厚比条件下的等效模量倍率情况[14]

4.4.2 仿真流程

典型的光机结构仿真分析流程如图 4-13 所示。目前建模最常用的软件是 Altair 公司的 Hypermesh，它具备与大多数主流后处理器交互的接口，可以方便地将模型导入 Patran、ANSYS、ABAQUS 环境下进行计算。Patran 为 MSC 公司研发的前后处理器，其计算主要通过调用 Nastran 求解器来实现。ANSYS 集成了建模、前后处理、求解器等功能，可直接完成全流程的计算，在国内各行业应用广泛。ABAQUS 为法国达索公司开发的大型有限元分析软件，它具有强大的非线性计算功能。

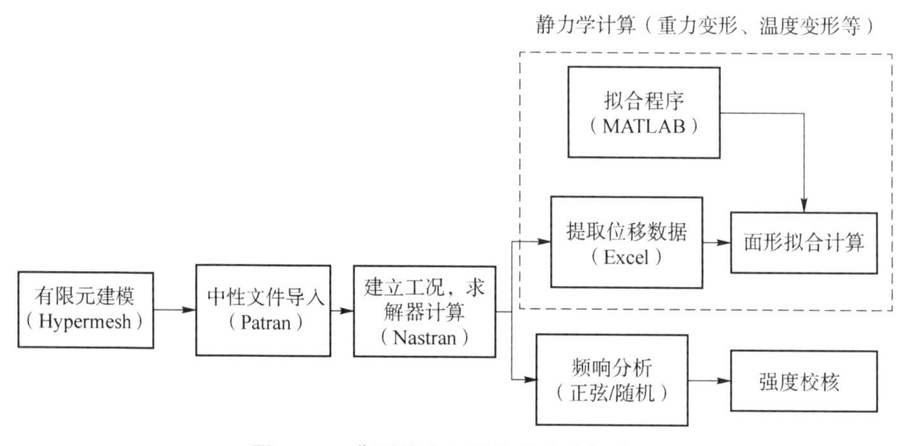

图 4-13 典型的光机结构仿真分析流程

星相机光机仿真对于光学面形有一定的要求，上述主流 FEM（finite element method，有限元法）软件无直接应用的相关模块，一般可采用提取位移数据进行

Zernike 拟合来计算，拟合计算可以通过编制相关的 MATLAB 计算程序来实现，并进行图形化显示。

4.4.3　仿真算例

本书给出了一个典型透镜组的建模仿真结果，其有限元模型如图 4-14 所示，均采用实体六面体单元建模。

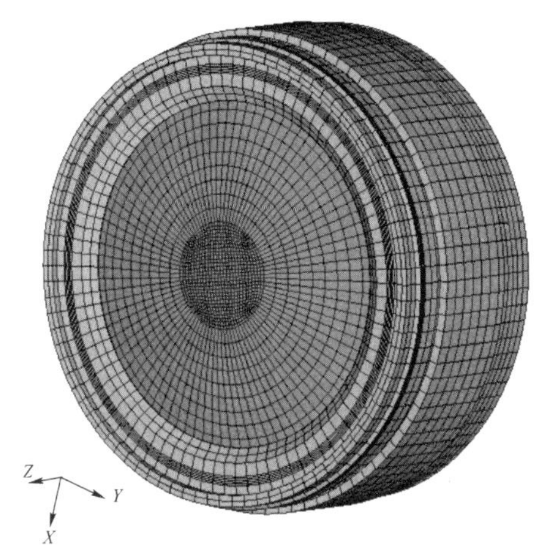

图 4-14　透镜组有限元建模（附彩图）

典型的分析工况包括模态分析、均匀温升分析、重力变形分析。模态分析主要用于考察组件的刚度特性，分析结果如图 4-15 所示，可知透镜组的一阶基频非常高，刚度特性良好。

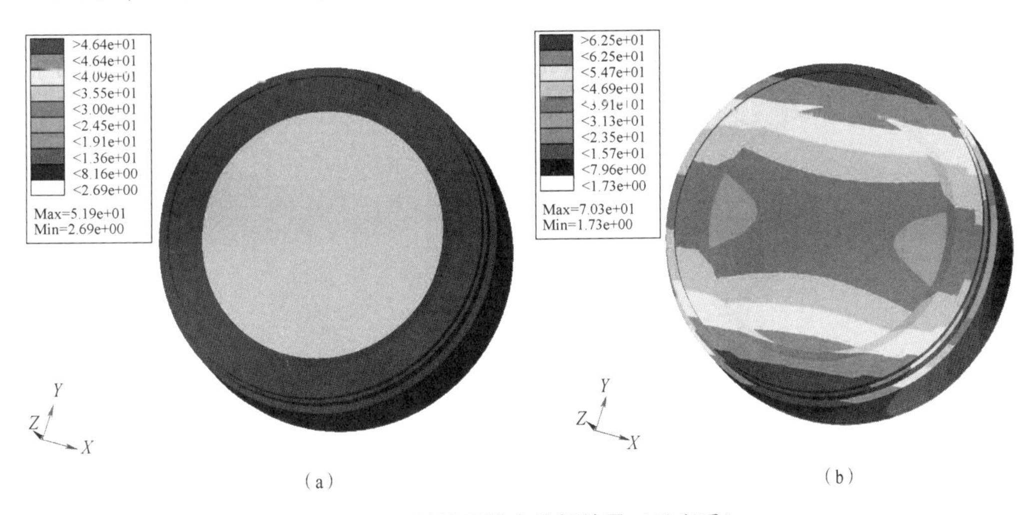

图 4-15　透镜组模态分析结果（附彩图）

（a）一阶基频 567.6 Hz；（b）二阶基频 627.6 Hz

均匀温升分析主要考虑透镜组的温度适应性，主要包括强度校核、透镜面形变化两方面。利用 ABAQUS 仿真分析软件，本例考察透镜组压环与镜体不同摩擦系数条件下均匀温度变化的应力水平，结果如表 4-2 所示。

表 4-2 不同温度环境下透镜组应力分析 单位：MPa

摩擦系数	镜框 Mises 应力	螺纹压环 Mises 应力	透镜最大主应力	胶 Mises 应力	胶最大剪切应力
0.015（温升 5 ℃）	0.148	0.106	0.047 2	0.021 4	0.192
0.05（温升 5 ℃）	0.148	0.106	0.047 2	0.021 4	0.192
0.1（温升 5 ℃）	0.148	0.106	0.047 2	0.021 4	0.192
0.015（温降 5 ℃）	1.409	0.866 1	0.126 7	0.020 0	0.177
0.05（温降 5 ℃）	1.408	0.866 5	0.126 6	0.020 0	0.177
0.1（温降 5 ℃）	1.405	0.867 0	0.126 4	0.020 0	0.177

由表 4-2 可知，在温度变化±5 ℃条件下，透镜组结构应力水平相对较低，透镜组具有良好的温度环境适应能力。典型工况下主要结构的应力分布结果如图 4-16 所示。

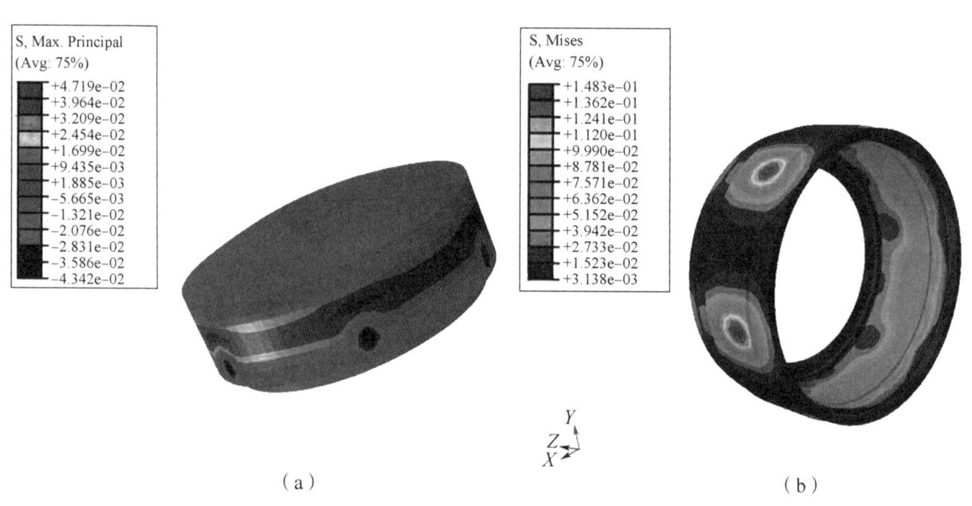

图 4-16 透镜组均匀温升 5 ℃结果（附彩图）

（a）透镜最大主应力分布；（b）镜框最大主应力分布

静过载分析主要考察透镜组的抗力学性能，本例采用 20g 静过载进行校核，其主要结构的应力统计如表 4-3 所示。结果表明，透镜组在静过载 20g 条件下的应力水平相对较低，具有良好的抗过载能力。

表 4-3　透镜组静过载应力统计结果

加载方向	透镜最大主应力/MPa	胶 Mises 应力/MPa	胶最大剪切应力/MPa
径向	0. 5	0. 6	0. 6
轴向	0. 8	0. 9	0. 13

在完成透镜组仿真分析后，可在此基础上建立相机镜头的有限元模型，并进行相关分析工作。本书课题组研制的一种星相机镜头的模态分析结果如图 4-17 所示，其一阶基频超过 200 Hz，具有良好的刚度特性。

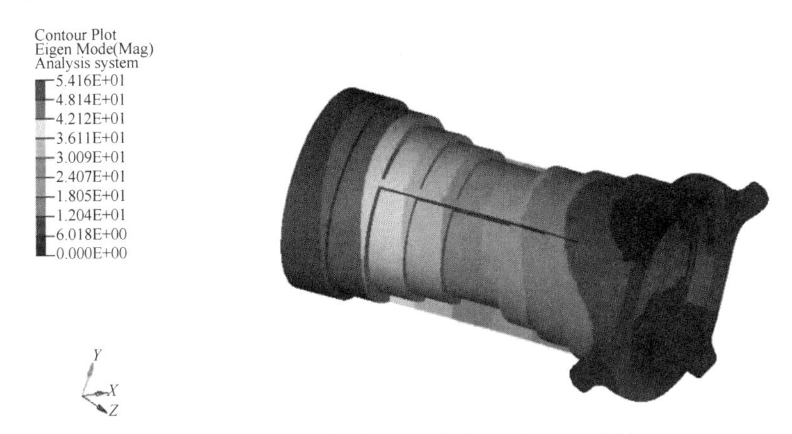

图 4-17　星相机镜头模态分析结果（附彩图）

进一步，在镜头分析基础上建立星相机的有限元模型，其模态分析结果如图 4-18 所示，其一阶基频≥80 Hz，主要表现为遮光罩的局部模态，星相机整体刚度特性良好。

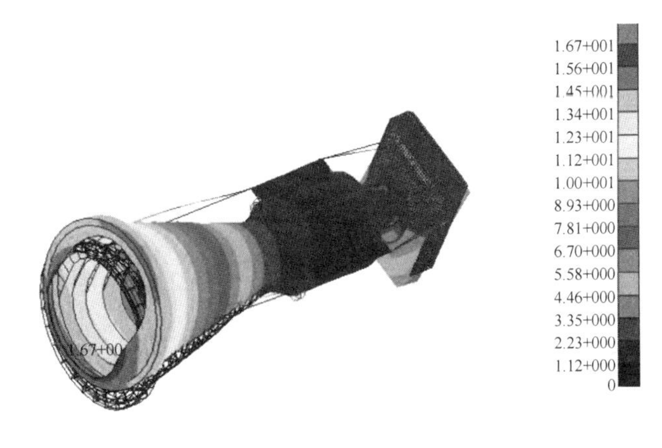

图 4-18　星相机模态分析结果（附彩图）

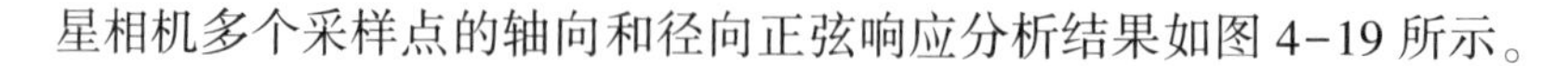
星相机多个采样点的轴向和径向正弦响应分析结果如图 4-19 所示。

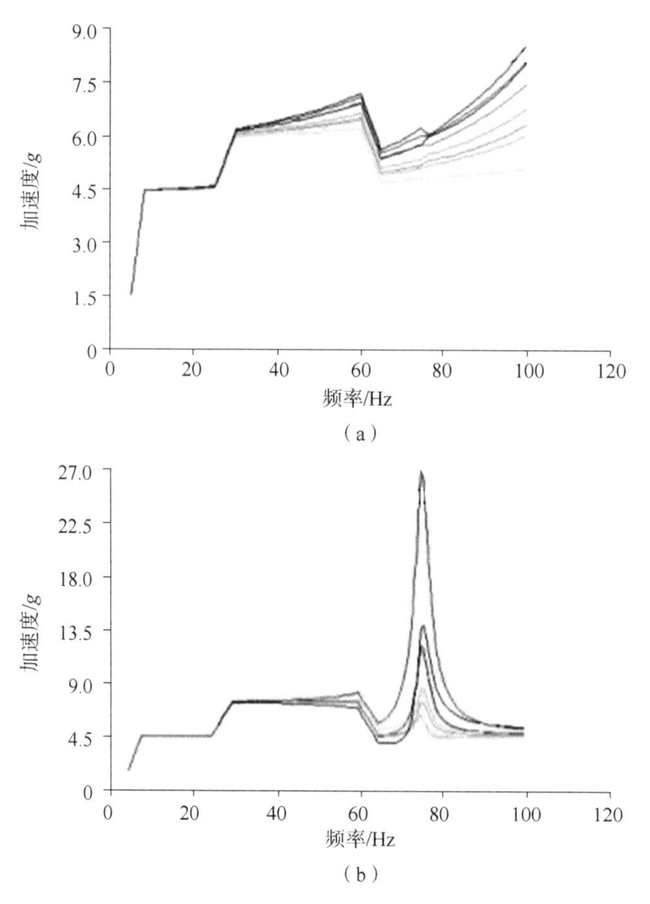

图 4-19 星相机频响分析结果（附彩图）

(a) 径向；(b) 轴向

由图 4-19（a）可知，径向振动时，星相机各测点响应放大倍数不大，整体表现近似刚体运动；由图 4-19（b）可知，星相机遮光罩在一阶基频处响应达到 27g（放大 6 倍左右），但遮光罩本身对光学系统影响不敏感，因此仅需满足强度设计要求即可，其实现相对容易。星相机其余测点响应放大倍数不大，总的来看，星相机的抗力学特性良好。

4.5 星相机光机热集成仿真

多学科优化（multi-disciplinary optimization，MDO）是一种利用多学科设

计、分析和优化工具，对复杂工程系统进行协同集成优化设计，以达到系统总体性能最优的方法论。星相机包含光、机、电、热等多个学科的交叉，采用单一学科优化已经很难满足当前需求。在此态势下，采用集成设计和多学科优化技术来提升星相机的性能、缩短交付周期变得极为迫切。典型的光机热集成分析过程如图 4-20 所示。

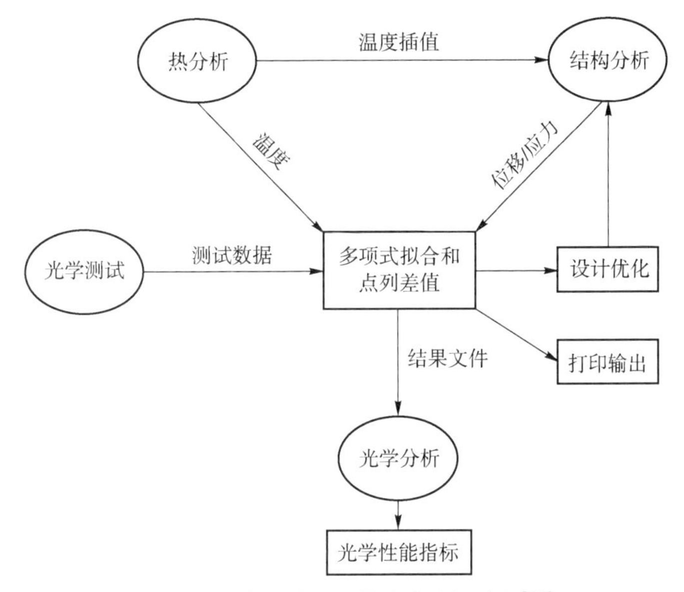

图 4-20　典型的光机热集成分析过程[14]

4.5.1　光机热集成分析工具

1. EOSyM

EOSyM 是由美国 Ball Aerospace 公司开发的多学科集成建模工具[15]，在 SNAP（SuperNova/Acceleration Probe）望远镜上得到应用。该系统集成了热、结构、光学功能，包括装调公差和加工误差等。

EOSyM 集成分析系统主要关注于系统性能评价，因此子系统的设计仍然由各专业方面的专家利用 CODE V、Thermal Desk 及 Nastran 等专业软件完成。集成建模在 Simulink/MATLAB 环境下执行，首先获取光学组件的刚体位移和变形数据，然后利用这些数据计算复杂光瞳的点扩散函数（PSF）。这些功能的实现包括了光机变形、入瞳及在特定波长处的衍射效应。此外，该系统允许用户同时获得频域和时域的分析结果。

2. ITM

美国预计2022年发射的最新一代詹姆斯·韦伯太空望远镜（James Webb Space Telescope，JWST）不仅在光-机-热方面进行了STOP（structural-thermal-optical performance，结构、热、光学性能）集成分析[16]，还专门开发了ITM（intergrated telescope model，集成望远镜模型）用于评估望远镜的性能。与SNAP望远镜采用的EOSyM工具一样，ITM也是一个端到端（end-to-end）物理数学模型，涵盖了与成像质量和成像敏感度（如对暗天体的信噪比）有关的所有效应，如指向误差、光学系统的振动和热变形、镜面及其致动器的力学响应[17]。ITM软件功能、软件流以及接口界面如图4-21所示。

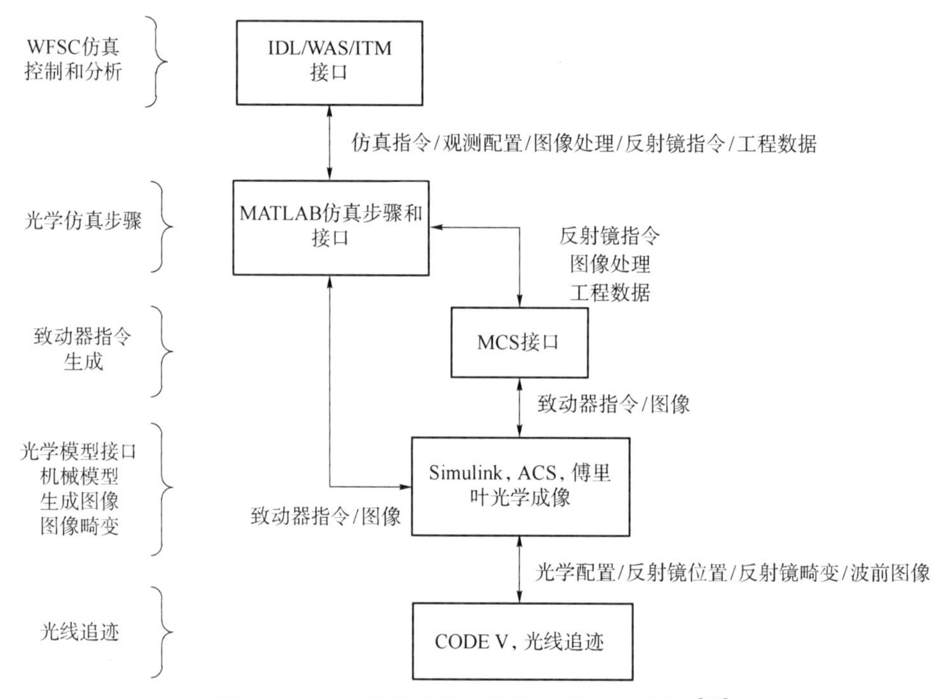

图4-21 ITM软件功能、软件流以及接口界面[18]

其中，WAS为波前分析软件，MCS为镜面控制软件，上述软件共同组成了WFS&C地面系统软件。JWST系统集成分析过程[19]如图4-22所示。

3. SORSA

SORSA是北京空间机电研究所开发的一款光机热集成分析软件，它在遥感器光、机、热等学科标准设计流程的基础上，实现了光、机、热结构模型与分析模型之间的数据交互，可用于评价结构、热对光学系统的成像质量的影响；而且，由于

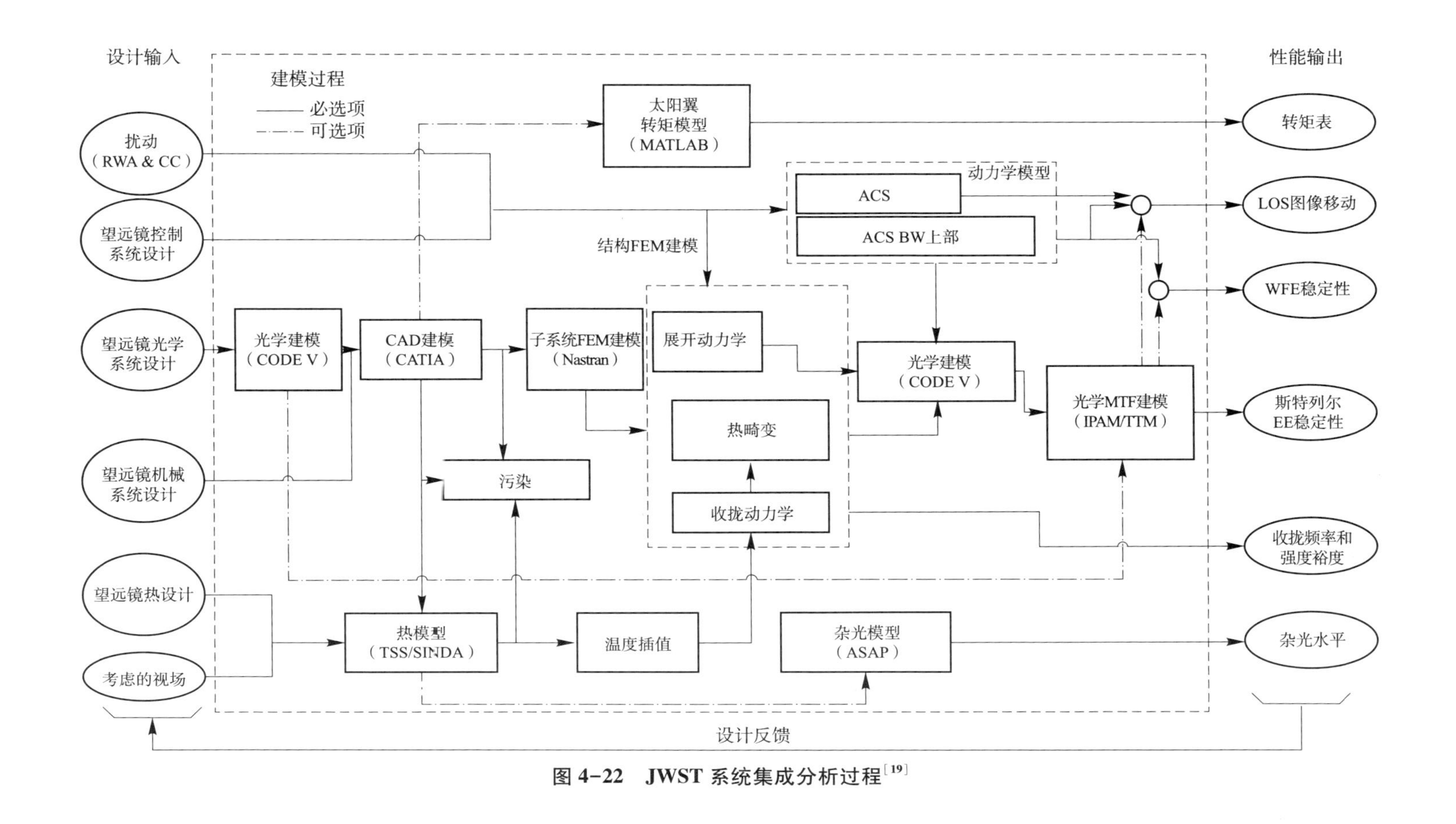

图 4-22　JWST 系统集成分析过程[19]

采用模板化设计，设计知识得以积累和重用，有利于快速协同设计。典型分析流程如图 4-23 所示。本书基于 SORSA 环境对星相机光机热进行集成仿真分析。

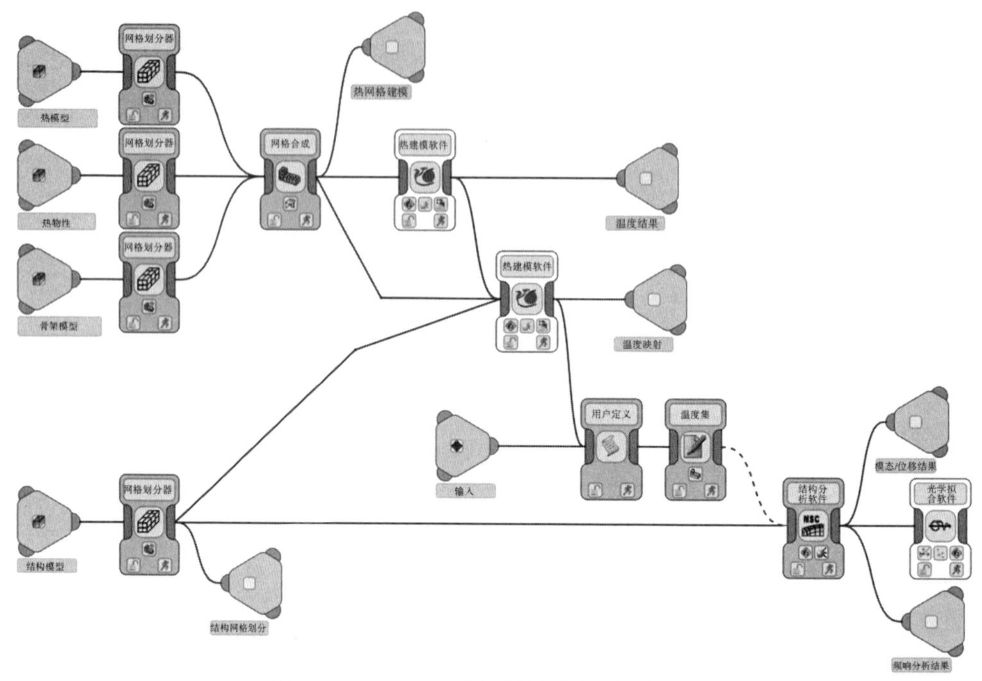

图 4-23　SORSA 光机热集成典型分析流程

4. 其他

北京航空航天大学赵慧洁课题组[20]提出一种利用齐次坐标变换式变形中刚体位移的方法，然后通过最小二乘法计算得到镜面的离焦量、偏心量及倾斜量等位移结果，针对某离轴镜利用 ANSYS 进行了有限元建模及分析验证，其结果可作为光学软件分析的基础。

国防科技大学刘海波等[21]针对星敏感器光机热进行了建模和仿真，主要通过 ANSYS 获取结构热变形结果，通过最小二乘法得到变形结果的 xy 多项式表达，将其输入 Zemax 光学分析软件得到像质结果。

中国科学院长春光机所也在光机热集成分析方面做了大量的研究工作，主要是将 Zernike 多项式作为接口工具对光机热分析软件进行集成，实现商业有限元软件与光学软件之间的数据交换。北京理工大学、哈尔滨工业大学等单位也针对空间相机进行了光机热集成分析工作。[22-24]

总的来看，国内相关工作主要集中在中间数据接口及转换方面的处理，功能相对单一，尚未形成成熟的全流程快速分析环境。

4.5.2　集成分析建模

SORSA 集成建模主要分为三个典型流程——结构力学分析、热分析、光机热集成分析。SORSA 结构力学分析流程如图 4-24 所示。

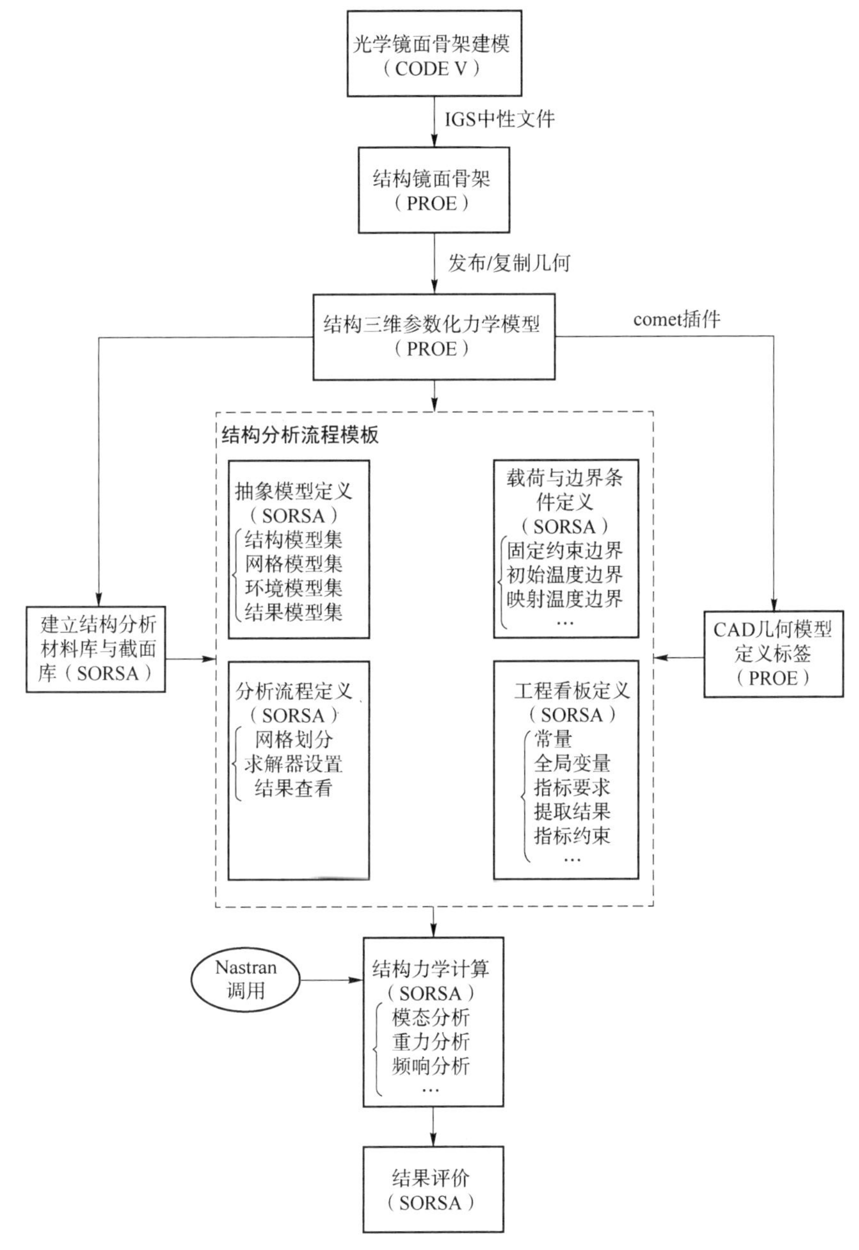

图 4-24　SORSA 结构力学分析流程

SORSA 热分析典型流程如图 4-25 所示。

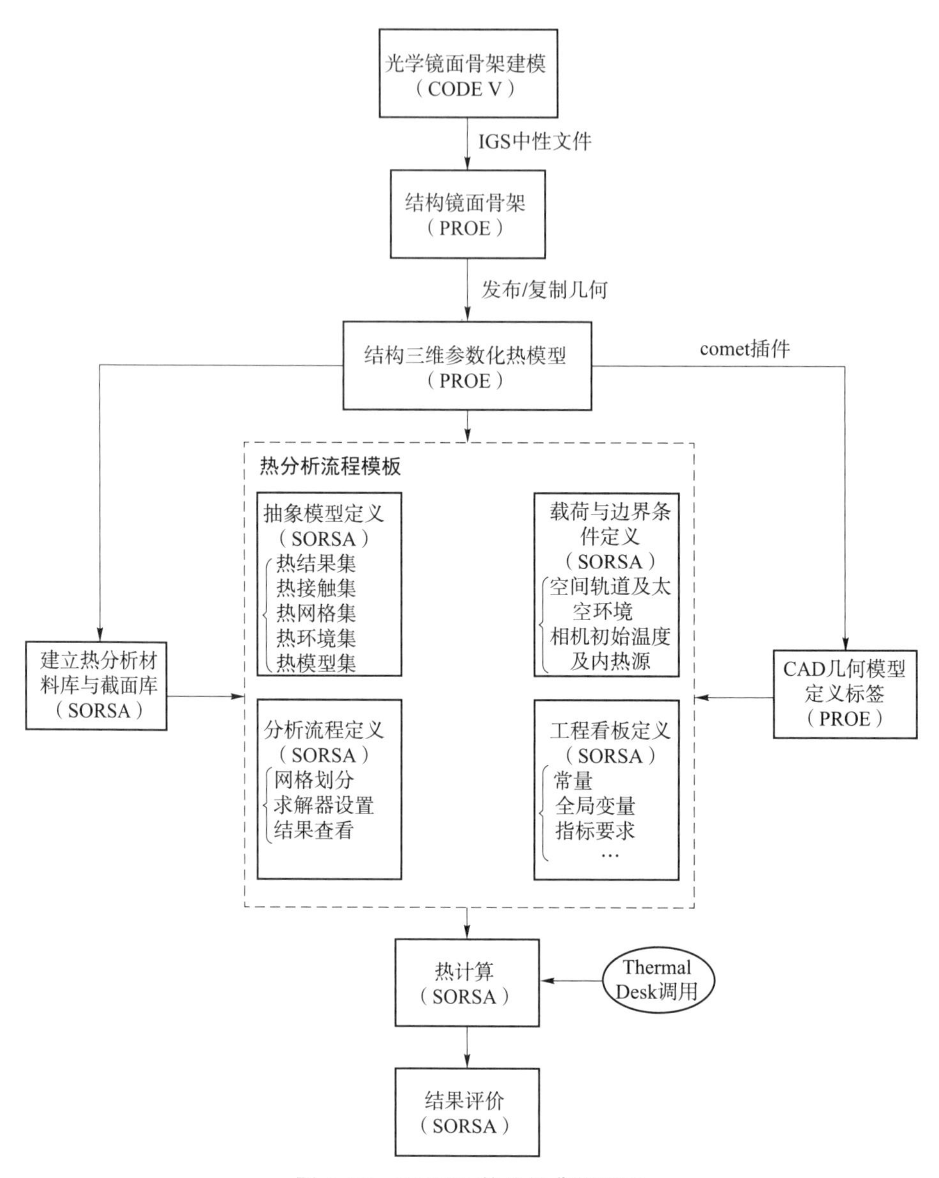

图 4-25 SORSA 热分析典型流程

SORSA 光机热集成分析典型流程如图 4-26 所示。其中，抽象模型定义主要用于描述分析问题的共性。热分析抽象模型的典型种类包括分析几何、分析载荷与边界、网格控制对象、接触、热耦合、仿真结果等。结构力学分析抽象模型的种类主要包括分析几何、分析载荷与边界、网格控制对象、接触、仿真结果等。

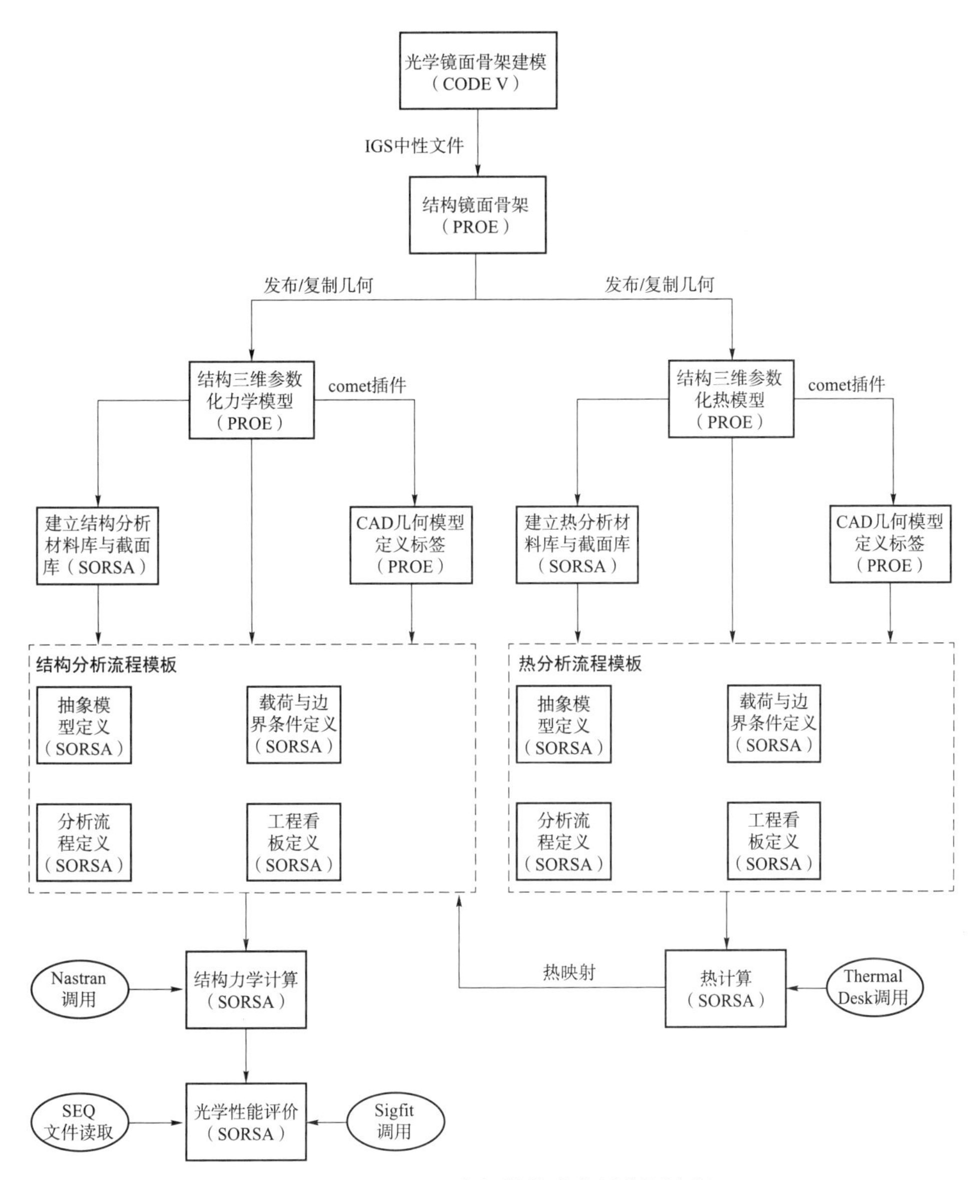

图 4-26　SORSA 光机热集成分析典型流程

定义几何标签的目的主要是将几何模型与抽象模型进行关联，通过软件内置插件 comet 来实现。CAD 几何模型贴上相应的标签后，其不仅具有几何信息，还包含了材料、截面、表面处理、载荷作用区域、约束位置等工程信息。完成标签定义后，可以将模型导入 SORSA 环境。软件获取 CAD 模型后，将自动在 CAD 几何与抽象模型之间建立关联，如图 4-27 所示。

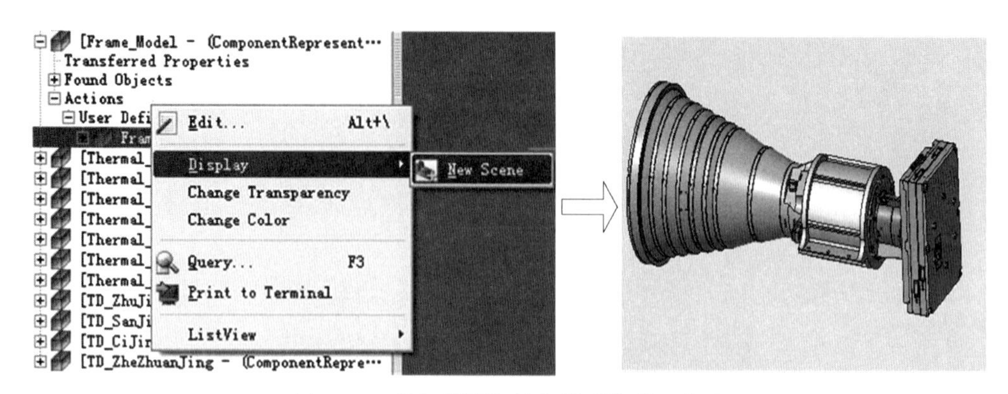

图 4-27 几何模型与抽象模型关联示意图

4.5.3 光机热耦合分析

本书课题组在 SORSA 3.0 平台上建立星相机力学分析流程，采用不同的分析模板来分析不同工况下的结构变形，以及结构变形引起的光学系统变化。力学分析主要有三种工况：模态分析、重力变形分析、均匀温升热变形分析。上述分析基于统一的网格模型，力学分析流程模板分为模态分析流程模板、光机耦合分析流程模板，后者用于重力变形分析、均匀温升热变形分析等工况。

模态分析流程模板主要包括模型输入、网格划分和求解器三部分，求解器类型设置为模态分析。星相机模态分析流程模板如图 4-28 所示。

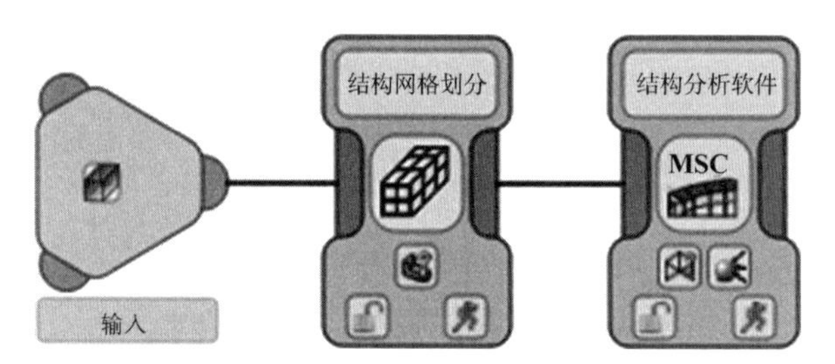

图 4-28 星相机模态分析流程模板

静力学分析流程模板在继承了模型输入、网格划分和求解器的基础上，还需要建立 SigFit 多项式拟合和 CODE V 光学分析等步骤，其中求解器选择静力学分析。星相机光机耦合分析流程模板如图 4-29 所示。SORSA 环境下建立的星相机有限元模型如图 4-30 所示。

图 4-29　星相机光机耦合分析流程模板

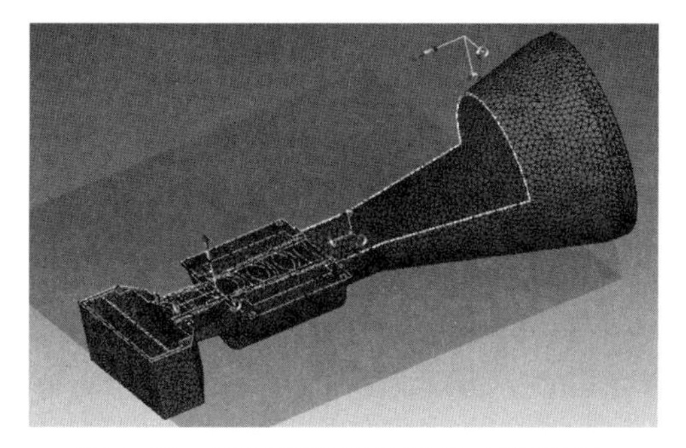

图 4-30　星相机有限元模型（附彩图）

星相机模态分析结果如图 4-31 所示。

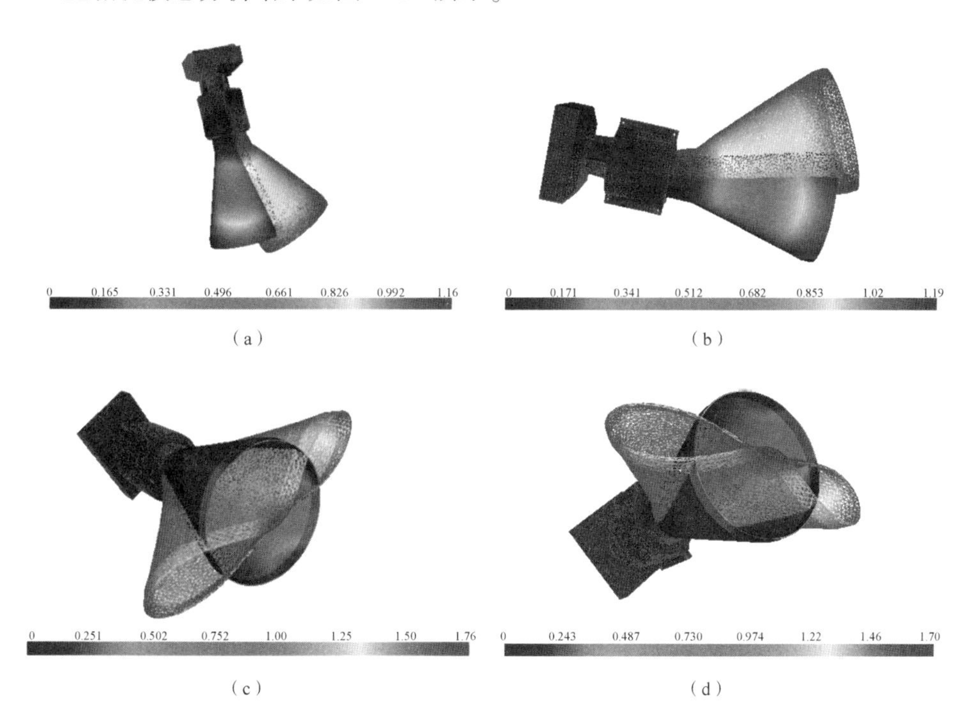

图 4-31　星相机模态分析结果（附彩图）

（a）一阶频率 80 Hz；（b）二阶频率 122 Hz；（c）三阶频率 155 Hz；（d）四阶频率 158 Hz

星相机重力变形分析结果如图 4-32 所示。

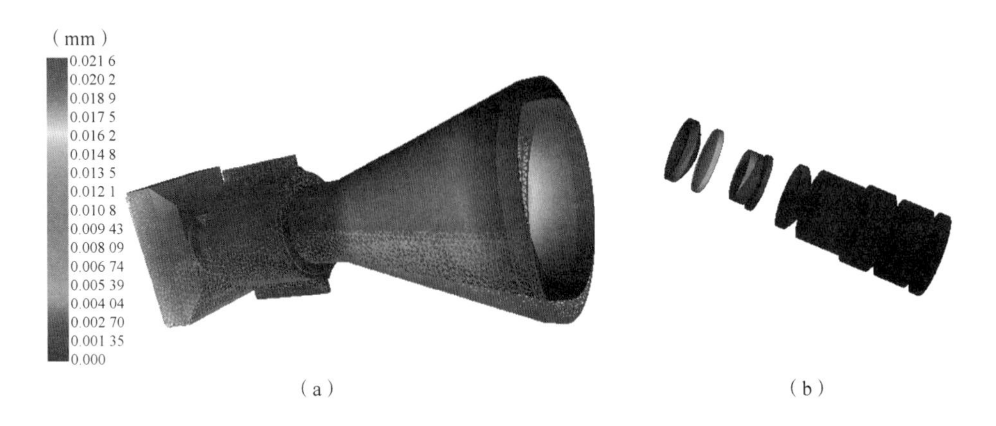

图 4-32 星相机重力变形分析结果（附彩图）

（a）1g 重力下结构变形云图；（b）1g 重力下光学系统镜面变形云图

由图 4-32 可知，星相机光学系统镜面变形最大为 2.154×10^{-3} mm 左右。通过光机耦合分析，得到相应的能量集中度和 MTF 变化结果，如图 4-33 所示。分析可知，在重力变形条件下，星相机能量集中度和 MTF 均良好。

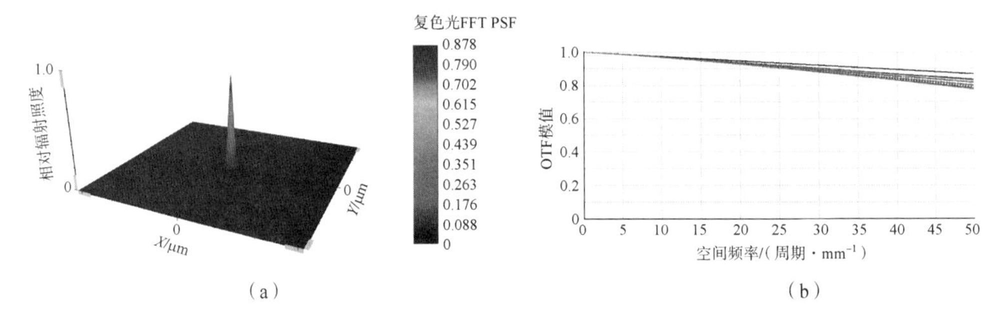

图 4-33 星相机重力变形光学质量结果（附彩图）

（a）点扩散函数；（b）衍射 MTF

与之类似，计算星相机在均匀温升 2 ℃工况下光机结构的变形情况以及像质情况，结果如图 4-34、图 4-35 所示。其他温度条件下星相机结构的位移变化及光学系统 MTF 变化的计算结果如表 4-4 所示。

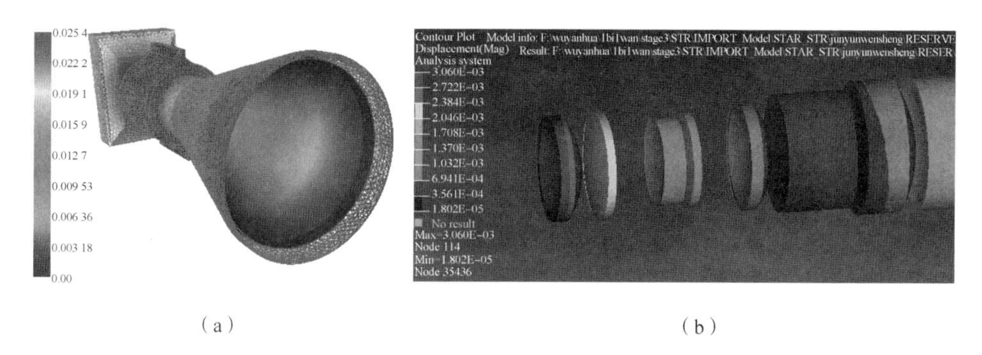

(a)　　　　(b)

图 4-34　星相机均匀温升 2 ℃工况下的变形分析结果（附彩图）

（a）结构变形云图；（b）光学镜面变形云图

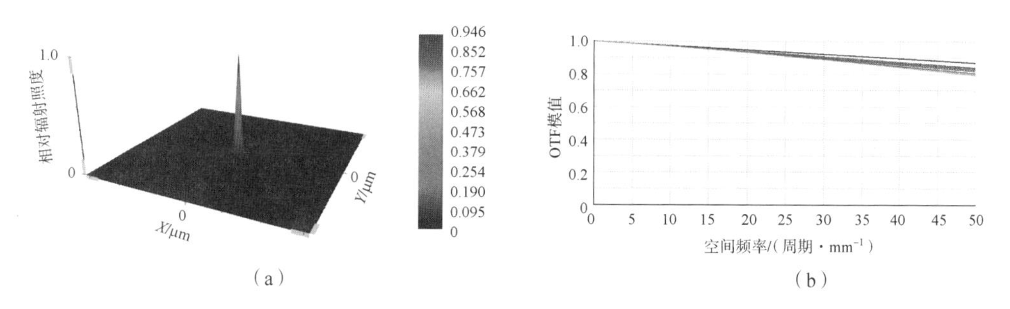

(a)　　　　(b)

图 4-35　星相机均匀温升 2 ℃工况下的像质结果（附彩图）

（a）点扩散函数；（b）衍射 MTF

表 4-4　不同温度下星相机结构变形与光学系统 MTF 变化

温度/℃	结构最大变形/mm	镜面最大变形/mm	MTF 下降值
20	0	0	0
22	0.025 4	3.060×10^{-3}	0.01
24	0.050 8	6.123×10^{-3}	0.03
26	0.076 3	9.185×10^{-3}	0.06
28	0.102 0	1.225×10^{-2}	0.10

由表 4-4 可知，随着星相机温度上升，MTF 逐渐下降，当温差达到 8 ℃时，MTF 下降达到 0.1。这意味着需要对星相机进行良好的控温保障，以确保光学系统像质。

4.5.4 热光学耦合分析

在进行热光学耦合分析前，首先进行热分析，其流程模板如图 4-36 所示。

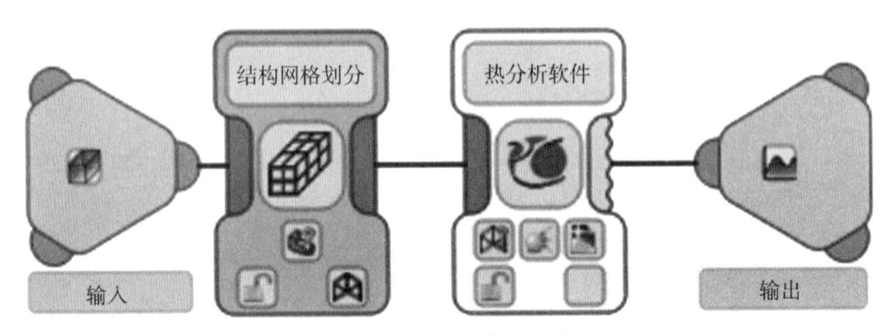

图 4-36 星相机热分析流程模板

热分析有限元建模过程与结构分析类似，考虑到热辐射计算效率及后续力热耦合分析温度场映射，热分析有限元建模网格的划分相对较粗，如图 4-37 所示。

图 4-37 星相机热分析有限元建模（附彩图）

如图 4-38 所示，模拟了在轨环境下未采取散热措施时星相机开机工作的热影响，由图可知，星相机电子学热功耗导致电路板温度升高 8 ℃左右。

在建立星相机光机耦合分析流程及热分析流程后，利用上述流程进行综合，得到星相机热光学集成分析流程模板，如图 4-39 所示。

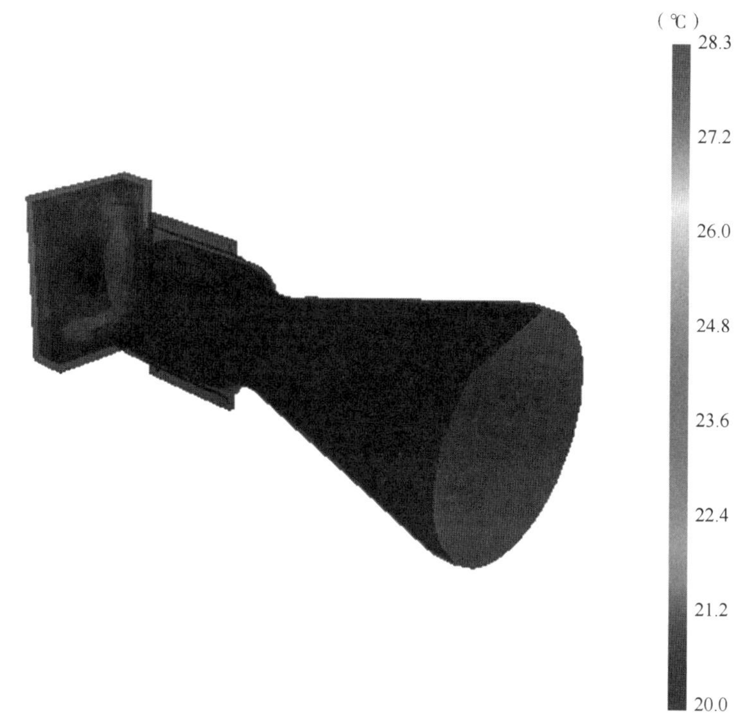

图 4-38　典型热分析温度场结果（附彩图）

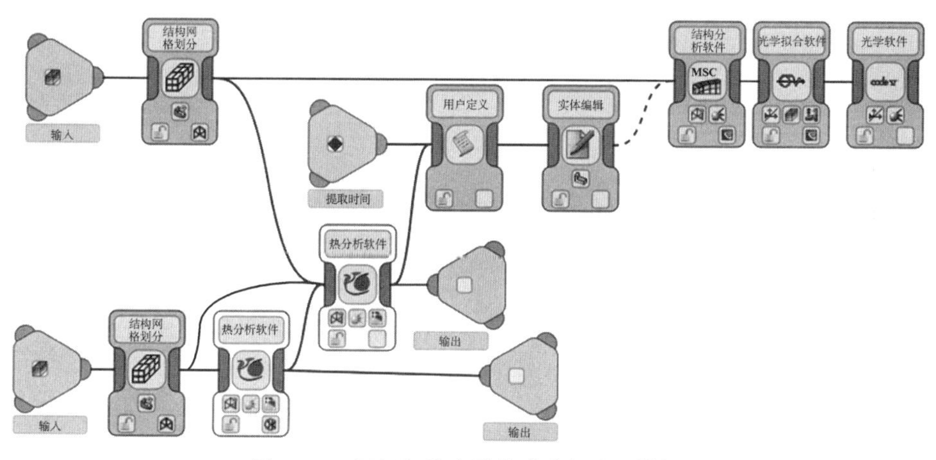

图 4-39　星相机热光学集成分析流程模板

基于上述模板，得到瞬态热分析条件下的星相机温度场分布，通过 SORSA 温度映射模块完成从热分析温度场到结构力学分析温度场的映射，计算在热作用下星相机结构变形情况，如图 4-40 所示。

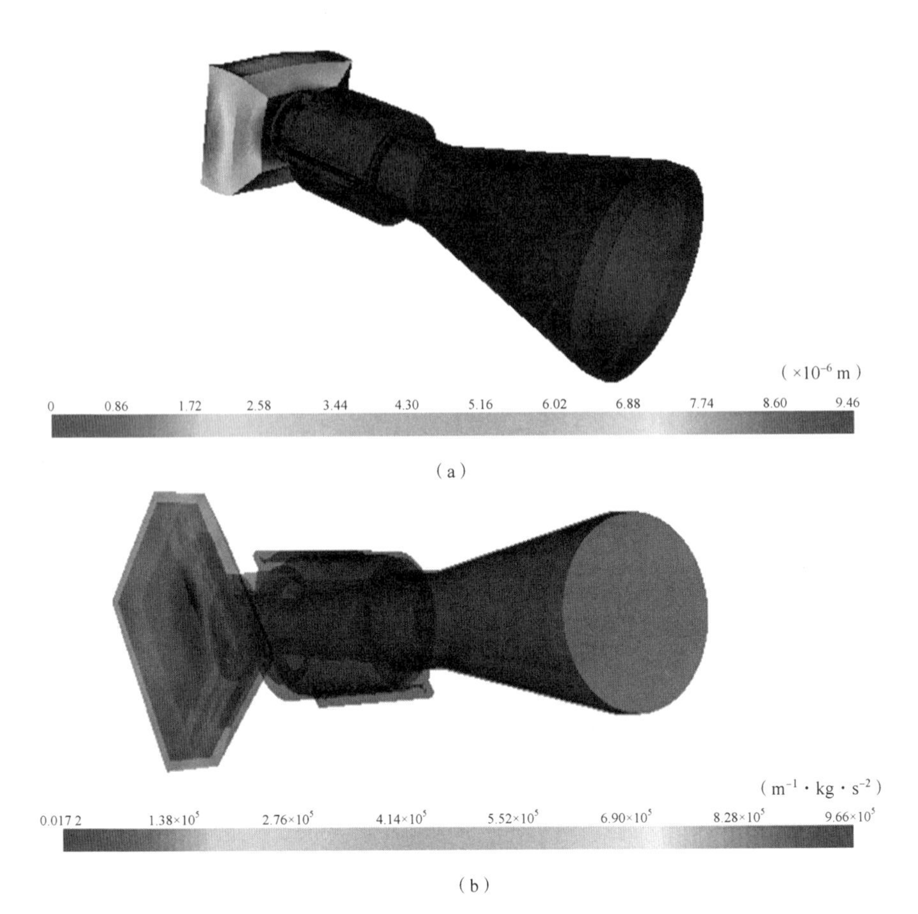

图 4-40 星相机热机映射结果（附彩图）

(a) 轨热分析工况下某时刻结构位移；(b) 轨热分析工况下某时刻结构变形

与之类似，可以得到在该瞬态温度场条件下的星相机能量集中度和 MTF 变化情况，如图 4-41 所示。

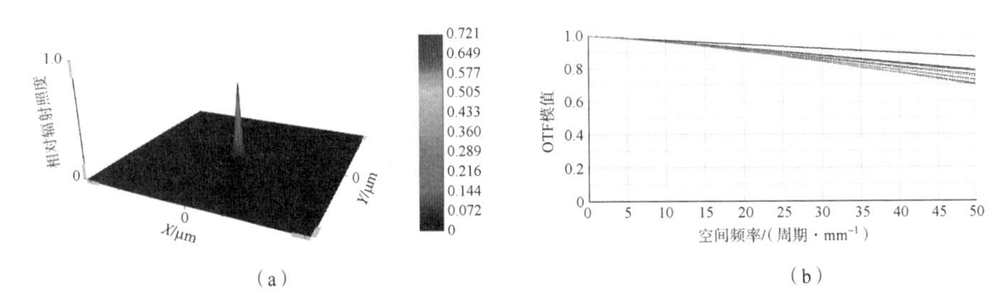

图 4-41 星相机光机热集成分析结果（附彩图）

(a) 点扩散函数；(b) 衍射 MTF

4.6　本章小结

本章首先介绍了星相机总体构型设计的典型分类，主要有分体式、层摞式、包围式三种，并对其特点分别进行了说明；其次，从材料选择、镜头结构设计、焦平面结构设计、散热结构设计、安装支架设计等方面对星相机光机结构设计进行了说明和分析，给出了星相机光机结构仿真分析流程，并以一个典型星相机为例进行了光机结构仿真分析；最后，介绍了光机热集成分析的国内外研究现状，以及北京空间机电研究所 SORSA 光机热集成仿真分析平台相关情况，基于 SORSA 集成仿真分析环境，建立了星相机光机耦合分析流程模板和热光学集成分析流程模板，并开展了相关的分析工作，给出了相关条件下的像质评估，可以为星相机在轨工作提供一定的指导。

参考文献

[1] BLARRE L, OUAKNINE J, ODDOS-MARCEL L. High accuracy Sodern star trackers: recent improvement proposed on SED36 and HYDRA star trackers [C]// AIAA Guidance, Navigation, and Control Conference and Exhibit, 2006: 6046.

[2] KOCHER Y, GELIN B, PIOT D, et al. HYDRA star tracker innovative test solution [J]. Proceedings of the AAS/AIAA space flight mechanics meeting, 2011, 140: 1399-1416.

[3] MICHAELS D, SPEED J. Ball aerospace star tracker achieves high tracking accuracy for a moving star field [C]//2005 IEEE Aerospace Conference, 2005: 1-7.

[4] 袁利，王苗苗，武延鹏，等. 空间星光测量技术研究发展综述 [J]. 航空学报，2020，41 (8): 623724.

[5] 钟红军，卢欣，李春江，等. 新型分体式星敏感器设计及其应用 [J]. 红外与激光工程，2014，43 (3): 1278-1283.

[6] ROELOF W H, VAN B. SIRTF autonomous star tracker [J]. Proceedings of SPIE-

the International Society for Optical Engineering, 2003, 4850: 108-201.

[7] LAWRENCE W C. The HDOS HD - 1003 star tracker [J]. SPIE, Space Guidance, Control, and Tracking II, 1993, 2466: 93-99.

[8] CASSIDY L W. Space qualification of HDOS' HD-1003 Star Tracker [J].Proceedings of SPIE—The International Society for Optical Engineering, 1996, 2810: 213-220.

[9] YODER P R. 光机系统设计 [M]. 3 版. 周海宪, 程云芳, 译. 北京: 机械工业出版社, 2008.

[10] SCHMIDT U, PRADARUTTI B, MEHLHORN J, et al. ASTRO APS star tracker performance of SENTINEL-2A [C]//Guidance Navigation and Control, 2016: 526-533.

[11] 任友良, 王志国, 胡炳亭. 一种星敏感器支架热变形控制方法 [J]. 航天器工程, 2017, 26 (2): 77-81.

[12] ANDERSON N T, MARCHISIO G B. WorldView-2 and the evolution of the DigtalGlobe remote satellite constellation [J]. Proceedings of SPIE, 2012, 8390: 83900L.

[13] 陆玉婷, 王伟之. 大口径胶粘主镜装调的有限元分析 [J]. 航天返回与遥感, 2017, 38 (1): 38-43.

[14] MICHELS G J, GENBERG V L, DOYLE K B. Finite element modeling of nearly incompressible bonds [J]. Proceedings of SPIE, 2002, 4771: 287-295.

[15] 道尔, 基恩伯格, 迈克尔斯. 光机集成分析 [M]. 连华东, 等译. 北京: 国防工业出版社, 2014.

[16] BRAUROCK C, GINNIS M M, KIM K, et al. Structural-thermal-optical performance (STOP) sensitivity analysis for the James Webb space telescope [J]. Proceedings of SPIE—Optical Modeling and Performance Predictions Ⅱ, 2005, San Diego, 5867: 58670V.

[17] KNIGHT J S, ACTON D S, LIGHTSEY P, et al. Integrated telescope model for the James Webb space telescope [J]. Proceedings of SPIE—Modeling, Systems

Engineering, and Project Management for Astronomy V, 2012, 8449: 84490V.

[18] BESUNER R W, SHOLL M J, LIEBER M B, et al. Integrated modeling of point-spread function stability of the SNAP telescope [J]. Proceedings of SPIE—UV/Optical/IR Space Telescopes: Innovative Technologies and Concepts Ⅲ, 2007, 6687: 66870X.

[19] MUHEIM D M, MENZEL M T. Systems modeling in the design and verification of the James Webb space telescope [J]. Proceedings of SPIE—The International Society for Optical Engineering, 2011, 8336: 833603.

[20] 张颖，丁振敏，赵慧洁，等. 光机热集成分析中镜面刚体位移分离 [J]. 红外与激光工程, 2012, 41 (10): 2763-2767.

[21] 刘海波，谭吉春，沈本剑. 星敏感器光学系统的热/结构/光分析 [J]. 宇航学报, 2010, 31 (3): 875-879.

[22] 刘巨，薛军，任建岳. 空间相机光机热集成设计分析及关键技术研究综述 [J]. 宇航学报, 2009, 30 (2): 422-427.

[23] 董冰，俞信，张晓芳，等. 分块式空间望远镜的光机热集成分析 [J]. 红外与激光工程, 2009, 38 (2): 326-329.

[24] 张伟，刘剑锋，龙夫年. 基于 Zernike 多项式进行波面拟合研究 [J]. 光学技术, 2005, 31 (5): 675-678.

第 5 章 星相机电子学设计技术

5.1 引言

星相机作为一种航天产品，要满足小型化的要求。目前，星相机电子学均采用嵌入式的设计方案，且集成化程度越来越高，特别是基于 APS（active pixel sensor，主动像素传感器）技术的 CMOS 图像传感器比 CCD 图像传感器具有易于集成、接口简单和抗辐照性能好等诸多优点[1-3]，大面阵 CMOS 图像传感器成为高精度星相机标配，以使星相机产品的质量、体积和功耗降至最低。星图识别算法一般运行在嵌入式处理器上，为了存储导航星表和特征数据库，一般需要配置足够容量的外围存储器，以 PowerPC、ARM 和 DPS 处理器为核心的低功耗、低成本、高性能星相机数据处理单元在众多星相机产品中得到应用。

5.2 电总体设计

5.2.1 功能

星相机通常搭载在具有高精度定位的应用场景（如测绘卫星），一般采用与相机一体化安装设计，以提高地面图像定位精度。星相机的功能一般包括星图成像，通过图像下传进行质心提取[4]、星窗识别、姿态解算等计算，用于确定相机光轴指向。随着技术的进步，目前星相机在轨也能实时输出四元数，为相机提供外方位元素，从而实时确定相机光轴指向。星相机一般具有以下功能：获取（拍摄）星空图像并输出其全部星图（星窗）；在轨实时输出四元数；调整曝光时间；温度控制；遥控遥测；总线通信；高精度时间同步；软件标注。

5.2.2　性能

典型高精度星相机性能指标要求如下：

（1）工作光谱范围：一般为 450~850 nm。

（2）光学系统视场：一般<10°。

（3）焦距：一般设计为≥200 mm。

（4）F 数：为满足探测敏感度，一般采用小 F 数设计。

（5）透过率：在规定光谱范围内，透过率一般≥0.75。

（6）能量集中度：一般要求在 3×3 像元内≥80%。

（7）敏感星等：一般≥7 mv。

（8）信噪比：典型信噪比≥30（7 mv 星等条件下，默认曝光时间）。

（9）杂散光抑制：一般应满足 PST≤1×10^{-7}（30°半锥角）。

（10）数据更新速率：星相机数据更新速率一般应≥2 Hz。

（11）量化位数：一般≥12 bit。

（12）时间同步精度[5-6]：一般应≤10 μs。

（13）内方位元素标定精度：主点安置误差≤1/3 像元，畸变测量均方根误差≤1 μm，主距测量误差<5 μm。

（14）指向测量精度：X/Y 轴测量精度≤1″(3σ)，Z 轴确定误差≤10″(3σ)。

（15）温控范围：一般为（20 ± 2）℃。

5.2.3　工作模式

星相机一般应具备以下几种工作模式：

（1）“待机”工作模式。“待机”工作模式是星相机在开机后的初始状态。

（2）“正式”工作模式。“正式”工作模式下，星相机在轨拍摄天球，并以设定的固定频率输出姿态四元数及星图（或星窗）。

（3）“服务”工作模式。“服务”工作模式用于从飞控中心经卫星控制系统沿 1553B 接口[7]传输指令或程序信息模块，更改坐标测量分系统常量，完成软件上注更新。软件上注用于实施软件代码的上注、存储，以及软件版本加载状态的切换选择。

（4）“工艺”工作模式。“工艺”工作模式用于星相机软件调试和电子学调试，只用于地面测试状态。

5.2.4 总体设计

根据星相机电子学功能需求，可以将电路划分为供电电路、接口电路、成像电路和数据处理电路四类。其中，供电电路主要将星上母线电压转换为本地电路所需的各种电压；接口电路主要从外部管理控制接收遥测遥控指令，并将相应信息传递出去；成像电路控制 CCD 图像传感器和 CMOS 图像传感器对星空成像；数据处理电路接收图像数据，完成星点检测、质心提取、星图识别、姿态计算等功能。根据星相机设计需求，这四类电路通常会分配到单块（或多块）电路上实现，并通过板间连接器（或柔性 PCB）进行连接。

为了实现更高的姿态测量精度，星相机电子学设计需要充分考虑热设计影响，过高的温度会直接影响图像传感器的成像质量，也会带来热变形，因此星相机电路从散热角度考虑会采用分体式、层摞式、包围式[8]三种结构。典型的层摞式电路结构如图 5-1 所示，分为三层，最上层为成像电路，中间层为数据处理电路及接口电路，下层为供电电路；包围式电路结构如图 5-2 所示，底层为成像电路，供电电路、数据处理电路、接口电路分布在周围以节省空间；分体式电路结构如图 5-3 所示，成像电路和数据处理电路及接口电路分开设计，放置在两个结构中。

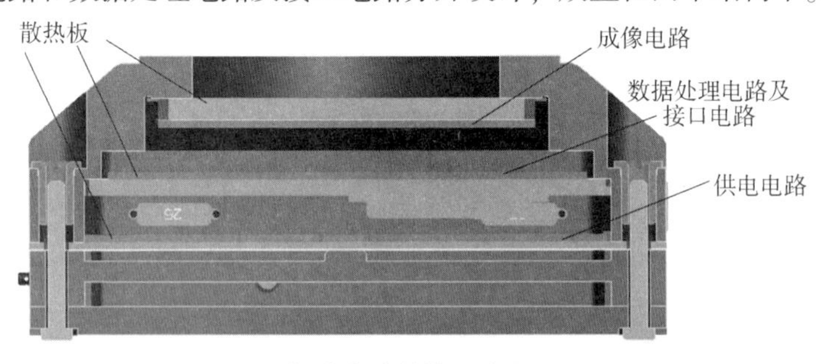

图 5-1 层摞式电路结构示意图（附彩图）

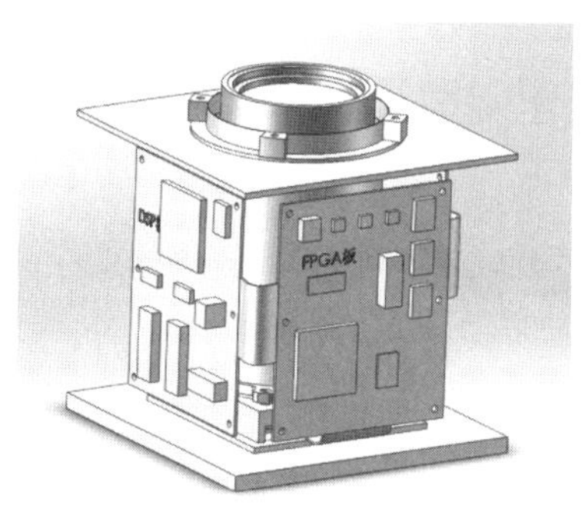

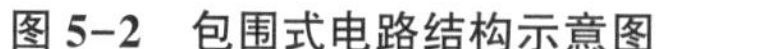
图 5-2　包围式电路结构示意图

图 5-3　分体式电路结构示意图[8]（附彩图）

5.3　电子学架构对比

星相机电子学可采用 FPGA+DSP[8] 电子学架构、FPGA+CPU（SPARC、PowerPC、ARM 等）电子学架构和 DSP+CPU[9] 电子学架构等形式。以 FPGA+DSP 电子学架构为例，其采用高性能 DSP 处理芯片，在单位时间内执行更多的指令和浮点运算，因此这种架构的数据处理速度快，可以获得较高的姿态更新率，在对性能要求高的场合可以选用该架构。DSP+CPU 电子学架构采用单芯片多处理器，具有功耗低、成本低等特点，在对性能要求不高、成本控制高的场合可以选用该架构。表 5-1 给出了三种电子学架构在处理速度、功耗、体积等方面的比较。

表 5-1　星相机电子学架构

架构名称	FPGA+DSP 电子学架构	FPGA+CPU 电子学架构	DSP+CPU 电子学架构
处理速度	快	快	快
功耗	大	大	很小
体积	大	大	小
质量	重	重	轻
精度	高精度	高精度	中等精度
成本	高	高	低
设计寿命	适中	长	短

5.4 基于 ZYNQ 的星相机数据处理电路设计

基于上一节星相机电子学设计的多种架构选择，本节以基于 ZYNQ 的星相机数据处理电路架构为例进行详述。

星相机的电路系统通常分为前端和后端两部分。前端主要负责完成图像传感器的驱动、星图的底层处理，得到星点的质心坐标，一般由 FPGA 或者 CPLD（复杂可编程逻辑器件）来实现。后端主要完成畸变校正[10]、星图识别、星跟踪及姿态计算等功能，最后输出姿态信息，一般由 RISC 处理器或者 DSP 处理器实现。本节主要介绍以 FPGA（现场可编程逻辑器件）为前端、ARM 处理器为后端的星相机数据处理电路的结构及星图识别算法的具体实现。

星相机数据处理电路以 Xilinx 公司的 ZYNQ7000 系列 FPGA XC7Z045T 为核心，该款 FPGA 内嵌双核 ARM Cortex-A9[11-12]，非常适合作为核心应用于数据处理电路。

ARM 为一款应用广泛的 RISC 处理器。RISC 处理器具有更好的流水线功能，并且实现起来所需的外围电路更少，与其他微处理器相比具有功耗小、价格低廉等特点。RISC 数据处理电路以 RISC 处理器为核心，在外围添加通信接口模块、存储器模块、JTAG 接口模块、PWM 外围模块、电源模块等，实现调试、计算、通信等功能。

5.4.1 组成

根据星相机功能、性能要求及总体结构设计，星相机电子学包括成像探测单元、驱动及图像预处理单元、算法处理单元和电源转换单元。

成像探测单元中的 CMOS 电路板和星相机镜头固连在一起，精确装校后，CMOS 图像传感器探测靶面处于镜头的后工作距上。该单元主要承载 CMOS 图像传感器，完成其外围信号设置，并确保其与驱动及图像预处理单元之间的信号传输。

驱动及图像预处理单元主要完成 CMOS 图像模式设置与时钟驱动、图像存储、图像信息输出和星点质心算法等功能。星场内星点的位置和亮度信息通过相应的通信协议传输给算法处理单元。

算法处理单元负责星图识别和姿态计算，并将最终的姿态计算结果传回总体计算机。电源转换单元实现将一次电源转换为二次电源，以满足星相机功能的需要。

根据以上功能划分，星相机电子学采用 CMOS 图像探测器+ZYNQ 系统的架构。考虑到相机结构设计，将星相机电子学分为 CMOS 电路、ZYNQ 信号处理电路、接口电路和电源电路 4 部分，其中 ZYNQ 数据处理电路与接口电路设计在同一块电路上，星相机由三个电路板组成，为保证信号完整性，同时减轻系统质量，CMOS 电路板、ZYNQ 数据处理电路板之间采用柔性印制板连接，组成一个刚挠结合印制板，电源电路板与其采用穿板连接器连接。星相机电子学系统原理框图如图 5-4 所示。

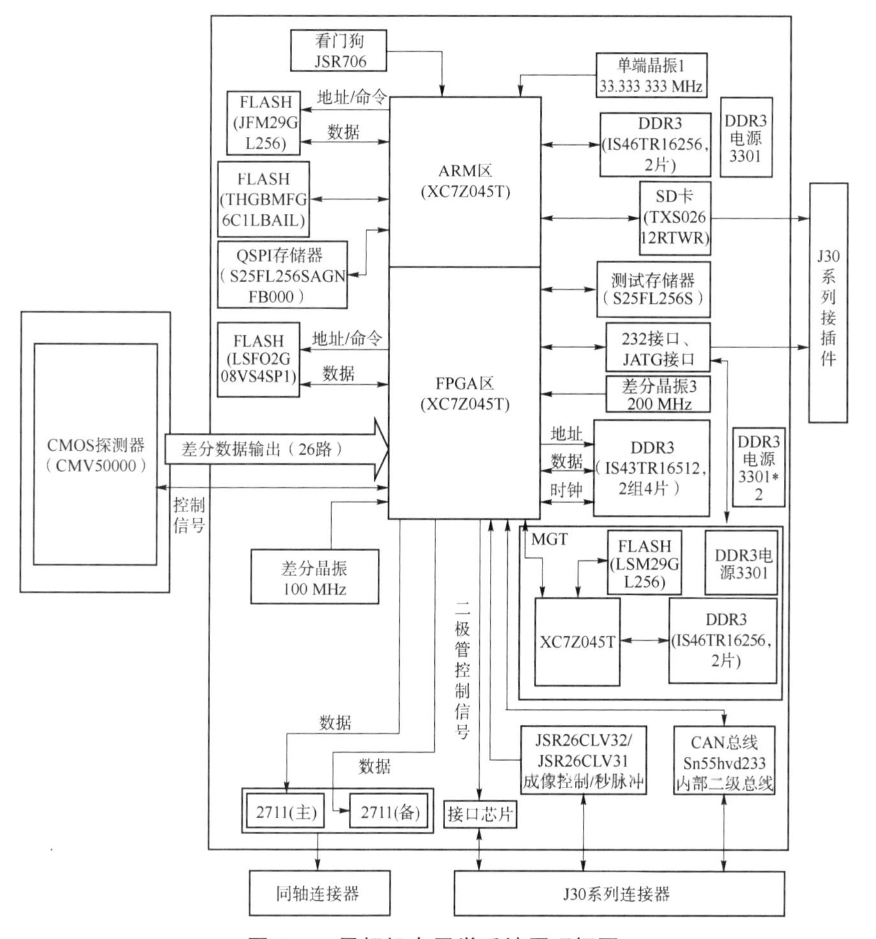

图 5-4　星相机电子学系统原理框图

（1）CMOS 电路主要由 CMOS 图像传感器和滤波电路组成，接收时序驱动信号，完成光电转换功能，读出数字图像信号，焦面电路板背面安装有 RMT 公司的半导体制冷器 1MC06-060，用于对 CMOS 图像传感器进行制冷。

（2）ZYNQ 信号处理电路主要为 XC7Z045T 平台，其功能为：对 CMOS 图像传感器进行驱动，同时接收其输出的图像，进行缓存与预处理，并将处理后的数据通过内部高速 DMA 通道发送给 ARM 处理器；接收来自 OC 门驱动的两路秒脉冲信号，信号经过光耦隔离和电平转换后进入 FPGA 芯片。

(3) 电源电路主要实现一次电源至二次电源的转换，并有过流保护、缓启动、继电器开关等功能。

(4) 接口电路主要承载对外电连接器的安装。

5.4.2 CMOS 电路设计

CMOSIS 公司的 CMV50000 CMOS 图像传感器芯片实物如图 5-5 所示。该芯片具有 4 750 万像素，像素尺寸为 4.6 μm，图像数据能以 26 路 LVDS（低电压差分信号）并行输出，且输出速率高达 830 Mbps，数据量化位数为 12 bit。

图 5-5 CMV50000 CMOS 图像传感器芯片实物

由于星相机电子线路高度集成，电路产生的热如果不加以控制，将对光电探测系统产生严重影响。为此，一般需要通过合理的途径将探测器热量及时导出，可以采用半导体制冷或热管技术等实现。以半导体制冷为例，可在 CMV50000 芯片后端面安装 RMT 公司的半导体制冷器 1MC06-060。

5.4.3 ZYNQ 信号处理电路设计

1. FPGA 芯片选取

本书课题组选取 Xilinx 公司的工业级 FPGA 器件 ZYNQ7000 系列的 XC7Z045T。该 FPGA 的逻辑门达到 520 万，RAM 的大小达 2 180 KB，用户引脚 I/O 达 492 个；

系统能够最高达 700 MHz 的工作时钟，并能够支持 800 Mbps 的 DDR、LVDS 通信。

XC7Z045T 内嵌双核 ARM Cortex-A9 嵌入式处理器，非常适合星相机应用场景。这款处理器拥有高性能、高密度的 32 位 RISC 结构，具备多级流水指令处理结构、32 KB 指令缓存、32 KB 数据缓存、内存管理单元 MMU，能耗非常低；运行主频最高为 1 GHz，指令速度为 2.5 GMIPS，具有浮点运算协处理器单元，浮点运算数为 2GFLOPS。

ARM Cortex-A9 处理器内嵌到 FPGA 芯片上，其与 FPGA 硬件资源有多种连接接口。ZYNQ7000 系列器件采用 AXI 总线技术，作为片内的高速数据通道，通常连接高速外设、DMA 存储控制器等，实际使用时将 AXI 总线速度配置为 100 MHz，一帧图像传输 32 个星点数据需耗时 16 μs，FPGA 和 ARM Cortex-A9 数据传输不会对系统实时性造成影响。ARM Cortex-A9 处理器结构框图如图 5-6 所示。

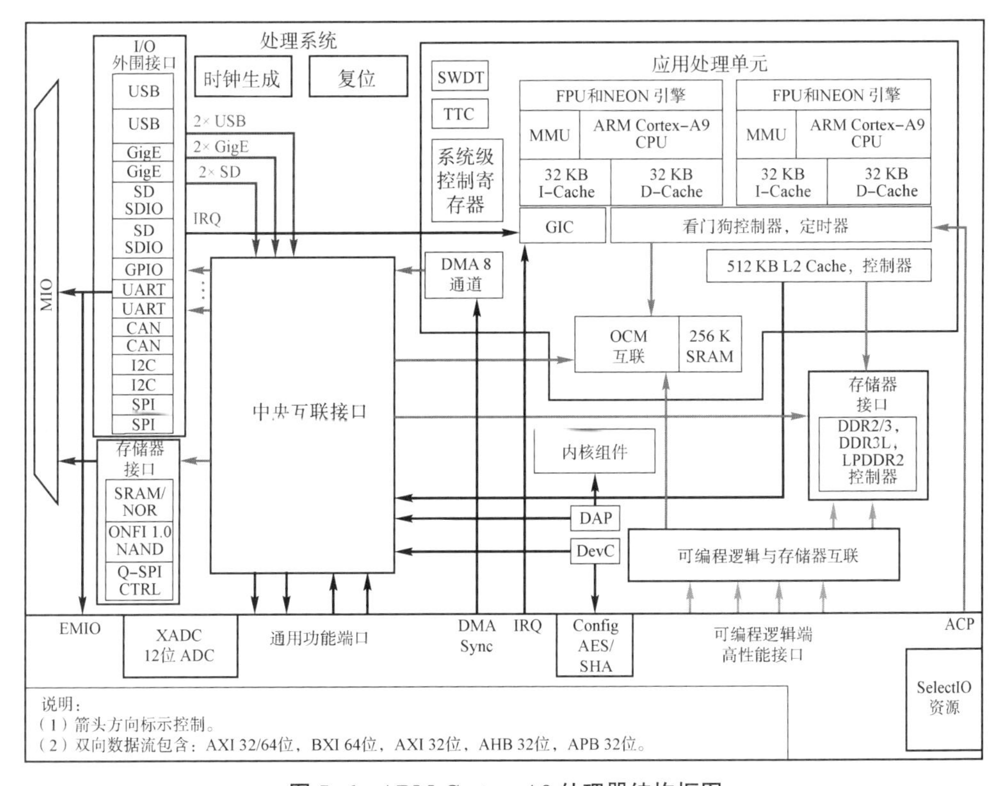

图 5-6 ARM Cortex-A9 处理器结构框图

2. XC7Z045T 外围电路的设计

FPGA 硬件电路主要用于实现下述功能。

1）CMOS 驱动部分

CMOS 驱动部分主要包括 XC7Z045T 对 CMV50000 芯片的串口配置端口，用于驱动成像的时钟和曝光信号以及接收 CMOS 返回的 LVDS 数据。为了缩短图像传输的时间，使用全部 26 路数据 LVDS 通道进行图像数据的传输。CMOS 驱动部分与 XC7Z045T 直接相连，将 XC7Z045T 连接该 LVDS 接口的 BANK 配置为 LVDS25 差分接口。

2）DDR3 存储驱动部分

DDR3 存储器选择 ISSI 公司的 IS46TR16512B-107MBLA2 和 IS46TR16256A-107MBLA2，等级为汽车级，位宽为 16 bit，存储容量分别为 8 GB 和 4 GB。XC7Z045T 处理器分为 PS 端和 PL 端，受 PS 端地址位和数据位限制，需要分别设计 DDR3 存储器。PS 端 DDR3 存储器位宽 32 bit，采用 IS46TR16256A-107MBLA2，用于存储程序、星图识别算法配置参数、星窗数据和星表数据。PL 端 DDR3 存储器位宽 64 bit，采用 IS46TR16512B-107MBLA2，用于存储暗帧数据和实时图像数据。因此，PS 端需要两颗该 DDR3 芯片，PL 端需要 4 颗该 DDR3 芯片。

3）EMMC 存储器部分

XC7Z045T 处理器的 PS 端 SDIO 接口连接 EMMC 存储器，选用海力士公司的 H26M41208HPRQ，容量为 8 GB，为汽车工业级，温度范围为-40~105 ℃，用于存储备份星表数据。EMMC 存储器容量大，自带 Flash 页面读写均衡，易于读写控制。在调试阶段完成后，解焊该芯片。

4）Nor Flash 存储器及 JTAG 配置部分

星相机焦面电路选用三款 Nor Flash 存储器，其中 XC7Z045T 处理器配置芯片选择复旦微电子 JFM29GL256E，单片容量为 256 MB，抗单粒子闩锁阈值 SEL（LET）≥90 MeV · cm^2/mg。地面调试阶段，XC7Z045T 处理器配置芯片选择 Cypress 公司 256 MB 工业级 QSPI 接口存储器 S25FL256SAGNFB000，两款配置芯片通过电阻跳线切换。为方便调试，FPGA 的 JTAG 接口引出至相机的对外电连接器。

星图识别算法星表存储及常量模块参数的存储选用 LSFO2G08VS4SP1，容量为 2 GB，满足星表数据三模冗余以及常量模块参数设计。

5）时钟模块

XC7Z045T 的 FPGA 端系统时钟采用 100 MHz 外部有源晶振输入，FPGA 内通过 PLL 锁相环进行倍频和分频，以产生各模块所需的时钟。

6）供电模块

FPGA 需要 6 种电源，分别为+3.3 V、+2.5 V、+1.5 V、+1.8 V、+1.2 V 和+1.0 V，电路设计采用 LDO 芯片作为电源转换芯片。

7）秒脉冲接口模块

秒脉冲接口为主备设计，发送端采用 OC 门，接收端采用光耦隔离。

为满足更高姿态更新率计算能力，ZYNQ 信号处理电路采用双 XC7Z045T 设计，其设计原理如图 5-7 所示。其中，A 片完成电路主要功能并进行部分星点识别和计算；B 片主要使用 PS 端功能，进行部分星点识别和计算。两片 XC7Z045T 的 PL 端只使用 MGT 功能进行 PL 端数据通信。

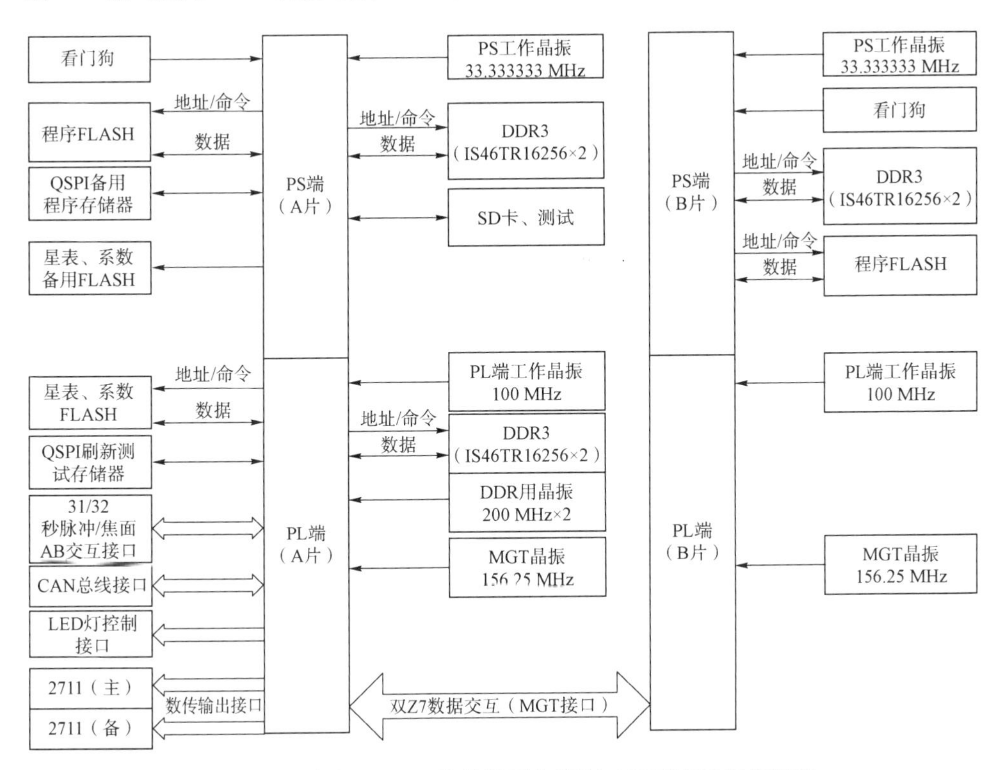

图 5-7　星相机 ZYNQ 信号处理电路双 XC7Z045T 工作原理

5.4.4　供配电设计

CMOS 成像芯片所需的电源以及电流消耗如表 5-2 所示，整个芯片共需要 6 种电源供电，其中 VDD12 和 VDD12C 均为 1.2 V，VDD27 和 VDDARRAY 均为

2.7 V，因此图像传感器共需要 4 种电源。

表 5-2　CMOS 图像传感器电源要求

符号	符号含义	最小	典型	最大
VDD12	数字核心及 PLL 的逻辑供电电压/V	1.1	1.2	1.3
VDD12C	ADC 逻辑供电电压/V	1.1	1.2	1.3
VDD18	sub-LVDS，CMOS I/O 供电电压/V	1.7	1.8	1.9
VDD27	模拟电机负电供电电压/V	2.6	2.7	2.8
VDDARRAY	像素阵列供电电压/V	2.6	2.7	2.8
VDD33	内部可调供电电压/V	3.2	3.3	3.4

XC7Z045T 供电分为 PS 端供电和 PL 端供电，两部分独立供电。其中 PS 端需要电源 VCCPINT+1.0 V、VCCPAUX+1.8 V、VCCPLL+1.8 V、VCCO_DDR+1.5 V、VCC_MIO+3.3 V。PL 端需要电源 VCCINT+1.0 V、MGTAVCC+1 V、MGTAVTT+1.2 V、VCCO_HR+1.8 V、VCCO_HR+3.3 V、VCCO_HR+2.5 V、VCCO_HP+1.5 V。其他芯片需要电源+3.3 V、+1.5 V、+0.75 V 等。

采用二次电源模块给星相机电子学供电，把卫星转发的+42 V 电源变换为+5 V 电源给星相机电路使用；然后，采用 DC/DC 模块和 LDO 芯片降压，获得所需的各种电压。

根据设计需要，电源变换模块选用双路 DC-DC 器件 RSHF2000LRH 以及 LDO 器件 RSW1101HRH 和 RSW1201URH。其中，DDR3 需要专用电源管理芯片，选用 RSW3301HRH。星相机焦面电路模块的供电功能逻辑框图如图 5-8 所示。

5.4.5　遥控遥测接口

星相机通过遥控遥测接口从外部管理控制电路接收遥测遥控指令，并将实时姿态数据、星窗数据、遥测数据等信息传出。上述数据具有种类多、数据量小等特点，适合采用 RS422、1553B、CAN、SpaceWire 等低速数据总线进行传输，通常几百 kbps 到几 Mbps 即可满足使用需求。此外，为了提高可靠性，通常还需设计备份接口。

遥测遥控采用二级 CAN 总线协议。CAN 总线传输波特率为 500 kbps，采用 PliCAN 模式。CAN 总线接口芯片采用 Sn55hvd233，CAN 总线控制器功能由 FPGA 实现。相机 CAN 总线接口电路由接口芯片、CAN 总线控制器等组成。相

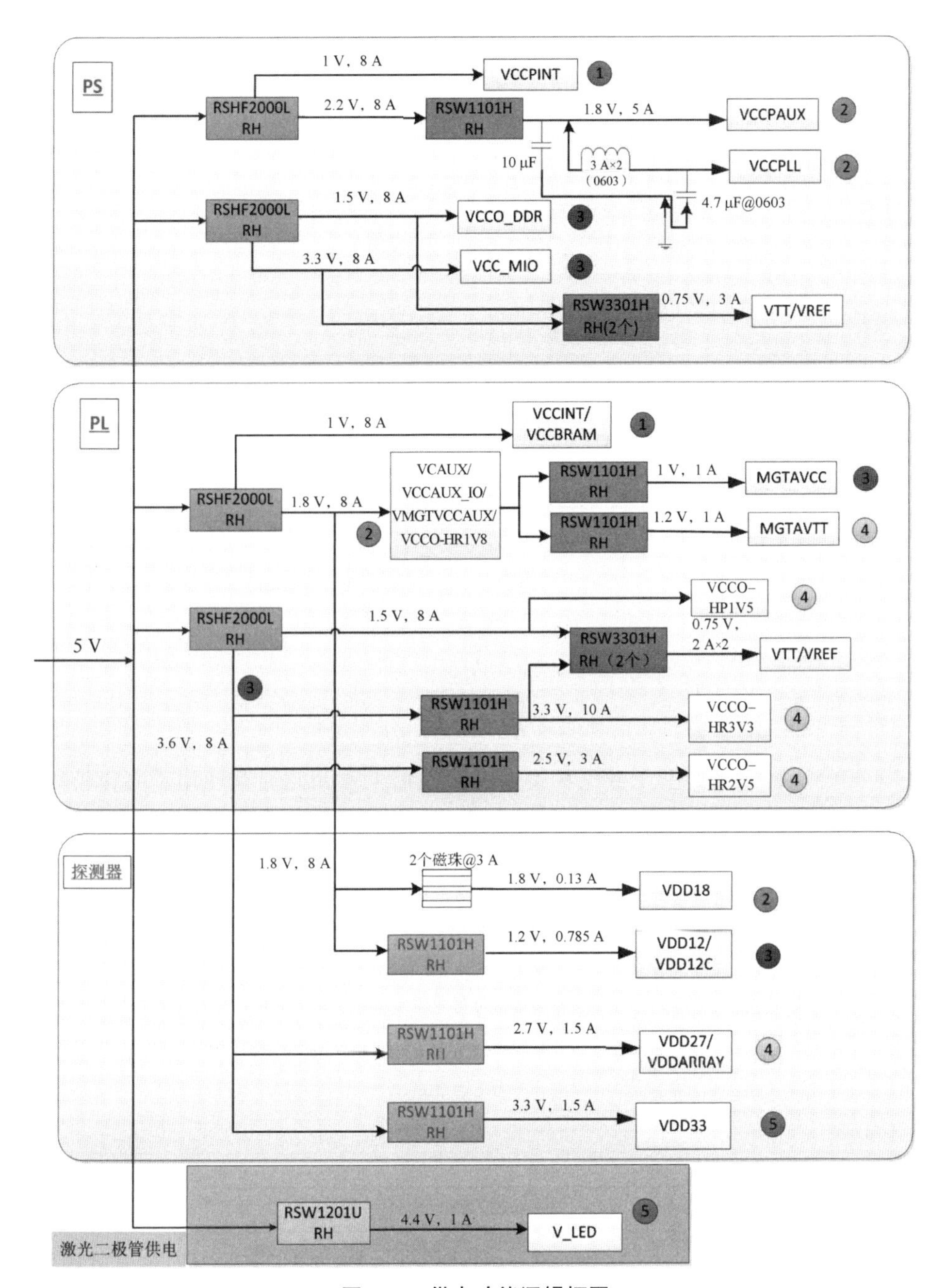

图 5-8　供电功能逻辑框图

机有两套热备份的总线接口电路，分别连接星上 CAN-A、CAN-B 总线。星相机与综合电子之间的 CAN 总线连接关系如图 5-9 所示。

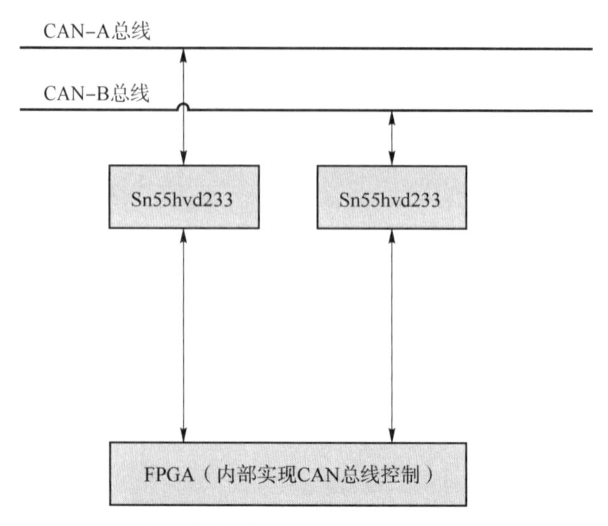

图 5-9 星相机与综合电子之间的 CAN 总线连接关系

5.4.6 数据接口

星相机通过数据接口传输原始图像数据，主要用于地面定标、高精度姿态后处理、故障分析等方面。由于数据种类少、数据量大，因此通常使用千兆比特编码器、RocketIO、以太网等高速接口进行传输。有时为了减少物理接口数量，数据接口兼有遥控遥测接口功能，这样可以简化星相机电路设计，减小系统的体积和功耗。本项目图像数据输出采用 TLK2711 高速串行数据接口，时钟频率为100 MHz。图像数据发送端与接收端采用直流耦合的方式进行连接。相机图像数据输出互为热备份的两路信号。接口原理框图及连接方式如图 5-10、图 5-11 所示。

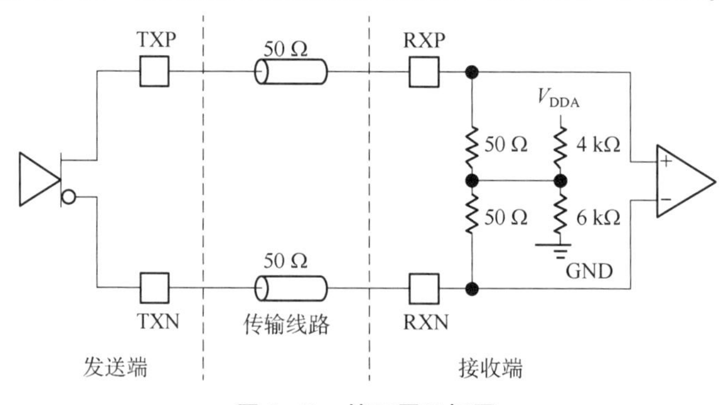

图 5-10 接口原理框图

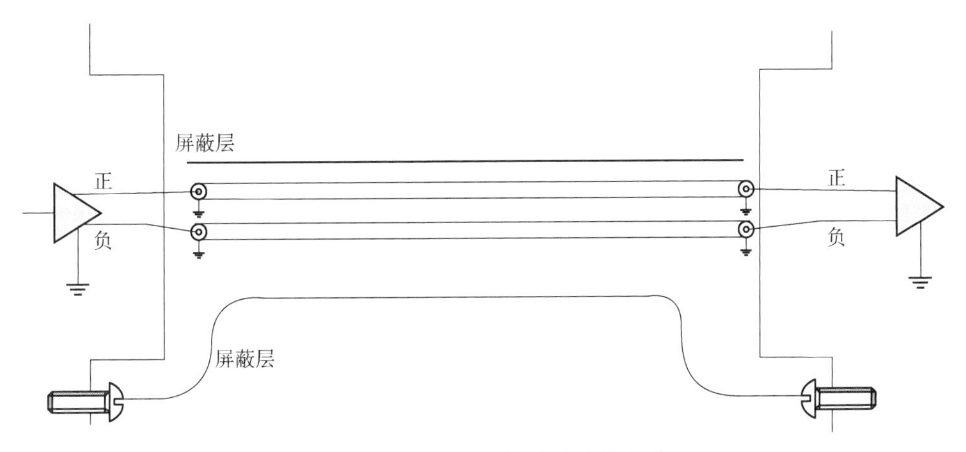

图 5-11　TLK2711 接地及连接方式

5.4.7　秒脉冲接口

星相机与综合电子通过秒脉冲实现时间同步功能。秒脉冲接口采用 3.3 V 的 RS422 接口芯片 JSR26CLV32F，接收综合电子转发的秒脉冲信号。秒脉冲信号输入为负脉冲，精度为 1 s±1 μs，秒脉冲信号宽度为 1 ms±1 μs。秒脉冲信号和接口分别如图 5-12、图 5-13 所示。星相机电子学采用 1 MHz 时钟计数器对内部时钟进行计数，计数精度为 1 μs，用此时间作为计时精度的微秒部分，用星务的整秒时刻作为时间的整秒部分。

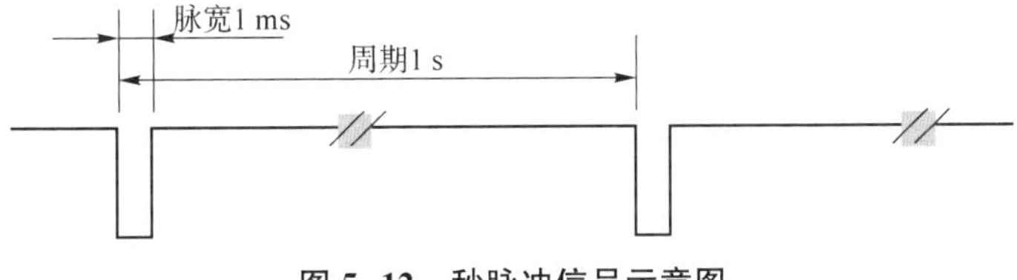

图 5-12　秒脉冲信号示意图

5.4.8　星相机数据处理电路软件设计

ZYNQ 处理器上运行的程序主要包括外围电路控制、星点检测、质心提取[4]、星图识别和跟踪程序，还有一些辅助程序，如启动程序、时间测试程序、与外设数据通信程序等；主要代码用 Verilog HDL、C/C++语言编写，部分启动代码用 ARM 汇编语言编写。

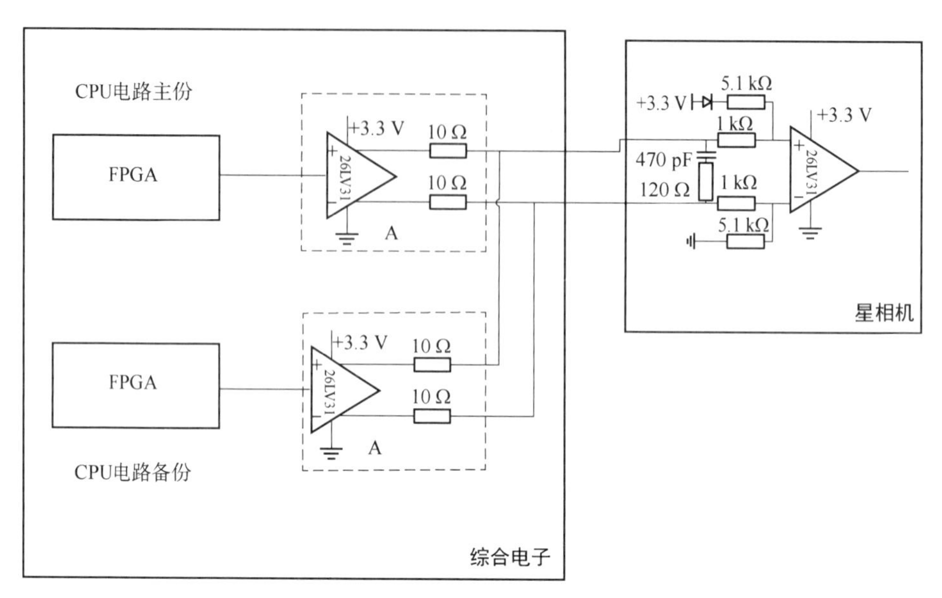

图 5-13 秒脉冲信号接口示意图

1. ZYNQ 启动程序

ZYNQ 平台的开发可以分为软件开发和硬件开发两部分，启动文件制作过程如图 5-14 所示。软件开发分别基于 Xilinx SDK 和 Petalinux 工具。Xilinx SDK 是基于 Eclipse 和 CDT 的完整集成设计环境（IDE），用于创建、开发、调试和部署嵌入式应用程序[13]；Petalinux 是 Xilinx 提供的嵌入式 Linux 系统开发工具，用于 Xilinx APSoC 上的 Linux 内核、u-boot 系统引导程序、devicetree 设备树和 Ramdisk 根文件系统这些操作系统相关内容的开发，简化了开发过程，可快速在平台上创建 Linux 系统和部署相关软件。使用 Petalinux 提供的编译指令编译系统相关的文件，生成对应的 uImage、u-boot. elf、devicetree. dtb 和 uramdisk. image. gz 文件，为适用于 ZYNQ 平台的可执行文件。硬件开发是指在 PL 端设计和实现合适的内外部接口及逻辑单元，由 Xilinx 的 Vivado IDE 开发工具完成，通过 Vivado 编译生成 FPGA 可编程逻辑 Bitstream 文件和硬件描述文件 HDF。最后，在 SDK 中导入 HDF 文件，根据 HDF 生成第一阶段启动可执行文件 FSBL. elf；通过 SDK 将 Bitstream 文件、FSBL. elf、u-boot. elf 制作成系统启动文件 BOOT. bin，将 BOOT. bin、uImage、devicetree. dtb、uramdisk. image. gz 和应用层可执行文件放入相应存储资源，平台启动时会自动加载执行。

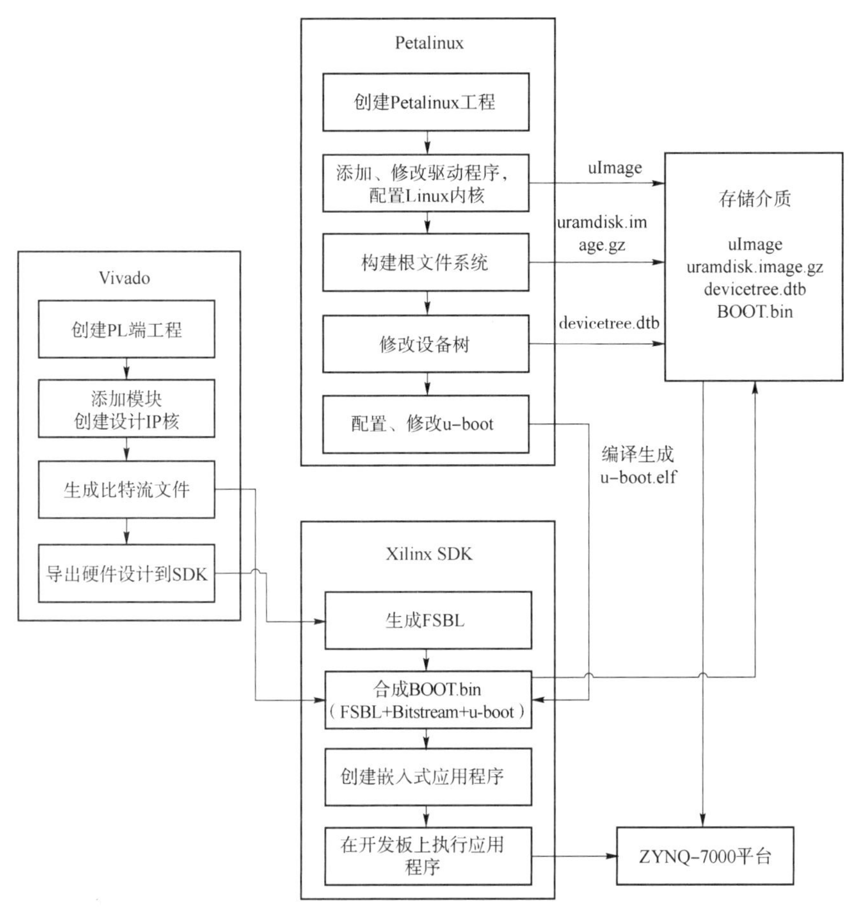

图 5-14　ZYNQ 平台启动文件制作过程

ZYNQ 平台支持多种模式启动，具体启动模式的选择由启动配置跳线 MIO[5:3]决定，配置 MIO[5:3]高低电平如表 5-3 所示[14]。ZYNQ 平台上电后，PS 和 PL 都由 PS 端配置，如果有外部主机连接，也可以使用 JTAG 进行配置。ZYNQ 平台的启动过程是分级进行的，通常分为三个阶段，如图 5-15 所示。

表 5-3　启动模式配置

启动模式引脚	MIO5	MIO4	MIO3
JTAG	0	0	0
SD Card	1	1	0
QSPI Flash	1	0	0

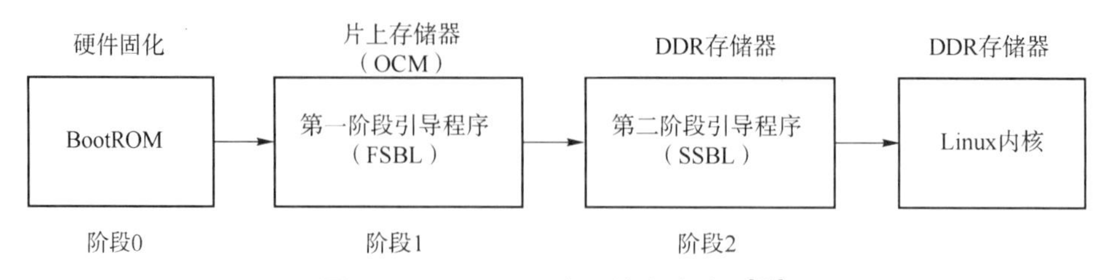

图 5-15　ZYNQ 平台系统启动过程[14]

阶段 0：主要是从 PS 端的 BootROM 开始，执行 BootROM 中的代码，此处代码固化在硬件中，是不可修改的。代码完成对 NAND Flash、NOR Flash、QSPI Flash、SD 卡等基本外设控制器的初始化，使得 PS 端可以访问和使用这些外设[15]。BootROM 还负责加载阶段 1 的启动镜像，它将根据外部配置引脚选择从不同存储设备中加载镜像，跳转到 FSBL 并开始执行。

阶段 1：FSBL（first stage boot loader）是在 BootROM 之后的第一阶段系统引导程序，可以选择在 OCM 或者直接在线性 Flash 中运行，主要完成对 MIO、时钟、DDR 存储器及其他器件的初始化，同时加载比特流（Bitstream）文件完成对 PL 端的配置，最后加载 SSBL 或裸跑应用程序（PS 端无操作系统情况下的程序）到 DDR 中运行，同时支持直接在本地存储器上运行，跳转到 SSBL 或裸跑应用程序并执行。

阶段 2：SSBL（second stage boot loader）是操作系统运行前的最后阶段，负责构建操作系统运行环境，完成各类初始化工作，为系统的运行做好准备。SSBL 是用户可选的部分，若 PS 端没有运行操作系统，可以将它省略。就运行 Linux 操作系统的 ZYNQ 平台而言，u-boot 即 SSBL，u-boot 是一个在 Linux 社区中广泛应用的开源系统引导程序，具有稳定性好、适用性强等优点。SSBL 加载操作系统镜像到 DDR 中，并将整个平台的控制权交给操作系统。

Linux 操作系统获得控制权后，将启动运行环境和各类设备的初始化，完成虚拟地址到物理地址的映射，开始操作系统的各项工作。SSBL 不仅加载 Linux 内核镜像到 DDR 中，还加载设备树二进制文件（.dtb）和 Ramdisk 根文件系统镜像到内存。内核根据 u-boot 传递的 Ramdisk 镜像参数信息挂载并运行根文件系统，完成根文件系统中初始化脚本、服务程序和系统命令的加载，同时通过解析设备树的设备驱动信息来挂载设备。至此，嵌入式处理系统完成构建。

2. 星图识别及姿态计算主程序

星图识别算法要正常运行必须预先分配一定的存储器空间。星图识别算法对存储器空间的需求主要有两方面：①程序自身运行的代码段、全局变量、堆栈等需要一定的存储器空间；②星图识别算法必须依赖导航数据库，通常构成导航数据库的导航星表[16]和特征模式数据库需要较大的存储空间。由于 ARM 系列的 RISC 处理器内置存储器容量很小，因此在进行电路设计时必须进行外部存储器的扩展。通过在 RISC 处理器的总线上增加 DDR3 存储器组、Flash 存储器，可实现存储空间的扩展。以鲜花算法为例，在软件设计时初步估算程序自身运行空间大约为 1.6 MB，而导航数据库所需的存储空间大约为16 MB，考虑到 FPGA 配置文件需要 16 MB，系统会采用多级数字累加以提高性能，因此使用的 DDR3 容量为 512 MB，Flash 存储器的容量应该达到 32 MB。

星图识别算法程序是星相机的核心，是星相机数据处理电路的主要功能，主要由三部分组成——全天球星图识别模块、跟踪模块、姿态求解模块[17-18]。这些模块先在 PC 上开发并且仿真，然后移植到 ARM 处理器平台，并且固化在 Flash 存储器里。

星相机工作在两种模式下，即初始姿态捕获模式和跟踪模式[19]。当星相机刚刚进入轨道后，处在空间迷失（lost in space）状态下，此时星相机会调用全天球星图识别程序识别星图，进行全天搜索来寻找匹配的导航星，一旦匹配成功，星相机就可以转入跟踪模式，此时已经获得视轴指向天区位置，因此可以较快地识别出观测星，同时计算姿态并输出。跟踪期间，如果视场内的星数太少，无法确定准确的姿态，星相机会再次调用全天球星图识别程序。实际应用中，星相机大部分时间都工作在跟踪模式下，并在每帧处理结束后输出姿态计算结果。

3. 时间测试程序

为了实现星相机 10 Hz 的姿态输出频率，ARM Cortex-A9 处理器在 100 ms 内必须完成数据接收、跟踪以及姿态计算。系统的实时性必须满足一定要求，因此程序运行的时间参数也比较重要。为了测试软件运行的精确时间，用到了 ARM Cortex-A9 处理器内置计时模块，利用 RISC 处理器计时计数的功能可以测试软件运行时间。

5.5 本章小结

本章节从星相机功能、性能及工作模式出发，设计了几种不同形式的电路板结构布局，重点介绍了基于 ZYNQ 处理器的星相机电子学架构设计，并对其主要电路板、接口电路、软件进行了设计。

参考文献

[1] 李杰. APS 星相机关键技术研究 [D]. 长春：中国科学院长春光学精密机械与物理研究所，2005.

[2] LIEBE C. Active pixel sensor based star tracker [J]. IEEE Transactions on Aerospace and Electronic Systems, 1998：119-125.

[3] HANCOCK B, STIRBL R, SUNNINGHAN T, et al. CMOS active pixel sensor specific performance effects on star tracker/imager position accuracy [J]. Proceedings of SPIE, 2002, 4284：44-47.

[4] 金占雷. CCD 光斑质心算法的误差分析 [J]. 航天返回与遥感，2011，32 (1)：38-44.

[5] 年华，刘晓鹏，李志新，等. 三线阵立体测绘相机高精度时间同步设计方法 [J]. 电子测量技术，2016，39 (8)：104-108.

[6] 才滢，崔保健，赵海鹰. GPS 授时信号同步方法研究与应用 [J]. 计测技术，2013，33 (12)：62-64.

[7] 徐瑞瑞，赖晓敏，朱新忠，等. 星载 SpaceWire-1553B 总线桥接器设计 [J]. 科学技术与工程，2016，16 (17)：199-203.

[8] BLARRE L, OUAKNINE J, ODDOS-MARCEL L. High accuracy Sodern star trackers：recent improvement proposed on SED36 and HYDRA star trackers [C]//AIAA Guidance, Navigation, and Control Conference and Exhibit, 2006：6046.

[9] DZAMBA T, ENRIGHT J. Optical trades for evolving a small arcsecond star tracker [C]//IEEE Aerospace Conference, Big Sky, 2013.

[10] MATTLA C, FRANCESCA F, FRANCESCA G, et al. A new rigorous model for high - resolution satellite imagery orientation: application to EROS A and QuickBird [J]. International Journal of Remote Sensing, 2012, 33 (8): 2321-2354.

[11] ZYNQ all programmable SoC overview, DS190 (v1.8) [EB/OL]. 2014-10-08, http://www.xilinx.com.

[12] ZYNQ all programmable SoC technical reference manual UG585 (v1.8.1) [EB/OL]. 2014-09-19, http://www.xilinx.com.

[13] 陆佳华, 潘祖龙, 彭竞宇. 嵌入式系统软硬件协同设计实战指南: 基于 Xilinx ZYNQ [M]. 2版. 北京: 机械工业出版社, 2014.

[14] Xilinx Inc. The ZYNQ book [M]. California: Xilinx Inc, 2016.

[15] Xilinx Inc. ZYNQ-7000 all programmable SoC software developers guide [M]. California: Xilinx Inc, 2015.

[16] 英格利斯. 行星、恒星、星系 [M]. 李致森, 等译. 北京: 科学出版社, 1979.

[17] JEFFERY W B. On-orbit star processing using multi-star star trackers [J]. SPIE, 1994, 2221: 6-14.

[18] 陈元枝. 基于星相机的卫星三轴姿态测量方法研究 [D]. 长春: 中国科学院长春光学精密机械与物理研究所, 2001.

[19] 朱长征. 基于星相机的星模式识别算法及空间飞行器姿态确定技术研究 [D]. 长沙: 国防科技大学, 2004.

第 6 章 星相机快速星图识别算法

6.1 引言

一般情况下，星图识别可被当作一种模式匹配问题进行处理，其已知模式是导航星库中所含有的导航星组的某些特征，待识别的是实际的观测星图。在识别过程中，将从观测星图中提取的特征与导航星图中预先存储的导航特征进行比较，以与观测星图匹配程度最高的导航星图作为识别结果。在星图识别中，导航星的选取和导航星库的制定是识别和姿态计算[1]的基准，而对于不同的识别方法，所制定的星库可以选择不同的存储和读取方式，因此导航星数据库的构造和查询方法等也是星图识别中的重要内容。此外，提取星点质心是星图识别的前提。本章主要对星点质心提取算法、导航星表和星图识别算法进行介绍。

6.2 星图质心提取算法

星相机对恒星矢量的测量精度直接反映了星相机的姿态测量精度，而恒星矢量的测量精度又与星相机星点的质心定位精度息息相关，因此有必要对适合于星敏感器的高精度质心定位算法进行研究。点状光斑目标的细分定位可以分为基于灰度和基于边缘两类[2]。基于灰度的方法一般利用目标的灰度分布信息，如质心法、高斯曲面拟合法、迭代加权质心法等。基于边缘的方法一般利用目标的边缘形状信息，如边缘拟合、霍夫变换等。一般而言，基于灰度的方法比较适合星点尺寸较小且灰度分布均匀的目标。在实际观测星图中，星体目标的直径一般为 3~5 像素，且灰度近似服从高斯分布。因此，对于星体目标，较多采用基于灰度的方法进行细分定位处理[3-4]。星点质心提取的前提是从星图中检测到星点，因此本节首先介绍星点检测，其次介绍质心提取，最后进行仿真分析。

6.2.1　星点检测算法

工程中应用得较多的星点检测方法为阈值法——通过设定背景阈值将背景与目标分离开。其中，固定阈值法由于阈值固定，不能很好地适应温度变化、杂光带来的背景噪声变化，应用较少；动态阈值法具有很强的灵活性，主要根据实时得到的图像数据进行阈值计算，由于该方法需要统计整幅图像的所有像素，因此运算量较大，影响系统实时性。

为克服现有技术的不足，本书课题组提出一种改进的阈值法——星相机星点检测方法，解决固定阈值法不能很好地适应环境变化、动态阈值法的运算量大等问题，可提高星相机星点检测效率。

如图 6-1 所示，星相机星点检测方法[5]包括图像采集、图像处理和星点检测。

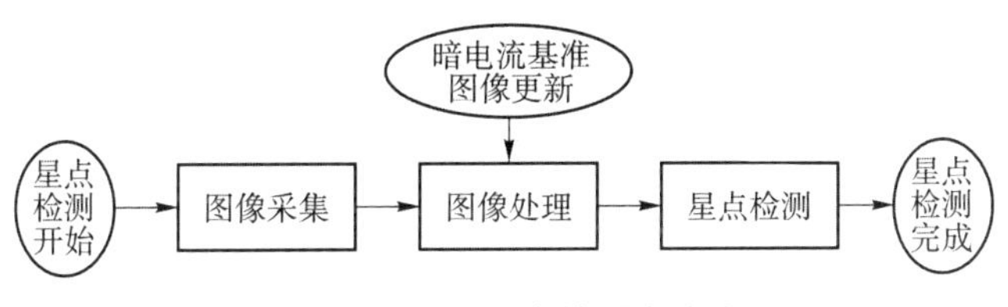

图 6-1　星相机星点检测方法流程

图像采集模块：如图 6-2 所示，在积分时间内连续采集多帧图像（通常取 N 为 3 或 4)，并进行数字累加处理，提高图像信噪比，获得第 1 幅图像 F_1。

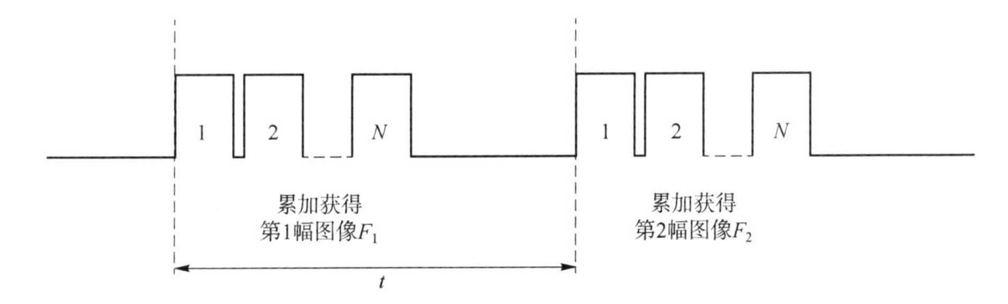

图 6-2　多帧图像累加过程示意图

图像处理模块：将第 1 幅图像 F_1 作为补偿探测器暗电流基准图像 D；间隔时间 t 后，在积分时间内连续采集多帧图像，将采集得到的多帧图像同一位置的像素进行数字累加处理，获得第 2 幅图像 F_2，间隔时间 $t=1/f$，f 为星相机工作帧频；将第 2 幅图像与第 1 幅图像做差，进行暗电流补偿，降低暗电流影响，获得目标图像 S，即 $S=F_2-D$；对目标图像 S 进行反饱和处理，若像素差值大于等于 0，则像素差值保留，若像素差值小于 0 则进行像素差值置零。

星点检测模块：如图 6-3 所示，将 4×4 像素域划分为 4 个象限，每个象限中有一个 2×2 的像素域，定义第一象限内的 2×2 像素域为第一象限像素域 S_2，定义第二象限内的 2×2 像素域为第二象限像素域 S_1，定义第三象限内的2×2 像素域为第三象限像素域 S_3，定义第四象限内的 2×2 像素域为第四象限像素域 S_4，4×4 像素域中心的 4 个像素定义为中心像素域 S_0，根据比较准则，检测 4×4 像素域是否为星点。

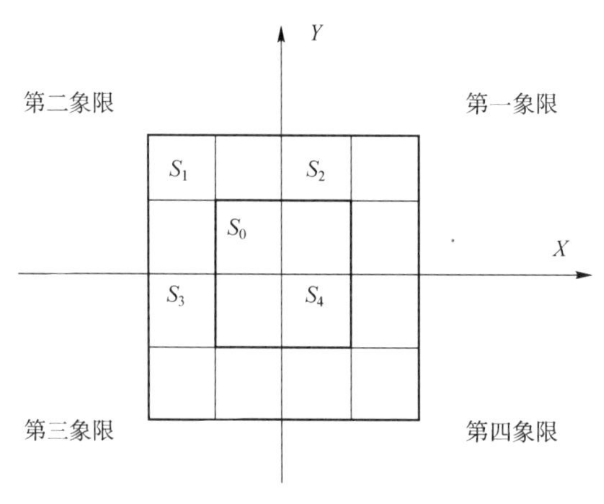

图 6-3　4×4 像素区域示意图

检测 4×4 像素域为星点需满足每个 2×2 像素域内 4 个像素的和值均小于无效像素阈值 H，且中心像素域 4 个像素的和值大于星点灵敏度阈值 h；中心像素域中的 4 个像素至少有 2 个像素的像素值大于星点灵敏度阈值 m，且至少满足下列条件中的一个条件：

（1）在所有 2×2 像素域中，中心像素域的像素和值最大，即 $S_0>S_1,S_0>S_2$，$S_0>S_3,S_0>S_4$。

（2）第一象限像素域的像素和值大于星点灵敏度阈值 h，第三象限像素域的像素和值大于星点灵敏度阈值 h，第二象限像素域的像素和值小于等于星点灵敏度阈值 h，第四象限像素域的像素和值小于等于星点灵敏度阈值 h，即 $S_2>h$，$S_3>h, S_1 \leqslant h, S_4 \leqslant h$。

（3）第二象限像素域的像素和值大于星点灵敏度阈值 h，第四象限像素域的像素和值大于星点灵敏度阈值 h，第一象限像素域的像素和值小于等于星点灵敏度阈值 h，第三象限像素域的像素和值小于等于星点灵敏度阈值 h，即 $S_1>h$，$S_4>h, S_2 \leqslant h, S_3 \leqslant h$。

然后，与已取得的 4×4 像素域错开一列（或一行），以获取新的 4×4 像素域，重复星点检测过程，直至分析完目标图像 S 的全部 4×4 像素域，完成星点检测。

实际工作中，探测器工作一定时间后，随着外界工作环境变化，暗电流基准帧退化，需重新采集探测器暗电流基准图像 D，进行暗电流基准图像更新。

无效像素阈值 H 为像素饱和值的 95%，星点灵敏度阈值 h 为星相机全遮光条件下 8~12 倍图像噪声；星点灵敏度阈值 m 为星相机全遮光条件下 4~6 倍图像噪声。

相比于传统方法，本方法具有以下优点：

（1）灵敏度阈值通过实验室定标确定，非实时计算，不消耗处理器运算时间，有利于提高星点检测效率。

（2）星点检测过程运算量少，仅加减运算和大小比较，易于硬件实现，因此识别效率高。

（3）采用多帧累加提高图像信噪比，补偿探测器暗电流处理过程，从而大大降低噪声影响，可以探测到更低星等，增加检测到的星点数量，适用于工程化应用中高精度星相机研制过程，提高星相机姿态测量精度。

6.2.2　星点质心提取算法

6.2.2.1　质心法

设包含目标的图像表示为 $f(x,y)$，$x=1,2,\cdots,m$，$y=1,2,\cdots,n$。阈值化过程

表示为

$$F(x,y)=\begin{cases}f(x,y), & f(x,y)\geqslant T\\ 0, & f(x,y)<T\end{cases} \tag{6-1}$$

式中，T——图像背景阈值。

质心法实际上就是计算图像的一阶矩[3-4]，即

$$\begin{cases}x_0=\dfrac{\sum\limits_{x=1}^{m}\sum\limits_{y=1}^{n}F(x,y)x}{\sum\limits_{x=1}^{m}\sum\limits_{y=1}^{n}F(x,y)}\\ y_0=\dfrac{\sum\limits_{x=1}^{m}\sum\limits_{y=1}^{n}F(x,y)y}{\sum\limits_{x=1}^{m}\sum\limits_{y=1}^{n}F(x,y)}\end{cases} \tag{6-2}$$

由式（6-2）可知，质心法计算时图像灰度没有去除背景影响，因此质心定位精度一般较低。

6.2.2.2 带阈值质心法

带阈值质心法[3-4]的计算公式为

$$\begin{cases}x_0=\dfrac{\sum\limits_{x=1}^{m}\sum\limits_{y=1}^{n}(F(x,y)-T)x}{\sum\limits_{x=1}^{m}\sum\limits_{y=1}^{n}(F(x,y)-T)}\\ y_0=\dfrac{\sum\limits_{x=1}^{m}\sum\limits_{y=1}^{n}(F(x,y)-T)y}{\sum\limits_{x=1}^{m}\sum\limits_{y=1}^{n}(F(x,y)-T)}\end{cases} \tag{6-3}$$

该方法相当于将原图像与背景阈值 T 相减，然后对相减后的图像计算质心。由于图像可以看成目标与背景的叠加，因此去除背景后才是星点的真实灰度分布。理论证明，带阈值的质心法具有更高的精度。

6.2.2.3　平方加权质心法

平方加权质心法[4]的计算公式为

$$\begin{cases} x_0 = \dfrac{\sum\limits_{x=1}^{m}\sum\limits_{y=1}^{n}(F(x,y)-T')^2 x}{\sum\limits_{x=1}^{m}\sum\limits_{y=1}^{n}(F(x,y)-T')^2} \\ y_0 = \dfrac{\sum\limits_{x=1}^{m}\sum\limits_{y=1}^{n}(F(x,y)-T')^2 y}{\sum\limits_{x=1}^{m}\sum\limits_{y=1}^{n}(F(x,y)-T')^2} \end{cases} \tag{6-4}$$

式中，$T'=0$ 时，为平方加权质心法；$T'=T$ 时，为带阈值平方加权质心法。

该方法采用灰度值的平方代替灰度值作为权值，突出了离中心较近的较大值像素点对中心位置的影响，具有较高的质心定位精度。

6.2.2.4　高斯曲面拟合法

由于恒星在图像传感器感光面上的成像可以近似看作高斯分布，因此可以用高斯曲面对其灰度分布进行拟合[6-7]。二维高斯曲面函数可以表示为

$$f(x,y)=A\cdot \exp\left(-\frac{1}{2(1-\rho^2)}\left(\left(\frac{x-x_0}{\delta_x}\right)^2-2\rho\left(\frac{x}{\delta_x}\right)\left(\frac{y}{\delta_y}\right)+\left(\frac{y-y_0}{\delta_y}\right)^2\right)\right) \tag{6-5}$$

式中，A——比例系数，代表灰度幅值的大小，与星的亮度（星等）有关；

(x_0,y_0)——高斯函数中心；

δ_x,δ_y——x,y 方向的标准偏差；

ρ——相关系数。

一般情况下，可以取 $\rho=0$，且 $\delta_x=\delta_y$。利用最小二乘法可以计算出高斯函数的中心，即星体的中心位置坐标。为了使计算简便，可以分别从 x 和 y 方向用一维高斯曲线来拟合。

一维高斯曲线为

$$f(x)=A\cdot \mathrm{e}^{-\frac{(x-x_0)^2}{2\delta^2}} \tag{6-6}$$

式中，δ——标准偏差。

对式（6-6）取对数，得到

$$\ln f(x)=a_0+a_1x+a_2x^2 \tag{6-7}$$

式中，$a_0=\ln A-x_0^2/(2\delta^2)$，$a_1=x_0/\delta^2$，$a_2=-1/\delta^2$。

对 x 方向的点进行拟合，用最小二乘法可以求得二次多项式的系数 a_0, a_1, a_2，则

$$x_0=-\frac{a_1}{2a_2} \tag{6-8}$$

即中心点的 x 坐标。同理，可以计算得到中心点的 y 坐标。

6.2.2.5 自适应迭代加权质心法

在探测器接收信号时会产生噪声，该过程可看作一个随机过程，将每个像元的输出看作样本值。采用最大似然估计的思想——概率最大的事件在一次实验中最可能出现，建立似然函数的数学模型，就可估计出未知参数（光斑中心位置）的值。光斑能量分布可以用高斯能量分布近似，噪声也看作高斯分布。设探测器接收的信号 $I(x,y)$ 可表示为

$$I(x,y)=U(x,y)+n(x,y) \tag{6-9}$$

式中，$U(x,y)$——星点目标的光强信号，噪声信号为 $n(x,y)$。

为了克服噪声的影响，在此引入高斯权重函数，其以峰值半高宽（full width at half maximum，FWHM）为特征，来决定像素的梯度贡献值。高斯权重函数的表达式为

$$w(x,y)=\frac{1}{2\pi\sigma^2}\mathrm{e}^{-\frac{1}{2\sigma^2}((x-x_c)^2+(y-y_c)^2)} \tag{6-10}$$

式中，σ——偏离均值的均方根（RMS）；

(x_c, y_c)——中心位置，x_c、y_c 初始设定为光强最大位置处的横、纵坐标。

为了对比分析多种质心算法的内在联系，归纳数学表达式如下：

$$S_w=\sum_{x,y} I(x,y)w(x,y) \tag{6-11}$$

$$S_x=\sum_{x,y} xI(x,y)w(x,y) \tag{6-12}$$

$$S_y=\sum_{x,y} yI(x,y)w(x,y) \tag{6-13}$$

$$S_{xx}=\sum_{x,y} x^2I(x,y)w(x,y) \tag{6-14}$$

$$S_{yy}=\sum_{x,y} y^2I(x,y)w(x,y) \tag{6-15}$$

式中，$S_w, S_x, S_y, S_{xx}, S_{yy}$——点扩散函数（PSF）一阶、二阶加权值；

$I(x,y)$——标识星点图像。

质心计算公式为

$$x_c = \frac{S_x}{S_w},\ y_c = \frac{S_y}{S_w} \tag{6-16}$$

加权质心法数学表达式如式（6-10）~式（6-13）和式（6-16）所示，其中心位置(x_c, y_c)为$(0,0)$。高斯权重函数的峰值半高宽（FWHM）数值（$2\sigma\sqrt{\ln 2}$）要小于星点孔径，该方法可以有效降低像素噪声的影响。

自适应迭代加权质心法[8-9]的数学表达式见式（6-10）~式（6-16），其高斯权重函数的峰值半高宽（FWHM）数值、中心位置(x_c, y_c)自适应迭代调整。通过权值分布，每个星点的质心可以计算得到。中心位置(x_c, y_c)可以分别通过星点分布值、高斯权值与x, y的乘积和，除以星点分布值和高斯权值的乘积和求得。

下一次迭代权值函数的高斯宽度参数σ为

$$\sigma = \frac{\sqrt{S_{xx}S_w - S_xS_x + S_{yy}S_w - S_yS_y}}{S_w} \tag{6-17}$$

星点在探测器焦面成像后，覆盖若干像素形成固定形貌的灰度直方图。在星点形貌较为理想的情况下，可假定其形貌符合$w(x, y)$，然后不断移动$w(x, y)$中心位置(x_c, y_c)逼近星点的灰度直方图，可知当二者的互相关系数达到最大时，此中心即所求。

常用的亚像素细分定位质心法数学表达式如式（6-10）~式（6-13）和式（6-16）所示，其中权重函数$w(x, y)$设为1。该方法存在的问题是，由于远离中心的像素乘以较大的数值，因此噪声贡献值会随着像素数量的增加很快超过实际信号贡献值。

此外，带阈值质心法通过设置噪声阈值来降低噪声的影响，可以得到优于质心法的定位精度。该方法的数学表达式如式（6-10）~式（6-13）和式（6-16）所示，其中$I(x, y)$的具体处理过程为像素值减去噪声阈值，当出现负值时置为零。

6.2.3　仿真分析

接下来，针对自适应迭代加权质心法开展算法仿真验证。采用仿真实验方法如下：用高斯点扩散函数近似无穷远恒星目标的像点，将各种原因引起的位置和亮度随机误差用高斯噪声分布代替，得到仿真模拟的星点图像。设实验中光轴的指向为赤经；将探测器离焦放置，使 80%的星点能量集中在 5×5 像元范围内，仿真星图的图像大小为 256×256 像元，位置误差标准差为 0.04 像元。模拟的含有噪声的星点图如图 6-4 所示，从左上角到右下角星点图像的信噪比（SNR）为 10~32。

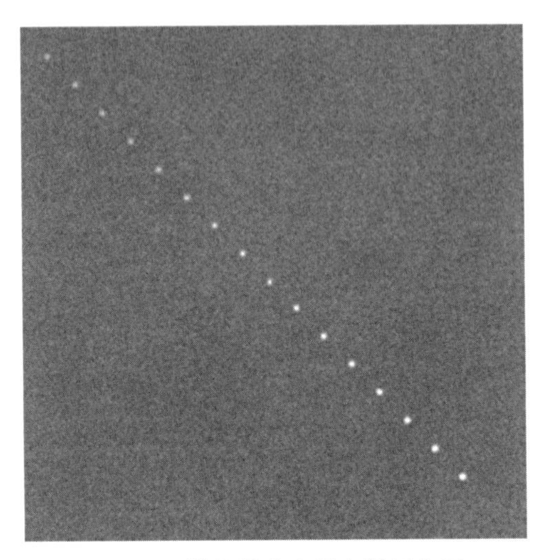

图 6-4 模拟的含有噪声的星点图

自适应迭代加权质心法的迭代次数与质心定位精度的关系曲线如图 6-5 所示。

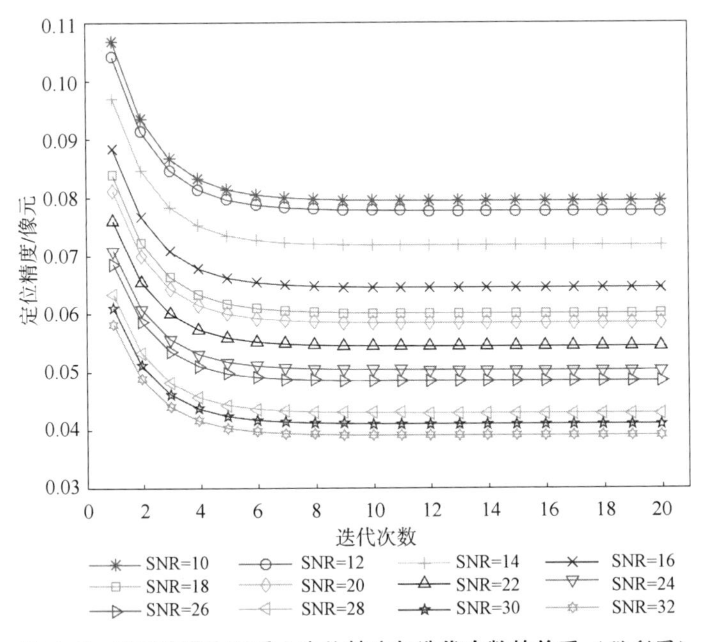

图 6-5 不同信噪比下质心定位精度与迭代次数的关系（附彩图）

从图中可以看出，经过 6 次迭代，星点质心定位误差到达一个相对较小的范围。改变星点图像的光斑亮度，得到不同信噪比（SNR）的星点图像，不同噪声水平下的几种细分算法[10]质心定位精度的对比曲线如图 6-6、表 6-1 所示。结果表明，各种细分算法定位精度随着星点图像信噪比的增加而提高。

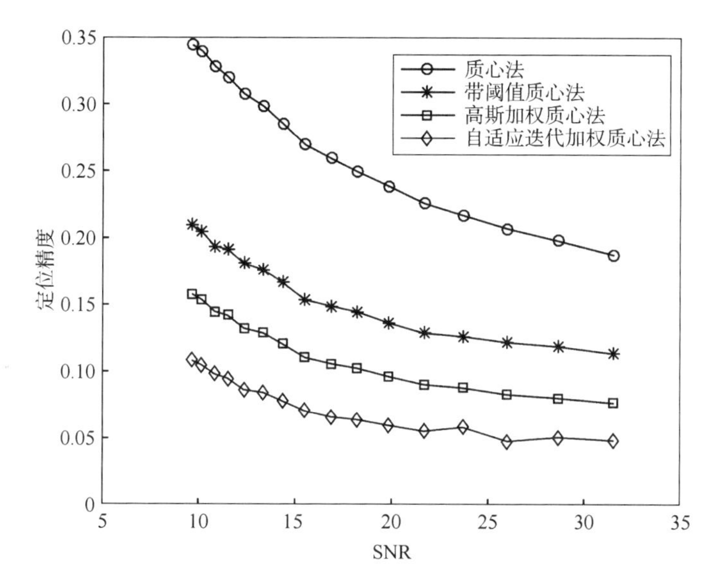

图 6-6　不同信噪比下多种质心算法定位精度比较

表 6-1　不同信噪比星点图像的定位精度

<table>
<tr><th colspan="2">信噪比（SNR）</th><th>12</th><th>14</th><th>16</th><th>18</th><th>20</th><th>22</th><th>24</th><th>26</th></tr>
<tr><td rowspan="4">定位精度</td><td>质心法</td><td>0. 339</td><td>0. 320</td><td>0. 298</td><td>0. 269</td><td>0. 249</td><td>0. 225</td><td>0. 207</td><td>0. 187</td></tr>
<tr><td>带阈值质心法</td><td>0. 204</td><td>0. 191</td><td>0. 176</td><td>0. 153</td><td>0. 144</td><td>0. 128</td><td>0. 121</td><td>0. 113</td></tr>
<tr><td>高斯加权质心法</td><td>0. 153</td><td>0. 142</td><td>0. 128</td><td>0. 110</td><td>0. 102</td><td>0. 090</td><td>0. 082</td><td>0. 076</td></tr>
<tr><td>自适应迭代加权质心法</td><td>0. 104</td><td>0. 094</td><td>0. 084</td><td>0. 070</td><td>0. 064</td><td>0. 055</td><td>0. 047</td><td>0. 048</td></tr>
</table>

6. 3　导航星表

导航星表是对国际上科研机构公开的原始星表处理后获得的星表，用于星图识别算法过程中的星点匹配，以下对星表及其划分方式进行介绍。

6.3.1 星表

将星空中恒星的数据按不同的需求编制而成的表册称为星表[11]。通常，在星表中列有恒星的位置（以赤经、赤纬来标记）、恒星自行、亮度（星等）颜色和距离等信息。星表是星图识别的主要依据，也是姿态确定的基准。常用的星表有耶鲁亮星星表（Bright Star Catalogue，简称 BS 或 BSC）、依巴谷星表（Hipparcos Catalogue，简称 HIP 或 HP）、美国史密松天文台编制的 SAO 星表（Smithsonian Astrophysical Observatory Catalogue）、HD 星表（Henry Draper Catalogue）、FC（Fundamental Catalog）星表和第谷星表（Tycho2）等。其中，SAO 星表是国际上广泛采用的标准星表，总共收录有视星等（mv）大于 17.0 的约 25 万颗恒星。

对于天文导航而言，我们感兴趣的信息只包括恒星的位置和亮度。恒星在天球球面上的投影点称为恒星的位置。恒星的位置分为平位置、真位置和视位置。标准星表中存储的恒星位置为恒星在标准历元（J2000）的平位置。标准历元平位置加上由标准历元到当年年中的岁差和自行，即可得到当年年中的平位置；年中的平位置加上年首到当天的岁差和自行，即可得到当天的平位置；在当天的平位置加上章动，则得到真位置。由太阳质心转换到地球质心（即加入光行差），则得到视位置，即观测时刻恒星在赤经坐标系下的坐标。为简单起见，我们直接采用标准星表中的赤经和赤纬坐标，即标准历元平位置，这样参照坐标系可以看成标准历元的平坐标系（以平春分点和平赤道为基准的坐标系）。因此，所计算的姿态可以理解为相对于标准历元平坐标系的姿态。

为了便于后续的星图识别和姿态计算，一般将恒星的赤经 α 和赤纬 δ 转换成方向矢量(x,y,z)的形式来存储，即

$$\begin{pmatrix} x \\ y \\ z \end{pmatrix} = \begin{pmatrix} \cos\alpha\cos\delta \\ \sin\alpha\cos\delta \\ \sin\delta \end{pmatrix} \tag{6-18}$$

按照该方式存储，可以避免在星图识别和姿态计算中进行三角运算，从而减少不必要的时间消耗，这对于在轨实时计算尤为重要。

6.3.2　星表处理

星表与星图处理是星图识别的基础性工作。星敏感器通过对恒星的观测和识别，实现航天器三轴姿态的测量，因此恒星的信息是必不可少的。星敏感器所利用的恒星信息主要包括恒星的位置（赤经、赤纬）和亮度。星敏感器的存储器会存储一定亮度范围内恒星的基本信息，这种简易星表通常被称为导航星表。导航星表所选中的恒星称为导航星。为了加快导航星的检索速度，通常需要对星表进行划分，星表的划分对提高星图识别和星跟踪效率具有重要作用。

星表中恒星的数目和星等有着很大关系，随着星等的增加，星表中恒星的数目急剧增加，如图 6-7 所示。

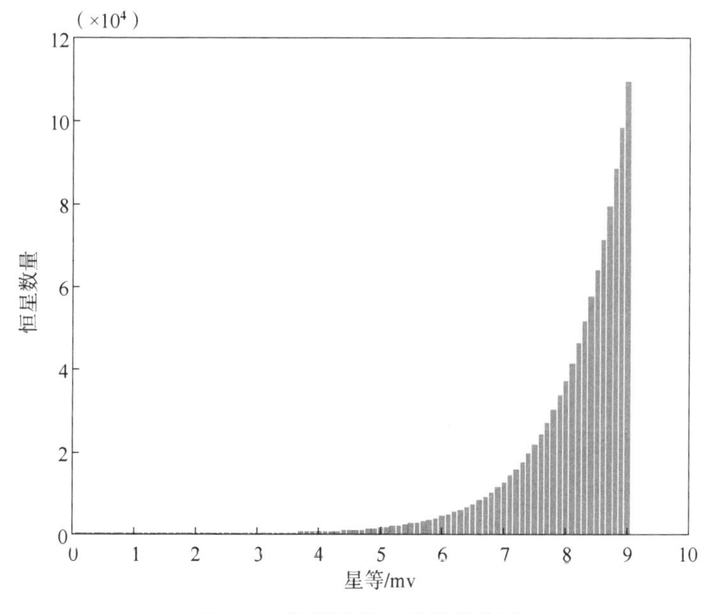

图 6-7　恒星数量与星等的关系

$$N=6.57e^{1.08\,\mathrm{mv}} \tag{6-19}$$

式中，N——恒星在全天球分布的总数量；

mv——星等。

此外，在某一星等门限下的恒星在天球上的分布是不均匀的，图 6-8 所示为星等门限为 7 星等时天球上的恒星分布情况，可以明显看出其分布具有非均匀性，且在接近天球两极的区域恒星数量较少。

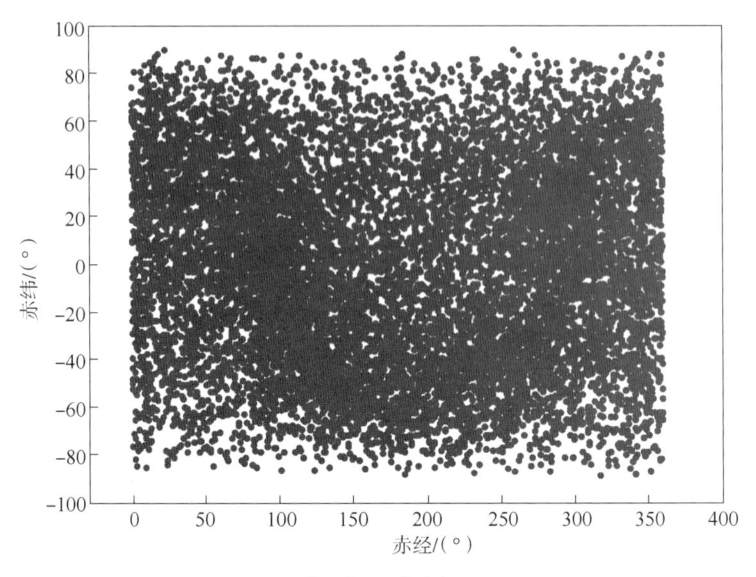

图 6-8 天球上恒星分布情况（7 mv）

为了满足星敏感器星图识别的需要，从标准星表中选取亮度大于（星等小于）一定星等的星，用这些星来组建一个规模较小的适合星图识别的星表（导航星表）。导航星表包括赤经、赤纬和星等等基本信息。星等的选择与星敏感器的性能有关。一方面，星等应该与星敏感器所能敏感的极限星等相当，即星敏感器所能观测到的恒星应该包含在导航星表之中。因此，星等应该等于（或略高于）星敏感器所能敏感的最大星等，并且保证视场内导航星的数量能满足识别要求。另一方面，在能满足正常识别的情况下，应该使星等尽可能小，这样不仅可减小导航星表的容量，还能提高识别速度。此外，导航星总数的减少也降低了冗余匹配的概率。假设星敏感器的星等敏感极限为 5. 5 mv，即可挑选亮度大于或等于 6 mv 的约 5 000 颗星来组成导航星表。

6. 3. 3 常用星表划分方法

如何快速检索导航星，是制定导航星表过程中所必须考虑的问题。导航星的快速检索方法对星图识别（特别是在跟踪状态下和有先验姿态信息的星图识别）非常重要。导航星表中导航星的排列若无规律可言，则意味着如果要选取某一视轴指向的一定范围天区的导航星，就必须对整个导航星表做一次遍历。显然，采用该方法搜索的效率极低。因此，通常把天区分成若干子块的形式以分区处理，提高搜索效率。现有的星表划分方法有赤纬带法、圆锥法、球矩形法、内接正方体法、邻星 Cache 法。

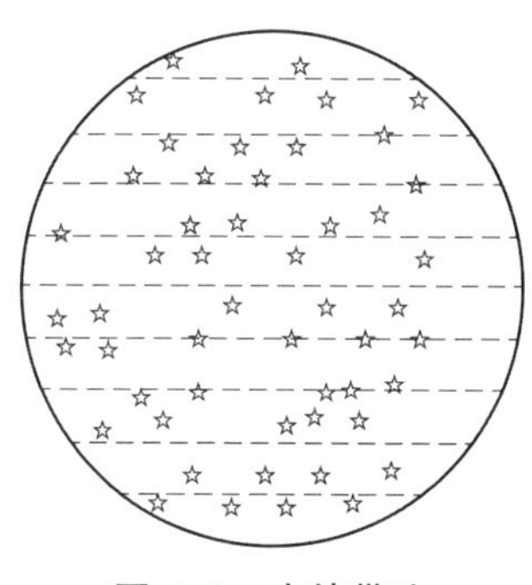

图 6-9　赤纬带法

1. 赤纬带法

赤纬带法[12]将天区用平行于赤道的平面将天球划分成一条条球带（子块），每个球带在赤纬上的跨度均相等，如图 6-9 所示。采用该方法可以直接用赤纬值对导航星表中的导航星进行检索。赤纬带法存在的问题在于，各个子块的分布极不均匀，赤道附近子块的导航星数目远大于天极附近导航星的数目。赤纬带法没有利用赤经信息，所检索的子块中包含大量冗余的导航星，检索效率较低。

2. 圆锥法

Ju 等[13]用圆锥法对天球进行了划分，如图 6-10 所示。该方法以天球中心为顶点，用 11 000 个锥体将天球面分成大小完全相等的区域。相邻圆锥轴线之间的夹角 $\varphi=2.5°$，锥顶角 $\theta=8.85°$，可以保证对于任意一个视轴指向的视场所包含的星一定落在某个圆锥所确定的范围之内。采用该方法时，如果已知星敏感器的粗略视轴指向，就可以迅速列出其可能和视场内观测星对应的匹配星。由于圆锥面是互相重叠的，同一颗观测星就可能被包含在不同的子块中，因此该划分方法对存储空间的需求较大。

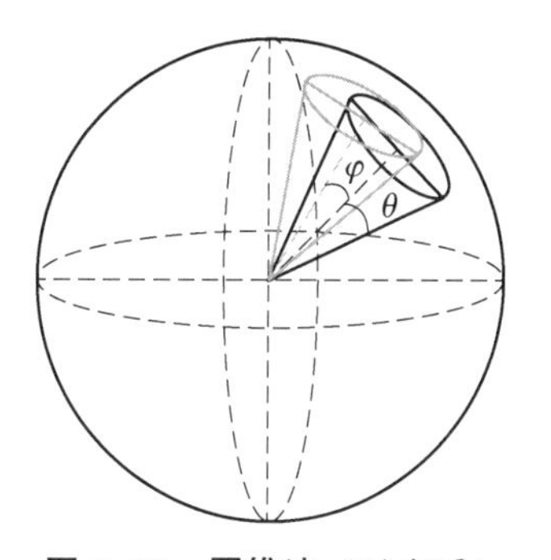

图 6-10　圆锥法（附彩图）

3. 球矩形法

陈元枝[14]用球矩形法来划分天区，该方法按照赤经圈和赤纬圈将天球分为不重叠的区域。整个天区共分成 800 个球矩形，赤经和赤纬分别被 40 等分和 20 等分，每一个球矩形代表在赤经和赤纬方向上 9°的跨度。不难发现，这种以赤经和赤纬为坐标的球矩形并不能与实际的视场等同，不同纬度的球矩形的尺寸是不同的。此外，在天极附近，子块不能完全用球矩形的形式来表示，因此导航星检索会变得很复杂；由于赤经、赤纬坐标在空间上本身是不均匀的，因此在该坐标系下对天球的划分也无法实现均匀。

4. 内接正方体法

魏新国[15]在直角坐标系下对天区重新进行划分，提出一种内接正方体的星表划分方法。该方法实现了将天区均匀且无重叠地划分。

5. 邻星 Cache 法

本书课题组[5]采用一种与以上几种方法不同的星表划分方法。该方法对星表中的每颗导航星都存储其邻星的分布信息，如图 6-11 所示，导航星邻星角距范围为(D_{min},D_{max})，邻星的分布信息为径向角距为 D_{ij}，环向中心角为 θ_{ij}，i、j 为导航星编号。该方法构造了一种新颖的导航星模式，无须对星表进行划分，初始天区捕获后由已识别恒星的邻星构成临时星表，进行下一次匹配，规避了天区重合和不均匀问题。值得注意的是，由于导航星之间的分布信息多次存储，因此星表会占用较大的存储空间。

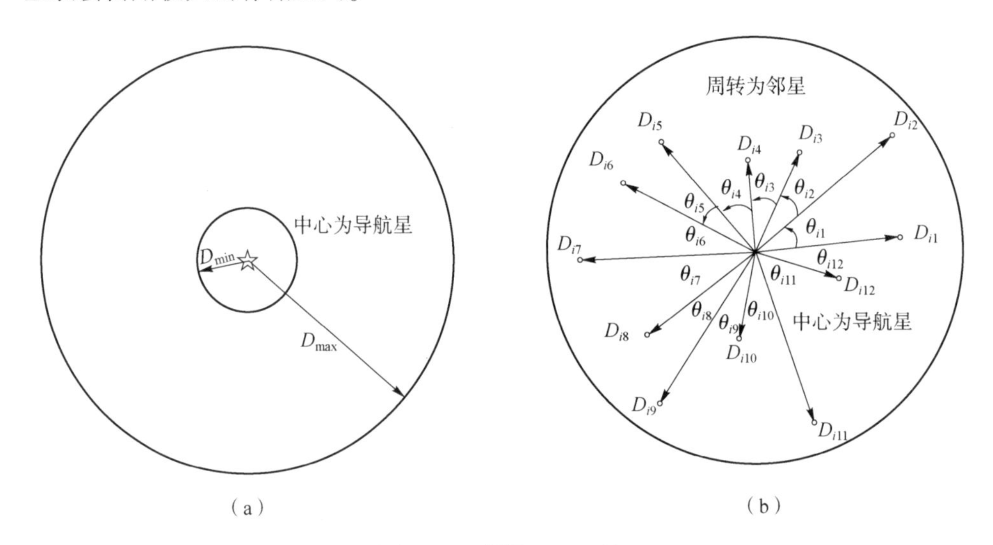

图 6-11 邻星 Cache 法

(a) 径向角距示意图；(b) 环向中心角扇形示意图

6.3.4 导航星表生成实例

导航星表划分方法和星图算法无直接对应关系，具体应用到星图算法时，需要根据算法的特点，对划分后的星表进行结构化处理后存储到内存中，以便算法调用。本小节具体说明邻星 Cache 法应用于改进鲜花算法导航星表的生成及存储过程。

如图 6-12 所示，导航星表构建方法的流程包括导航星筛选、径向角距生成及编排、径向角距和环向中心角扇形生成及编排、导航星表编排压缩。

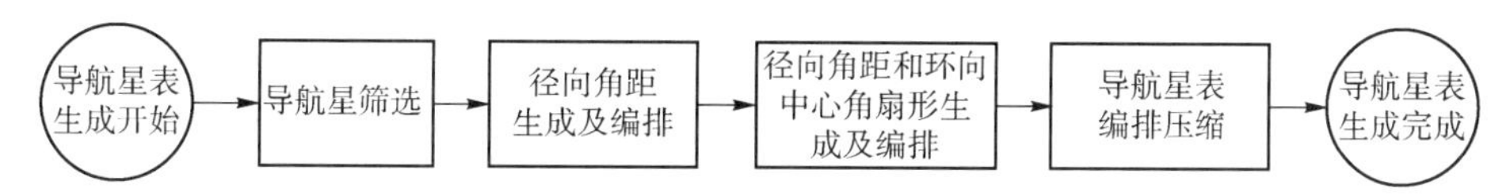

图 6-12　导航星表构建方法流程

导航星筛选过程：根据星相机光学系统灵敏度，确定观测星等，去除变星、双星。如图 6-13 所示，确定视场角 ϕ（略大于星相机视场角 θ，如 $\phi=1.1\theta$），选择天球起点，以一定角度步进，对视场内的恒星按照星等排序，选取一定数据量的恒星为导航星，对全天球遍历，去除不会在任意遍历视场出现的恒星，完成导航星筛选。

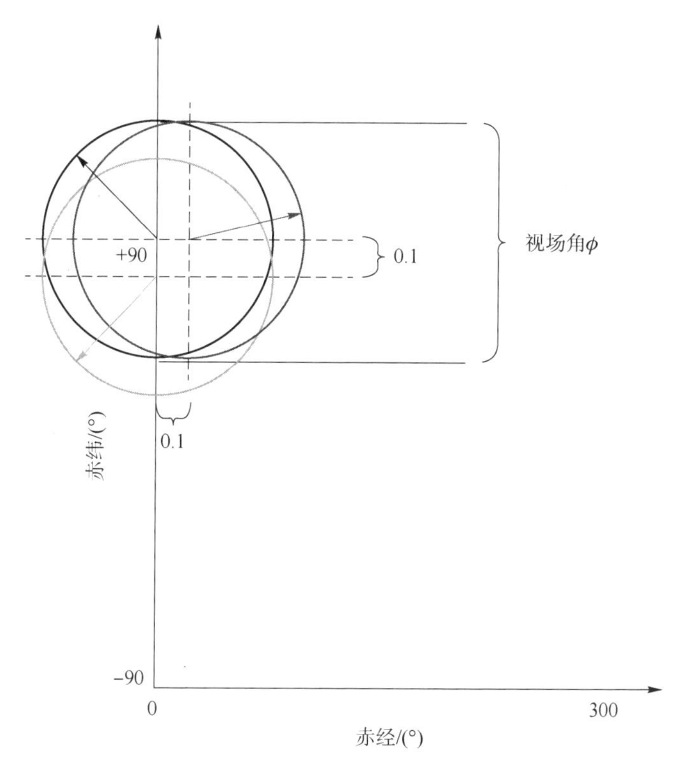

图 6-13　导航星筛选过程示意图（附彩图）

径向角距生成及编排过程：使用选定的导航星，根据角距下限 Dis_{min}、角距上限 Dis_{max}、星相机视场角 θ、角距离散值 Num_{dis} 和中心角离散值 Num_{cen}，计算确定所有导航星与视场内邻星的径向角距 ω_{ij}，按照公式 $\hat{\omega}_{ij}=\dfrac{\mathrm{Num}_{\mathrm{dis}}\cdot(\omega_{ij}-\mathrm{Dis}_{\min})}{\mathrm{Dis}_{\max}-\mathrm{Dis}_{\min}}$，$\mathrm{Dis}_{\min}<\omega_{ij}<\mathrm{Dis}_{\max}$，进行离散化并向下取整得到径向角距 $\hat{\omega}_{ij}$。在取值上，$\mathrm{Dis}_{\min}$ 与单个像素对应角距相当，$\mathrm{Dis}_{\max}$ 与星相机视场角 θ 相当，角距离散值 $\mathrm{Num}_{\mathrm{dis}}$ 与焦平面探测器横向像素数目相当。对所有导航星完成上述视场内邻星的径向角距离散处理，统计每种径向角距对应的导航星编号及数目（表 6-2），按照径向角距数值大小排列，完成导航星径向角距编排。

表 6-2 导航星径向角距信息编排

径向离散角距	导航星数目	导航星编号列表
1	含径向离散角距 1 的导航星数目	含径向离散角距 1 的导航星列表
2	含径向离散角距 2 的导航星数目	含径向离散角距 2 的导航星列表
3	含径向离散角距 3 的导航星数目	含径向离散角距 3 的导航星列表
4	含径向离散角距 4 的导航星数目	含径向离散角距 4 的导航星列表
⋮	⋮	⋮
$\mathrm{Num}_{\mathrm{dis}}$	含径向离散角距 $\mathrm{Num}_{\mathrm{dis}}$ 的导航星数目	含径向离散角距 $\mathrm{Num}_{\mathrm{dis}}$ 的导航星列表

径向角距和环向中心角扇形生成及编排过程：使用选定的导航星，根据角距下限 $\mathrm{Dis}_{\min}$、角距上限 $\mathrm{Dis}_{\max}$、星相机视场角 θ、角距离散值 $\mathrm{Num}_{\mathrm{dis}}$ 和中心角离散值 $\mathrm{Num}_{\mathrm{cen}}$，计算确定所有导航星的环向中心角 θ_{ij}，进行离散化得到环向中心角 $\hat{\theta}_{ij}$，中心角离散值 $\mathrm{Num}_{\mathrm{cen}}$ 取 1 024，满足量化精度要求。统计每颗导航星视场内邻星数量，按照邻星编号、径向角距和环向中心角信息字段编排每颗邻星（表 6-3、图 6-14），分别构成导航星的径向角距和环向中心角扇形信息编排。

表 6-3 导航星径向角距和环向中心角扇形信息编排

导航星编号	导航星邻星数目	导航星径向角距和环向中心角扇形编排
1	导航星 1 邻星数目	导航星 1 扇形编排
2	导航星 2 邻星数目	导航星 2 扇形编排
3	导航星 3 邻星数目	导航星 3 扇形编排
4	导航星 4 邻星数目	导航星 4 扇形编排
⋮	⋮	⋮
N	导航星 N 邻星数目	导航星 N 扇形编排

（邻星1 ID、角距、中心角）、（邻星2 ID、角距、中心角）、…、（邻星N ID、角距、中心角）

图 6-14　导航星邻星径向角距和环向中心角扇形信息编排图

导航星表编排压缩过程：如图 6-15 所示，导航星表分为星表信息描述段、

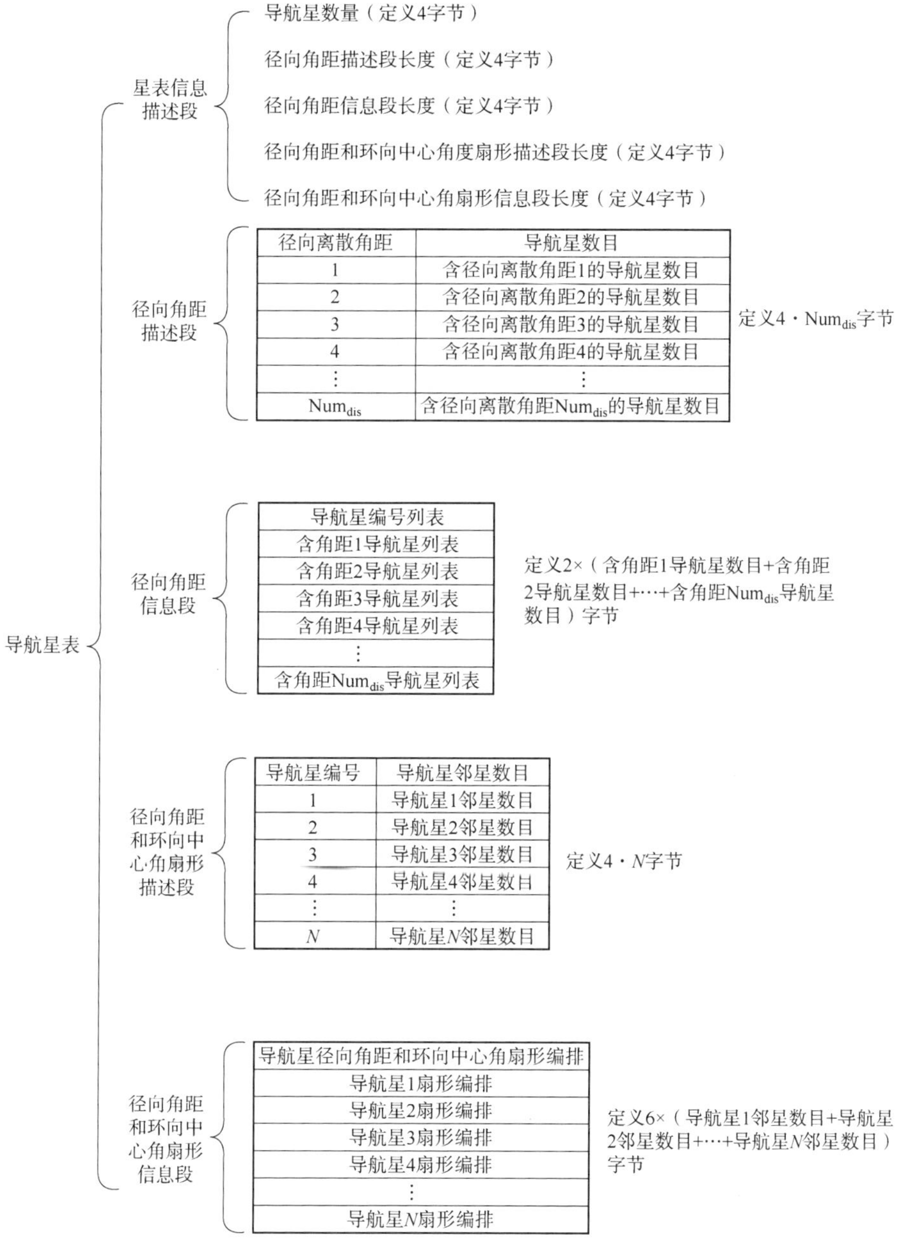

导航星表

星表信息描述段：
- 导航星数量（定义4字节）
- 径向角距描述段长度（定义4字节）
- 径向角距信息段长度（定义4字节）
- 径向角距和环向中心角度扇形描述段长度（定义4字节）
- 径向角距和环向中心角扇形信息段长度（定义4字节）

径向角距描述段：

径向离散角距	导航星数目
1	含径向离散角距1的导航星数目
2	含径向离散角距2的导航星数目
3	含径向离散角距3的导航星数目
4	含径向离散角距4的导航星数目
⋮	⋮
Num_{dis}	含径向离散角距Num_{dis}的导航星数目

定义4・Num_{dis}字节

径向角距信息段：

导航星编号列表
含角距1导航星列表
含角距2导航星列表
含角距3导航星列表
含角距4导航星列表
⋮
含角距Num_{dis}导航星列表

定义2×（含角距1导航星数目+含角距2导航星数目+…+含角距Num_{dis}导航星数目）字节

径向角距和环向中心角扇形描述段：

导航星编号	导航星邻星数目
1	导航星1邻星数目
2	导航星2邻星数目
3	导航星3邻星数目
4	导航星4邻星数目
⋮	⋮
N	导航星N邻星数目

定义4・N字节

径向角距和环向中心角扇形信息段：

导航星径向角距和环向中心角扇形编排
导航星1扇形编排
导航星2扇形编排
导航星3扇形编排
导航星4扇形编排
⋮
导航星N扇形编排

定义6×（导航星1邻星数目+导航星2邻星数目+…+导航星N邻星数目）字节

图 6-15　导航星表信息编排图

径向角距描述段、径向角距信息段、径向角距和环向中心角扇形描述段、径向角距和环向中心角扇形信息段。径向角距和环向中心角扇形信息段占用空间最大，需对其进行压缩处理。具体过程：考虑到组成扇形的邻星编号、径向角距和环向中心角信息字段中的后两项分别占用 2 字节，而实际上这两项取值在 1~4 096 之间，因此采用 12 bit 量化即可表示，采取将 4 字节合为 3 字节的方式进行压缩。对每段分配合理的内存空间，将导航星表按照前述顺序排列，以二进制格式写文件，完成导航星表构建。

6.4 星图算法

工程中应用的星图识别算法都是通过实际拍摄星图与所存储的导航星表匹配来实现星图识别的。星图识别算法[17-19]大致分为两类——子图同构算法、模式识别算法。

子图同构算法以星与星之间的角距为边，以星为顶点，把观测星图看成全天星图的子图。它们直接或者间接利用角距，以线段（角距）、三角形、四边形等为基本匹配元素，并按照一定方式组织导航特征表。利用这些基本元素的组合，一旦在全天星图中找到唯一符合匹配条件的区域（子图），则它就是观测星图的对应匹配。这类算法主要有多边形算法、三角形算法和匹配组算法等。由于一些星点构成的子图是相同的，因此这类算法会存在错误匹配的情形，影响其稳定性。

模式识别算法为每颗星构造一个独一无二的特征——星模式，通常以一定邻域内其他星的几个分布特征来构成。因此星图识别实质上就是在导航星表中寻找与观测星模式最接近的导航星。这类算法最具代表性的为栅格算法[20-21]。与其他算法相比，栅格算法具备较高的识别率，且导航星表体积小。然而，栅格算法需要找出近邻星来生成星模式，但有时找出近邻星的概率不高，当确定的近邻星错误时，将产生错误的星模式，会严重影响正确识别率。近些年提出的鲜花算法也属于模式识别算法，这种基于主星的生成模式显著降低误匹配概率。还有其他一些星图识别算法[24-26]与上述两类算法都有一些联系，但工程应用较少，在此不做重点说明。

6.4.1　三角形算法

三角形算法是指将观测星构成的三角形模式与导航星表中的同构三角形唯一地进行匹配。该算法具有算法简单、直观等优点，目前在工程中应用较为广泛，但三角形的特征数较低，构成导航星表的三角形数量较大，所以在获取星模式特征时若测量误差较大，将导致三角形算法的识别成功率大幅下降。三角形算法中比较典型的是 Liebe 三角形算法和 Quine 三角形算法。

1. Liebe 三角形算法

Liebe[23] 提出的 Liebe 三角形算法是从星表中选取近 2 000 颗恒星作为导航星，将一定角距范围内所有可能的三角形都存储起来作为导航三角形，如图 6-16 所示。采用该算法时，导航星库中的三角形数量比较大，占用的存储空间也较大，且在匹配时容易造成冗余匹配而使识别成功率迅速降低。

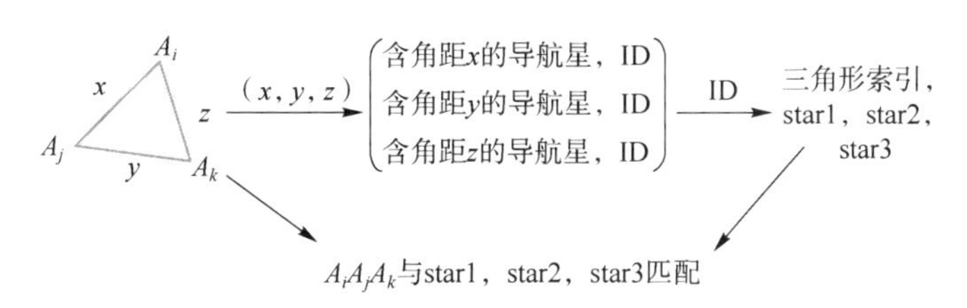

图 6-16　Liebe 三角形算法

该算法的实现步骤如下：

第 1 步，从星敏感器拍摄的星图中选出最亮的 k 颗星。

第 2 步，将由 k 颗星构成的待识别的 C_k^3 个星三角形组成一个列表。

第 3 步，标记每个三角形的顶点，按升序排列三角形三条边对应的角距，并与导航星表中的星对角距进行比较，找出角距误差门限 $\pm\varepsilon_d$ 内的星对。

第 4 步，利用星等误差门限$\pm\varepsilon_d$，对得到的星对进一步判断，并将该导航星放入匹配表。

第 5 步，检验匹配表中的导航星对是否在星敏感器的视场中。若不在，则采用同一视场内的最大导航星组作为识别结果；若匹配星表为空或不存在最大星组，则认为匹配失败。

2. Quine 三角形算法

Quine[22] 提出的 Quine 三角形算法是将每颗导航星作为主星，以其为圆心，以一定范围为半径，并在该圆形区域内找出两颗最亮的导航星与主星构成导航三角形，并认为每颗导航星构造的识别模式是唯一的。虽然该算法通过控制导航星的数量能减少构造的三角形的数量，但对星敏感器的灵敏度提出了要求，当测量误差较大时仍然会产生误匹配，星等噪声对匹配的影响也很大。该算法的实现步骤如下：

第 1 步，选择主星。从拍摄的星图中选择距离视场中心最近的一颗观测星为主星。

第 2 步，构造观测三角形。在以主星为圆心、r 为半径的区域内找出最亮的两颗观测星作为邻星，构造观测三角形。

第 3 步，分别计算观测三角形的角距，并以 $\pm\varepsilon_{\mathrm{d}}$ 为误差门限进行匹配。

3. 改进的三角形星图识别算法

改进的三角形星图识别算法流程：从观测星图中挑选最亮的 6 颗星；用这 6 颗星组成三角形，按照亮度原则和最长边最小原则将三角形进行排序，依次挑选排序靠前的三角形进行识别。识别过程：首先，对三角形三条边所对应的角距进行角距匹配；其次，通过状态标识的方法搜索可以匹配的导航三角形；最后，用验证环节来判断识别的正确性，并剔除错误的匹配。

通过角距匹配可以避免存储导航三角形，从而避免存储容量过大的问题。采用状态标识的方法，能以最短的时间完成导航三角形的筛选与识别，大大缩短星图识别的时间。验证环节进一步对三角形匹配的结果进行验证，除了验证识别的正确性，还为视场内尽可能多的观测星找到其对应匹配的导航星。

图 6-17 所示为改进的三角形星图识别算法的识别过程示意图，图中的 d_m^{12}、d_m^{13}、d_m^{23} 分别为导航星 1 和 2、导航星 1 和 3、导航星 2 和 3 之间的角距；图 6-18 所示为改进的三角形星图识别算法流程。

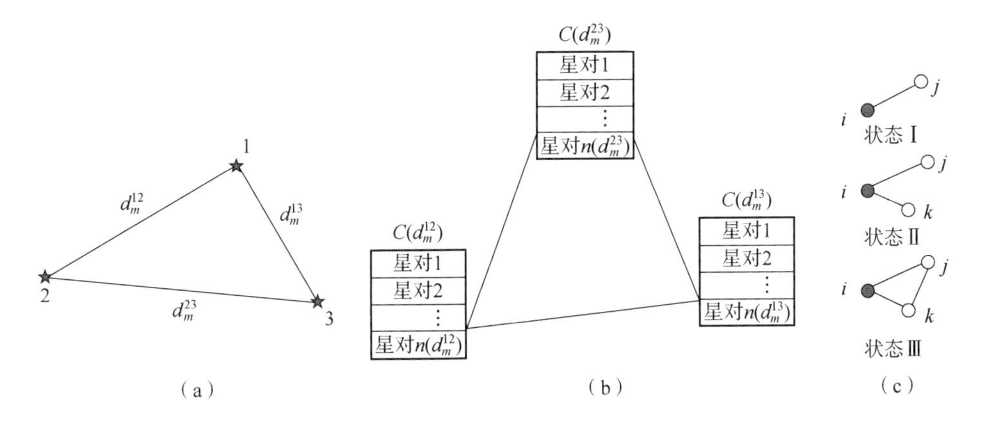

图 6-17　改进的三角形星图识别算法的识别过程

（a）观测三角形；（b）角距匹配；（c）状态标识

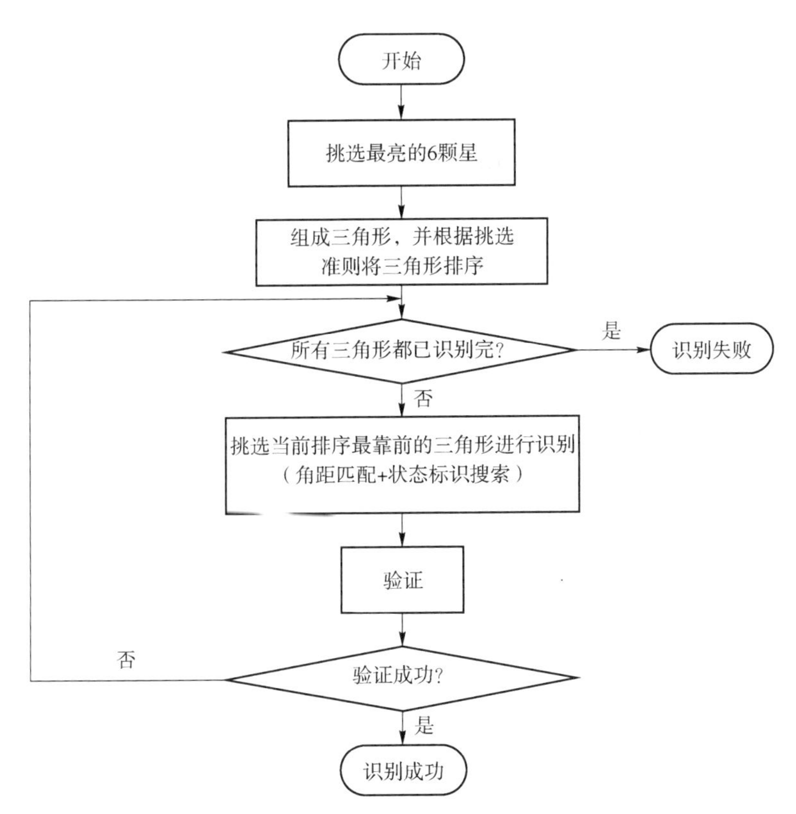

图 6-18　改进的三角形星图识别算法流程

6.4.2 栅格算法

栅格算法[20-21]是一种典型的采用模式匹配策略的星图识别算法。其基本过程：首先，对一些仔细挑选的导航星按照某种方式构造导航星图，并由这些导航星图组成模式数据库；然后，按照相同的方式形成观测星图。识别的过程就是从模式数据库中找出与观测星图相同（或最相似）的导航星图。

栅格算法的识别成功率较高，对位置不确定性及星等不确定性的鲁棒性较好，但要求视场有较多的观测星。为了确保视场中观测星的数量，要求星相机有较大的视场或能敏感到较暗的恒星，这一定程度上限制了栅格算法的应用范围。

栅格算法采用以星为基准，为每一颗星构造一个样本的方案。具体做法：以一颗星为圆心，以某个半径范围内所有星的分布为导航模式。此外，为了满足唯一性要求，需保证模式间的差异性足够大。而为了保证模式间的差异性，就必须在尽可能大的范围内取样，使构成模式的星的数量足够多。

以一颗星为圆心，使用半径为 r 的圆作为取样范围。以圆心为直角坐标系的原点，以取样范围内最亮且与原点距离最大的星为直角坐标系的 y 轴正方向构造样本。将构造的直角坐标系划分为网格状，每一格的边长为 D。如果一个格中有星，则在该格中填入 1，否则填入 0。这样就得到一个二维的 0、1 矩阵。图 6-19 给出了一个典型模式的构造过程。

模式构造时的参数 r、D 应满足普遍性和唯一性要求，找出导航模式中最相近的匹配模式，如果匹配数超过观测星与导航星的匹配门限 m，则将敏感器观测星与模式相关联的导航星配对；进行类似三角形算法的一致性检测，即寻找视场角直径范围内最大的识别星组。如果该组大于 1，则返回这一组的配对结果；如果不存在最大的识别星组，或者不能进行识别，则报告错误。

6.4.3 鲜花算法

1. 鲜花算法流程

鲜花算法流程如图 6-20 所示。

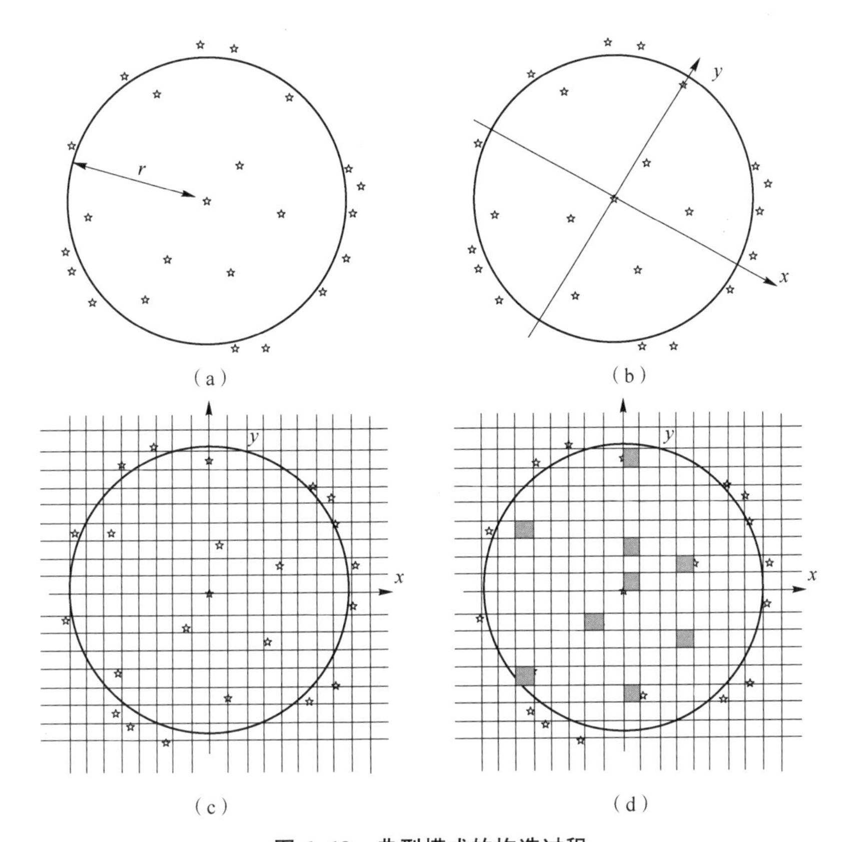

图 6-19　典型模式的构造过程

(a) 取样范围的确定；(b) 样本方向的确定；(c) 网格的划分；(d) 模式矩阵的获取

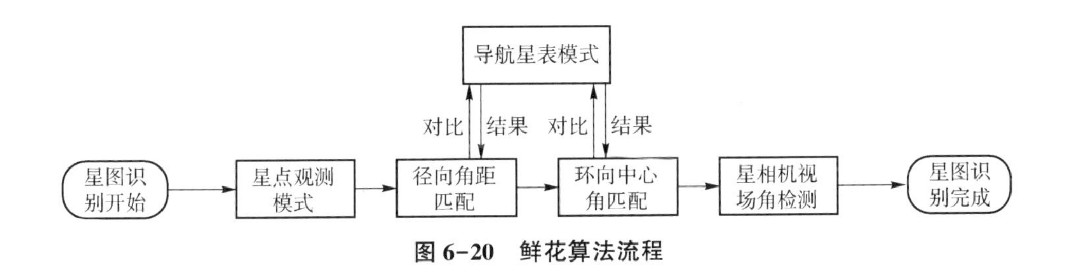

图 6-20　鲜花算法流程

鲜花算法的具体步骤如下：

第 1 步，选取天空中导航星分别作为对象星，获得对象星的径向角距信息和环向中心角信息，建立导航星表。

第 2 步，将星相机拍摄星图中的各观测星分别作为对象星，获得对象星的径向角距信息和环向中心角信息，建立星点观测表。

第 3 步，根据导航星表和径向角距匹配门限，从导航星中粗略筛选出潜在候选星。

第 4 步，根据星点观测表和环向中心角匹配门限，从潜在候选星中筛选观测星的候选星。

第 5 步，从观测星的候选星中去除错误的候选星，完成星图识别。

导航星模式可参见图 6-11。

2. 算法原理——导航星表模式生成过程

使用选定的导航星表，根据最小角距 $D_{\min}$、最大角距 $D_{\max}$、星相机视场角 FOV、角距离散量 diserr_D 和环向中心角离散量 diserr_θ 建立导航星表模式，并记录导航星表模式的星点信息、径向角距信息和环向中心角信息入口地址。

对于导航星表中的导航星 R_i，模式生成方法如下：首先，建立接近导航星 R_i 的子集 V，即从 R_i 引出的角距大于 $D_{\min}$ 而小于 $D_{\max}$ 的邻星组成 V；然后，以导航星 R_i 为原点，建立极坐标系，根据邻星与对象星连线的夹角大小将邻星按顺序进行编号。

对于 V 中的元素 V_j，R_i 和 V_j 之间的径向角距为 D_{ij}、环向中心角为 θ_{ij}，使用角距离散量 diserr_D 离散化 D_{ij} 为 $\hat{D}_{ij}$，$\hat{D}_{ij}=\left[\dfrac{D_{ij}}{\mathrm{diserr}_D}\right]$。将编号相邻的元素 V_j 和 V_i 使用中心角离散量 diserr_θ 离散化环向中心角 θ_{ij} 为 $\hat{\theta}_{ij}$，$\hat{\theta}_{ij}=\left[\dfrac{\theta_{ij}}{\mathrm{diserr}_\theta}\right]$。将导航星 R_i 所有邻星径向角距离散化，获得导航星 R_i 径向角距信息 $(\hat{D}_{i1},\hat{D}_{i2},\cdots,\hat{D}_{iN_i})$；同理，将导航星 R_i 所有邻星环向中心角离散化，获得导航星 R_i 环向中心角信息 $(\hat{\theta}_{i1},\hat{\theta}_{i2},\cdots,\hat{\theta}_{iN_i})$。对选定的导航星表中的每颗导航星进行前述处理，建立每颗导航星的径向角距信息和环向中心角信息。统计分析所有导航星的径向角距信息，按照导航星编号顺序编排径向角距信息，如表 6-4所示。统计分析所有导航星的环向中心角信息，按照导航星编号顺序编排径向角距和环向中心角匹配对信息 $(\hat{D}_{i1},\hat{\theta}_{i1}),(\hat{D}_{i2},\hat{\theta}_{i2}),\cdots,(\hat{D}_{iN_i},\hat{\theta}_{iN_i})$，至此完成导航星表模式生成。

表 6-4　径向角距模式

径向离散角距	导航星数目	导航星编号列表
1	含角距 1 导航星数目	含角距 1 导航星列表
2	含角距 2 导航星数目	含角距 2 导航星列表
3	含角距 3 导航星数目	含角距 3 导航星列表
4	含角距 4 导航星数目	含角距 4 导航星列表
⋮	⋮	⋮
Num_{dis}	含角距 Num_{dis} 导航星数目	含角距 Num_{dis} 导航星列表

3. 算法原理——星点观测模式生成过程

星点观测模式生成过程：使用星相机拍摄星图中检测到的星点，根据最小角距 D_{min}、最大角距 D_{max}、星相机视场角 FOV、角距离散量 $diserr_D$ 和环向中心角离散量 $diserr_\theta$ 建立星点观测模式，包含径向角距信息和环向中心角信息。处理方法同导航星表模式生成过程，建立星点 k 的观测模式为径向角距信息（$\hat{M}_{k1}$，$\hat{M}_{k2}$，…，$\hat{M}_{kN_k}$）和环向中心角信息（γ_{k1}，γ_{k2}，…，γ_{kN_k}），将径向角距和环向中心角匹配信息对为$(\hat{M}_{k1},\hat{\gamma}_{k1}),(\hat{M}_{k2},\hat{\gamma}_{k2}),\cdots,(\hat{M}_{kN_k},\hat{\gamma}_{kN_k})$。

如图 6-21 所示，任意两个星点(x_i,y_i)和(x_j,y_j)之间的角距 M 可以根据余弦定理计算：

$$M=\arccos\frac{|(x_i^2+y_i^2+f^2)+(x_j^2+y_j^2+f^2)-(x_j-x_i)^2-(y_j-y_i)^2|}{2\sqrt{(x_i^2+y_i^2+f^2)(x_j^2+y_j^2+f^2)}}\tag{6-20}$$

式中，f——光学系统焦距。

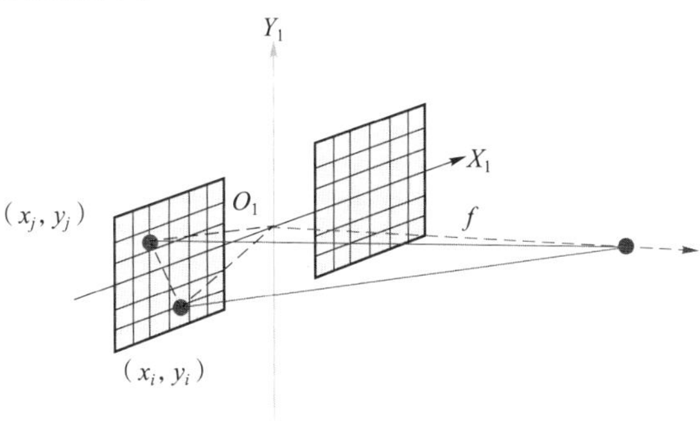

图 6-21　星点几何关系（附彩图）

4. 算法原理——径向角距和环向中心角匹配过程

径向角距匹配过程：将星点 k 观测模式的径向角距信息（$\hat{M}_{k1}$，$\hat{M}_{k2}$，…，$\hat{M}_{kN_k}$）与导航星表模式径向角距信息对比，如图 6-22 所示，只要导航星表中的导航星存在与星点观测模式相同的径向角距，导航星对应权值就加 1，将星点观测模式径向角距与导航星表径向角距信息编排完成全部比对，设定匹配门限为 δ，δ 为 30%～50% 的星相机当前视场中观测星邻星的数量，若导航星匹配观测星的角距数量大于等于 δ，即认为此导航星为观测星点 k 的潜在候选星。潜在候选星可能存在多个，作为后续环向中心角匹配的输入。

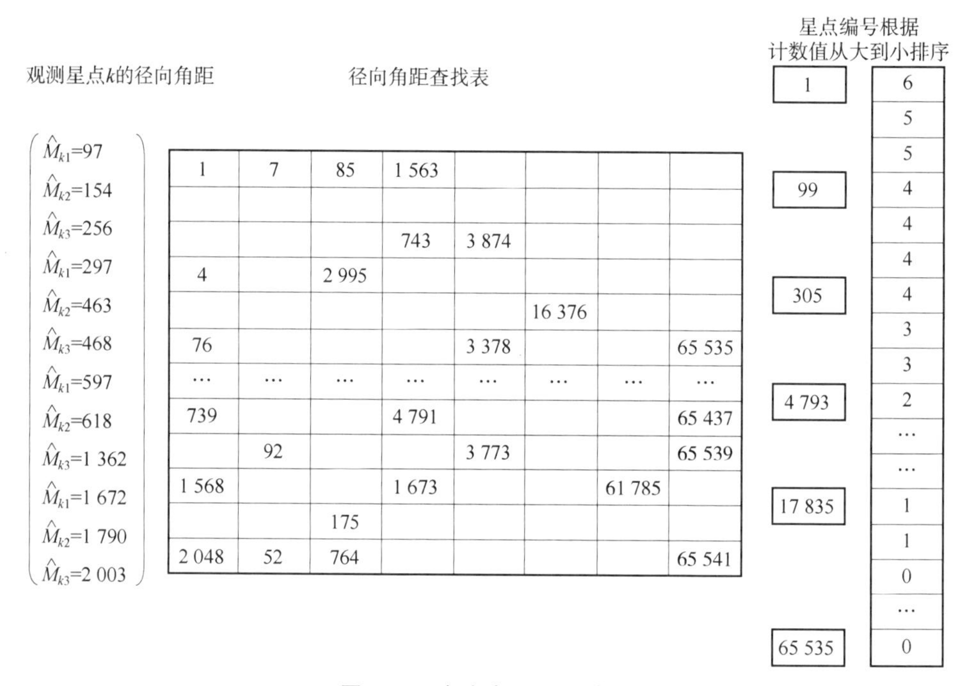

图 6-22　径向角距匹配过程

环向中心角匹配过程：将星点观测模式环向中心角信息与导航星表模式环向中心角信息对比，根据环向中心角匹配门限在潜在候选星中筛选出星点的候选星。由前述径向角距匹配结果获得导航星 i 为观测星点 k 的潜在候选星，导航星 i 的径向角距和环向中心角匹配对信息为（$\hat{D}_{i1}$，$\hat{\theta}_{i1}$），（$\hat{D}_{i2}$，$\hat{\theta}_{i2}$），…，（$\hat{D}_{iN_i}$，$\hat{\theta}_{iN_i}$），观测星点 k 径向角距和环向中心角匹配对信息为（$\hat{M}_{k1}$，$\hat{\gamma}_{k1}$），（$\hat{M}_{k2}$，$\hat{\gamma}_{k2}$），…，（$\hat{M}_{kN_k}$，

$\hat{\gamma}_{kN_k}$），通过 $|\hat{D}_{iN_i}-\hat{M}_{kN_k}|\leqslant\alpha$，$\alpha\leqslant 2$，获得导航星 i 匹配对和观测星点 k 匹配对的比较入口；采用相同方式寻找导航星 i 匹配对和观测星点 k 匹配对的下一个比较入口，由两个入口获得两个子匹配对，比较导航星 i 子匹配对和观测星点 k 子匹配对的环向中心角数值 θ_i、γ_k，当 $|\theta_i-\gamma_k|\leqslant\beta$，$\beta\leqslant 5$ 时，即认为两个子匹配对相同，将导航星 i 的环向中心角权值加 1；再次寻找下一个比较入口，直到导航星 i 环向中心角权值达到 ε，ε 为 30%～50%星相机当前视场中观测星邻星的数量，即认为导航星 i 为观测星点 k 的最终候选星。

5. *算法原理——星相机视场角检测过程*

星相机视场角检测过程：将所有星点对应的候选星进行视场角检测，去除错误候选星，完成星图识别。计算候选星归一化向量，将候选星之间两两进行向量点乘运算，若点乘结果大于视场角余弦值，则认为两个候选星在一个视场内，否则不在一个视场内；计算每一颗候选星与其他候选星点乘结果大于星相机视场角余弦值的数量，若该数量大于视场匹配门限，则判定为候选星，即认为候选星在一个视场内，最终完成星图识别。视场匹配门限为 30%～50%已筛选出观测星的候选星的数量。

6. *算法仿真与分析*

仿真参数：3.2°×3.2°视场角，CMOS 传感器像素为 2 048×2 048，每个像素的角分辨率为 5.5″。最高敏感星等为 8.5 mv，添加高斯分布的随机噪声（标准差 σ_M = 0.5 mv）。星表采用第谷 2 星表。每个天区里的恒星均包含位置噪声，噪声源包括了镜头光学特性产生的噪声和星点质心提取算法带来的噪声，在此情况下对图像上的星点添加随机分布的高斯噪声（σ_p = 2 像元，标准差±0.003°）。

（1）原始星表 S 按照 0.4°增量扫描[28]，生成观测星表 R。过程参数设置如下：任意天区里参考星最少的数目为 8；模式半径 PR = 1.6°；两颗参考星之间的最小间距 ε = 5 像元。通过上述方法得到 R。

（2）其他参数设置如下：模式生成过程中的最小角距 $D_{\min}$ = 0.1°；角距离散量误差 diserr_D = 4×5.5″；环向中心角离散化量 diserr_θ = 1°；角距匹配门限为 δ，为 30%～50%视场中观测星邻星的数量；置信因子≤2。

（3）环向中心角匹配松弛变量：置信因子 = 2，为 30%～50%视场中观测星邻星的数量；中心角匹配松弛变量 $\beta\leqslant 5$，约为 2°；环向中心角权值达到 $\varepsilon\geqslant 2$。

（4）算法仿真需考虑以下情形：

①识别率：仿真总次数 10 000 次中的正确识别次数百分比；

②识别率与视场中的恒星数量相关，用于评估恒星分布算法鲁棒性[16]；

③仿真环境：Windows 10 操作系统，Intel i5-7300四核 2.5 GHz，内存为 24 GB；MATLAB 2015。

1）视场内观测星个数对识别率的影响

一般而言，视场内星的数量越多，识别成功的概率越大。图 6-23 所示为实验统计不同视场内观测星数量及其识别率情况。从图中可以看出，当视场内星点数量大于 10 时，识别率接近 100%；当视场内星点数量低于 10 时，识别率一定程度下降；当视场内星点数量小于 5 时，已经很难得到正确的识别率。事实上，经过统计，视场内观测星的平均数量大于 10 的概率为 96.62%。视场内观测星的平均数量是基于星模式星图识别方法的一个重要指标，当视场内星点数量过少时，就不能提供足够的信息来排除冗余匹配，会导致识别变得较为困难。

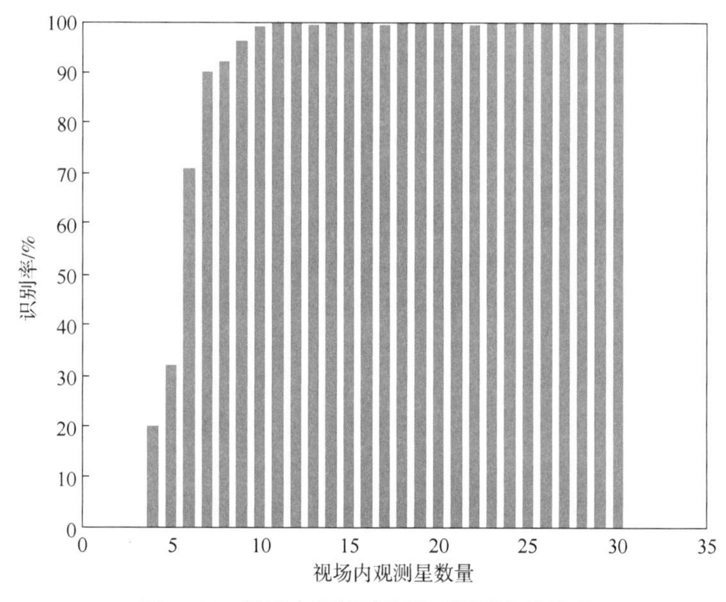

图 6-23 视场内观测星数量对识别率的影响

2）伪星影响

不同算法的识别成功率与伪星数量影响有所不同[27]。如图 6-24 所示，伪星数量对栅格算法的影响大于本算法，本算法对伪星影响具有更强的鲁棒性。由图 6-24 可知，随着伪星数量从 0 增加到 6 个，本算法识别率从 100% 下降到 99. 8%，依然具有极高的识别率，表明本算法相比传统栅格算法具有更好的鲁棒性。

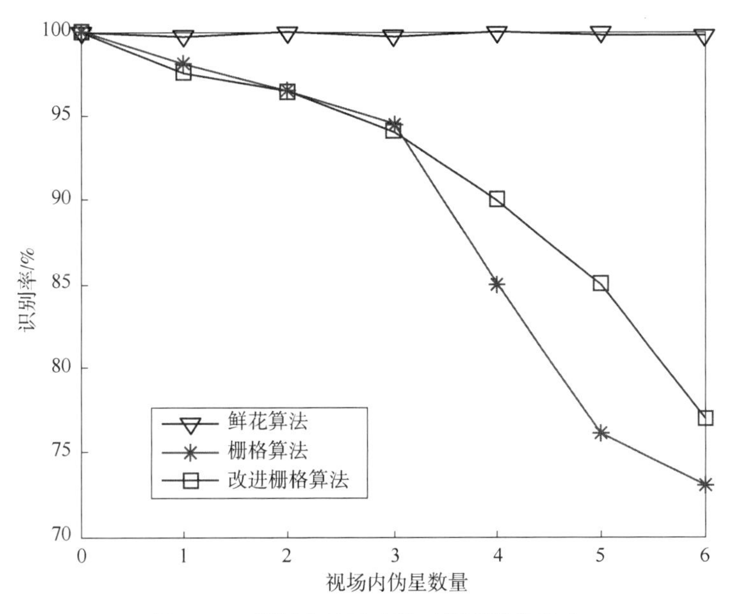

图 6-24　视场内伪星个数对识别率的影响

3）存储空间需求和计算复杂度

存储空间需求受星表大小和模式生成方式的影响。表 6-5 对比了三种算法的性能，其中伪星数量为 2。本算法的存储空间需求比其他算法大，主要原因是单个模式空间需求相比于其他算法要大。此外，本算法的平均识别时间比栅格算法长约 15%，这主要是由环向中心角动态匹配过程造成的，在硬件资源分配时应予以充分考虑。

表 6-5　三种算法性能对比（星点位置噪声方差为 2 像素和伪星数目 2）

算法名称	准确率/%	平均识别时间/ms	星表存储空间/KB
鲜花算法	99. 7	45	1 547
改进栅格算法	98. 0	43	793
栅格算法	97. 5	39	701

6.4.4 改进鲜花算法[29]

改进鲜花算法的流程如图 6-25 所示，与鲜花算法流程的主要区别在于邻星 Cache 匹配加速，完成星图识别后，由识别后导航星的邻星组成 Cache，下次识别过程仅使用 Cache 中的导航星进行，从而完成从全天球捕获到局部天区跟踪过程，实现星图识别算法加速。

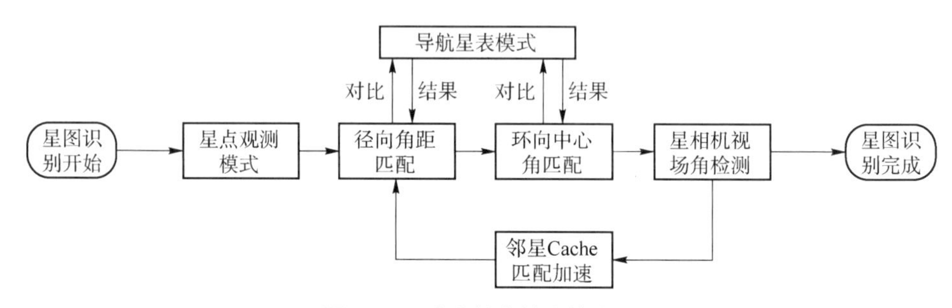

图 6-25 改进鲜花算法的流程

6.5 本章小结

本章首先对星点质心提取算法进行了描述，重点针对自适应迭代加权算法进行了分析和验证；其次，对导航星表的划分方法进行了介绍，给出了几种典型的星表划分方法；再次，重点对星图算法进行了说明，包括典型的三角形算法、栅格算法等，以及本书课题组采用的鲜花算法；最后，针对本书课题组采用的算法进行了仿真分析，重点对星点识别率、伪星影响、存储空间和计算复杂度等方面进行了分析，验证了鲜花算法的可靠性。

参考文献

[1] 朱长征. 基于星敏感器的星模式识别算法及空间飞行器姿态确定技术研究[D]. 长沙：国防科学技术大学，2004.

[2] SHORTIS M R，CLARKE T A，SHORT T. A comparison of some techniques for

the subpixel location of discrete target images [J]. SPIE, 1994, 2350: 239-250.

[3] 李学夔，郝志航，李杰，等. 星敏感器的星点定位方法研究 [J]. 电子器件, 2004, 27 (4): 571-574.

[4] 赵剡，张怡. 星图识别质心提取算法研究 [J]. 空间电子技术, 2004, 4: 5-8.

[5] 王伟之，翟国芳，高卫军，等. 一种星相机星图识别算法: CN108195370B [P]. 2020-02-14.

[6] 魏新国，张广军，江洁. 星敏感器中星图图像的星体细分定位方法研究 [J]. 北京航空航天大学学报, 2003, 29 (9): 812-815.

[7] 崔祥祥，王力宏，陆金辉. 一种新的星图中星的提取方法 [J]. 传感器与微系统, 2011 (4): 17-18.

[8] 张俊，郝云彩，刘达. 迭代加权质心法机理及多星定位误差特性研究 [J]. 光学学报, 2015, 35 (2): 0204001.

[9] 吕娜，冯祖仁. 质心迭代图像跟踪算法 [J]. 西安交通大学学报, 2007, 41 (12): 1396-1400.

[10] 金占雷. CCD 光斑质心算法的误差分析 [J]. 航天返回与遥感, 2011, 32 (1): 38-44.

[11] 英格利斯. 行星、恒星、星系 [M]. 李致森，等译. 北京: 科学出版社, 1979.

[12] JEFFERY W B. On-orbit star processing using multi-star star trackers [J]. SPIE, 1994, 2221: 6-14.

[13] JU G, KIM H, PLLLOCK T, et al. DIGISTAR: a low-cost micro star tracker [C] // AIAA Space Technology Conference and Expositions, Albuquerque, 1999: 4603.

[14] 陈元枝. 基于星敏感器的卫星三轴姿态测量方法研究 [D]. 长春: 中国科学院长春光学精密机械与物理研究所, 2001.

[15] 魏新国. 星敏感器中的星图识别方法及相关技术研究 [D]. 北京: 北京航空航天大学, 2004.

[16] ETTOUATI I, MORTARI D, POLLOCK T. Space surveillance using star trackers,

Part Ⅰ: simulations [C]//2006 AAS, Tampa, 2006, AAS 06-231.

[17] ABDELKHALIK O, MORTARI D, JUNKINS J L. Space surveillance using star trackers, Part Ⅱ: orbit estimation [C]//2006 AAS, Tampa, 2006: 232.

[18] SPRATLING B B, MORTARI D. A survey on star identification algorithms [J]. Algorithms, 2009, 2: 93-107.

[19] SILANI E, LOVERA M. Star identification algorithm: novel approach and comparison study [J]. IEEE Transactions on Aerospace and Electronic Systems, 2006, 42 (4): 1275-1288.

[20] PADGETT C, KREUTZ-DELGADO K. A grid algorithm for autonomous star identification [J]. IEEE Transactions on Aerospace and Electronic Systems, 1997, 33 (1): 202-213.

[21] LEE H, BANG H. Star pattern identification technique by modified grid algorithm [J]. IEEE Transactions on Aerospace and Electronic Systems, 2007, 43 (3): 1112-1116.

[22] QUINE B. Spacecraft guidance systems attitude determination using star camera data [D]. Oxford: University of Oxford, 1996.

[23] LIEBE C C. Pattern recognition of star constellations for spacecraft applications [J]. IEEE Aerospace and Electronic Systems Magazine, 1992, 7 (6): 34-41.

[24] 郑胜, 吴伟仁, 田金文. 一种新的全天自主几何结构星图识别算法 [J]. 光电工程, 2004, 3 (31): 4-7.

[25] PADGETT C, DELGADO K. Windows-based development evaluation platform for star identification algorithms [J]. Proceedings of SPIE- Space Guidance, Control and Tracking IX, 1995, 2446: 142-153.

[26] KOLOMENKIN M, POLLAK S, SHIMSHONI I, et al. Geometric voting algorithm for star trackers [J]. IEEE Transactions on Aerospace and Electronic Systems, 2008, 44 (2): 441-456.

[27] PADGETT C, KREUTZ-DELGADO K, UDOMKESMALEE S. Evaluation of star

identification techniques [J]. Journal of Guidance Control and Dynamics, 1997, 20 (2): 259-267.

[28] VAN DER HEIDE E J, KRUIJFF M, DOUMA S R, et al. Development and validation of a fast and reliable star sensor algorithm with reduced data base [C]// International Astronautical Congress, 1998.

[29] ZHAI G F, WANG W Z, ZONG Y H, et al. A star map identification algorithm based on radial and cyclic features [J]. Conference on Telescopes, Space Optics and Instrumentation, 2020 (9): 1309-1314.

第7章 星相机热控设计技术

7.1 引言

卫星在轨运行过程中受到太阳直射、红外辐射和阳光反照等因素的影响，其外热流环境也随之改变。以500 km太阳同步轨道为例，其外热流环境呈现轨道周期性（约90 min）变化。星相机作为姿态测量元件，一般直接面向冷空间，在阳照区和阴影区外热流差异较大。这种外热流作用在星相机上将引起星相机结构变形，造成视轴热漂移，这也是星相机低频误差的重要来源之一。星相机热控设计的目的是为星相机的光机结构及电子学提供良好的热环境，保证其可靠工作。

7.2 星相机热控设计要求

星相机主要采用折射式光学系统设计，一般由遮光罩组件、镜头组件、电子学组件、制冷机组件、星相机安装支架等组成；星相机热控系统的功能是按照技术指标要求对星相机进行温度控制，为星相机提供良好的温度环境，使星相机一直保持在设计温度状态，保证成像功能和指标满足设计要求。

星相机热控设计的重点是抑制温度的波动并减小温度梯度，其中影响温度波动的主要因素是外部热环境及内部热耗，而影响温度梯度的主要因素是内部热耗及控温加热的不均匀性。

7.2.1　星敏感器控温现状

星敏感器通常安装在卫星舱体之外，因其受轨道周期热流和冷黑空间背景的影响，温度容易波动，不利于光学系统的长期稳定工作[1-2]；同时，温度过高会导致探测器的暗电流噪声增大，影响星敏感器测量精度[3-4]。因此，需重点关注星敏感器的热控设计。从便于监测控制的角度，一般要求星敏感器与卫星舱体之间的安装接口温度处于合适的范围。

由于卫星的任务特点不同，其星敏感器的测量精度指标也有所差异，相应的温控指标也有所不同。对于通信类或非高分辨率成像要求的卫星，星敏感器一般安装在卫星结构上，对其定姿精度的要求不苛刻，因此不对其热变形做严格要求，允许温度范围很宽，设计指标一般在-20~30 ℃。对于高分辨率的空间光学遥感卫星，星敏感器的定姿精度及重复精度直接决定了地面观测区域的准确性及长时间观测的连续性，需尽可能地减小温度变化引起的热变形误差，因此需改进星敏感器的安装方式，从传统的安装于卫星平台上更改为直接安装在光学遥感器的主体结构上，并将星敏感器组件的温度约束在较窄的范围内，从而抑制热变形引起的误差[5]。

国内学者针对不同星敏感器的任务特点，开展了相应的热控设计。例如，韩崇巍等[6]提出一种辐射小舱式星敏感器的热控设计方案，以小舱遮挡外热流，同时将小舱作为星敏感器热沉，该方法可将星敏感器在轨温度控制在-26.2~22.2 ℃；杨昌鹏等[7]提出了一种倾斜轨道星敏感器热控设计方案，在星敏感器法兰面粘贴电加热片，支架上粘 OSR（强化超薄型二次表面镜）膜片，在轨实测温度为-19.8~-5.1 ℃；江帆等[8]通过仿真分析与试验，对星敏感器组件进行热控设计，采取包覆多层隔热组件、设置加热区等措施，使 3 台星敏感器及其支架的温度控制在 16~19 ℃，满足（18±3）℃的热控指标要求。

7.2.2　星相机控温指标要求

星相机属于星敏感器中的一种，主要应用于高精度航天光学测绘、激光地形测量、星间导航定向等重要领域；为了实现高精度的图像及数据的获取，星相机通常安装在高分辨光学遥感器本体上，其控温指标通常要求较高。

目前国内对地观测遥感器的热控精度指标一般在±2 ℃左右，部分遥感器（如“资源三号”三线阵相机镜头）的热控精度达到±1 ℃[9]。随着空间遥感探测任务的不断发展，遥感器的空间分辨率、辐射分辨率等指标不断提高，所需的热控精度也越来越严苛，逐渐从当前的1 ℃量级发展到0.1 ℃量级。国外高分辨率对地侦察相机的热控精度普遍在±0.1 ℃左右，某些天文观测类遥感器的热控精度更高，达到几十 mK 量级[10]。国内在研的高分辨率遥感器的热控精度也已经达到±0.3 ℃。

通常根据星相机热光学分析结果，确定其热控主要技术指标要求。星相机的一般温控指标要求如表7-1所示。

表 7-1　星相机的一般温控指标要求

部组件名称	温控要求/℃	温差要求/℃
镜头组件	20 ± 1	径向温差：≤0.5；轴向温差：≤1； 温度波动：±0.3（入光口保护玻璃除外）
探测器组件	15~25	温度波动：±1
其余电子学组件	5~30	—
星相机支架	5~25	径向温差：<1.5； 轴向温度：一般不做要求
星相机主承力板接口	20 ± 1	—

7.3　星相机热控设计方法

星相机热控设计主要分为两部分内容：其一，根据飞行轨道和卫星姿态，对星相机空间外热流进行分析，确定满足星相机内热源散热用的散热面位置，并结合入光口、散热面等外热流情况选择极端工况；其二，综合考虑外热流、内热源情况及温度指标要求，选择合适的热控措施，进行初步热控方案设计。

星相机构型的最大特点是尺寸小、质量轻，遮光罩内表面喷涂了太阳吸收比和红外发射率均非常高的黑漆。对于热控设计而言，构型特点带来的影响是：星相机的比热容小，遮光罩与周围表面的红外辐射耦合强，遮光罩对投入外热流的吸收比高，热控措施的实施空间有限。目前星相机的热控通常采用被动温控和主动温控相结合的设计技术。

7.3.1　热控设计分析

星相机的热控设计分析包含外热流分析和温度控制方式分析。

1. 外热流分析

外热流分析的步骤如下：

第 1 步，根据星相机的构型建立分析模型，分析每个表面的外热流。

第 2 步，综合考虑星上其他设备对星相机的影响，重点分析其对星相机红外辐射的影响及对外热流的遮挡。

第 3 步，重点关注入光口和暴露于外空间的遥感器表面的外热流变化情况，分析不同日期、不同飞行姿态下的外热流。

第 4 步，通过轨道的外热流分析，确定最合适的散热面位置。

外热流分析流程如图 7-1 所示。

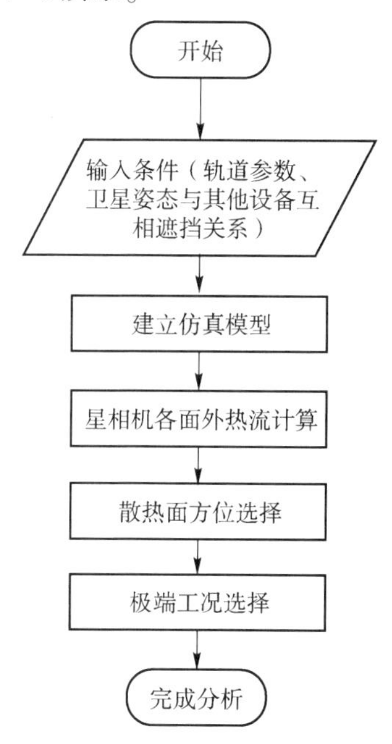

图 7-1　外热流分析流程

2. 温度控制方式分析

温度控制应保证温度水平、波动幅度、温度梯度均达到设定目标，可采取的措施包括：建立散热通道，降低温度；安装控温回路，维持温度水平并抑制温度波动。选择散热通道时，应保证外热流对散热通道的温度波动影响最小；控温回路的分布应选择合理的安装位置，尽量减小控温加热对温度梯度的影响。

7.3.2 热控设计流程

星相机典型的热控设计流程如图 7-2 所示。

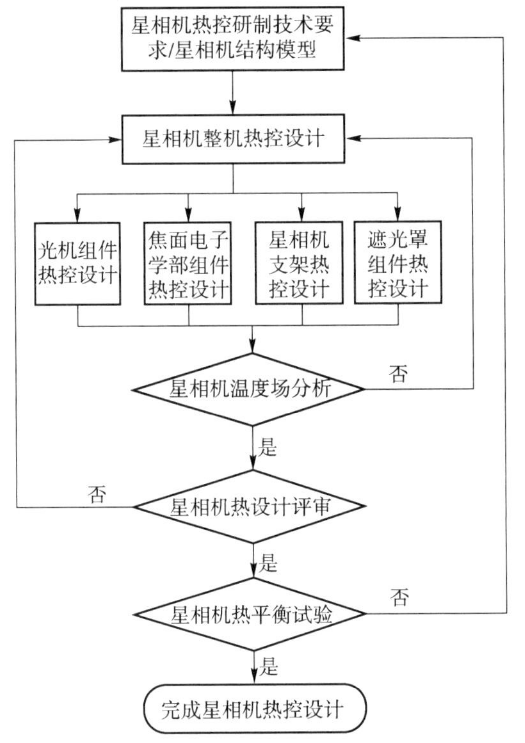

图 7-2 星相机典型的热控设计流程

7.3.3 热控设计方案

根据热分析结果，通常对星相机采用被动热控设计和主动热控设计相结合的方式。

为增强星相机热控设计的适应性，热控设计尽可能与整星热控相互独立。可采取的热控措施如下：

1）尽量减小星体与星相机之间的热耦合作用

为减小星体温度对星相机温度的影响，应对星相机安装支架进行隔热设计，以降低星相机主体与安装平台的热交换；星相机安装面包覆多层隔热组件，以减小星上其他设备对星相机的热辐射影响。

2）星相机外侧包覆多层隔热组件

为减少卫星舱及太空环境对星相机整体温度水平的影响，同时降低星相机进出阴影区时因外热流剧烈变化对星相机温度稳定性产生的影响，在星相机位于载荷舱外部的部分包覆最外层为导电型单面镀铝聚酰亚胺膜的多层隔热组件。

3）星相机内部零件表面发黑处理

为增强星相机结构件间的辐射及抑制杂散光要求，对光路上除光学表面外的其他表面进行发黑处理或喷涂黑漆处理。

4）加强星相机关键部件间的隔热

由于星相机关键部件的高温度稳定性要求，为防止各结构件间温度波动的相互影响，需对星相机镜筒组件与焦面组件外表面包覆多层隔热材料。

5）合理分配加热功率

在星相机主要零部件的适当位置上粘贴加热片，采取主动加热的方法控制星相机的温度水平。

6）合理布置散热路径

将焦面组件、半导体制冷器等产生的热量通过热管传导至散热面进行散热。

7.4　星相机热控设计措施

星相机的热控设计一般按镜头组件、焦面电子学组件、安装支架及遮光罩组件分别进行热控设计及实施。

7.4.1 镜头组件热控措施

镜头组件的热控措施（图 7-3）：为抑制杂散光、增强相关结构件之间的辐射换热，将镜框、镜筒、垫片、压环进行发黑处理；在镜筒外表面布置加热片，进行主动控温。镜筒外表面包覆多层隔热组件，最外层为黑色渗碳膜。

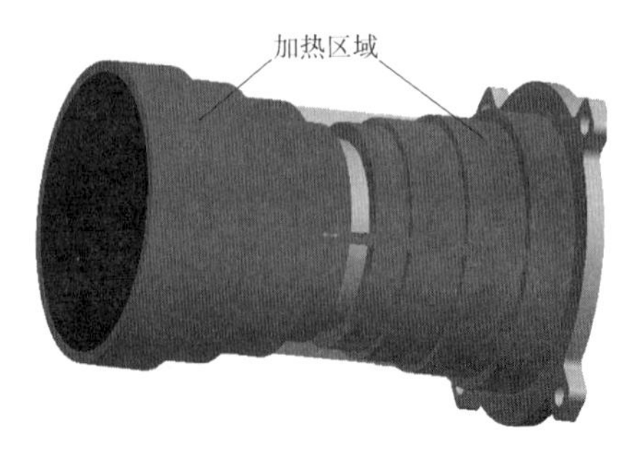

图 7-3 镜头组件热控实施示意图

7.4.2 焦面电子学组件热控措施

焦面电子学组件热控措施：焦面电路壳体进行发黑处理并与相机底板隔热安装，在焦面电路壳体外表面布置加热片进行主动控温；DSP 部件、电源部件、FPGA 部件的电路板与隔热绝缘板及金属侧板（散热凸台）均隔热安装，且隔热绝缘板粘贴多层。典型焦面组件热控措施示意图如图 7-4 所示。电路板上电子元器件散热主要通过在金属侧板上的凸台与器件之间填充硅橡胶或导热硅脂实现热传导，与探测器靠近的一侧通过隔热绝缘板实现隔热，隔热绝缘板一般采用玻璃钢等材料制备，其上粘贴多层隔热组件实现隔热。此外，隔热绝缘板与电路板之间一般采用聚酰亚胺绝缘垫片进行隔热和绝缘。

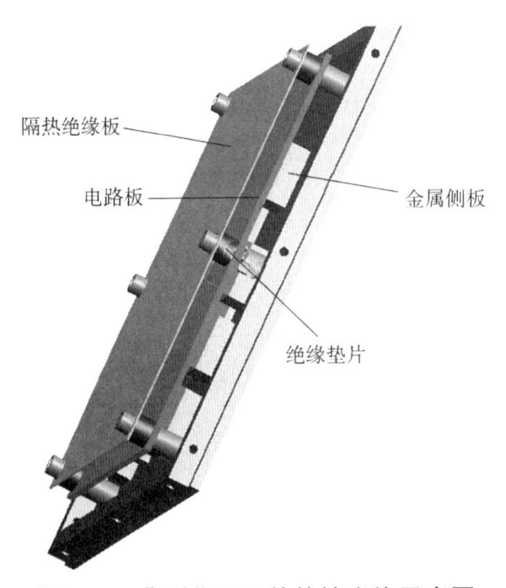

图 7-4 典型焦面组件热控实施示意图

7.4.3　安装支架热控措施

星相机安装支架一般为卫星舱内产品，通常通过布置主动加热回路及外表面包覆多层隔热组件进行热控。典型安装支架控温区域示意图如图 7-5 所示。

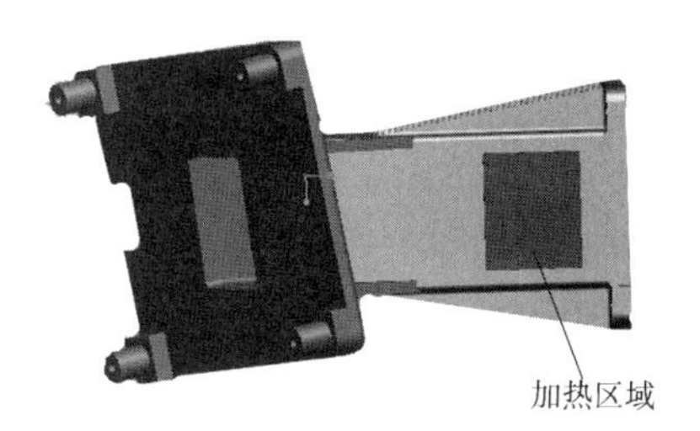

图 7-5　典型安装支架控温区域示意图

7.4.4　遮光罩组件热控措施

遮光罩通常位于载荷舱外部，热控措施为：外表面包覆多层隔热组件，多层外表面为导电型单面镀铝聚酰亚胺薄膜；为抑制最外侧镜片温度的波动，在遮光罩根部布置加热回路；同时为减小遮光罩与星相机主体之间的热耦合作用，遮光罩与星相机主体之间隔热安装。通常，隔热材料选择隔热性能较好的玻璃钢材料或者聚酰亚胺材料。

7.5　星相机热仿真分析

热仿真分析技术是现代光学遥感器设计开发必不可少的一个环节，热仿真分析是星相机热控设计阶段确定热控设计方案、优化热控措施的主要参考依据和验证方法，分析工况应涵盖地面测试、发射阶段、转移轨道阶段、在轨工作阶段等可能出现的全部状态，并应包含各阶段星相机可能出现的极端工况组合。

星相机热仿真分析的主要内容如下：

（1）分析星相机所在卫星的轨道热环境，确定轨道外热流变化特点，确定极端工况。

（2）建立热仿真分析模型，主要包括划分网格、设置热耦合、加载边界条件等。

（3）按热控设计方案，建立被动热控措施、主动热控措施等。

（4）模型求解、数据处理及模型检查。

7.5.1 仿真要求

为了尽可能模拟真实情况，星相机热仿真分析一般采用实体网格建模；考虑到星相机实际结构的复杂性，需要进行合理的简化，根据传热特性，在建模和分析时进行以下假设：

（1）忽略星相机内部一些小的结构件对模型导热、辐射遮挡的影响。在保证各组件的总热容不变的前提下，将零部件中的安装孔、凸台等小的局部特征适当简化处理。

（2）星相机外部包覆多层隔热组件，忽略机壳外侧与外界的热量交换；分析时，仅考虑遮光罩内表面与外界的辐射换热。

（3）忽略星相机内部组件之间的辐射换热，事实上，星相机内表面采用的涂层发射率较小，热传导仍是决定热平衡状态的主要因素。

（4）内部半导体制冷器默认为关闭状态，忽略产品热功耗分布的差异，分析时将总功耗纳入模型。

同时，为了提高整机的热分析效率，在建模分析时，应控制网格数量及质量，一般总数量应控制在 10 000 单元以内。

7.5.2 仿真流程

典型的星相机热仿真分析流程如图 7-6 所示。目前建模最常用的软件是 Thermal Desktop，该软件基于 AutoCAD 软件环境，可以直接使用已有的几何模型或 FEM 模型，也可以以这些模型为参考，通过“自动抓取关键点”快速生成 Thermal Desktop 的有限元、曲面和实体，完成热模型设计和前后处理工作。通常一个合理的热控方案需要按此流程进行反复迭代优化设计。

（1）对于极端工况分析，确定高温、低温工况时应考虑以下因素：

①原则上，轨道外热流最大、内热源最大时为极端高温工况，外热流最小、内热源最小时为极端低温工况。

②星相机的入光口和散热面的外热流对星相机的温度影响最大，考虑到热控涂层的退化，一般寿命末期为高温工况，寿命初期为低温工况。

③载荷舱和安装板的温度。

④极端工况应考虑①~③中多种情况的组合，以保证热控设计的结果符合预定要求。

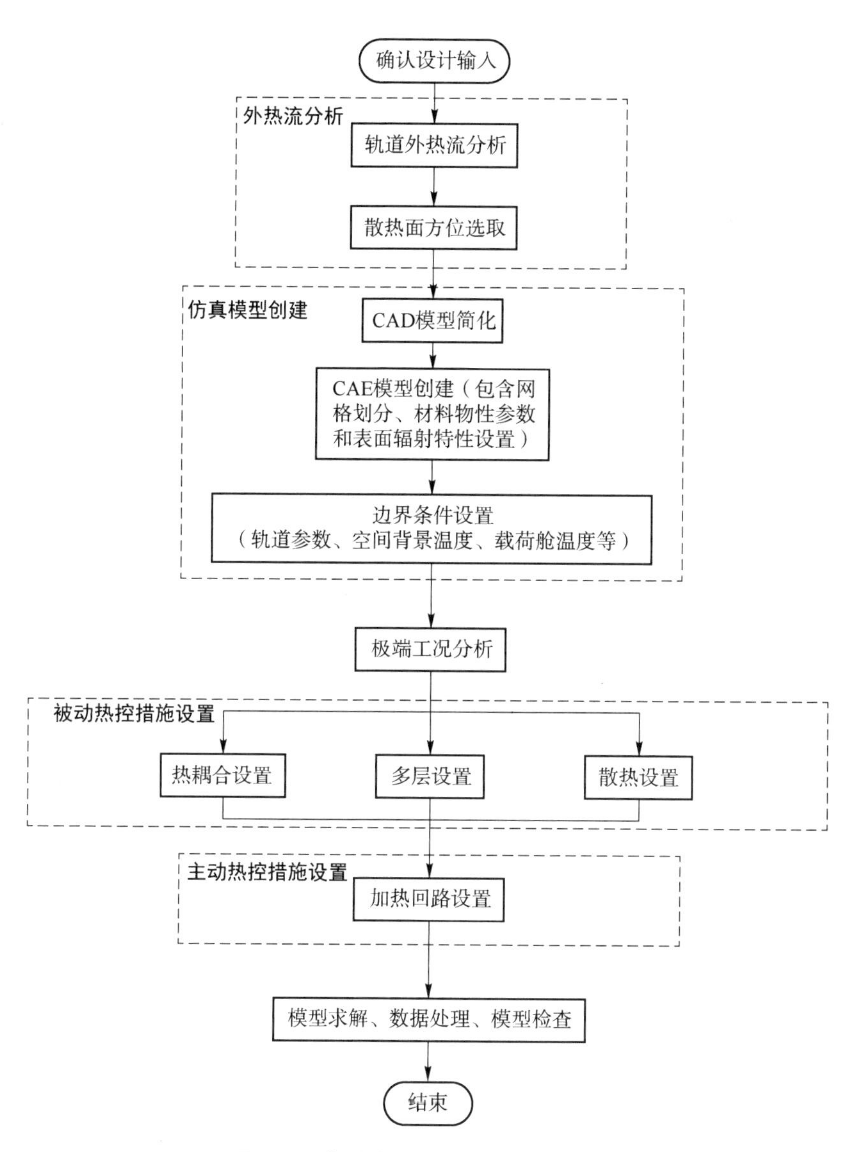

图7-6　典型的星相机热仿真分析流程

（2）对于被动热控措施的设置，主要考虑以下方面：

①热耦合设置时，准确建立各部件间的传热关系，以模拟各部件间的实际热交换，主要分为导热热耦合和辐射热耦合。

②多层设置主要通过有效发射率建立多层辐射热耦合，一般10~20单元多层的有效发射率取0.03。

③内热源散热元件的设置主要包括槽道热管、导热索及散热面等；对散热面的设置要考虑热控涂层初期、末期的辐射属性。

（3）主动控温回路的设置应与实际结构结合，准确设置加热回路的加热区域，通过计算找出最佳的控温点位置，使其满足热控需求，同时最小限度占用整星资源。

7.5.3 仿真案例

以下给出了某卫星搭载星相机的建模仿真结果，其有限元模型如图 7-7 所示，仿真分析采用的主要材料的热物性参数如表 7-2 所示。

图 7-7 星相机热模型建模

表 7-2 主要材料的热物性参数

材料	密度 ρ/ $(\mathrm{kg\cdot m^{-3}})$	导热系数 λ/ $[\mathrm{W\cdot(m\cdot K)^{-1}}]$	比热容 C_p/ $[\mathrm{J\cdot(kg\cdot K)^{-1}}]$	太阳吸收率 α_s	发射率 ε
多层隔热组件	—	—	—	0.36（初期）；0.6（末期）	0.7
铝合金 5A06	2 700	117	921	0.85	0.85
遮阳罩内表面黑漆	—	—	—	0.95	0.85
K9 玻璃	2 530	1	630	—	—
镜面	—	—	—	0.05	0.05
紫铜	8 900	383	385.1	0.1	0.04
钛合金	4 500	8.8	678	0.85	0.85
聚酰亚胺	1 400	0.32	—	—	—
玻璃布板 3240	1 750	0.3	1 206	0.85	0.85

根据外热流的计算结果，结合不同边界条件和工作模式，所确定的热分析典

型工况如表 7-3 所示。

表 7-3 热分析工况定义

工况	轨道外热流	内热源	边界温度/℃	控温回路	备注
工况一	β 角最小，阳照区-Z 向对日，阴影区+Z 向对地	不工作	19	有控温	低温初期瞬态（最小外热流）
工况二	β 角最大，光照区-Z 向对日定向+成像时段侧摆-45°，阴影区+Z向对地	焦面工作	21	有控温	高温末期瞬态（入光口、散热面外热流最大）

按照表 7-3 定义的工况，对星相机进行瞬态热分析。工况一为低温工况，入光口、散热面的外热流均为最小，边界温度为极低温值；该工况主要验证电加热功率分配、各项隔热设计是否有效、合理，能否满足星相机的控温要求。工况二为高温工况，入光口、散热面的外热流为最大；该工况主要验证散热面设计、各项隔热设计是否有效、合理，能否满足星相机的控温要求。

工况一分析结果：主要零部件温度仿真分析结果如图 7-8~图 7-12 所示。

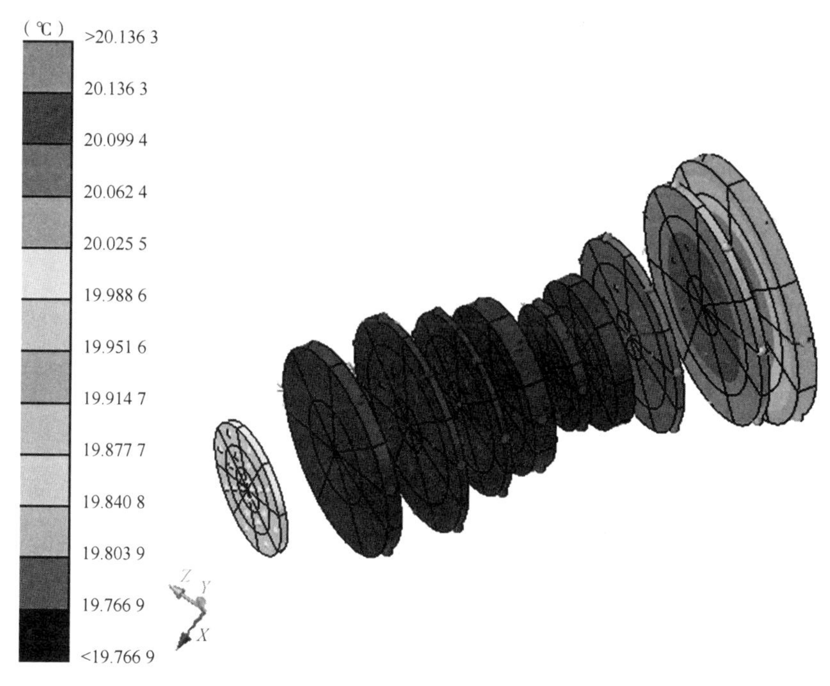

图 7-8 镜片温度分布云图（附彩图）

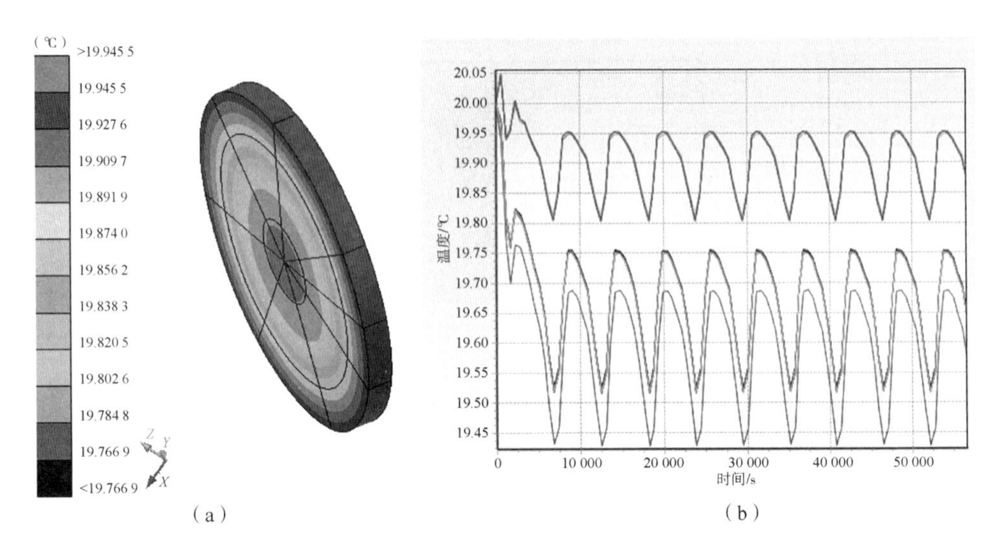

图 7-9 镜片 1（近入光口）温度分布及变化曲线（附彩图）

（a）温度分布；（b）若干采样点的温度变化曲线

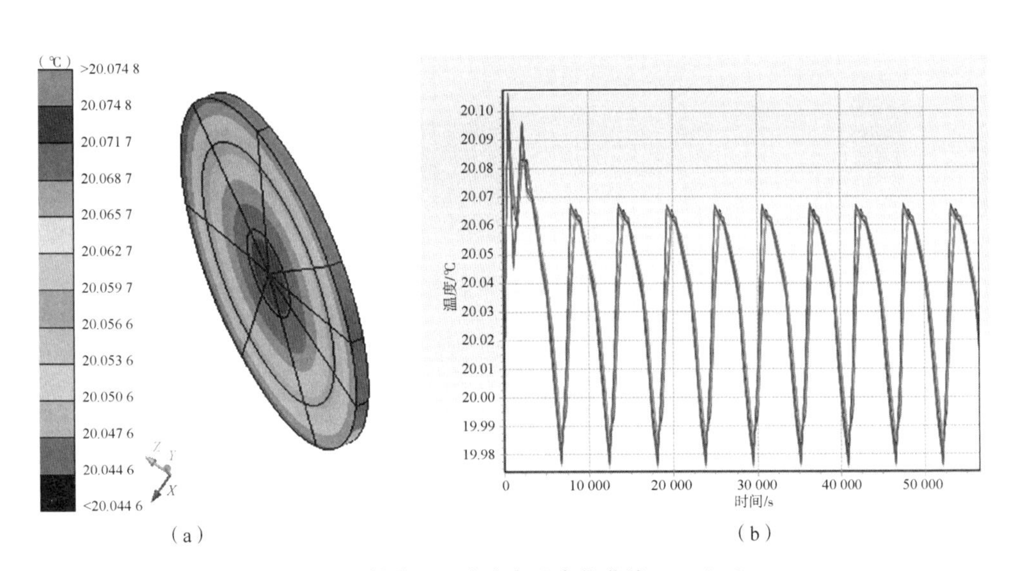

图 7-10 镜片 2 温度分布及变化曲线（附彩图）

（a）温度分布；（b）若干采样点的温度变化曲线

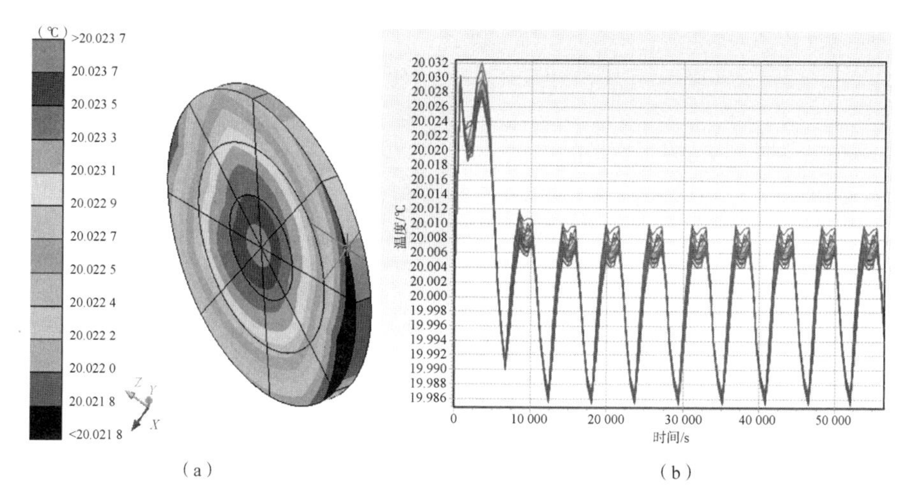

图7-11　镜片10温度分布及变化曲线（附彩图）

(a) 温度分布；(b) 若干采样点的温度变化曲线

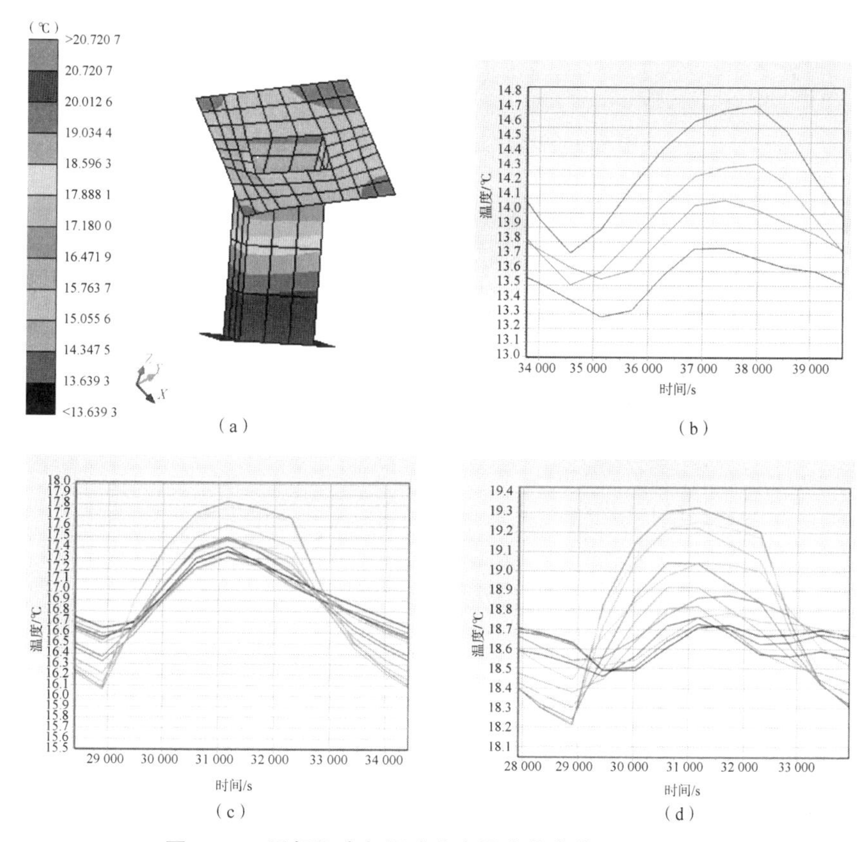

图7-12　星相机支架温度分布及变化曲线（附彩图）

(a) 支架温度云图；(b) 星相机安装面温度曲线；(c) 周向1温度曲线；(d) 周向2温度曲线

工况二分析结果：主要零部件温度仿真分析结果如图 7-13 ~ 图 7-16 所示。

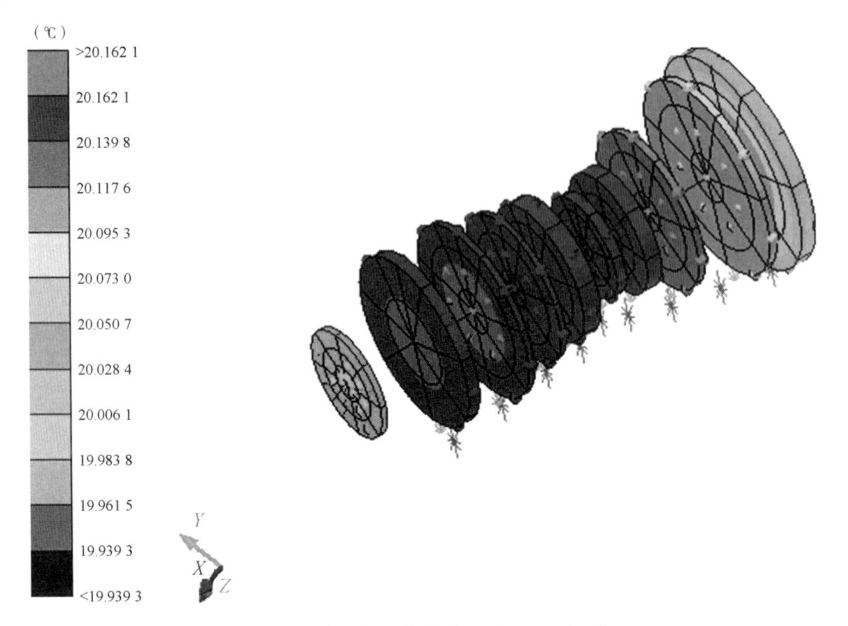

图 7-13 镜片温度分布云图（附彩图）

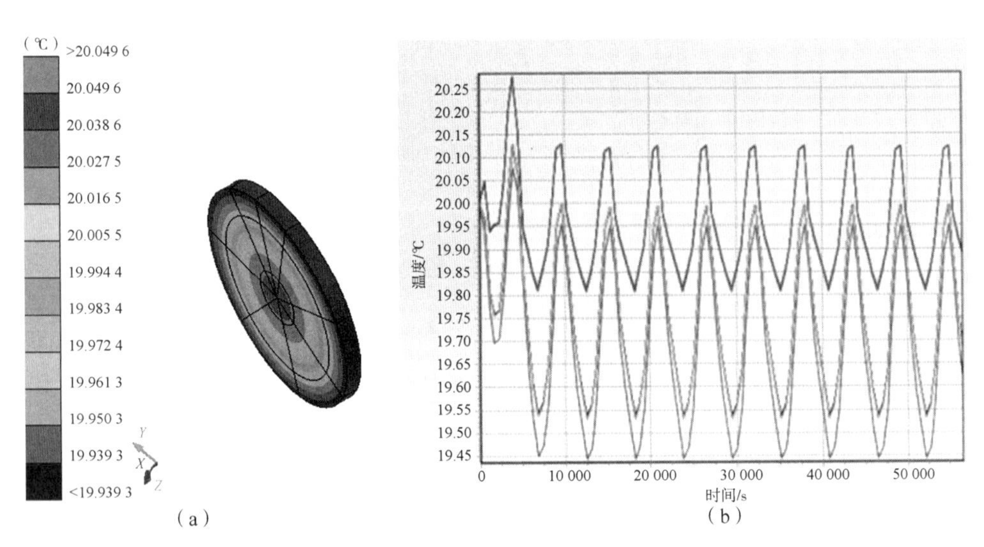

(a) (b)

图 7-14 镜片 1（近入光口）温度分布及变化曲线（附彩图）

(a) 温度分布；(b) 若干采样点的温度变化曲线

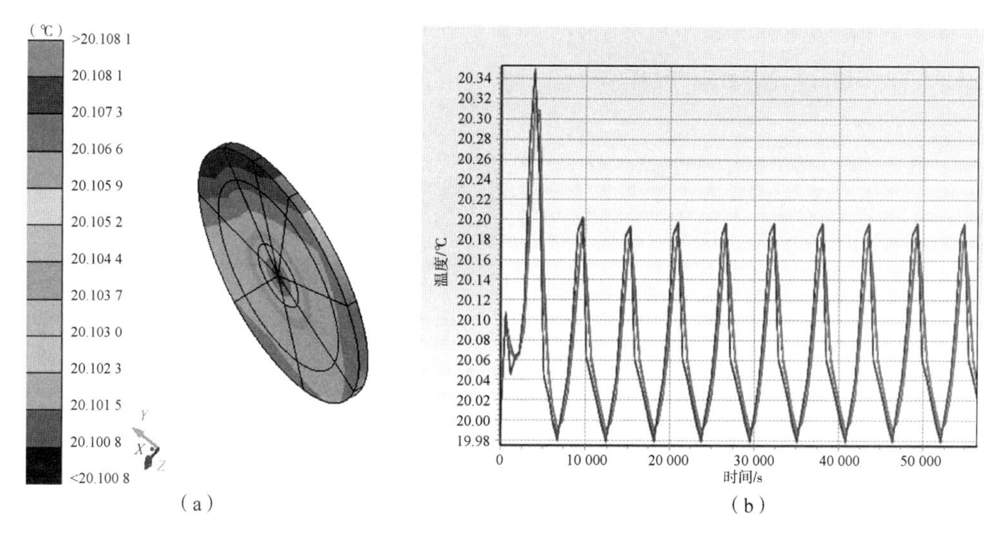

图 7-15　镜片 2 温度分布及变化曲线（附彩图）

(a) 温度分布；(b) 若干采样点的温度变化曲线

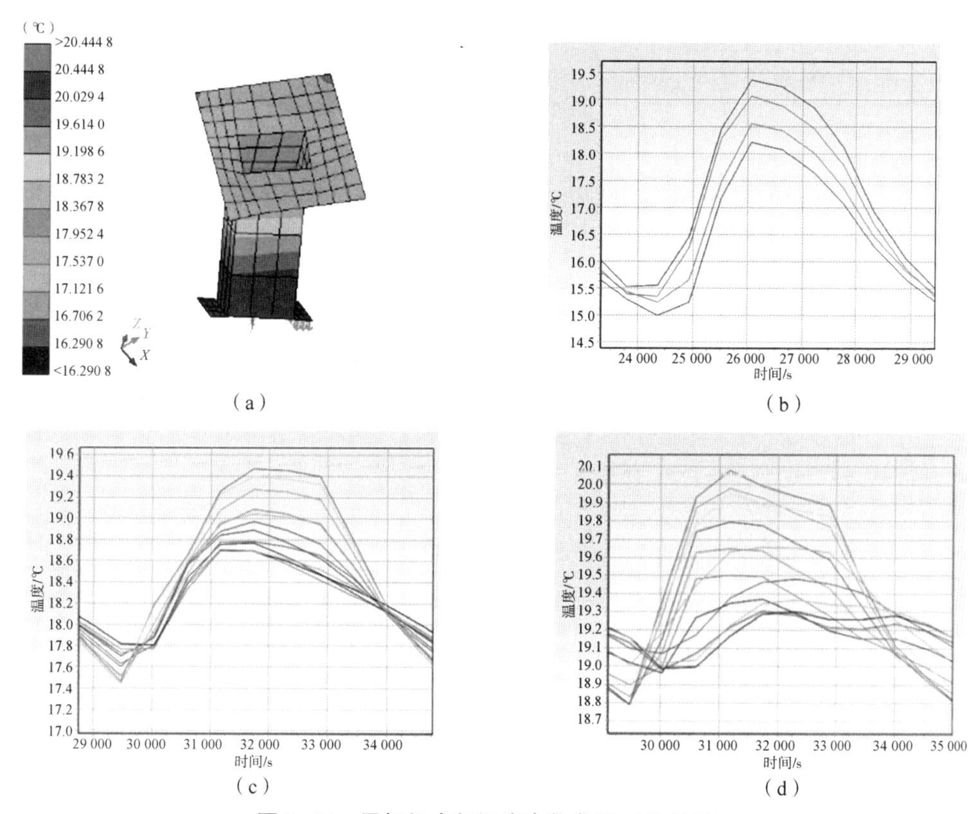

图 7-16　星相机支架温度变化曲线（附彩图）

(a) 支架温度云图；(b) 星相机安装面温度曲线；(c) 周向 1 温度曲线；(d) 周向 2 温度曲线

根据分析结果，汇总的各部件在不同工况下的温度结果如表 7-4 所示，分析可知设计结果均满足设计指标要求。

表 7-4 各工况温度计算结果汇总 单位:℃

<table>
<tr><th rowspan="2">部件</th><th colspan="2">指标要求</th><th colspan="2">工况一</th><th colspan="2">工况二</th></tr>
<tr><th>温度范围</th><th>温差/稳定度</th><th>温度范围</th><th>温差/稳定度</th><th>温度范围</th><th>温差/稳定度</th></tr>
<tr><td rowspan="2">镜片 1
(入光口)</td><td rowspan="2">20±1</td><td>—</td><td rowspan="2">19. 40~19. 95</td><td>—</td><td rowspan="2">19. 45~20. 13</td><td>—</td></tr>
<tr><td>—</td><td>—</td><td>—</td></tr>
<tr><td rowspan="3">镜片 2~9</td><td rowspan="3">20±1</td><td>径向温差≤0. 5;
轴向温差≤1</td><td rowspan="3">19. 97~20. 13</td><td>0. 04~0. 10</td><td rowspan="3">19. 98~20. 45</td><td>0. 21~0. 35</td></tr>
<tr><td rowspan="2">稳定度±0. 3</td><td>±0. 02~±0. 05</td><td>±0. 105~±0. 175</td></tr>
<tr><td>±0. 02</td><td>±0. 175</td></tr>
<tr><td rowspan="2">镜片 10</td><td rowspan="2">20±1</td><td>—</td><td rowspan="2">19. 98~20. 10</td><td>—</td><td rowspan="2">20. 15~20. 80</td><td>—</td></tr>
<tr><td>—</td><td>—</td><td>—</td></tr>
<tr><td>电子学组件</td><td>5~30</td><td>—</td><td>7. 5~12. 0</td><td>—</td><td>9~23</td><td>—</td></tr>
<tr><td>星相机支架</td><td>—</td><td>≤1. 5</td><td>—</td><td>0. 7</td><td>—</td><td>0. 7</td></tr>
</table>

7. 6 星相机热试验验证

星相机热试验主要包括热平衡试验、热成像试验、热真空试验。

1. 热平衡试验

(1) 通过热平衡试验获得温度数据，验证高精度星相机主体的热控系统维持相机在规定的工作温度的能力。

(2) 通过热平衡试验验证热控产品的功能。

(3) 通过热平衡试验数据完善相机主体的热分析模型。

(4) 为相机成像提供试验条件。

2. 热成像试验

(1) 在热平衡环境下，检测星相机的捕获功能。

(2) 在外热流瞬态变化环境下，检测星相机的捕获功能，以及初步精度验证。

(3) 在相机自身温度拉偏条件下，检测星相机的捕获功能，考查相机的热光学特性。

3. 热真空试验

(1) 在热真空条件下，暴露因元器件、材料、工艺和制造中可能潜在的质量缺陷所造成的早期故障。

(2) 验证星相机主体在轨热真空环境的适应能力。

7.6.1　试验系统搭建

针对某高精度星相机，本书课题组利用北京空间机电研究所的真空罐搭建了星相机热试验系统，如图 7-17 所示。

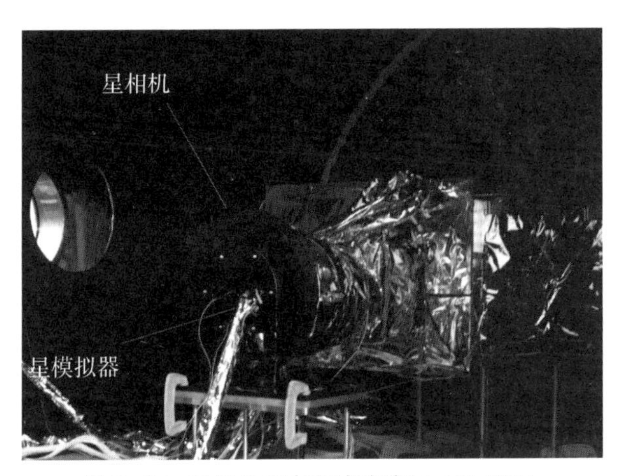

图 7-17　星相机热真空试验验证（附彩图）

7.6.2　试验结果分析

1. 制冷器开关影响

试验中星相机采用半导体制冷器对探测器进行制冷，热平衡工况下星相机制冷器开关状态下探测器的温度变化情况，如图 7-18 所示。

由图 7-18 可知，制冷器开的情况下探测器温度稳定性良好，开机 4 min 后温度基本稳定在 12～12.5 ℃；而制冷器关后，探测器温度持续上升，14 min 内从 14 ℃升高到 23 ℃左右。结果表明，制冷器对探测器起到了良好的制冷效果，并且具有良好的温度稳定能力。

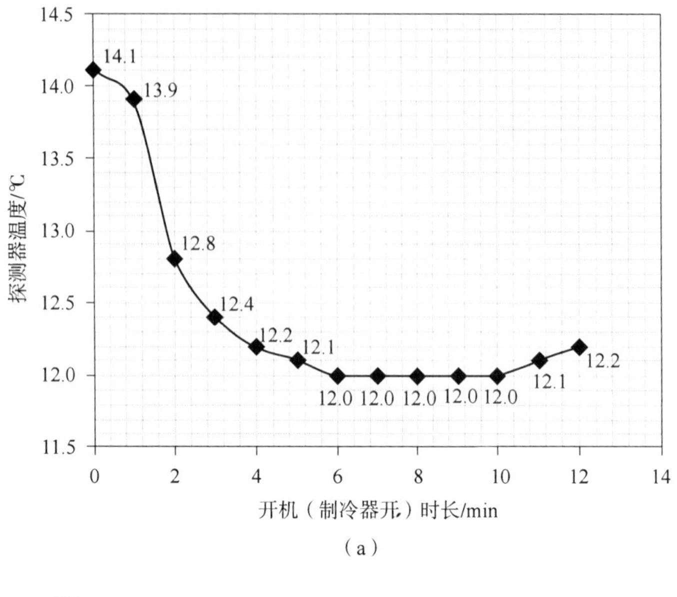

（a）

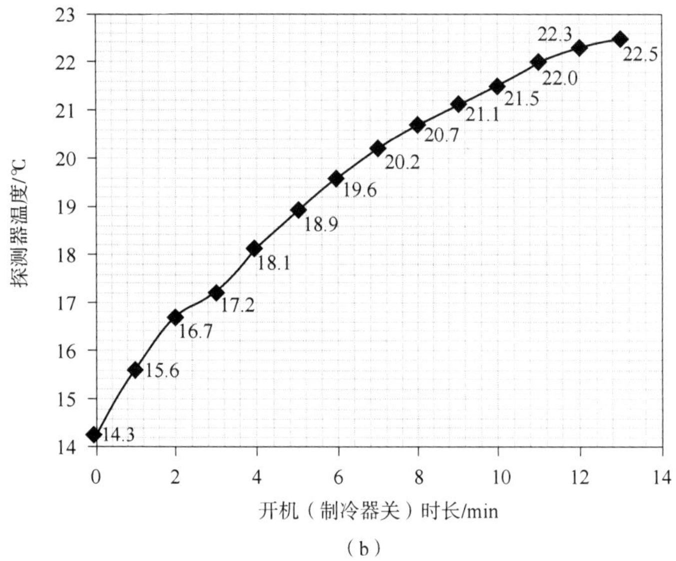

（b）

图 7-18　星相机热真空试验验证（制冷器开关对比）

（a）制冷器开时的探测器温度；（b）制冷器关时的探测器温度

2. 热平衡试验结果

热平衡工况一、工况二下，试验星相机主体各位置的温度曲线如图 7-19、图 7-20 所示。

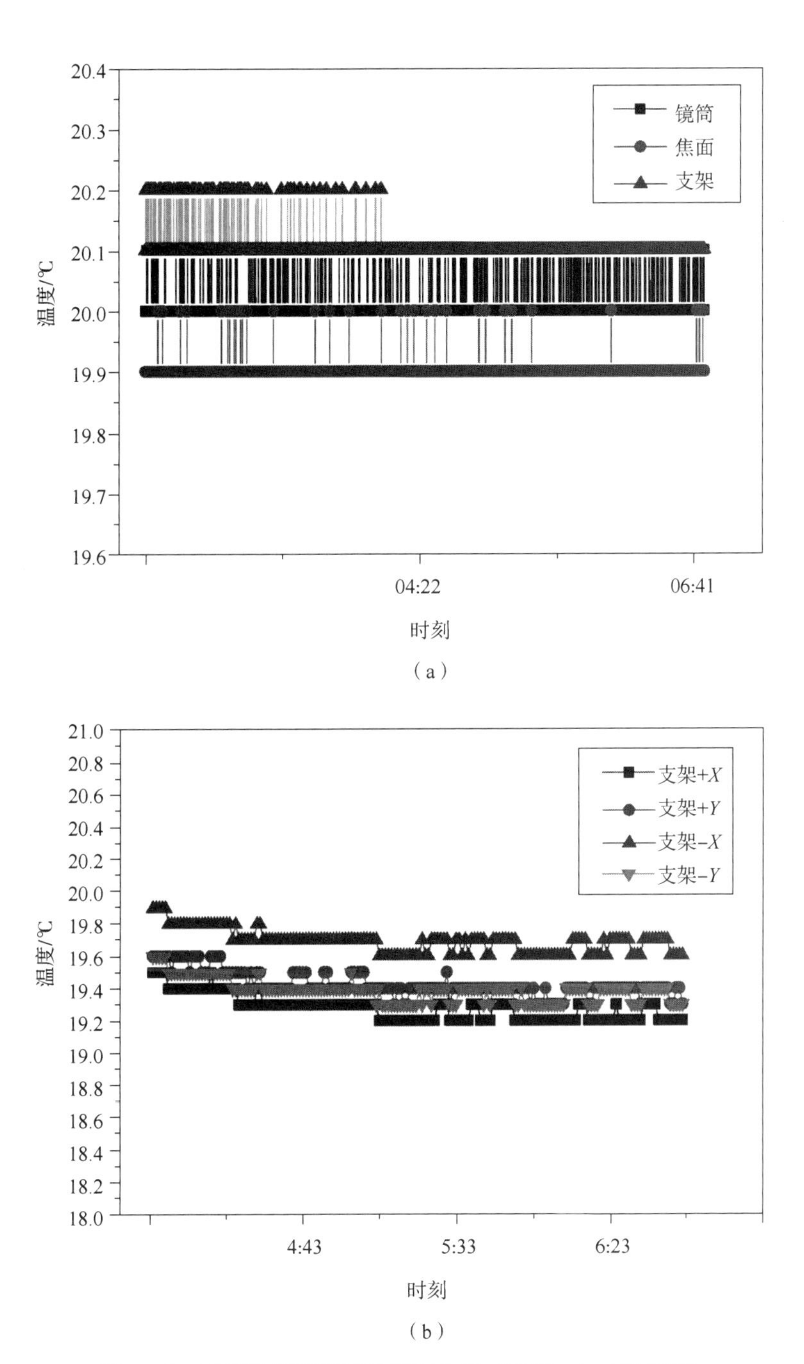

图 7−19　星相机热平衡试验温度曲线（工况一）（附彩图）

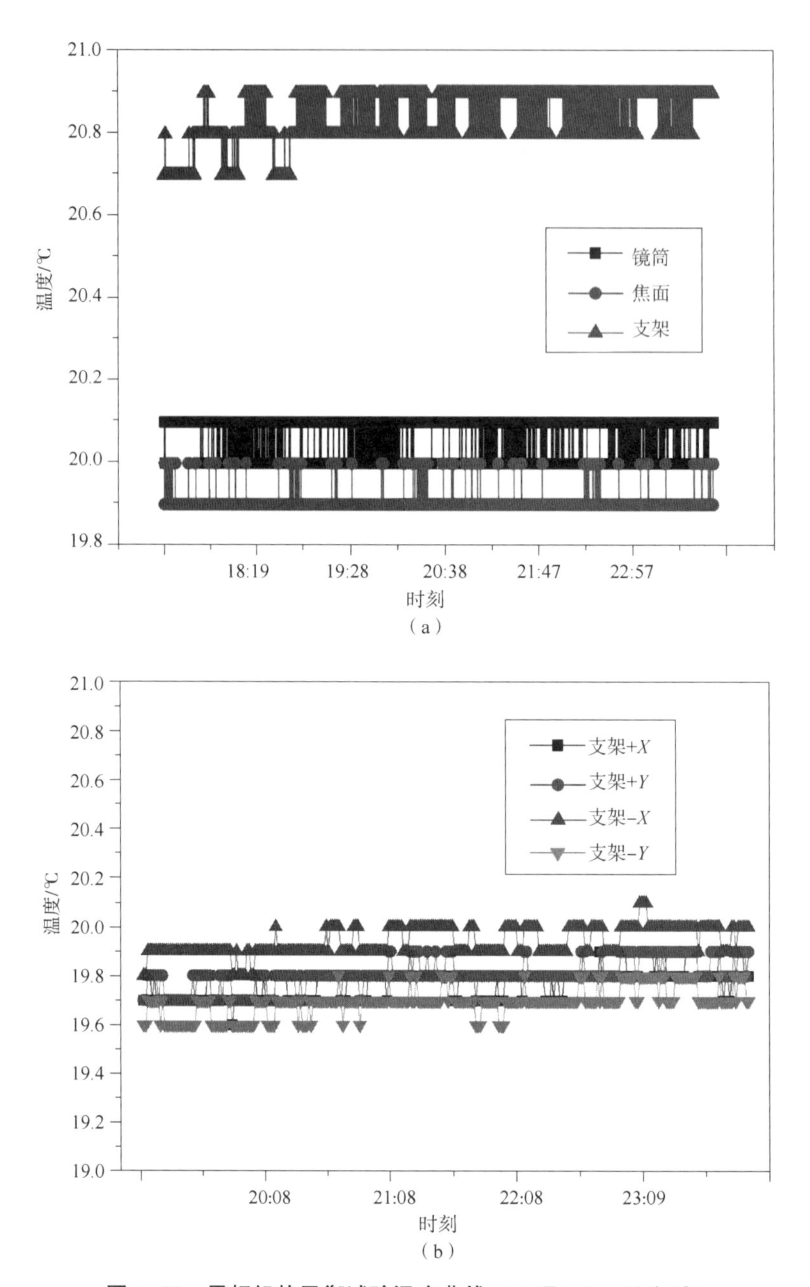

图 7-20 星相机热平衡试验温度曲线（工况二）（附彩图）

星相机主体各温度测点汇总如表 7-5 所示。

表 7-5 星相机主体各温度测点汇总

热敏电阻粘贴位置	工况一		工况二		指标	满足度
	低温/℃	高温/℃	低温/℃	高温/℃		
镜筒	20.0	20.1	20.0	20.1	(20±1) ℃，温度稳定性为±0.3 ℃	满足
焦面	19.9	20.0	19.9	20.0	5~30 ℃	满足
底板	9.0	9.8	9.8	12.7	5~30 ℃	满足
支架+X	19.2	19.3	19.7	19.8	周向温差<1.5 ℃	满足
支架-X	19.6	19.7	19.8	20.0		
支架+Y	19.3	19.4	19.7	19.8		
支架-Y	19.3	19.4	19.6	19.8		

由表 7-5 分析可知：

（1）在星相机镜筒全寿命周期内，温度稳定性达到±0.3 ℃，优于指标要求；

（2）电子学组件满足 5~30 ℃指标要求。

（3）相机支架周向温度满足周向温差小于 1.5 ℃的指标要求。

此外，试验过程中利用星模拟器验证了星相机在热真空环境下的精度性能，结果满足指标要求，如表 7-6 所示。

表 7-6 星相机精度性能测试

测试项目	热平衡工况一	热平衡工况二
赤经误差/(″)	0.632	0.585
赤纬误差/(″)	0.293	0.288
滚动角误差/(″)	1.092	1.154
中心点灰度值(DN)	181	176
星窗大小/像元	10×10	10×10

7.7 本章小结

本章首先介绍了国内外星敏感器/星相机的温控现状，并给出了星相机的一般控温指标要求；然后，从热控设计分析、热控设计流程、热控设计方案三个方面介绍了星相机的热控设计方法，并按组件介绍了星相机的热控设计措施；最后，给出了星相机热仿真分析的流程，以某星相机的仿真分析为例给出了实例说明，并进行了试验验证，具有很强的工程指导意义。

参考文献

[1] 刘海波，谭吉春，郝云彩，等. 环境温度对星敏感器测量精度的影响［J］. 光电工程，2008，35（12）：40-44.

[2] 谭威，罗剑峰，郝云彩，等. 温度对星敏感器光学系统像面位移的影响研究［J］. 光学技术，2009，35（2）：186-189.

[3] 史少龙，尹达一. CMOS APS 噪声对星斑质心定位精度的影响［J］. 光电工程，2013，40（6）：11-16.

[4] 丁晓华，李由，于起峰，等. CCD 噪声标定及其在边缘定位中的应用［J］. 光学学报，2008，28（1）：99-104.

[5] 乔培玉，何昕，魏仲慧，等. 高精度星敏感器的标定［J］. 红外与激光工程，2012，41（10）：2779-2784.

[6] 韩崇巍，赵剑锋，赵放伟，等. 一种 GEO 卫星星敏感器热控设计［J］. 航天器工程，2013，22（3）：47-52.

[7] 杨昌鹏，赵欣，辛强. 倾斜轨道星敏感器热控设计及在轨分析［J］. 航天器工程，2013，22（6）：59-64.

[8] 江帆，王忠素，陈立恒. 星敏感器组件的热设计［J］. 红外与激光工程，2014，43（11）：3740-3745.

[9] 江利锋，傅伟纯. 三线阵相机在轨温度场分析［J］. 航天返回与遥感，2012，33（3）：41-47.

[10] AARON K M，HASHEMI A B，MORRIS P A，et al. Space interferometry mission（SIM）thermal design［J］. Proceedings of SPIE - The International Society for Optical Engineering，2003，4852：279-288.

第8章 在轨实时光轴测量技术

8.1 引言

多线阵相机是当前进行航天光学测绘的重要手段之一[1-4]，具有幅宽大、测绘效率高、对平台要求相对较低等优点[5-8]。研究表明，影响测绘精度的两个核心因素[9-10]有两个：多线阵相机之间的夹角确定精度；相机焦距，当前主要依靠选择低膨胀系数材料、高精密热控等手段来保证相机内外参的稳定性[11]。然而，受轨道空间热环境的影响（典型的如太阳同步轨道）及当前热控技术的限制，相机间夹角波动仍然达到数角秒[12]，这对于高精度测绘而言显然是不够的。常规的地面标定方法受到天气条件诸多限制，且实时性差[13]，因此亟须发展新的标定手段。

ICESat-1 搭载的 GLAS[14] 和 ICESat-2 搭载的 ATLAS[15] 采用参考光，建立了星敏感器和激光测高光路的关联，从而可以确定激光绝对指向。但该参考光路为半光学-半机械形式，即参考光未穿过星敏感器光学系统，仅依靠机械固连来保证一致性。考虑到星敏感器较小，这一点是可能做到的。然而如果针对多线阵测绘相机，显然不适用。

本书课题组前期基于光学自准直原理，提出了一种在轨实时测量相机光轴变化的方法，实现了两台相机的全光学光联[16]。在此基础上，本书课题组基于双矢量定姿原理提出了一种光轴测量算法[17]，本章对该算法的实现过程进行重点描述，并对算法误差进行分析。

8.2 在轨实时光轴测量方法

8.2.1 一般相机模型

空间相机内外参数星上测量原理如图 8-1 所示。不失一般性，以其中一台相机为例对标定原理进行说明：首先，在焦平面两端分别设置激光光束发射装置和接收装置，从焦平面发出的激光光束穿过整个相机光学系统；然后，经由中央棱镜反射，再次穿过光学系统，汇聚在焦平面，所形成的光斑由接收装置图像传感器接收，从而构建了两支测量光路。当相机几何参数发生变化时，测量光线偏转，相应的图像光斑产生平移，通过一定的算法即可解算得到各参数的变化情况。由于两台相机均与中央棱镜关联，因此联立两台相机的参数就可以获得相机之间的夹角变化关系。

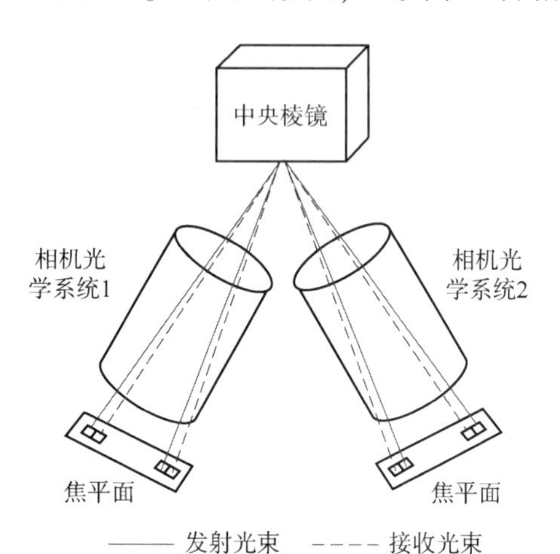

图 8-1 相机内外参数星上测量原理示意图

不失一般性，单台相机内外参数星上测量原理如图 8-2 所示。

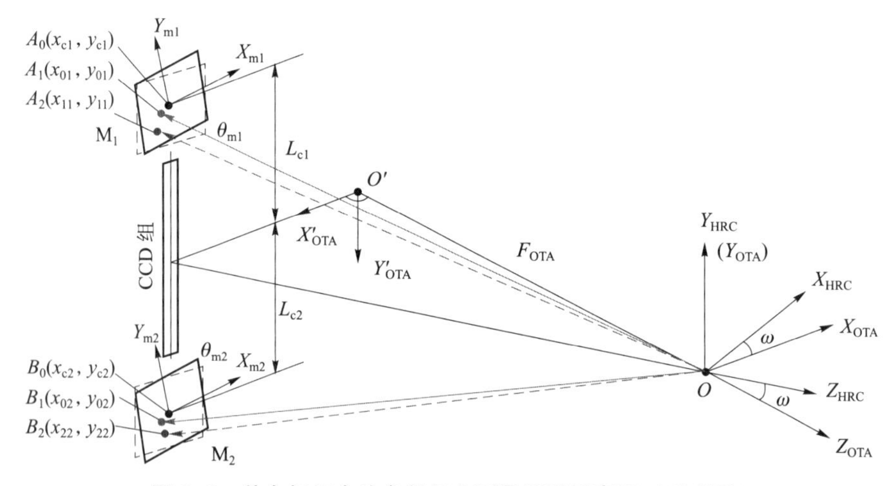

图 8-2 单台相机内外参数星上测量原理示意图（附彩图）

图中，F_{OTA}——相机焦距；

$O'X'_{\mathrm{OTA}}Y'_{\mathrm{OTA}}Z_{\mathrm{OTA}}$——镜头像方坐标系，点 O' 为坐标原点，$O'X'_{\mathrm{OTA}}$ 从原点指向 CCD 线阵中心，$O'Z_{\mathrm{OTA}}$ 为光轴方向，第三轴符合右手定则；

$OX_{\mathrm{OTA}}Y_{\mathrm{OTA}}Z_{\mathrm{OTA}}$——镜头物方坐标系，点 O 为坐标原点，OX_{OTA} 与 $O'X'_{\mathrm{OTA}}$ 方向相反，OY_{OTA} 与 OY'_{OTA} 方向相反；

$OX_{\mathrm{HRC}}Y_{\mathrm{HRC}}Z_{\mathrm{HRC}}$——相机坐标系，点 O 为坐标原点，OZ_{HRC} 从 CCD 中心指向点 O，OY_{HRC} 与 OY_{OTA} 方向一致，第三轴符合右手定则；

ω——镜头外坐标系绕 Y 轴转向相机坐标系的角度，即离轴角；

$\mathrm{M}_1,\mathrm{M}_2$——焦平面上分置于 CCD 两端的面阵探测器；

$A_0X_{\mathrm{m1}}Y_{\mathrm{m1}},B_0X_{\mathrm{m2}}Y_{\mathrm{m2}}$——探测器 M_1、M_2 的中心坐标系；

$A_0(x_{\mathrm{c1}},y_{\mathrm{c1}}),B_0(x_{\mathrm{c2}},y_{\mathrm{c2}})$——探测器 M_1、M_2 的中心点，其坐标$(x_{\mathrm{c1}},y_{\mathrm{c1}})$、$(x_{\mathrm{c2}},y_{\mathrm{c2}})$在镜头物方坐标系下取值，$y_{\mathrm{c1}}=L_{\mathrm{c1}}$，$y_{\mathrm{c2}}=-L_{\mathrm{c2}}$，其中 L_{c1}、L_{c2}分别为探测器 M_1、M_2 中心到 $O'X'_{\mathrm{OTA}}$轴的距离；

$\theta_{\mathrm{m1}},\theta_{\mathrm{m2}}$——坐标系 $A_0X_{\mathrm{m1}}Y_{\mathrm{m1}},B_0X_{\mathrm{m2}}Y_{\mathrm{m2}}$与 $O'X'_{\mathrm{OTA}}Z_{\mathrm{OTA}}$平面的转角，该角度一般很小，主要考虑到工艺实施的偏差，几乎不可能做到两片探测器绝对平行于 $O'X'_{\mathrm{OTA}}Z_{\mathrm{OTA}}$平面；

$A_1(x_{01},y_{01}),B_1(x_{02},y_{02})$——$\mathrm{M}_1$、$\mathrm{M}_2$ 上探测器坐标系下质心的初始坐标；

$A_2(x_{11},y_{11}),B_2(x_{22},y_{22})$——$\mathrm{M}_1$、$\mathrm{M}_2$ 上探测器坐标系下质心的实测坐标。

8.2.2　双矢量测量算法

在第 1 章中已对简化算法进行了描述，简化算法主要基于以下思想：当坐标系绕三轴的转角足够小时，可以忽略其转序，即

$$\boldsymbol{M}(\alpha,\beta,\gamma)\approx\boldsymbol{M}(\beta,\alpha,\gamma)\approx\cdots\approx\boldsymbol{M}(\gamma,\beta,\alpha) \tag{8-1}$$

$$\boldsymbol{M}(\beta,\alpha,\gamma)=\begin{bmatrix} C_\beta C_\gamma-S_\beta S_\alpha S_\gamma & C_\beta S_\gamma+S_\beta S_\alpha C_\gamma & -S_\beta C_\alpha \\ -C_\alpha S_\gamma & C_\alpha C_\gamma & S_\alpha \\ S_\beta C_\gamma+C_\beta S_\alpha S_\gamma & S_\beta S_\gamma-C_\beta S_\alpha C_\gamma & C_\beta C_\alpha \end{bmatrix} \tag{8-2}$$

式中，C_β 表示 $\cos\beta$，S_β 表示 $\sin\beta$，其余类似。

然而，当我们希望获取更高精度的标定精度时，上述简化方法存在不足。计算表明，当转角 α、β、γ 为 $2'$时，转序差异导致的角度误差达 $0.1''$，这对于高精度测量是不允许的。

本书课题组[17]提出了 DVAD（dual vector attitude determination，双矢量姿态确定）算法，算法流程如图 8-3 所示。

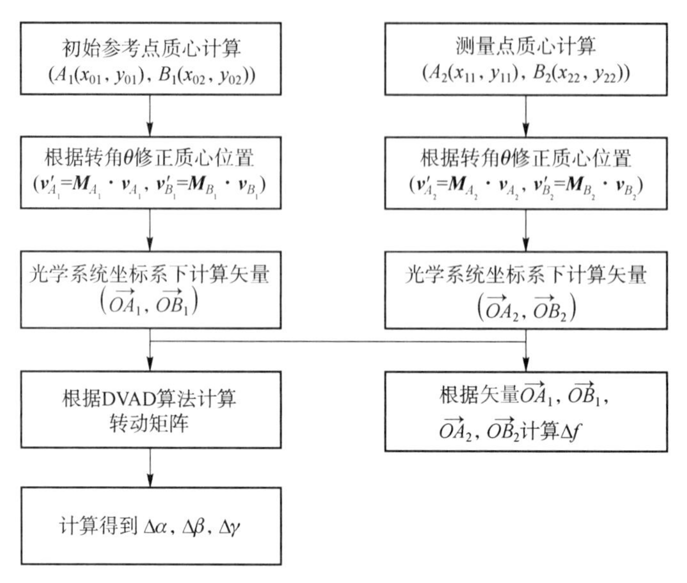

图 8-3 基于双矢量定姿原理的算法流程

主要处理步骤如下：

第 1 步，获取探测器坐标系下参考点质心坐标值 $A_1(x_{01}, y_{01})$，$B_1(x_{02}, y_{02})$，并改写为矢量表达式 $\boldsymbol{v}_{A_1}, \boldsymbol{v}_{B_1}$：

$$\boldsymbol{v}_{A_1}=\begin{bmatrix} x_{01} \\ y_{01} \end{bmatrix} \tag{8-3a}$$

$$\boldsymbol{v}_{B_1}=\begin{bmatrix} x_{02} \\ y_{02} \end{bmatrix} \tag{8-3b}$$

第 2 步，根据 θ_{m1}, θ_{m2}计算修正后的矢量 $\boldsymbol{v}'_{A_1}, \boldsymbol{v}'_{B_1}$：

$$\boldsymbol{v}'_{A_1}=\boldsymbol{M}_{A_1}\cdot\boldsymbol{v}_{A_1} \tag{8-4a}$$

$$\boldsymbol{v}'_{B_1}=\boldsymbol{M}_{B_1}\cdot\boldsymbol{v}_{B_1} \tag{8-4b}$$

式中，

$$\boldsymbol{M}_{A_1}=\begin{bmatrix} \cos\theta_{\mathrm{m1}} & -\sin\theta_{\mathrm{m1}} \\ \sin\theta_{\mathrm{m1}} & \cos\theta_{\mathrm{m1}} \end{bmatrix} \tag{8-5a}$$

$$\boldsymbol{M}_{B_1}=\begin{bmatrix} \cos\theta_{\mathrm{m2}} & -\sin\theta_{\mathrm{m2}} \\ \sin\theta_{\mathrm{m2}} & \cos\theta_{\mathrm{m2}} \end{bmatrix} \tag{8-5b}$$

因此有

$$\boldsymbol{v}'_{A_1}=\begin{bmatrix} x_{01}\cos\theta_{\mathrm{m}1}-y_{01}\sin\theta_{\mathrm{m}1} \\ x_{01}\sin\theta_{\mathrm{m}1}+y_{01}\cos\theta_{\mathrm{m}1} \end{bmatrix} \tag{8-6a}$$

$$\boldsymbol{v}'_{B_1}=\begin{bmatrix} x_{02}\cos\theta_{\mathrm{m}2}-y_{02}\sin\theta_{\mathrm{m}2} \\ x_{02}\sin\theta_{\mathrm{m}2}+y_{02}\cos\theta_{\mathrm{m}2} \end{bmatrix} \tag{8-6b}$$

第 3 步，根据第 2 步以及 $A_0(x_{\mathrm{c}1},y_{\mathrm{c}1})$，$B_0(x_{\mathrm{c}2},y_{\mathrm{c}2})$ 计算 $OX_{\mathrm{OTA}}Y_{\mathrm{OTA}}Z_{\mathrm{OTA}}$ 坐标系下 $\overrightarrow{OA_1}$，$\overrightarrow{OB_1}$ 矢量：

$$\boldsymbol{v}''_{A_1}=\begin{bmatrix} x_{\mathrm{c}1}+x_{01}\cos\theta_{\mathrm{m}1}-y_{01}\sin\theta_{\mathrm{m}1} \\ y_{\mathrm{c}1}+x_{01}\sin\theta_{\mathrm{m}1}+y_{01}\cos\theta_{\mathrm{m}1} \\ -F_{\mathrm{OTA}} \end{bmatrix} \tag{8-7a}$$

$$\boldsymbol{v}''_{B_1}=\begin{bmatrix} x_{\mathrm{c}2}+x_{02}\cos\theta_{\mathrm{m}2}-y_{02}\sin\theta_{\mathrm{m}2} \\ y_{\mathrm{c}2}+x_{02}\sin\theta_{\mathrm{m}2}+y_{02}\cos\theta_{\mathrm{m}2} \\ -F_{\mathrm{OTA}} \end{bmatrix} \tag{8-7b}$$

第 4 步，根据矢量 $\boldsymbol{v}''_{A_1}$，$\boldsymbol{v}''_{B_1}$ 构建在 $OX_{\mathrm{OTA}}Y_{\mathrm{OTA}}Z_{\mathrm{OTA}}$ 坐标系下确定的单位化的初始坐标系的转动矩阵 $\boldsymbol{M}_0$：

$$\boldsymbol{M}_0=\begin{bmatrix} \dfrac{\boldsymbol{v}''_{A_1}\times\boldsymbol{v}''_{B_1}}{|\boldsymbol{v}''_{A_1}\times\boldsymbol{v}''_{B_1}|} & \dfrac{\boldsymbol{v}''_{A_1}+\boldsymbol{v}''_{B_1}}{|\boldsymbol{v}''_{A_1}+\boldsymbol{v}''_{B_1}|} & \dfrac{\dfrac{\boldsymbol{v}''_{A_1}\times\boldsymbol{v}''_{B_1}}{|\boldsymbol{v}''_{A_1}\times\boldsymbol{v}''_{B_1}|}\times\dfrac{\boldsymbol{v}''_{A_1}+\boldsymbol{v}''_{B_1}}{|\boldsymbol{v}''_{A_1}+\boldsymbol{v}''_{B_1}|}}{\left|\dfrac{\boldsymbol{v}''_{A_1}\times\boldsymbol{v}''_{B_1}}{|\boldsymbol{v}''_{A_1}\times\boldsymbol{v}''_{B_1}|}\times\dfrac{\boldsymbol{v}''_{A_1}+\boldsymbol{v}''_{B_1}}{|\boldsymbol{v}''_{A_1}+\boldsymbol{v}''_{B_1}|}\right|} \end{bmatrix} \tag{8-8}$$

第 5 步，参照第 1 步~第 4 步，建立测量点坐标 $A_2(x_{11},y_{11})$，$B_2(x_{22},y_{22})$ 在 $OX_{\mathrm{OTA}}Y_{\mathrm{OTA}}Z_{\mathrm{OTA}}$ 坐标系下的两个矢量确定的坐标系的转动矩阵 $\boldsymbol{M}_{\mathrm{t}}$。

第 6 步，根据 $\boldsymbol{M}_0$，$\boldsymbol{M}_{\mathrm{t}}$ 计算初始坐标系相对于 $\boldsymbol{M}_{\mathrm{t}}$ 的旋转矩阵 $\boldsymbol{M}_{\mathrm{Rot}}$：

$$\boldsymbol{M}_{\mathrm{Rot}}=\boldsymbol{M}_{\mathrm{t}}\cdot\boldsymbol{M}_0^{\mathrm{T}}=\begin{bmatrix} M_{11} & M_{12} & M_{13} \\ M_{21} & M_{22} & M_{23} \\ M_{31} & M_{32} & M_{33} \end{bmatrix} \tag{8-9}$$

第 7 步，根据 $\boldsymbol{M}_{\mathrm{Rot}}$ 以及 ω 计算相机坐标系 $OX_{\mathrm{HRC}}Y_{\mathrm{HRC}}Z_{\mathrm{HRC}}$ 绕 X_{HRC}，Y_{HRC}，

Z_{HRC}三轴的转动：

$$\boldsymbol{v}_{\mathrm{Rot}}=\frac{1}{2}\cdot\begin{bmatrix}\cos\omega & 0 & \sin\omega\\ 0 & 1 & 0\\ -\sin\omega & 0 & \cos\omega\end{bmatrix}\cdot\begin{bmatrix}\dfrac{-M_{32}}{M_{33}}\\ \dfrac{M_{31}}{\sqrt{1-M_{31}^2}}\\ \dfrac{-M_{21}}{M_{11}}\end{bmatrix}=\begin{bmatrix}v_{\mathrm{Rot}x}\\ v_{\mathrm{Rot}y}\\ v_{\mathrm{Rot}z}\end{bmatrix} \tag{8-10}$$

第8步，计算焦距变化量ΔF：

$$\Delta F=-\frac{K_f}{2}((\boldsymbol{v}''_{A_2}(2)-\boldsymbol{v}''_{A_1}(2))-(\boldsymbol{v}''_{B_2}(2)-\boldsymbol{v}''_{B_1}(2)))\cdot\frac{F_{\mathrm{OTA}}}{\boldsymbol{v}''_{A_1}(2)-\boldsymbol{v}''_{B_1}(2)} \tag{8-11}$$

式中，K_f——焦距修正系数，根据不同的光学系统形式取值；

$\boldsymbol{v}''_{A_2},\boldsymbol{v}''_{B_2}$——测量点$A_2(x_{11},y_{11}),B_2(x_{12},y_{12})$在$OX_{\mathrm{OTA}}Y_{\mathrm{OTA}}Z_{\mathrm{OTA}}$坐标系下的矢量$\overrightarrow{OA_2}$，$\overrightarrow{OB_2}$；

$\boldsymbol{v}''_{A_2}(2)$——矢量$\boldsymbol{v}''_{A_2}$的第二个元素，其余类似。

8.2.3 数值仿真分析

1. 误差分析

从双矢量法的计算公式可知，获取相机各项几何测量参数误差的解析解非常困难。然而，注意到如下事实：令α,β,γ为测量坐标系绕基准坐标系三轴转角（XYZ转序），测量值单次不确定度为$\sigma_\alpha,\sigma_\beta,\sigma_\gamma$时，可将式（8-9）改写为

$$\boldsymbol{M}_{\mathrm{Rot}}=\boldsymbol{M}_{\mathrm{t}}(\alpha+\sigma_\alpha,\beta+\sigma_\beta,\gamma+\sigma_\gamma)\cdot\boldsymbol{M}_0^{\mathrm{T}}\left(\alpha_0+\frac{\sigma_\alpha}{\sqrt{N}},\beta_0+\frac{\sigma_\beta}{\sqrt{N}},\gamma_0+\frac{\sigma_\gamma}{\sqrt{N}}\right) \tag{8-12}$$

式中，N——$A_1(x_{01},y_{01}),B_1(x_{02},y_{02})$的标定测量次数；

$\alpha_0,\beta_0,\gamma_0$——按照转动矩阵$\boldsymbol{M}_0$计算得到的绕基准坐标系三轴的欧拉转角。

注意：当式（8-12）中的α,β,γ与$\alpha_0,\beta_0,\gamma_0$相等时，即可得到误差矩阵$\boldsymbol{M}_{\mathrm{err}}$如下：

$$\boldsymbol{M}_{\mathrm{err}}=\boldsymbol{M}_{\mathrm{t}}(\sigma_\alpha,\sigma_\beta,\sigma_\gamma)\boldsymbol{M}_{\mathrm{t}}(\alpha_0,\beta_0,\gamma_0)\cdot\boldsymbol{M}_0^{\mathrm{T}}(\alpha_0,\beta_0,\gamma_0)\cdot\boldsymbol{M}_0^{\mathrm{T}}\left(\frac{\sigma_\alpha}{\sqrt{N}},\frac{\sigma_\beta}{\sqrt{N}},\frac{\sigma_\gamma}{\sqrt{N}}\right)$$

$$=\boldsymbol{M}_{\mathrm{t}}(\sigma_\alpha,\sigma_\beta,\sigma_\gamma)\cdot\boldsymbol{M}_0^{\mathrm{T}}\left(\frac{\sigma_\alpha}{\sqrt{N}},\frac{\sigma_\beta}{\sqrt{N}},\frac{\sigma_\gamma}{\sqrt{N}}\right)$$

$$\approx\boldsymbol{M}_{\mathrm{t}}(\sigma_\alpha,\sigma_\beta,\sigma_\gamma)\tag{8-13}$$

考虑到 $N\geqslant100$，即参考点初始值的误差通过多次测量后可忽略不计。

进一步，考虑到 $\sigma_\alpha,\sigma_\beta,\sigma_\gamma$ 为小量，可将式（8-13）简化为

$$\boldsymbol{M}_{\mathrm{err}}=\begin{bmatrix}1 & \sigma_\gamma & -\sigma_\beta\\ -\sigma_\gamma & 1 & \sigma_\alpha\\ \sigma_\beta & -\sigma_\alpha & 1\end{bmatrix}\tag{8-14}$$

式（8-14）的意义在于，当考虑 $\sigma_\alpha,\sigma_\beta,\sigma_\gamma$ 为小量时，各轴的误差均是独立的。这与利用简化公式计算的实质是一样的，即可以用简化公式的误差来近似替代双矢量算法的误差。

由此，根据误差理论，相机光学参数的误差公式如下：

$$\sigma_{\mathrm{f}}\approx3\cdot k_{\mathrm{f}}\cdot\frac{\sqrt{2}d}{2}\cdot\frac{F_{\mathrm{OTA}}}{L}\cdot\sigma_{\mathrm{k}}\tag{8-15}$$

$$\sigma_\alpha\approx3\cdot\frac{\sqrt{2}d}{2}\frac{\cos^2\beta}{2F_{\mathrm{OTA}}}\cdot\sigma_{\mathrm{k}}\approx\frac{3\sqrt{2}d}{4}\frac{\sigma_{\mathrm{k}}}{F_{\mathrm{OTA}}}\tag{8-16}$$

$$\sigma_\beta=3\cdot\frac{\sqrt{2}d}{2}\frac{\cos^2\omega}{2F_{\mathrm{OTA}}}\cdot\sigma_{\mathrm{k}}\approx\frac{3\sqrt{2}d}{4}\frac{\sigma_{\mathrm{k}}}{F_{\mathrm{OTA}}}\tag{8-17}$$

$$\sigma_\gamma\approx3\cdot\frac{\sqrt{2}d}{2}\frac{\sigma_{\mathrm{k}}}{L}\tag{8-18}$$

式中，σ_{f}——焦距测量不确定度；

σ_{k}——质心提取等效误差；

k_{f}——焦距修正系数；

d——像素尺寸；

L——器间间距。

2. 输入参数对算法精度的影响

1）质心提取误差

仿真基本输入参数如表 8-1 所示。

表 8-1 仿真基本输入参数

参数	数值
焦距 F_0/mm	5 000
像元尺寸 d/μm	12
相机离轴角 ω/(°)	5
焦距修正系数 k_f	0.5
M_1 旋转角度 θ_{m1}/(°)	0
M_2 旋转角度 θ_{m2}/(°)	0
M_1 中心在相机物方坐标系下 y 坐标/mm	300
M_2 中心在相机物方坐标系下 y 坐标/mm	-300
M_1 初始点坐标 A_1/像元	(0,0)
M_2 初始点坐标 B_1/像元	(0,0)

仿真结果如图 8-4 所示。

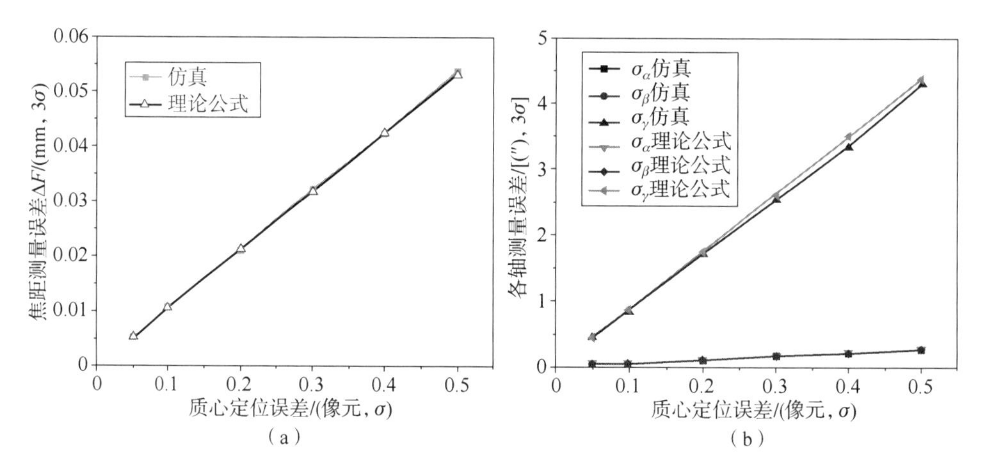

图 8-4 不同质心提取精度时各内外参数误差（附彩图）

(a) 焦距测量误差；(b) 各轴测量误差

由图 8-4 可知，各测量参数误差随着质心提取精度线性增大；绕 Z 轴的误差明显大于绕 X、Y 轴的误差；绕 X、Y 轴误差基本相当；同时需要注意到，为尽可能提高角度测量精度，控制质心误差很重要。图 8-5 给出了当质心提取误差为 0.1 像元时 1 200 次蒙特卡洛分析的结果。

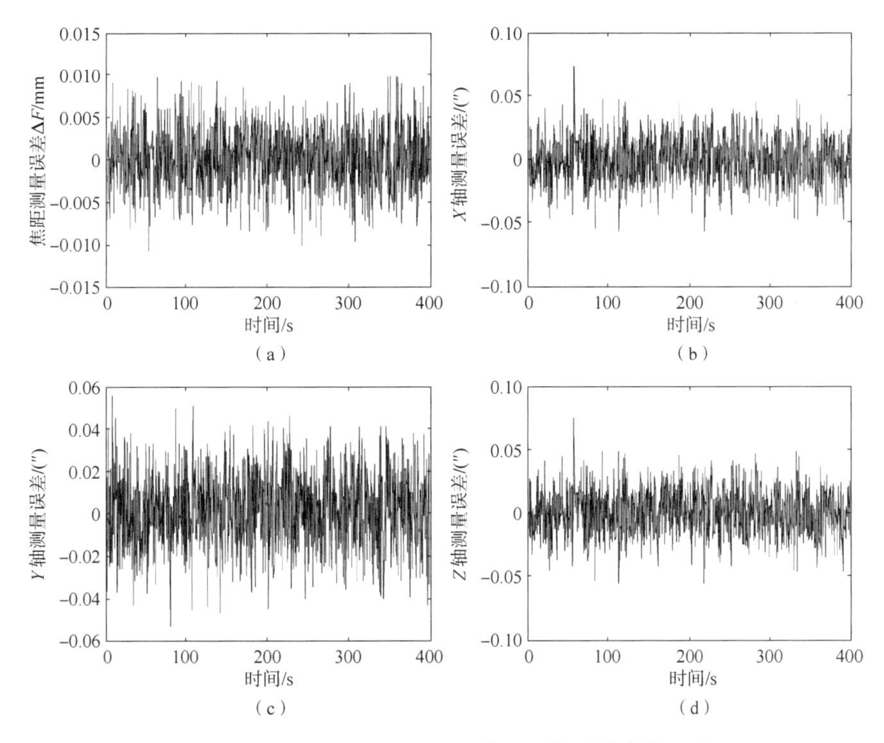

（a）　（b）　（c）　（d）

图 8-5　质心提取误差为 0.1 像元时各测量参数误差

（a）焦距测量误差；（b）X 轴测量误差；（c）Y 轴测量误差；（d）Z 轴测量误差

2）焦距对测量精度的影响

质心提取误差设为 0.1 像元，不同焦距 F_0 情况下相机几何参数精度结果如图 8-6 所示。

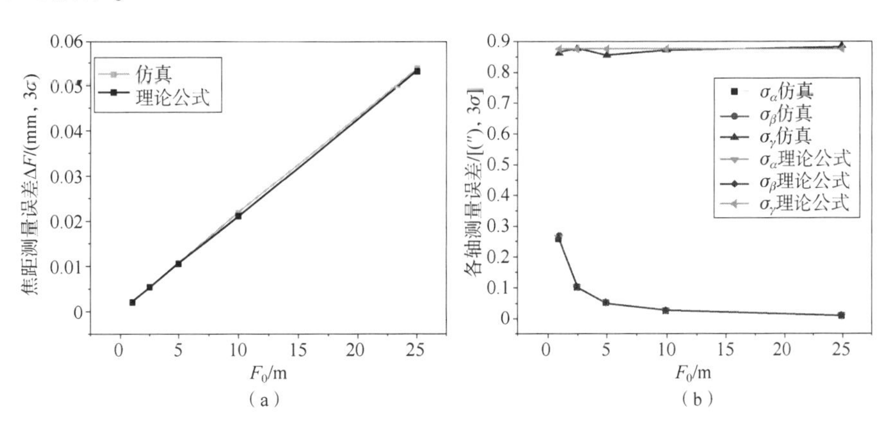

（a）　（b）

图 8-6　不同焦距时各测量参数误差（附彩图）

（a）ΔF；（b）$\sigma_\alpha, \sigma_\beta, \sigma_\gamma$

由图 8-6 可知，随着焦距增大，ΔF 线性增大；σ_γ 无明显变化，这在直观上易理解，因为测量点在 M_1,M_2 的 Y 方向间距没有改变，结合原理图可知，绕 Z 轴的变化主要与该距离相关；$\sigma_\alpha,\sigma_\beta$ 随着焦距增大而递减，并具有明显的非线性特点，值得注意的是，当焦距 $F\geqslant5$ m 时，可以获得优于 0.1″的测角精度，这一点非常重要。

3）器件间距 L 对测量精度的影响

为便于讨论，令图 8-2 中 $L_{c1}=L_{c2}=L/2$，不同 L 情况下的相机几何参数测量误差如图 8-7 所示。

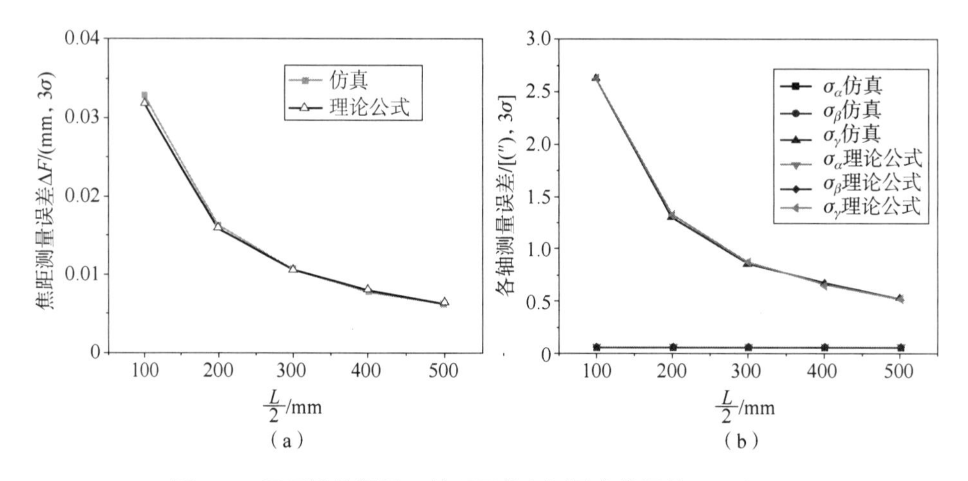

图 8-7　不同器件间距 L 情况下的各测量参数误差（附彩图）

（a）ΔF；（b）$\sigma_\alpha,\sigma_\beta,\sigma_\gamma$

由图 8-7 可知，随着器件间距 L 增大，ΔF 非线性递减；σ_γ 误差也非线性递减，这意味着如想减小 σ_γ 误差，可通过适当增大器件间距 L 来实现，但实际使用中，σ_γ 对图像处理的影响几乎可以忽略不计，而 $\sigma_\alpha,\sigma_\beta$ 与 L 无关，因此 L 仅需根据结构适当布局即可。

3. *残差分析*

本小节主要考察双矢量法与简化算法在测量中的残差。为便于比较，将这两种算法计算得到的结果均值做差，即

$$
\begin{cases}
\Delta F = |\Delta f_{\mathrm{DVAD}} - \Delta f_{\mathrm{Simple}}| \\
\Delta\alpha = |\Delta\alpha_{\mathrm{DVAD}} - \Delta\alpha_{\mathrm{Simple}}| \\
\Delta\beta = |\Delta\beta_{\mathrm{DVAD}} - \Delta\beta_{\mathrm{Simple}}| \\
\Delta\gamma = |\Delta\gamma_{\mathrm{DVAD}} - \Delta\gamma_{\mathrm{Simple}}|
\end{cases}
\tag{8-19}
$$

式中，$\Delta f_{\mathrm{DVAD}},\Delta\alpha_{\mathrm{DVAD}},\Delta\beta_{\mathrm{DVAD}},\Delta\gamma_{\mathrm{DVAD}}$——双矢量定姿算法计算得到的相机内外参变化结果；

$\Delta f_{\mathrm{Simple}},\Delta\alpha_{\mathrm{Simple}},\Delta\beta_{\mathrm{Simple}},\Delta\gamma_{\mathrm{Simple}}$——简化算法计算得到的相机内外参变化结果。

计算方法与前文类似，仿真在探测器不同旋转角度和不同测量范围的情况下，两种算法计算得到的相机内外参的残差，不失一般性，令 $\theta_{\mathrm{m1}}=-\theta_{\mathrm{m2}}$，光点质心提取精度为 0.1 像元，仿真结果如图 8-8 所示。

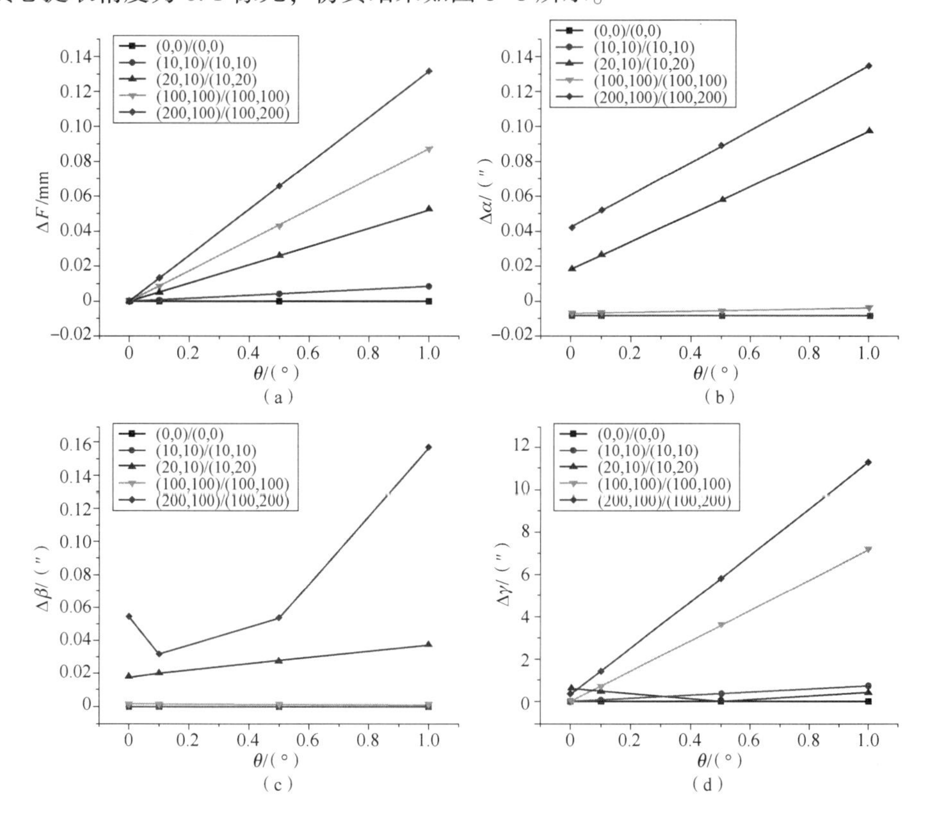

图 8-8　双矢量算法和简化算法计算得到的内外参残差

(a) ΔF；(b) $\Delta\alpha$；(c) $\Delta\beta$；(d) $\Delta\gamma$

由图 8-8（a）可知，ΔF 随着探测范围增大和旋转角增大，一般的当前工艺水平可以确保旋转角在 0.1°以内，此情况下，两种算法对 ΔF 的测量精度优于 0.02 mm，远小于相机半焦深（本书中为 0.1 mm）。由图 8-8（b）可知，当探测范围增大时，$\Delta\alpha$ 测量系统差随之增大，值得注意的是，即便倾斜角为 0，当测量范围达到 200 像素时，两种算法造成的 $\Delta\alpha$ 超过 0.1″，远大于测量随机误差，分析认为其原因在于简化算法忽略了高阶误差，而当测量精度要求较高时，这种高阶误差的影响不可忽略。这也提示我们如果想获得高精度的测量结果，宜采用双矢量算法进行计算。$\Delta\beta$ 的变化趋势与 $\Delta\alpha$ 基本一致，原因也类似，在此不赘述，结果见图 8-8（c）。由图 8-8（d）可知，$\Delta\gamma$ 随着测量范围的增大而增大，当考虑工艺水平时，两种算法结果系统差小于 2″，精度足够使用。

8.2.4 星相机光轴测量

星相机光轴测量[16]是指利用星相机的局部光学视场及探测接收面，对从参考基准上发出的基准光（通常为 2 束）进行曝光，经过星点质心提取算法处理获取相应的星点质心坐标，当星相机视轴相对参考基准偏转时，探测器接收到的光点位置将发生偏转，利用偏转前后的坐标即可计算得到星相机视轴相对于参考基准的角度偏转。

星相机光轴测量原理与一般相机模型基本一致，主要区别在于星相机测量光路采用单向光路，如图 8-9 所示。以一台星相机为例，从参考基准发出两束参考光，一次穿过星相机镜头，被星相机探测器接收，当星相机光轴相对于参考基准光轴发生偏转时，按照双矢量测量算法即可得到星相机光轴相对参考基准的偏转量。

考虑到星相机仅一次穿过光学系统，且星相机一般为同轴透射式系统，ω 近似为零，可将式（8-10）改写如下：

$$\boldsymbol{v}_{\mathrm{Rot}}=\begin{bmatrix}\dfrac{-M_{32}}{M_{33}}\\[2ex]\dfrac{M_{31}}{\sqrt{1-M_{31}^{2}}}\\[2ex]\dfrac{-M_{21}}{M_{11}}\end{bmatrix}=\begin{bmatrix}v_{\mathrm{Rot}x}\\v_{\mathrm{Rot}y}\\v_{\mathrm{Rot}z}\end{bmatrix} \tag{8-20}$$

式（8-20）即星相机光轴测量公式。

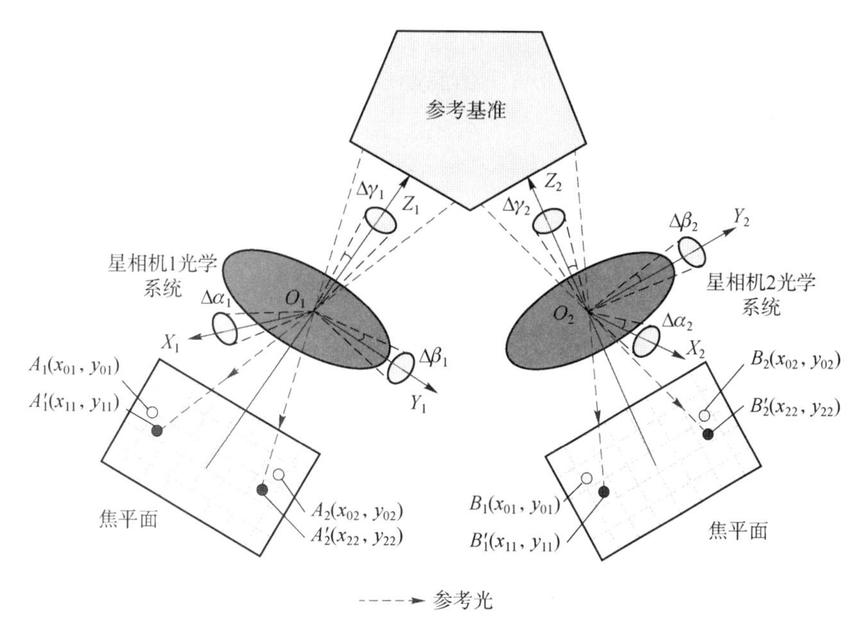

图 8-9　星相机光轴测量原理（附彩图）

8.3　光轴测量电子学设计

8.3.1　总体设计

星相机一般采用较大视场镜头将瞬时视场中的两个光斑成像于可见光面阵光电探测器上，形成光斑图像数据，并经过光斑检测、质心提取和光轴计算，实时获得星相机光轴数据。星相机实现光轴测量一般具有以下功能：

（1）控制激光二极管按工作参数通断，并进行光斑成像，获取（拍摄）光斑图像并输出其全部光斑窗口。

（2）自动调整激光光斑成像的曝光时间，使光斑亮度达到规定灰度范围。

（3）通过图像差分的方式减底去噪后，计算激光光斑的质心坐标。

（4）激光光斑窗口默认将计算出的质心作为窗口中心开窗，也可直接通过控制模块选择窗口起始位置。

（5）调整光斑曝光时间。

(6) 高精度时间同步。

(7) 软件上注。

第 5 章给出了常规星相机电子学功能需求，若要增加光轴测量功能，还需要有相应的激光二极管驱动电路（图 8-10），其功率通过处理器 I/O 输出 PWM 波形进行控制。

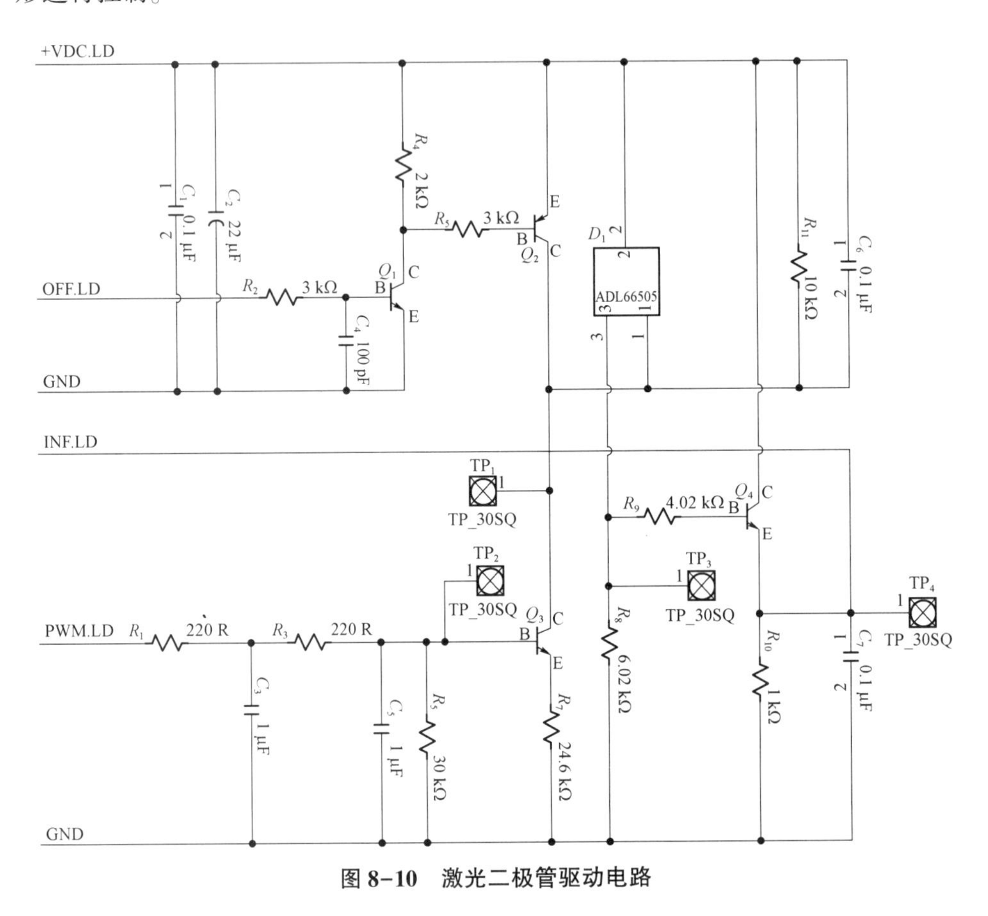

图 8-10　激光二极管驱动电路

8.3.2　性能要求

星相机性能要求如下：

(1) 时间同步精度：时间同步精度≤10 μs。

(2) 激光二极管功率挡位：通常设置 5 挡以上 PWM 控制挡位。

(3) 曝光控制：具备快速自动曝光控制功能。

（4）光斑质心提取：一般要求达到1/10像素精度。

（5）光斑图像大小：通过光学系统相关参数计算，应完整覆盖光斑图像。

（6）温控范围：一般为（20±1）℃。

8.3.3 工作时序设计

第5章中描述了星相机工作模式，具备光轴测量能力时，“正式”工作模式如下：星相机以照星和光斑成像两种方式交叉成像，举例以工作频率为4 Hz说明，曝光时序如图8-11所示。光轴测量功能第一次启动时，拍摄一幅激光光斑全图直接帧；计算出光斑质心坐标后，下一次工作只需对以质心为中心的窗口成像，成像两次：第一次，不开启激光二极管，图像作为激光光斑窗口暗帧；第二次，开启激光二极管，图像作为激光光斑窗口直接帧。

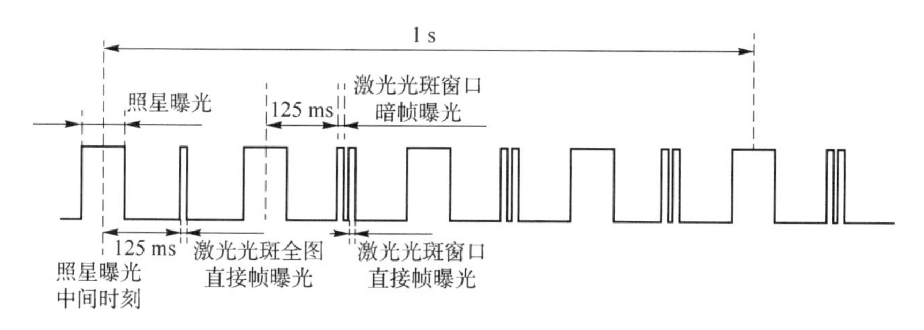

图8-11 星相机曝光时序图

8.3.4 光斑检测功能

本书第5章描述了基于FPGA/PowerPC[18-19]的星相机数据处理架构，本节在前述基础上阐述光斑检测功能。光斑检测使用符合Xilinx LocalLink Interface Specification v2.0标准的两个数据流接口LL0_DMA和LL1_DMA，控制器能够传输DMA模式的来自两个不同存储区域的图像缓冲数据。数据传输需要的接口LL0_DMA/LL1_DMA根据FIFO中数据的准备就绪情况自动进行选择。图像处理IMAGE PROCESSING模块根据预设光斑阈值、积分时间、曝光挡位等参数实现激光光斑检测、自动开窗和质心计算等处理过程。由于日光和月光会对光斑检测有影响，因此图像处理IMAGE PROCESSING模块实现日光和月光并行检测，输出警示信息。

8.4 光轴测量试验与验证

8.4.1 常温常压验证情况

1. 试验系统搭建

为了验证光轴测量算法在星上测量的可行性，本书课题组搭建了试验系统进行验证，如图 8-12 所示。试验系统由星相机、参考基准、电源、六自由度转台及转台控制器、隔振平台及光电自准直仪等组成。其中，参考基准用于发出测量参考光；星相机用于接收测量参考光并进行光轴测量解算；电源为参考基准及星相机供电；六自由度转台为 PI 公司生产的 H840，配合转台控制器为星相机提供各种姿态变化，作为光轴测量的输入；高精度光电自准直仪（优于 0.2″）从外部监视星相机的转动，用于算法第三方验证；隔振平台用于隔离地面振动的扰动。

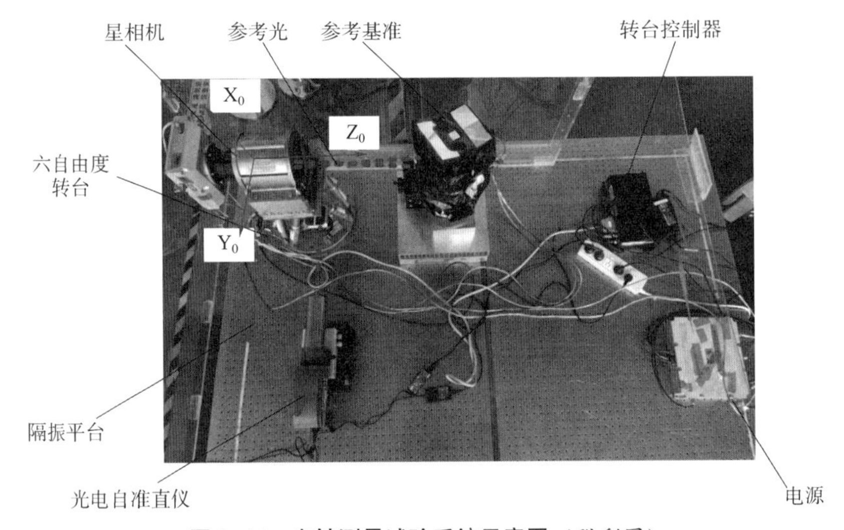

图 8-12 光轴测量试验系统示意图（附彩图）

2. 算法正确性验证

本书课题组开发了星相机光轴测量算法验证软件，可用于统计单次测量光轴绕 X、Y 轴转角变化及统计分析结果，该软件界面如图 8-13 所示。

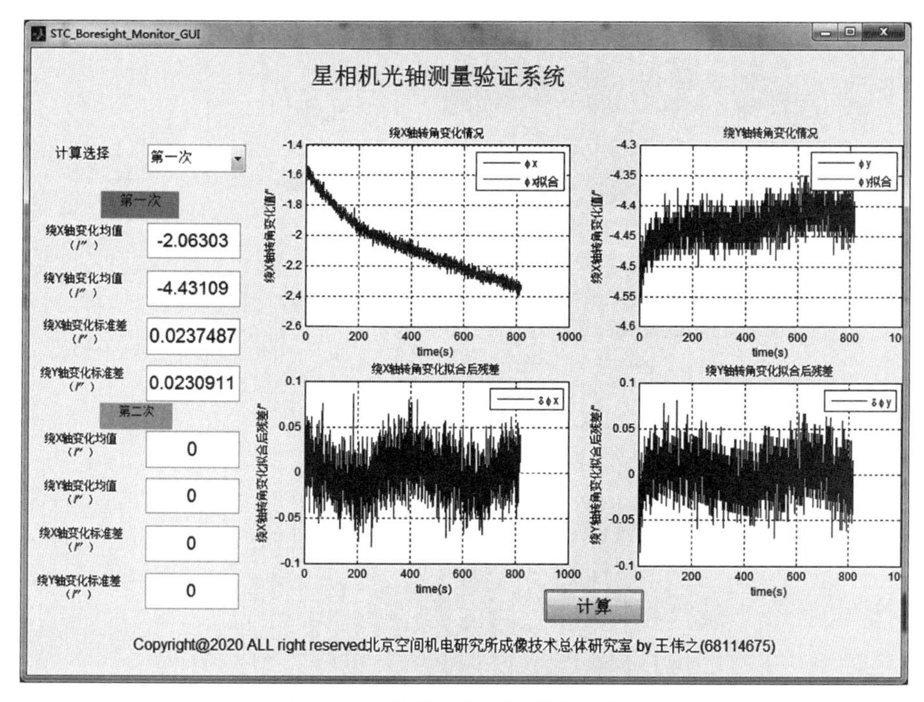

图 8-13　星相机光轴测量验证软件

利用六自由度转台获得三个相对于初始位置不同的位姿状态，分别为绕 X 轴转动-21.6″、-252″、252″。每个状态下进行 100 s 数据采集，统计星相机光轴测量均值和光电自准直仪测量均值，结果如表 8-2 所示。

表 8-2　光轴测量结果汇总　　单位：(″)

六自由度转台转动量 R_{x0}	星相机光轴测量结果 R_{x1}	光电自准直仪测量结果 R_{x2}	残差 ΔR_x
-21.6	-20.74	-20.91	0.17
-252	-249.67	-249.52	0.15
252	232.30	232.35	0.05

由表 8-2 可知，在±252″范围内，本章算法获取的星相机光轴绕 X 轴转动结果与光电自准直仪基本一致，二者最大误差为 0.17″，在光电自准直仪测量精度范围内，验证了算法的正确性。

3. 星相机光轴测量数据分析

针对星相机一组光轴测量数据进行分析，如图 8-14 所示。

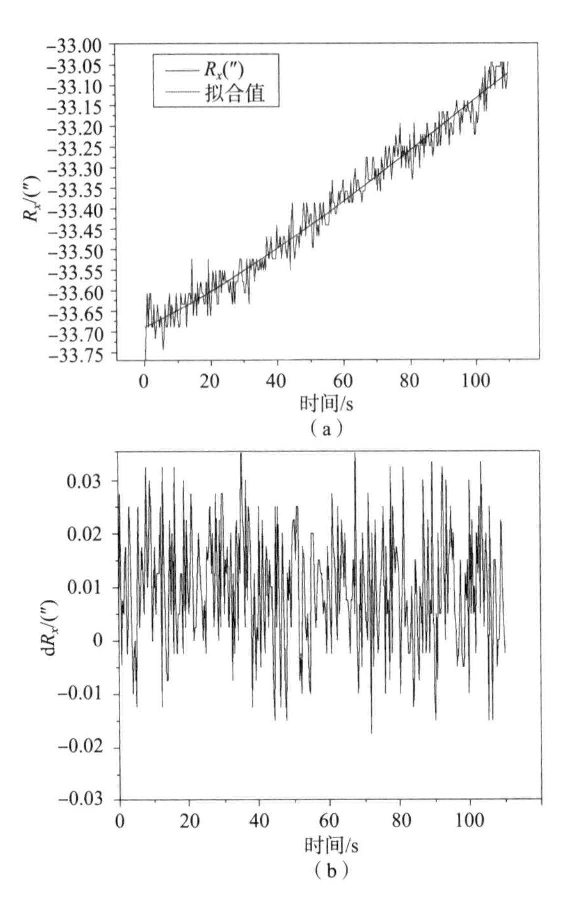

图 8-14 星相机光轴测量结果（附彩图）

（a）100 s 内绕 X 轴变化；（b）去除趋势项后残差

如图 8-14（a）所示，在 100 s 内星相机光轴绕 X 轴呈现趋势性变化，100 s 内变化约 0.7″，其带来的定位误差对于高精度测绘任务显然是不可忽略的。分析其原因主要在于，星相机在常温常压下开机工作，焦平面工作发热导致探测器位置相对镜头发生偏转，从而引起视轴产生热漂移。进一步考察星相机光轴测量精度，如图 8-14（b）所示，当去除趋势项后，星相机光轴测量精度优于 0.1″，验证了光轴测量系统的高精度特性，为在轨应用提供了良好的基础。

8.4.2 热真空试验验证情况

1. 试验系统搭建

相比于常温常压条件，热真空环境不受大气扰动，控温精度有保障，更接近在轨状态，通过在真空罐中模拟空间环境，可以对星相机光轴测量性能进行全面的摸底验证。星相机光轴测量热真空试验系统如图8-15所示。星相机1、星相机2及参考基准均安装在相机组合体中，相机组合体置于真空罐中，测控系统通过穿罐电缆对星相机进行光轴测量控制和数据采集，整个真空罐采用气浮隔振，隔离地面振动的影响。

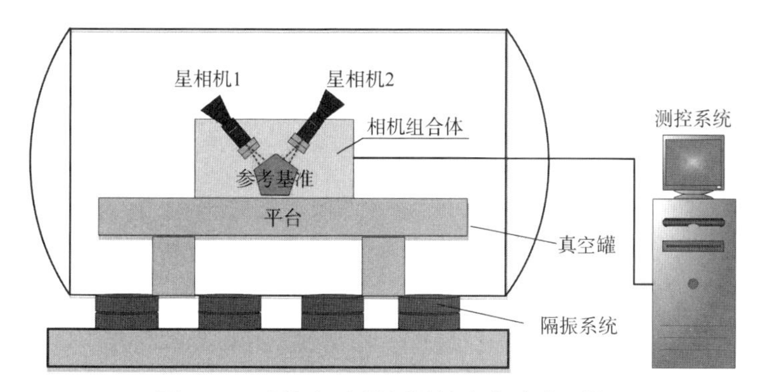

图8-15　星相机光轴测量热真空试验系统

2. 试验结果及分析

星相机光轴测量结果如图8-16所示。

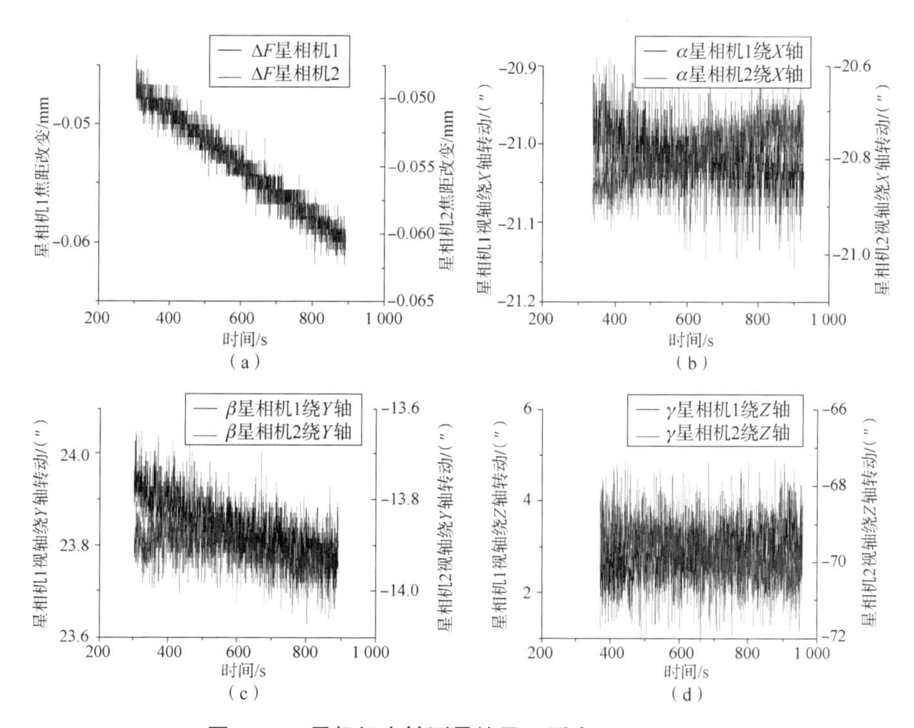

图8-16　星相机光轴测量结果（瞬态）（附彩图）

由图8-16可知，在连续8 min内，星相机1、星相机2的光轴呈现趋势变化，绕X/Y轴变化在0.3″左右，低于常温常压下的测试结果，分析认为主要是在真空环境下，在良好的热控保障下，星相机焦平面温度波动较小，由此引起的热漂移也较小。

以星相机1为例，采用二次多项式拟合得到星相机精度分析结果，如图8-17所示。

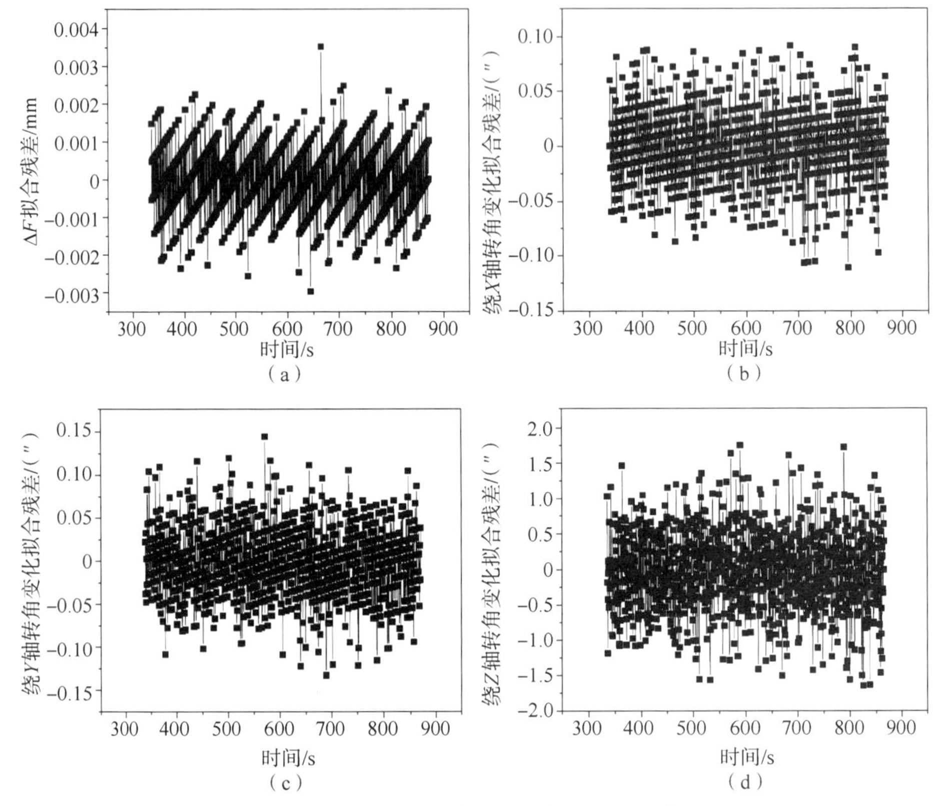

图8-17 星相机光轴测量拟合残差（瞬态）

由图8-17可知，星相机光轴测量结果拟合后残差极小，预示了星相机良好的测量精度。精度统计结果如表8-3所示。

表8-3 星相机光轴测量精度结果汇总

项目	星相机1焦距误差ΔF/mm	星相机2焦距误差ΔF/mm	星相机1绕X轴转动α/(″)	星相机2绕X轴转动α/(″)
极差	0.015	0.015	0.15	0.15
拟合精度（3σ）	0.003	0.003	0.1	0.1

续表

项目	星相机 1 绕 Y 轴转动 $\beta/('')$	星相机 2 绕 Y 轴转动 $\beta/('')$	星相机 1 绕 Z 轴转动 $\gamma/('')$	星相机 2 绕 Z 轴转动 $\gamma/('')$
极差	0. 3	0. 2	2	2
拟合精度（3σ）	0. 1	0. 1	2	2

此外，本书课题组对星相机光轴轨道周期稳定性进行了摸底试验，在高温瞬态热平衡工况连续开机 19 次，完成两轨连续测试，结果如图 8-18 所示。

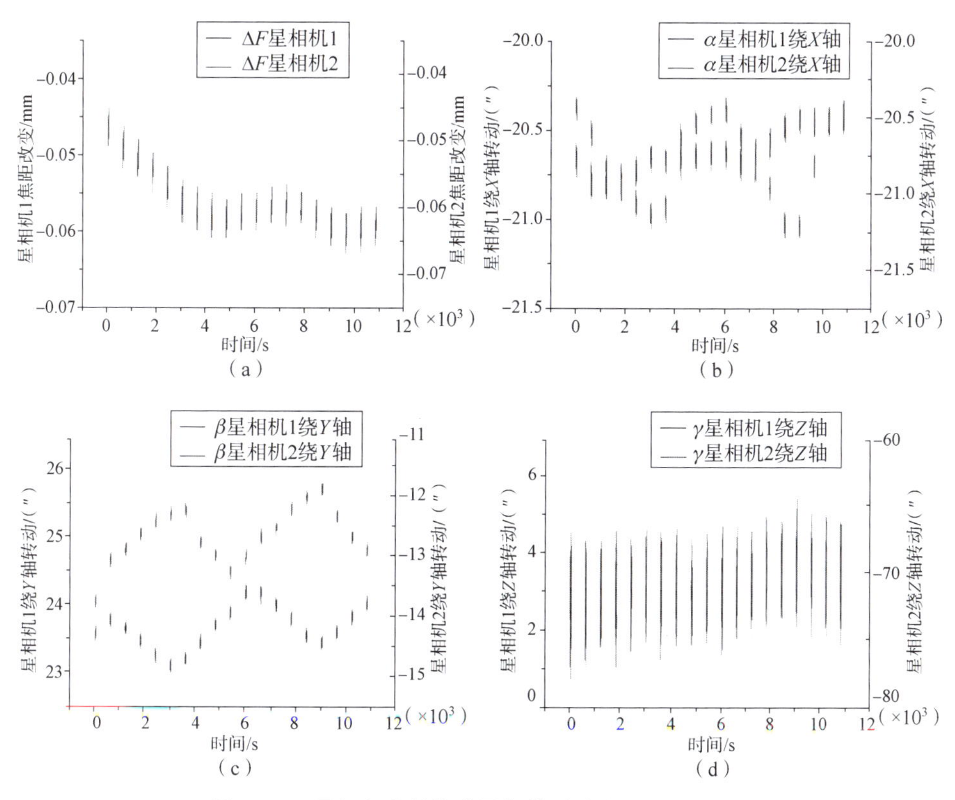

图 8-18　星相机光轴轨道周期性测试结果（附彩图）

由图 8-18 可知，星相机光轴绕 X/Y 轴变化具有明显的轨道周期性特征，这与王任享等[10]针对低轨测绘卫星地面数据处理时得到的结论一致，分析认为这主要是受轨道周期性外热流影响，尽管测绘相机采取了精密控温措施，但仍然难以避免产生周期性温度波动，进而引起星相机光轴发生周期性变化。相关测试结果汇总如表 8-4 所示。

表 8-4 星相机光轴轨道周期性测试结果汇总

项目	星相机 1 焦距误差 ΔF/mm	星相机 2 焦距误差 ΔF/mm	星相机 1 绕 X 转动 α/(″)	星相机 2 绕 X 转动 α/(″)
极差	0.015	0.01	0.5	0.6
项目	星相机 1 绕 Y 轴转动 β/(″)	星相机 2 绕 Y 轴转动 β/(″)	星相机 1 绕 Z 轴转动 γ/(″)	星相机 2 绕 Z 轴转动 γ/(″)
极差	1	1.5	4	4

如表 8-4 所示，星相机绕 X/Y 轴轨道周期性变化达到最大 1.5″，且重复性相对较好，在实际应用中可以利用这种特性进行误差补偿。

8.4.3 在轨验证情况

星相机光轴测量系统在轨验证情况如图 8-19~图 8-23 所示。

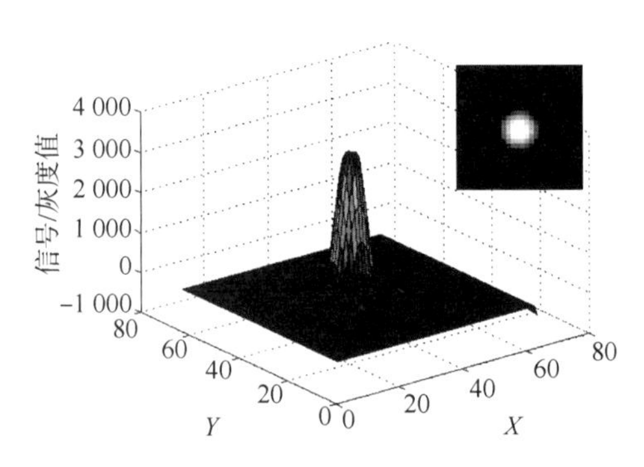

图 8-19 星相机光轴在轨测量光点（附彩图）

由图 8-19 可知，星相机在轨光轴测量获取的光点具有良好的高斯形貌，为高精度质心提取提供了良好的基础。由图 8-20 可知，一条航线中星相机 1、星相机 2 的焦距在轨变化极小，测量精度优于 0.001 5 mm，与地面测试精度相当；由图 8-21、图 8-22 可知，一条航线中星相机光轴绕 X/Y 轴变化约 0.1″，与测量精度（0.07″）基本相当，表明本测量系统既具有超高的测量精度，又具有良好的稳定性。由图 8-23 可知，星相机绕 Z 轴测量精度在 1″以内，符合误差分析预期。

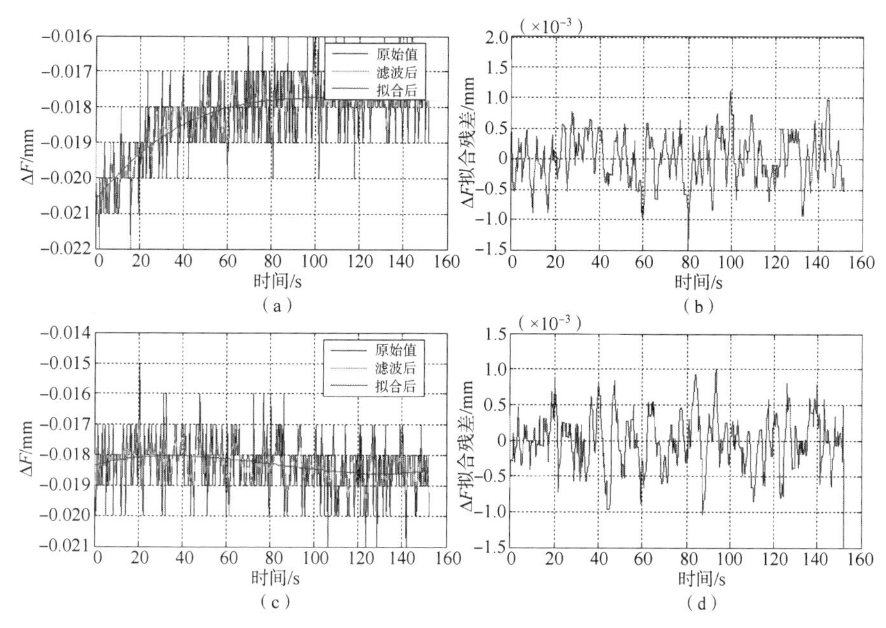

图 8-20　星相机 1/2 光轴测量结果（ΔF）（附彩图）

（a）星相机 1 焦距变化曲线；（b）星相机 1 焦距变化拟合残差曲线；

（c）星相机 2 焦距变化曲线；（d）星相机 3 焦距变化拟合残差曲线

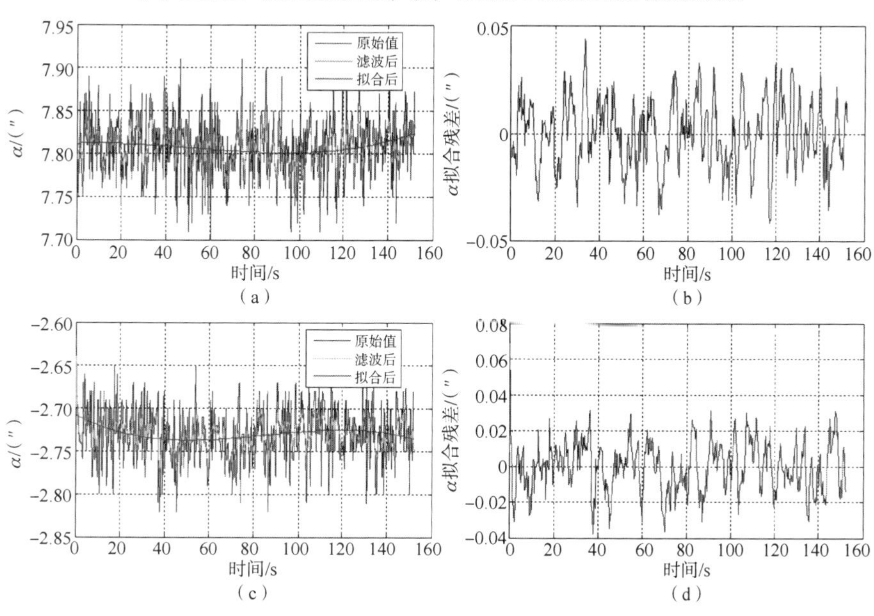

图 8-21　星相机 1/2 光轴测量结果（α）（附彩图）

（a）星相机 1 光轴绕 X 轴变化曲线；（b）星相机 1 光轴绕 X 轴变化拟合残差曲线；

（c）星相机 2 光轴绕 X 轴变化曲线；（d）星相机 2 光轴绕 X 轴变化拟合残差曲线

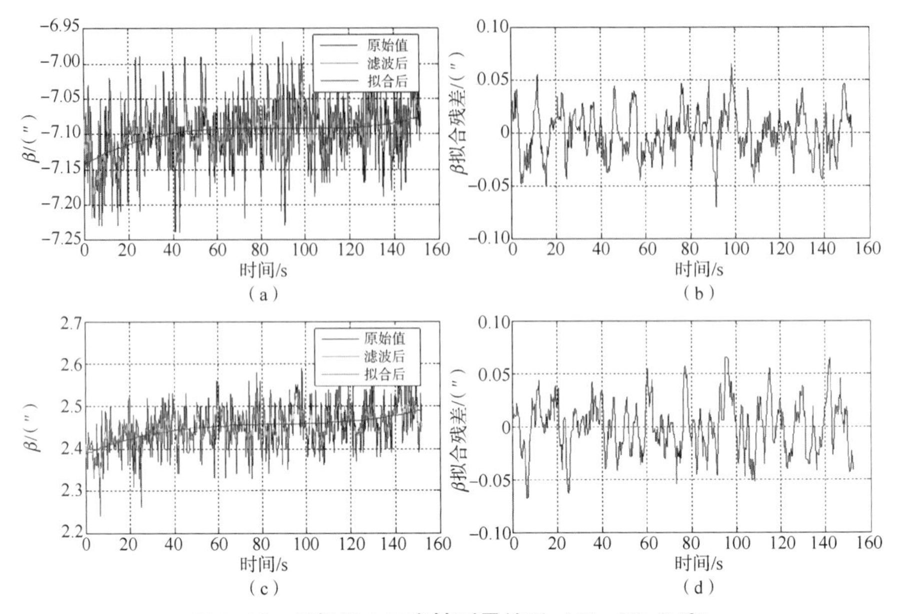

图 8-22 星相机 1/2 光轴测量结果（$\boldsymbol{\beta}$）（附彩图）

（a）星相机 1 光轴绕 Y 轴变化曲线；（b）星相机 1 光轴绕 Y 轴变化拟合残差曲线；

（c）星相机 2 光轴绕 Y 轴变化曲线；（d）星相机 2 光轴绕 Y 轴变化拟合残差曲线

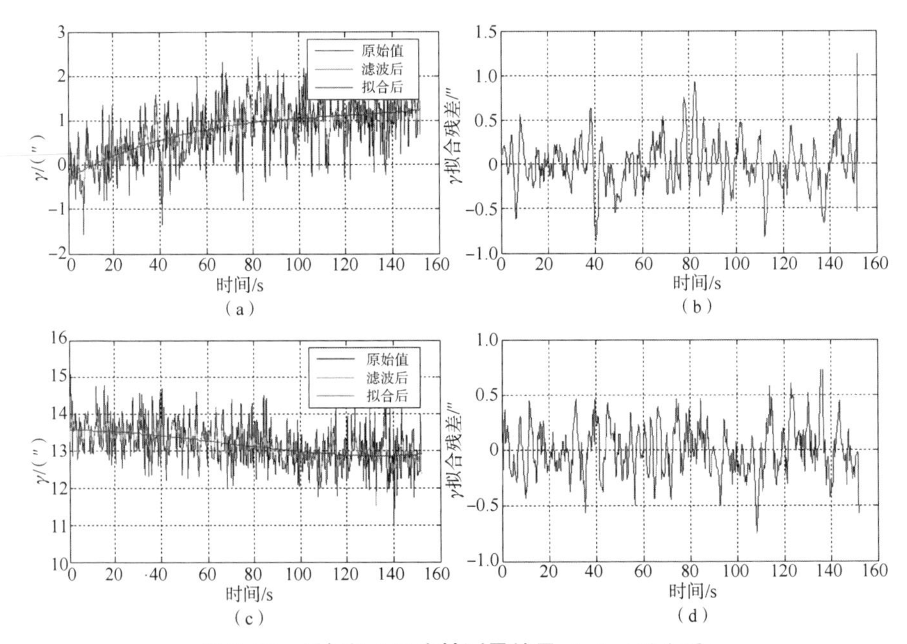

图 8-23 星相机 1/2 光轴测量结果（$\boldsymbol{\gamma}$）（附彩图）

（a）星相机 1 光轴绕 Z 轴变化曲线；（b）星相机 1 光轴绕 Z 轴变化拟合残差曲线；

（c）星相机 2 光轴绕 Z 轴变化曲线；（d）星相机 2 光轴绕 Z 轴变化拟合残差曲线

8.5 本章小结

本章首先提出了一种基于双矢量定姿原理的星相机光轴在轨实时测量算法，对算法误差进行了分析，给出了近似的表达式，并通过仿真进行了验证。此外，还对两种算法的残差进行了仿真，结果表明，简化算法仅在很小的测量范围内与双矢量算法一致性良好，当探测范围扩大后，采用新算法才能得到更准确的参数测量结果；其次，对光轴测量电子学实现总体方案进行了描述，采用分时曝光的方式实现星相机定姿与光轴测量的集成；最后，搭建了试验验证系统，验证了星相机光轴测量精度达到0.1″，可以指导后续测绘任务开展。

参考文献

[1] GLEYZES J P, MEYGRET A, FRATTER C, et al. SPOT5: system overview and image ground segment [C] // 2003 IEEE International Geoscience and Remote Sensing Symposium, Toulouse, 2003: 300-302.

[2] SUBRAHMANYAM D, SAJI A K, PRADEEP K, et al. Design and development of the Cartosat payload for IRS P5 mission [J]. Proceedings of SPIE—Multispectral, Hyperspectral, and Ultraspectral Remote Sensing Technology, Techniques, and Applications, 2006, 6405: 640517.

[3] HARUHISA S. Overview of Japanese Earth observation programs [J]. Proceedings of SPIE—Sensors, Systems, and Next-Generation Satellites XVIII, Amsterdam, 2011, 9241: 92410M.

[4] WANG J R, WANG R X, HU X, et al. The on-orbit calibration of geometric parameters of the Tian-Hui 1 (TH-1) satellite [J]. ISPRS Journal of Photogrammetry and Remote Sensing, 2017, 124: 144-151.

[5] XIE J F, TANG H Z, DOU X H, et al. On-orbit calibration of domestic APS star

tracker [C]// The 3rd International Workshop on Earth Observation and Remote Sensing Applications (EORSA), 2014: 239-242.

[6] XIE J F, WANG X. A robust autonomous star identification algorithm for ZY3 satellite [C] // The 1st International Conference on Agro - Geoinformatics, Shanghai, 2012: 1-4.

[7] WEI X G, ZHANG G J, FAN Q Y, et al. Star sensor calibration based on integrated modelling with intrinsic and extrinsic parameters [J]. Measurement, 2014, 55 (9): 117-125.

[8] XIONG K, WEI X G, ZHANG G J, et al. High-accuracy star sensor calibration based on intrinsic and extrinsic parameter decoupling [J]. Optical Engineering, 2015, 54 (3): 034112.

[9] 王任享，王建荣，胡莘. 三线阵影响外方位元素平滑方程自适应光束法平差 [J]. 测绘学报, 2018, 47 (7): 968-972.

[10] 王任享, 王建荣, 胡莘. 光学卫星摄影无控定位精度分析 [J]. 测绘学报, 2017, 46 (3): 332-337.

[11] 黎明, 吴清文, 江帆, 等. 三线阵立体测绘相机热控系统的设计 [J]. 光学精密工程, 2010, 18 (6): 1367-1373.

[12] 高洪涛, 罗文波, 史海涛, 等. 资源三号卫星结构稳定性设计与实现 [J]. 航天器工程, 2016, 25 (6): 18-24.

[13] 高卫军, 孙立, 王长杰, 等. “资源三号” 高分辨率立体相机测绘卫星三线阵相机设计与验证 [J]. 航天返回与遥感, 2012, 33 (3): 25-34.

[14] BAE S, SCHUTZ B. GLAS PAD calibration using laser reference sensor data [C]// AIAA/AAS Astro. Spec. Conf. and Exhibit, Rhode Island, 2004: 1-10.

[15] TYLER E. Optical development system life cycle for the ICESat - 2 ATLAS instrument [C]// IEEE Aerospace Conference, Big Sky, 2014: 1-12.

[16] 高凌雁, 王伟之. 基于全光学路径的遥感相机视轴监测方法研究 [J]. 光学技术, 2019, 45 (1): 44-48.

[17] WANG W Z, WANG Q X, ZONG Y H, et al. A novel algorithm for space camera geometry parameters on-orbit calibration [J]. Measurement, 2021, 177: 109263.

[18] Embedded processor block in Virtex-5 FPGAs [EB/OL]. (2010-02-23) [2021-03-20]. https://docs.xilinx.com/v/u/en-US/ug200.

[19] Virtex-5 FPGA embedded processor block with PowerPC 440 processor [EB/OL]. (2011-07-05) [2021-03-20]. https://docs.xilinx.com/v/u/en-US/ppc440_virtex5.

第 9 章
星相机标定与精度评价技术

9.1 引言

星相机作为一种高精度的测量相机，其参数标定至关重要[1]。参数标定主要包括对星相机主点、主距及畸变的标定，其中主点和主距构成星相机的内方位元素[2]。对内方位元素标定的主要目的是降低光学系统的畸变影响，使畸变均方和最小[3]。首先，本章对星相机参数标定的数学模型、标定方法进行了描述，并给出了相关试验结果。其次，星模拟器也是星相机测试过程中必不可少的仪器设备，本章分别对静态星模拟器、动态星模拟器进行了简要介绍。最后，作为高精度测量设备，星相机的精度评价是衡量星相机性能的核心指标之一，本章从实验室精度评价、外场试验、在轨精度评价三个方面完整地对星相机精度评价方法进行了描述，并给出了相应试验结果。

9.2 星相机参数标定

9.2.1 参数标定模型

1. 理想针孔模型

当不考虑星相机光学系统误差和安置测量误差时，建立的理想针孔模型[4]

如图 9-1 所示。该模型基于共线原理，将恒星星光视为无穷远处平行光，通过投影中心直接映射到探测器焦平面上。

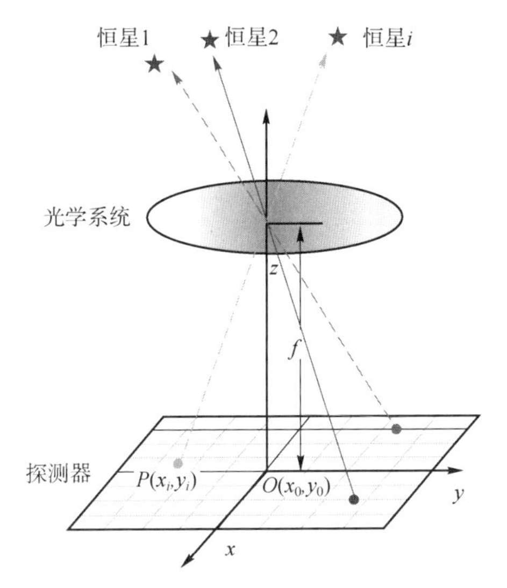

图 9-1　星相机理想针孔模型（附彩图）

恒星 i 星光矢量在星相机坐标系中的表达式为

$$\boldsymbol{w}_i=\frac{1}{\sqrt{(x_i-x_0)^2+(y_i-y_0)^2+f^2}}\begin{bmatrix}-(x_i-x_0)\\-(y_i-y_0)\\f\end{bmatrix}\tag{9-1}$$

式中，(x_i,y_i)——星点成像位置；

(x_0,y_0)——星相机主点位置；

f——星相机焦距。

恒星 i 在天球坐标系下的矢量为

$$\boldsymbol{v}_i=\begin{bmatrix}\cos\alpha_i\cos\delta_i\\\sin\alpha_i\cos\delta_i\\\sin\delta_i\end{bmatrix}\tag{9-2}$$

式中，α_i,δ_i——恒星 i 的赤经、赤纬。

当星相机处于某一姿态矩阵 $\boldsymbol{A}$ 时，存在以下关系：

$$\boldsymbol{w}_i=\boldsymbol{A}\boldsymbol{v}_i\tag{9-3}$$

则理想情况下，任意两颗恒星 i，j 之间的星间角距余弦值、正弦值可表示为[5]

$$cos\ \theta_{ij} = \boldsymbol{w}_i^{\mathrm{T}}\boldsymbol{w}_j = \boldsymbol{v}_i^{\mathrm{T}}\boldsymbol{A}^{\mathrm{T}}\boldsymbol{A}\boldsymbol{v}_j = \boldsymbol{v}_i^{\mathrm{T}}\boldsymbol{v}_j \tag{9-4}$$

$$sin\ \theta_{ij} = |\boldsymbol{v}_i \times \boldsymbol{v}_j| = |\boldsymbol{w}_i \times \boldsymbol{w}_j| \tag{9-5}$$

由上式可知，恒星星间角距与星相机焦距 f、主点 (x_0, y_0) 以及成像点 (x_i, y_i) 的位置精度密切相关，为保证姿态测量精度，必须对星相机进行几何参数标定。

2. 实际参数模型

星相机在实际使用过程中受光学系统设计固有误差、加工装调误差、测试标定误差等方面因素影响，相机参数模型不再是理想针孔模型（图 9-2）。其主要误差因素有：主距标定误差；主点标定误差；焦平面相对理想平面倾斜；像面绕光轴旋转角；光学镜头畸变，包括径向畸变、切向畸变、薄棱镜畸变等，其中薄棱镜畸变相对影响较小，一般情况下可以忽略[1,6]。针对星相机实际参数模型，国内外学者围绕标定校准给出了多种数学模型，主要可分为待定系数法[7]、内参数法[8]两种。

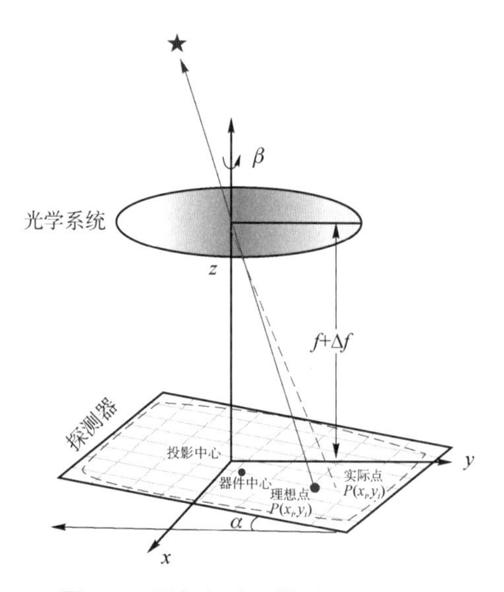

图 9-2 星相机实际模型（附彩图）

3. 多阶径切向畸变模型

张广军等[8]基于内外参数，结合标定给出了星敏感器的三阶径切向畸变模型，数学模型公式为

$$\begin{cases} d_x=\delta_x(q_1r^2+q_2r^4+q_3r^6)+[p_1(r^2+2\delta_x^2)+2p_2\delta_x\delta_y](1+p_3r^2) \\ d_y=\delta_y(q_1r^2+q_2r^4+q_3r^6)+[p_2(r^2+2\delta_y^2)+2p_1\delta_x\delta_y](1+p_3r^2) \end{cases} \tag{9-6}$$

式中，

$$\begin{cases} \delta_x=x-x_0 \\ \delta_y=y-y_0 \\ r^2=\delta_x^2+\delta_y^2 \end{cases} \tag{9-7}$$

q_1,q_2,q_3——1 阶、2 阶、3 阶径向畸变系数；

p_1,p_2,p_3——1 阶、2 阶、3 阶切向畸变系数；

(x_0,y_0)——主点坐标；

(x,y)——测量点理想成像位置。

基于上述模型，真实成像位置(x',y')为

$$\begin{cases} x'=x+d_x \\ y'=y+d_y \end{cases} \tag{9-8}$$

在精度要求相对较低的情况下，可以取到一阶或二阶畸变系数，以简化计算过程。研究表明，三阶以上的畸变系数（尤其是在畸变较小的情况下）对于标定精度无显著提升[1]。因此，对于高精度的参数标定，采用三阶计算精度足够得到保障。

4. 高次曲面畸变模型

光学系统的畸变仅是视场的函数[9]，具有平滑的特点，因此可以通过高次曲面进行表达。该方法受到模型本身的限制，一般只能构造出一个曲率变化不大的曲面，适合在小视场平滑像面星相机上使用。当星相机视场较大，像面弯曲程度严重时，难以在全视场中仅构造出一个小曲率曲面模型来实现符合精度要求的标定[7,10-11]。典型的 3 阶曲面数学模型构造如下：

$$\begin{cases} x'=x+a_0+a_1x+a_2y+a_3x^2+a_4xy+a_5y^2+a_6x^3+a_7x^2y+a_8xy^2+a_9y^3 \\ y'=y+b_0+b_1x+b_2y+b_3x^2+b_4xy+b_5y^2+b_6x^3+b_7x^2y+b_8xy^2+b_9y^3 \end{cases} \tag{9-9}$$

式中，(x,y)——理想成像位置；

(x',y')——实际成像位置。

通过在各视场获取大量测量数据点（≥10），利用最小二乘法，即可求得系数$a_0 \sim a_9$及 $b_0 \sim b_9$，因此该方法也称为待定系数法。

当标定精度要求不同时，可以通过降低（或增加）曲面方程阶次来实现。值得注意的是，当阶次超过 3 阶时，标定精度的提升并不明显。此外，为适应大视场星相机标定，可采取视场分区的方法进行标定[12]，但该方法导致数学模型复杂，且需处理好分区边界的连续性问题以免跳变。

5. Weng 畸变模型

Weng 等[13]提出了一种考虑了薄棱镜畸变、径向畸变、切向畸变的参数标定模型，畸变计算公式为

$$\begin{cases}\delta_x=(g_1+g_3)u^2+g_4uv+g_1v^2+\kappa_1u(u^2+v^2)+\kappa_2u(u^2+v^2)^2+\kappa_3u(u^2+v^2)^3\\ \delta_y=g_2u^2+g_3uv+(g_2+g_4)v^2+\kappa_1v(u^2+v^2)+\kappa_2v(u^2+v^2)^2+\kappa_3v(u^2+v^2)^3\end{cases} \tag{9-10}$$

式中，$\kappa_1,\kappa_2,\kappa_3$——径向畸变系数；

$$\begin{cases}u=x-x_0\\ v=y-y_0\\ g_1=s_1+p_1\\ g_2=s_2+p_2\\ g_3=2p_1\\ g_4=2p_2\end{cases} \tag{9-11}$$

式中，s_1,s_2——薄棱镜畸变系数；

p_1,p_2——切向畸变系数。

9.2.2 参数标定设备

由 9.2.1 节可知，对于实际参数模型，为在地面（主要是实验室内）开展参数标定工作，必须提供足够准确的模拟恒星及其矢量，因此需要相应的地面设备支撑。目前基于地面设备标定的技术途径主要有两种：一种是基于多星静态靶标

的标定方法；另一种是基于单星模拟器及高精度转台的标定方法[14]。这两种标定方法的本质都是为了获取一定数量的高精度恒星矢量。

1. 靶标法

靶标法的测量原理：星相机安装在光学隔振平台上，与平行光管对准；平行光管焦面上放置多星靶标，经光源照射形成星点，光束经平行光管后，进入星相机镜头，最终被星相机探测器接收。地面处理系统通过对星点数据处理，即可得到星相机标定参数。测试系统原理如图 9-3 所示，主要参试设备有多星靶标、平行光管、光学隔振平台、地面处理系统。采用该方法的主要误差因素包括平行光管的设计精度、星点位置的计算精度，以及星点靶标的刻画精度[10]。

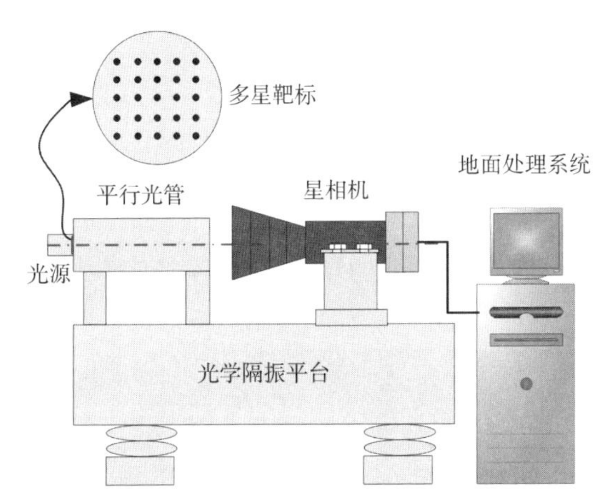

图 9-3　星相机靶标法标定示意图

1）平行光管的设计精度

平行光管的设计主要需要考虑系统畸变和色差，一般采取消畸变、平像场、消色差的高成像质量光学系统。文献［10］给出了一种高精度准直光学系统的设计，焦距长度达 5 000 mm，全视场 1. 2°×1. 2°范围内光学系统最大相对畸变不超过 0. 000 422%。

2）星点位置的计算精度

星点靶标的位置主要通过高精度经纬仪来标定，本书课题组采用徕卡 TM5100A，测角精度达 0. 5″。该项误差是靶标法的主要误差源。

3）星点靶标的刻画精度

现代激光直写技术一般可以保证每个星点的刻画位置精度优于 0. 5 μm，并且保持相同的圆整度。该项误差基本可以忽略。

2. 转台法

转台法的测试原理：星相机安装在三维转台上，以高精度转台为角度基准，采集得到星点坐标-转台角位置的标定点数据；根据星相机成像和测量原理建立包含星相机内外参数的标定模型，并将标定点数据代入该标定模型，得到星相机的内外方位元素参数[15-19]。星相机转台法的标定原理如图 9-4 所示，实物测试如图 9-5 所示。

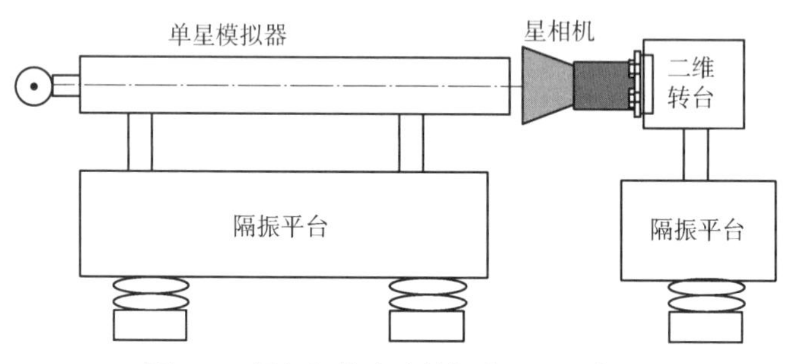

图 9-4 星相机转台法的标定原理示意图

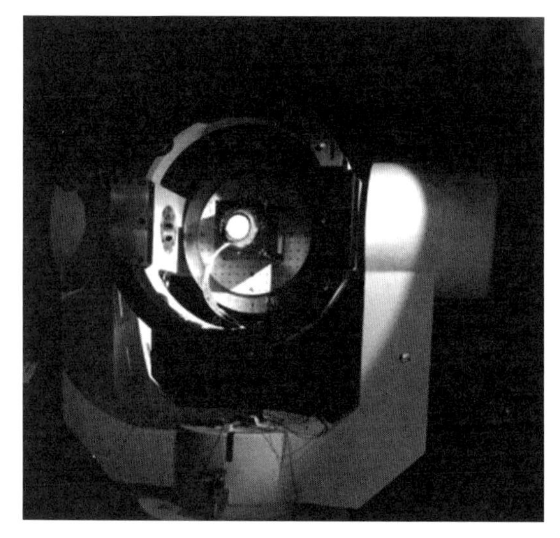

图 9-5 星相机转台法实物测试

1）主要参试设备

（1）单星模拟器。

单星模拟器主要用于模拟无穷远不同亮度和光谱特性的星光，典型单星模拟器的主要性能参数要求如下。

①谱段范围可调：450 ~ 850 nm，450 ~ 550 nm，550 ~ 750 nm，750 ~ 850 nm。包含以下不同光谱类型的恒星光谱：O，B，A，G，F，K，M。滤光片陡度≤30 nm；带宽允差为（20±5）nm。谱段内中心波长透过率>90%。截止波长透过率≤10%。

②模拟星等：0~9 mv，可调步长 0. 5 mv。

③模拟星等误差：±0. 2 mv。

④星等稳定度：优于±1%（2 h 内），从开始启动光源至光源稳定不超过 5 min。

⑤星点大小为 40~120 μm；星点大小间隔为 10 μm。

⑥有效通光口径≥星相机口径。

⑦光束发散角≤5″。

⑧焦距≥2 000 mm。

（2）转台。

转台是高精度的角度发生装置，为星相机标定提供角度基准。典型高精度转台主要性能参数要求如下。

①旋转范围：水平方向≥90°旋转，旋转范围内保证精度。

②俯仰方向：±25°范围内保证精度。

③角位移重复精度（RMS）：水平方向±0. 1″；俯仰方向±0. 2″。

④测量精度（P-V 值）：水平方向±0. 2″；俯仰方向±0. 5″。

⑤高精度二维转台两旋转轴空间不垂直度≤2″。

⑥俯仰轴径向跳动误差≤5 μm。

2）测试步骤

第 1 步，星相机安装在转台内框安装面上，镜头对准单星模拟器，镜头的物方主点靠近转台的回转中心，并使星相机的三轴与转台的三轴平行，平行度误差小于 1/20 视场角。

第 2 步，按照预定轨迹转动转台，使采样点均匀遍布整个视场，相邻标定点间隔 1°；在每个标定点处采集 100 次质心数据，以降低随机噪声的影响，每采集一次，都记录转台读数。

现有标定大多在常温常压下进行，这与星相机的真实在轨工作环境差距较大。为了获取星相机在真实条件下的测量模型参数，可考虑在真空罐和温控设备中进行标定[18-19]。标定设备如图 9-6 所示。

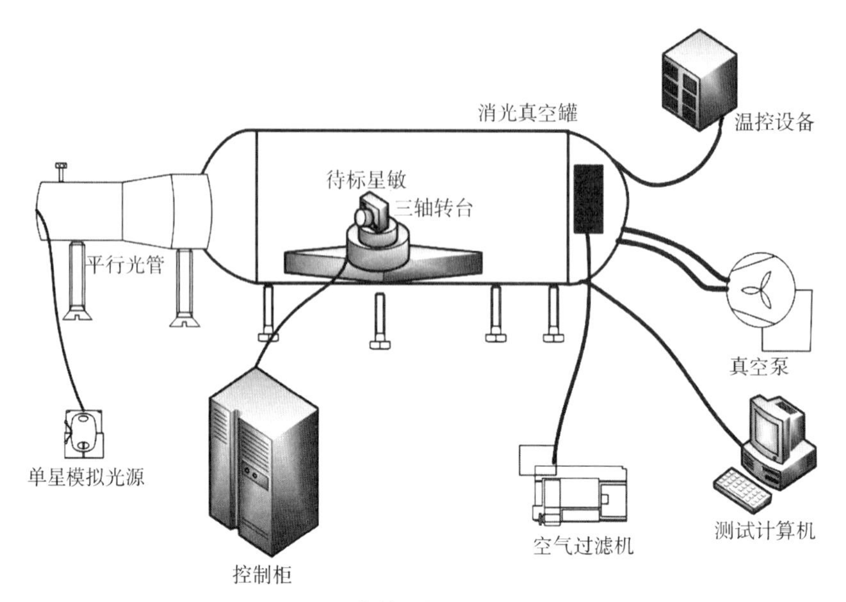

图 9-6 高精度标定设备示意图

3. 小结

除上述两种方法外，还有利用徕卡经纬仪直接进行标定的相关方法[14]，实现主点标定精度优于 50″(3σ)，但靶标法与转台法是目前使用得最广泛的两种标定方法，其主要优缺点汇总如表 9-1 所示。

表 9-1 靶标法与转台法对比

项目	靶标法	转台法
优点	①可一次性获取所有星点图像，受环境影响小； ②仪器研制相对便宜	使用相对灵活，理论上可以任意密集地采集星点，有利于提高标定精度
缺点	①光学系统一旦固定，视场覆盖范围便确定，多种类星相机测量的适应性不如转台法； ②星点位置的确定精度为 0.5″，短期内难以再提升； ③星点数量刻画固定，灵活性较差	①需要逐点采集星点，时间长，过程中易引入低频误差； ②高精度转台，单星模拟器研制费用昂贵； ③转台维护保养的费用高

9.2.3　参数标定方法

1. 内外参结合法

魏新国等[8]提出了一种基于内外参数解耦的标定方法。该方法的前提是在地面状态下星相机内参数真实值始终保持不变。这样可以降低实际测量过程中数据的测量误差通过参数耦合对内外参数的估计值所产生的影响。

首先，采用转台法获取全视场星点坐标，建立星相机坐标系如图 9-7 所示。其中，(c_x, c_y)为星相机主点，单位为像素，是指光学系统的光轴与成像器件成像面的交点，通常由该交点在图像传感器的图像平面坐标来表示；f_c 为镜头焦距，单位为 mm，即星相机光学系统的有效焦距，是指镜头光学中心到图像传感器平面的距离。

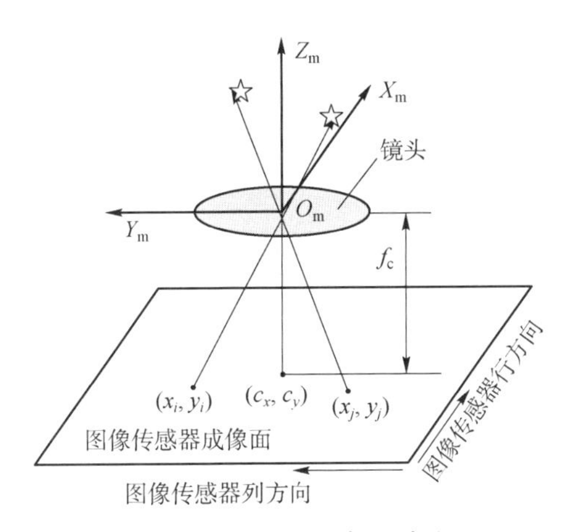

图 9-7　星相机坐标系定义

其次，采用二阶径向偏心畸变模型描述星相机的镜头畸变，反映理想像点和实际像点在图像传感器成像面上的位置差异。其中，q_1 和 q_2 分别为 1 阶和 2 阶径向畸变系数；p_1 和 p_2 分别为 1 阶和 2 阶切向畸变系数。

假设内参数向量为$\boldsymbol{x}_{\mathrm{i}} = (f, u_0, v_0, q_1, q_2, p_1, p_2)^{\mathrm{T}}$，外参数向量为$\boldsymbol{x}_{\mathrm{e}} = (\alpha, \beta, \varphi_{1Z}, \varphi_{2X}, \varphi_{3Y})^{\mathrm{T}}$。二轴转台的轨迹为$\{(\theta_{X1}, \theta_{Y1})^{\mathrm{T}}, \cdots, (\theta_{Xk}, \theta_{Yk})^{\mathrm{T}}, \cdots\}$，$k = 1, 2, \cdots, K$，对应测得星点的位置记作$(u_k, v_k)^{\mathrm{T}}$。对应参数的估计值添加上标 ^ 表示，记星相机观测模型为 $F_u(\cdot)$和 $F_v(\cdot)$，则

$$\begin{pmatrix} \hat{u}_k \\ \hat{v}_k \end{pmatrix} = \begin{pmatrix} F_u(\hat{\boldsymbol{x}}_{\mathrm{i}}, \hat{\boldsymbol{x}}_{\mathrm{e}}, \theta_{Xk}, \theta_{Yk}) \\ F_v(\hat{\boldsymbol{x}}_{\mathrm{i}}, \hat{\boldsymbol{x}}_{\mathrm{e}}, \theta_{Xk}, \theta_{Yk}) \end{pmatrix} \tag{9-12}$$

则星相机标定的优化目标函数为

$$\min_{\boldsymbol{X} \in \mathbf{R}^{12}} \sum_{k=1}^{K} \| (u_k, v_k)^{\mathrm{T}} - (\hat{u}_k, \hat{v}_k)^{\mathrm{T}} \|^2 \tag{9-13}$$

式中，待求解的参数共 12 项，包括 5 项外参数和 7 项内参数。

该方法使用相同的转台轨迹多次对星相机进行数据采集，每一遍采集时的外参数都不相同。假定轨迹共采集 N 遍。其中，第 n 遍数据采集时的外参数向量为 $\boldsymbol{x}_{en} = (\alpha_n, \beta_n, \varphi_{1Zn}, \varphi_{2Xn}, \varphi_{3Yn})^{\mathrm{T}}$，其间采集的第 k 个星点位置记作 $(u_{nk}, v_{nk})^{\mathrm{T}}$，则

$$\begin{pmatrix} \hat{u}_{nk} \\ \hat{v}_{nk} \end{pmatrix} = \begin{pmatrix} F_u(\hat{\boldsymbol{x}}_{\mathrm{i}}, \hat{\boldsymbol{x}}_{en}, \varphi_{Xk}, \varphi_{Yk}) \\ F_v(\hat{\boldsymbol{x}}_{\mathrm{i}}, \hat{\boldsymbol{x}}_{en}, \varphi_{Xk}, \varphi_{Yk}) \end{pmatrix} \tag{9-14}$$

最后，由式（9-14）得出本方法的标定优化目标函数：

$$\min_{\boldsymbol{X} \in \mathbf{R}^{5N+7}} \sum_{n=1}^{N} \sum_{k=1}^{K} \| (u_{nk}, v_{nk})^{\mathrm{T}} - (\hat{u}_{nk}, \hat{v}_{nk})^{\mathrm{T}} \|^2 \tag{9-15}$$

式中，待求解的参数共 $5N+7$ 项，其中 N 是采集数据的次数。

2. 两步迭代法

刘海波等[20]提出一种基于星间角距正弦值的两步迭代标定方法，在估计主点和焦距的同时，对光学系统畸变参数进行标定。

两步迭代法基于理想针孔模型，即恒星 i，j 在星相机坐标系中的方向矢量夹角与在天球坐标系下相同，将式（9-1）代入式（9-5）得到

$$|\boldsymbol{v}_i \times \boldsymbol{v}_j| = \frac{N_{ij}}{D_i D_j} \tag{9-16}$$

式中，

$$\begin{cases} N_{ij} = \sqrt{f^2(x_i - x_j)^2 + f^2(y_i - y_j)^2 + [(x_i - x_0)(y_j - y_0) - (x_j - x_0)(y_i - y_0)]^2} \\ D_i = \sqrt{(x_i - x_0)^2 + (y_i - y_0)^2 + f^2} \\ D_j = \sqrt{(x_j - x_0)^2 + (y_j - y_0)^2 + f^2} \end{cases} \tag{9-17}$$

当考虑畸变时，可将式（9-17）可进一步改写为

$$\begin{cases} N_{ij}=\sqrt{f^2(x_i-\delta x_i-x_j+\delta x_j)^2+f^2(y_i-\delta y_i-y_j+\delta y_j)^2+\Theta} \\ D_i=\sqrt{(x_i-x_0-\delta x_i)^2+(y_i-y_0-\delta y_i)^2+f^2} \\ D_j=\sqrt{(x_j-x_0-\delta x_j)^2+(y_j-y_0-\delta y_j)^2+f^2} \end{cases} \tag{9-18}$$

式中，

$$\Theta=[(x_i-x_0-\delta x_i)(y_j-y_0-\delta y_j)-(x_j-x_0-\delta x_j)(y_i-y_0-\delta y_i)]^2 \tag{9-19}$$

两步迭代法的标定步骤如下：

第 1 步，采用 Weng 畸变模型（见式（9-10）），令畸变系数 $g_1,g_2,g_3,\kappa_1,\kappa_2,\kappa_3$ 为 0，利用最小二乘法计算得到内方位元素的估计值$(\hat{x}_0,\hat{y}_0,\hat{f})$。

第 2 步，将第 1 步得到的内方位元素估计值$(\hat{x}_0,\hat{y}_0,\hat{f})$作为输入值，利用最小二乘法计算畸变系数 $g_1,g_2,g_3,\kappa_1,\kappa_2,\kappa_3$。方法与第 1 步类似，不再赘述。

第 3 步，将第 2 步得到的畸变系数作为常量，利用最小二乘法优化内方位元素(x_0,y_0,f)。

第 2、3 步进行若干次迭代后，可获得稳定的内方位元素和畸变参数估计值。

两步迭代法能够有效解决内参数标定法存在的问题，但存在初值敏感鲁棒性差的缺点，因此也限制了标定精度的提高[21]。王宏力等[21]提出一种基于粒子群算法的两步迭代法，它充分利用了粒子群算法全局搜索能力强的特点，为两步迭代法的标定提供一组次优的初值，从而降低两步迭代法对初值的敏感性。

3. 多面阵参数标定法

本书课题组给出了一种双面阵星相机参数标定方法[22]，相关数学模型如图 9-8 所示。

根据探测器像元坐标计算焦面坐标系中点坐标的位置(x_f,y_f)，采用以下公式：

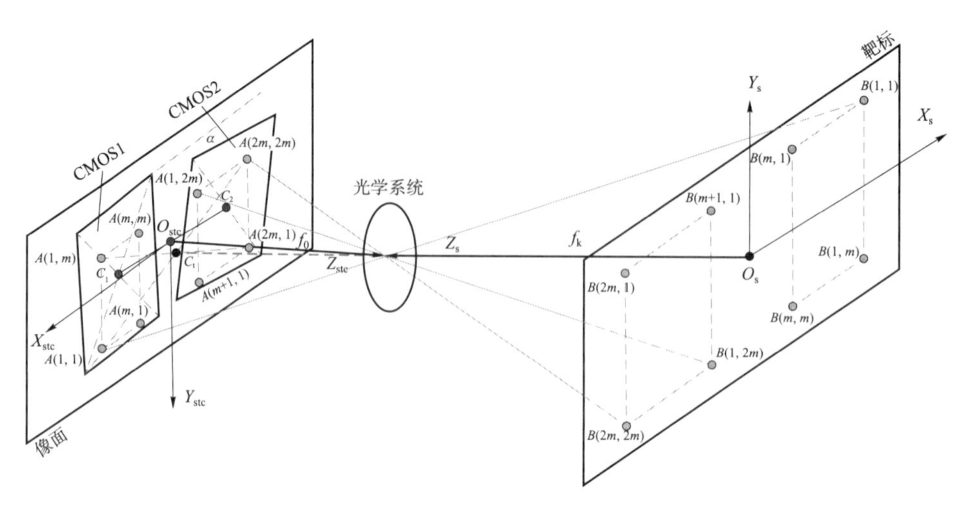

图 9-8 双面阵星相机数学模型（附彩图）

$$\begin{cases} x_f = x_m - N_x \cdot d \\ y_f = y_m + N_y \cdot d \end{cases} \tag{9-20}$$

式中，(x_m, y_m)——编号为 N_m 的矩阵初始像元的坐标；

N_x——探测器像元所处的列号。

N_y——探测器像元所处的行号。

d——像元尺寸。

建立平行光管系统与星相机之间的相对偏角和星相机焦面上标记点图像坐标的线性关系方程式：

$$\begin{cases} dx = f \cdot [\kappa \cdot \tan\beta_y + \omega(1+\tan^2\beta_x)] + \delta_f \cdot \tan\beta_x \\ dy = f \cdot [\alpha \cdot (1+\tan^2\beta_y) - \kappa\tan\beta_x] + \delta_f \cdot \tan\beta_y \end{cases} \tag{9-21}$$

式中，f——星相机设计焦距；

dy, dx——星相机焦面上标记的测量坐标与内方位元素测试仪标定过程中获得的标记坐标之间的差值；

β_y, β_x——分别指向焦面 YZ 和 XZ 上标记的角；

δ_f——星相机焦距校准值；

α, ω, κ——星相机坐标系相对于内方位元素测试仪坐标系的俯仰角、侧摆角和偏航角。

然后，采用最小二乘法解该方程组，可以得出星相机计算焦距的校准值 δ_f、偏航角 κ 和侧摆角 ω。将参数 δ_f 和 κ 代入式（9-21），用最小二乘法解方程组，可以得出俯仰角 α。

之后，将 δ_f,α,ω 和 κ 的值代入下式，确定剩余误差 $\delta x,\delta y$ 的值。

$$\begin{cases}\delta x = dx - f\cdot(\kappa\cdot\tan\beta_y+\omega(1+\tan^2\beta_x)) - \delta_f\cdot\tan\beta_x \\ \delta y = dy - f\cdot(\alpha\cdot(1+\tan^2\beta_y) - \kappa\tan\beta_x) - \delta_f\cdot\tan\beta_y\end{cases} \tag{9-22}$$

式中，剩余误差 δx 和 δy 包括镜头畸变和焦面上器件的安装误差在内，相应的畸变计算公式如下：

$$\begin{cases}\delta x_a = \delta x_0 + K_x\cdot x_f \\ \delta y_a = \delta y_0 + K_y\cdot y_f\end{cases} \tag{9-23}$$

式中，$\delta x_a,\delta y_a$——星相机焦面上 X 方向、Y 方向畸变；

$\delta x_0,\delta y_0$——探测器上初始像元坐标的校准值；

K_y,K_x——星相机焦面上探测器的矩阵转动正切角。

4. 试验验证

本书课题组按照多面阵参数标定法搭建了试验系统，如图 9-9 所示。

图 9-9　星相机参数标定现场

星相机畸变标定结果如图 9-10 所示。由图可知，星相机自身畸变非常小。

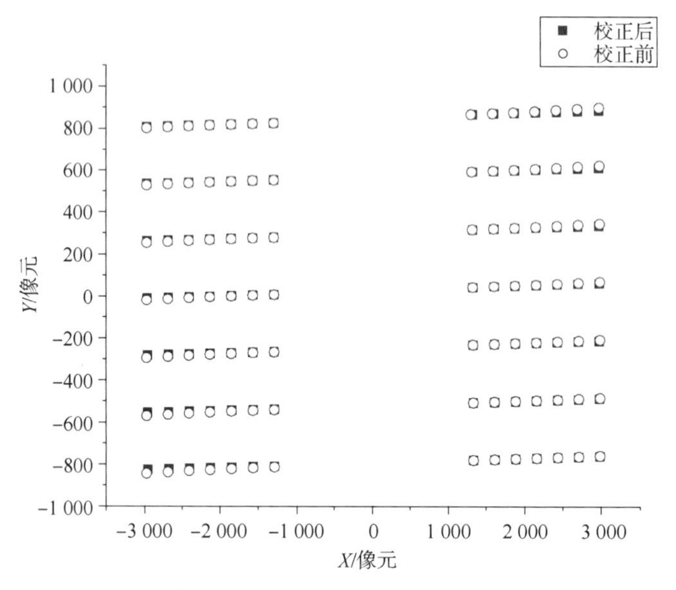

图 9-10 星相机畸变标定结果（放大 500 倍）（附彩图）

9.3 星模拟器实验室验证

随着对星相机的研究不断深入，星模拟器的不同用途也得到扩展，在实验室阶段主要通过星模拟器模拟恒星的发光特征进行星相机的检测和标定，因此星模拟器的研究对星相机的发展是必不可少的。

星模拟器从功能上可分为静态星模拟器和动态星模拟器两类。静态星模拟器主要由光学镜头和静态靶标等组成，用于星相机静态测试。动态星模拟器，顾名思义主要用于星相机动态测试，相比于静态星模拟器，其主要区别在于需要具有星图显示器件和控制主机，用于动态图像模拟输出。动态星模拟器主要采用的星图显示器件有数字光处理器（DLP）、硅基液晶显示器（LCOS）、薄膜晶体管液晶显示屏（TFT-LCD）。DLP 采用纯数字化显示技术，具有清晰度高、亮度高的特点；LCOS 采用反射显示技术，具有解析度高、光能利用率高、开口率高等特点；TFT-LCD 具有分辨率高、亮度高、色彩保真度高的特点，其生产技术已经很成熟，所需的驱动电压不是很高，可保证安全性，而且其环保特性较好，使用温度范围较广（-20~50 ℃）。由于 DLP 和 LCOS 的价格明显高于 TFT-LCD，所以大部分动态星模拟器选择价格适中的 TFT-LCD 显示器。

9.3.1　星模拟器国内外研究现状

1. 国外研究现状

国外对星模拟器的研究起步较早。蔡司联合体研制的静态多星模拟器以一块不透光的分划板作为星点板，用 4 个准直平行光管的焦面位置布置分划板；光源照射分划板上的 16 个一定大小的透光小孔后产生无穷远的模拟星点；同时，平行光管焦面位置可以进行微调[23]。

美国 Eastman-Kodak 公司研制的静态星模拟器星点板是用光纤板制成的，能够模拟等腰三角形形状的星图，不同波长的光可以通过光纤引到准直光学系统的焦平面上，模拟 2~8 mv，星等的模拟使用不同组合的滤光片实现[24]。该公司为 NASA 研制的静态星模拟器星点板也是光纤板制成的，通过不同色温的光将光纤成像到准直光学系统的焦平面上用以模拟星点，星点的谱分布与典型色温恒星相同，同样通过加入各种不同的滤光片，可模拟 2~8 mv。

美国 Hughes 公司研制了一种动态星模拟器，星图的动态显示功能通过计算机控制 TFT-LCD 中模拟星点的开关实现，星图经过星模拟器光学系统后成像在星敏感器的入瞳处，被星敏感器接收，这种动态模拟器可以对星敏感器的星图捕获、星图识别和星点位置计算等功能进行检测[25-26]。

美国的 McDonnell Douglas Aerospace 公司研制的动态星模拟器可提供三组模拟星图，这三组模拟星图之间是相互独立的，星图视场角达 25°×25°，星图显示器件的分辨率为 4 096 像元×4 096 像元，图像的刷新频率为 1 000 Hz，其中每个星图可以产生 50 颗模拟星点，单星张角精度为 100″，可以模拟 2~8 等星[27]。

欧洲宇航防务集团（European Aeronautic Defense and Space Company，EADS）首次提出采用 LCOS 作为星图显示器件，并以此为星图显示器研制了一款小型动态星模拟器（图 9-11），星图的对比度有所提高。这款星模拟器的视场为 25°×25°，星间角距误差小于 18″(2δ)，对准精度小于 3. 6″，且质量小于 2 kg，实现了星模拟器的小型化和高精度化[28-29]。

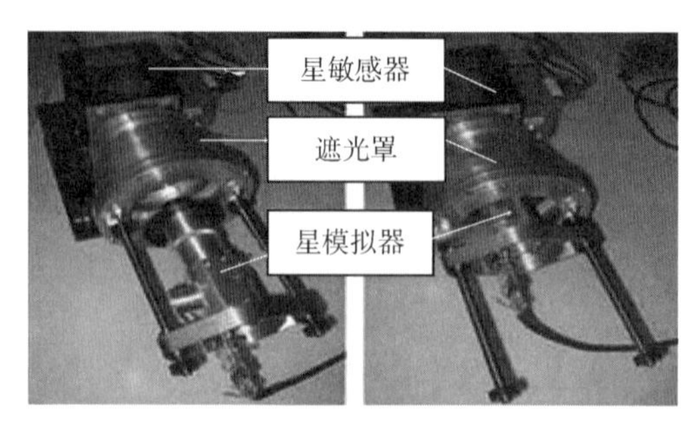

图 9-11 LCOS 动态星模拟器

2. 国内研究现状

国内星模拟器研究现状汇总如表 9-2、表 9-3 所示。总的来看，静态星模拟器精度相对较高，可部分用于星相机精度评价，而动态星模拟器精度相对较低，一般仅用于动态功能性验证。

表 9-2 静态星模拟器国内研究现状[30-31]

年份	研制单位	系统指标			星间角距误差
		视场角	焦距/mm	波长/nm	
2010	长春理工大学	20°×20°	60	500~800	25″
2011	长春理工大学	1. 2°×1. 2°	5 000	500~800	0. 2″
2013	长春理工大学	6°×6°	190	550~750	2. 4″
2014	长春理工大学	7. 2°	150	500~900	5″
2017	长春理工大学	22°	77	500~800	10″

表 9-3 动态星模拟器国内研究现状[32-40]

年份	研制单位	系统指标			单星位置误差	星间角距误差	星等
		视场角	焦距/mm	波长/nm			
1996	北京控制工程研究所	6. 5°×5°	—	—	30″	—	2. 0~6. 5
1998	哈尔滨工业大学	5. 06°×6. 74°	1 638. 8	—	—	—	—
2003	电子科技大学	6. 5°×5°	190	460~710	—	—	2. 0~6. 5
2007	中国科学院长春光电研究所	10. 5°×7. 5°	96. 2	480~710	40″	—	2. 0~8. 0
2010	哈尔滨工业大学	28′	1 647	—	2′	—	0~5. 0

续表

年份	研制单位	系统指标			单星位置误差	星间角距误差	星等
		视场角	焦距/mm	波长/nm			
2012	长春理工大学	10. 2°×10. 2°	89. 64	470~760	15. 27″	—	2. 0~6. 5
2014	苏州大学	10. 2°×10. 2°	111. 7	500~800	—	—	—
2014	北京航空航天大学	10°×8°	—	—	—	20″	2~7
2014	长春理工大学	22. 4°	54. 99	500~800	6″	—	-1~7
2020	中国科学院光电技术研究所	28. 6°	32. 64	650±50	—	—	—

9. 3. 2　星模拟器分类

根据工作方式，星模拟器可分为静态星模拟器和动态星模拟器两类。

1. 静态星模拟器

静态星模拟器也称标定型星模拟器，是将星点板放置在光学系统的焦面位置，星点板经光源照射后通过光学系统成像到无穷远的虚像空间，实现星图的模拟，其光学系统的实质是一个平行光管。静态星模拟器能够严格模拟星点的大小、星等值、光谱等，主要可以对星相机的探测能力、空间分辨率进行地面标定，没有实时性要求。根据星点数量及标定需求，静态星模拟器可分为单星静态星模拟器和多星静态星模拟器。

2. 动态星模拟器

动态星模拟器也称功能检测型星模拟器，通过计算机模拟星相机的空间姿态及轨道动力学数据等信息，控制星图显示器件的光输出，为星相机提供实时星图，其中星图显示器件放置在星模拟器光学系统的焦面处，星图经光学系统成像到无穷远实现星光模拟。动态星模拟器主要用来测试星相机的星点提取和星图识别算法功能。

9. 3. 3　星模拟器组成及工作原理

1. 静态星模拟器组成及工作原理

静态星模拟器主要由星点分划板组件、滤光片组件、光源与电源、准直光学系统四大部分组成。

（1）星点分划板的作用是模拟固定天区的星图。根据星点的分布情况，在分划板上刻划有一系列透光微孔，这些透光微孔以静态的形式组成相应的星图图案。

（2）滤光片用于修正光源光谱，使其满足静态星模拟器的光谱要求。

（3）光源对星点分划板的照明产生星光。电源产生电流来控制光源，通过对电源电流的调节来表示星点的明亮程度，以此来模拟星等变化。

（4）准直光学系统用于实现平行光出射，模拟无穷远恒星的发光特征，成像在星相机光学系统的入瞳处，使星图经过光学系统后得到的所有星点的位置准确、能量场恒等。

静态星模拟器的工作原理如图 9-12 所示。从光源发出一束亮度均匀的平行光，透过滤光片，照射在星点分划板上并在分划板上形成模拟星点，而透过分划板的光线在通过准直光学系统后变成平行光射出，这样便模拟成无穷远处的恒星星光，并形成静态模拟星图投射在星相机入瞳处，可以被星相机观测。

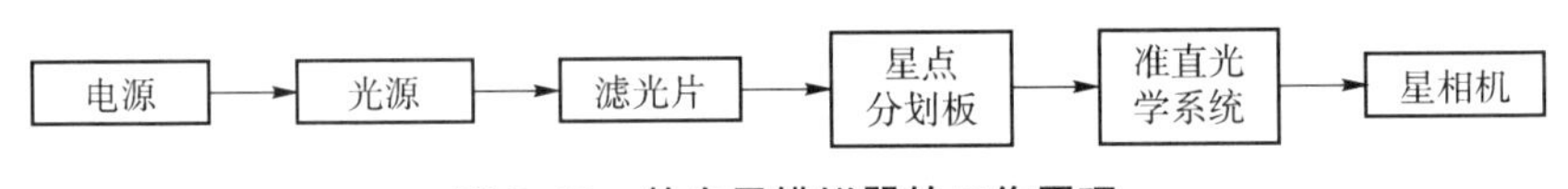

图 9-12 静态星模拟器的工作原理

2. 动态星模拟器组成及工作原理

动态星模拟器由星图仿真系统、星图动态显示系统和准直光学系统组成，如图 9-13 所示。

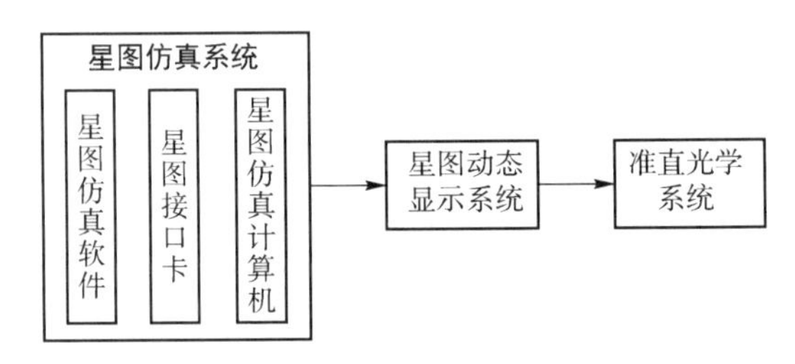

图 9-13 动态星模拟器的组成框图

（1）星图仿真系统由星图仿真软件、图像接口卡、星图仿真计算机三部分组成。星图仿真软件能够实现参数设置、星表构建、星表检索、指令接收、图像输出和界面显示等功能，即完成星体数据库的管理、查询、检索、坐标变换、数据传送、星图显示刷新控制等功能。图像接口卡完成星图传输功能。星图仿真计算机运行星图仿真软件，通过星图仿真软件设定初始状态，进行初始视场内的星图生成，并以指定帧速将星图图像传输至星图动态显示系统，实现星图的模拟和输出功能。

（2）星图动态显示系统[41]完成将接收到的星图显示并将其投放到准直光学系统。

（3）准直光学系统用于实现平行光出射，模拟无穷远恒星的发光特征，成像在星相机光学系统的入瞳处，使星图经过光学系统后得到的所有星点的位置准确、能量场恒等。

动态星模拟器的工作原理如图 9-14 所示。星模拟器控制系统为星模拟器提供星相机的指向，由星图仿真计算机中的星表数据库生成当前时刻星相机所能观测到的星图数据，通过接口及驱动电路将星图数据传输到星图动态显示系统；星图动态显示系统显示出亮度均匀的星点，并将其置于准直光学系统焦面上；星点发出的光线经准直光学系统后形成平行光出射，可以在室内有限空间模拟真实恒星发光效果，实现动态星图的实时模拟。

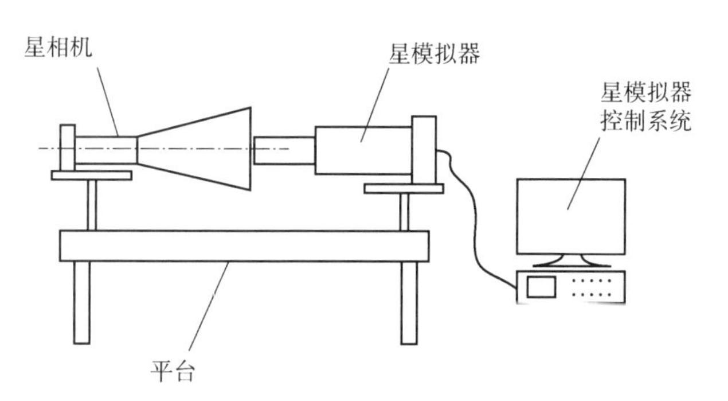

图 9-14 动态星模拟器工作原理示意图

3. 星模拟器指标确定

星模拟器指标一般包括光谱范围、模拟星等、视场角、出瞳位置、出瞳直径及成像质量要求。

静态星模拟器除光谱范围、模拟星等、视场角、出瞳位置及出瞳直径与动态星模拟器一致外，一般还需确定星点刻划直径及星点颗数，静态星模拟器若只标定不同恒星的特性则可选用单星点，若标定多颗星则可设定多颗星点。

1）光谱范围

星模拟器的光谱范围主要取决于星相机的成像光谱，按照星相机的成像光谱范围进行确定。

2）中心波长

星模拟器的中心波长由星相机中心波长决定。

3）模拟星等

根据现有技术实现情况，星等模拟精度为 0.2~0.5 mv。

4）视场角

星模拟器视场角应大于或等于星相机的视场角，由星相机的视场角 2ω 加一定余量确定，一般要求 0.2°左右。

5）出瞳位置及出瞳直径

为了平衡星模拟器的质量与其光能利用率的关系，星模拟器光学系统的出瞳位置应该与星相机的入瞳位置匹配；星模拟器光学系统的出瞳直径应等于星相机光学系统的入瞳直径。

同样，星模拟器的出瞳位置应与星相机的入瞳位置重合，星相机的入瞳位置为第一片透镜的前表面，星模拟器的出瞳位置可根据安装空间及接口适当确定。星模拟器要通过机械接口与星相机安装为一体，结合部分不能有漏光现象。

如图 9-15 所示，如果星相机的入瞳位置在除窗口玻璃外的第一片成像透镜端面上，则要求星模拟器的出瞳位置与其相对应。

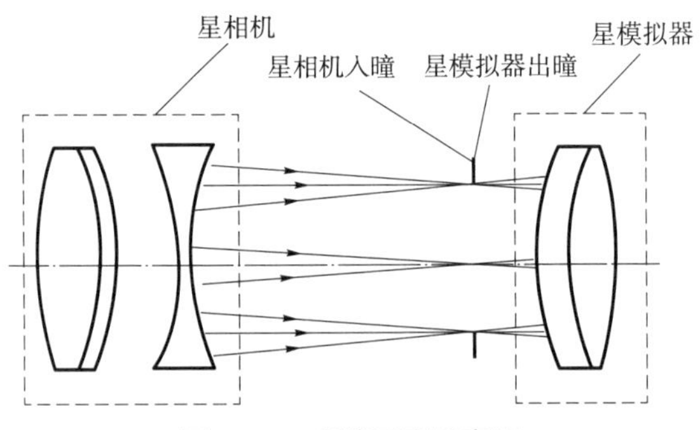

图 9-15　出瞳匹配示意图

6）成像质量要求

星模拟器光学系统的像差将影响星相机的使用要求，因此需要参考星相机光学系统着重校正的像差，它们也是星模拟器光学系统像差校正的重点。

对于星模拟器，由于其模拟的是无穷远的恒星，且主要用于星相机的地面检测，因此星图经星模拟器后所成星像的位置应该准确，即要求小畸变；由于倍率色差的存在会影响星点位置的确定，因此有必要校正倍率色差。其他几何像差最终反映在理想点物经光学系统变成一个弥散斑这一固有特性上，只是由于像差大小不同，其点物经光学系统之后的弥散斑大小不同，故还需考虑弥散斑这项指标。

考虑到 MTF 能反映所有像差的累积效应，而且可以测量和计算，星模拟器和星相机组成系统之后，整个系统的调制传递函数也是可以测量和计算的，因此有必要明确调制传递函数的指标。以下给出具体的像质要求论证和选择说明。

（1）MTF。参照 CCD 为接收器的光学系统调制传递函数要求：在奈奎斯特频率下传函数值在 0.5 以上则认为像质能满足要求，故本系统要求在所选接收器的奈奎斯特频率下，MTF 一般应大于 0.5。

（2）弥散斑大小。对应奈奎斯特频率处的传递函数要求，需保证弥散斑在一个像元范围内，即一个像元范围内能量集中度一般应大于 85%。

（3）弥散斑形状。弥散斑的对称性应好。

（4）畸变。畸变的大小由星相机的质心定位精度确定，取星模拟器的定位精度优于星相机质心定位精度的 1/5。

（5）倍率色差。本要求中所指倍率色差为不同波长相对中心波长的色畸变。一般取星模拟器的倍率色差为星相机的 4/5。

（6）质心位置与理想像高的偏差。一般要求质心位置与理想像高的偏差小于 0.5 μm。

7）星点刻划直径

星点刻划直径除与现有技术实现程度有关外，主要由星模拟器的实际成像光斑尺寸确定。星点直径 $d=\frac{f_1}{f_2}\times y_2$，其中 f_1、f_2 分别为平行光管和星相机焦距，y_2 为星相机星点尺寸。

8）星点颗数

星点颗数主要取决于星相机能够获取的导航星数量，并依此进行选取。

4. 静态星模拟器标定技术

静态星模拟器标定技术的主要应用有单星模拟器标定技术和静态多星模拟器标定技术。

单星模拟器标定能够严格模拟星点的大小、星等值和光谱等，主要可以对星相机的探测能力、光信号分辨和处理能力进行地面标定，格外注重精度，没有实时性要求。

静态多星模拟器标定对单星张角、星点位置误差的精度要求很高，但对星图变化没有实时性要求，通常只完成对一幅固定星图的模拟。

静态星模拟器具体标定方法及步骤详见《星敏感器标定与精度测试方法》(GJB 8137—2013)[42]。

5. 动态星模拟器标定技术

动态星模拟器标定技术即动态多星模拟器标定[43]，主要用来模拟多个星的实际位置、分布等，考察星相机对于光信号的处理转换、坐标的运算转换、星点模拟位置的精确度等技术指标要求，注重对各星点像的位置要求，即测试星相机的星点提取和星图识别算法功能，具有实时性。

9.4 实验室精度评价

星相机精度是衡量星相机性能的核心指标之一，一般需要在地面进行标定[8,18,44]和验证。受当前技术水平制约，目前在实验室尚难以精确模拟天球开展星相机精度的直接验证，而外场验证又受到大气条件诸多限制[45]，精度验证存在诸多不确定性。因此，有必要根据星相机的特点，针对误差成因开展专项误差标定[17]，以便较为准确地预计在轨的精度。

按照 ECSS[15]分类，星敏感器测量误差主要可分为偏置误差（bias error，BE）、热弹性误差（thermo elastic error）、视场空间误差（FOV spatial error）、像素空间误差（pixel spatial error）、时间噪声（temporal noise）、光行差（aberration of light）等。其中，偏置误差和光行差可通过系统校正进行弥补，其影响可以忽略[46]。热弹性误差与在轨使用环境相关[47]。对于 LEO 卫星，视场空间误差表现为时域低频有色噪声，像素空间误差和时间噪声表现为高频白噪声[46]。因此与星相机自身相关的又可按照瞬时误差（TE）、高频误差（HSFE）、低频误差（LSFE）进行分类[15]。

（1）TE 由时间噪声导致，主要包括：

①星点信号的散粒噪声。

②背景和暗电流带来的散粒噪声。

③读取噪声。

④量化噪声。

⑤数据噪声。

TE 误差取决于曝光时间和探测器温度。

（2）HSFE 误差源主要包括：

①探测器光子响应非一致性（photo response non uniformity，PRNU）。

②探测器暗信号不一致性（dark signal non uniformity，DSNU）。

③探测器暗电流尖峰——是否相关取决于探测器技术。

④探测器固定模式噪声（fixed pattern noise，FPN）——是否相关取决于探测器技术。

⑤星点质心计算误差（插值误差）。

（3）LSFE 误差源主要包括：

①视场内的点扩散函数变量。

②焦距校准残差（包括温度稳定性）和光学畸变（色差）。

③在四元数水平上而非星点水平上校正导致的光线偏差残差。

④探测器，线膨胀系数（CTE）影响（包括由于辐射导致的退化）。

⑤星表误差。

对于 LSFE，星相机是在星点层面处理，因此无前三项误差，第 4 项误差可通过采取低膨胀探测器支撑结构设计结合精密温控来消除（退化的影响不讨论），第 5 项误差可通过高精度的星表修正解决，误差一般很小，可忽略。

9.4.1 TE 误差标定方法

TE 误差测试方案如图 9-16 所示，星相机首先与 Stewart 平台一体安装，之后与平行光管对准。三者共同安置于光学隔振平台上。平行光管焦平面处安置 5×5星点靶标，光源照亮星点靶标经平行光管及星相机镜头后在星相机焦面成像(需考虑星相机设计信噪比)，采用帧间差分去噪及质心法[48-49]对星点靶标像进行亚像元细分质心提取，经统计分析即可得到瞬时误差（TE）。

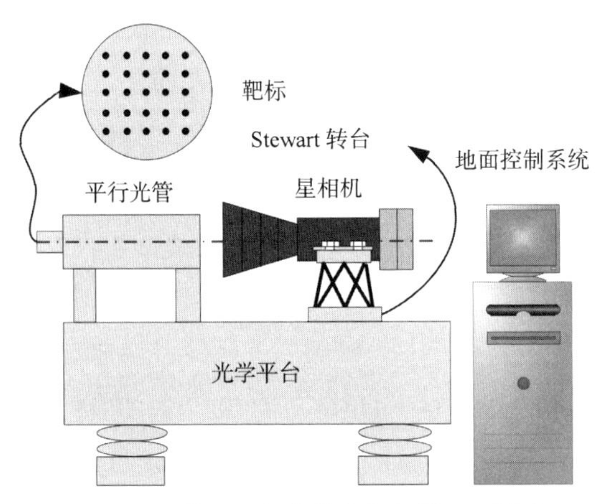

图 9-16 基于平行光管和靶标的 TE 测试

具体过程：在稳定环境连续开启星相机对靶标成像，保存 $N \geqslant 30$ 帧图，计算所有图像的星点质心坐标（单位：像元)，统计每个星点坐标的均方根误差 $\sigma_i(i=1,2,\cdots,N)$，则单个星点对应的 TE((″),3σ)计算公式如下：

$$\bar{\sigma}=\frac{1}{N}\sum_{i=1}^{N}\sigma_i \tag{9-24}$$

$$\mathrm{TE}=3\bar{\sigma}p \tag{9-25}$$

式中，p——星相机一个像元的大小。

9.4.2 HSFE 误差标定方法

HSFE 测试设备与 TE 的一致，区别在于控制 Stewart 平台以微小步距转动星相机，通过统计多次转动条件下星点靶标质心位置之间的变化给出 HSFE。具体过程如下：

第 1 步，工况 1：在连续时间段开启星相机对靶标成像，保存 $N \geqslant 30$ 帧图，计算所有图像的星点质心坐标$(X_{j,i}, Y_{j,i})$，从而可以给出每个星点坐标的均值：

$$\bar{X}_j^{(1)} = \frac{1}{N}\sum_{i=1}^{N} X_{j,i}^{(1)} \tag{9-26}$$

$$\bar{Y}_j^{(1)} = \frac{1}{N}\sum_{i=1}^{N} Y_{j,i}^{(1)} \tag{9-27}$$

式中，$i=1,2,\cdots,N$；$j=1,2,\cdots,W$。

第 2 步，工况 2：利用 Stewart 平台微转动，使靶标像移动 0.2 像元（图 9-17，图中的绿色箭头所指为移动方向），然后重复第 1 步，得到工况 2 的星点坐标均值$(\bar{X}_j^{(2)}, \bar{Y}_j^{(2)})$。

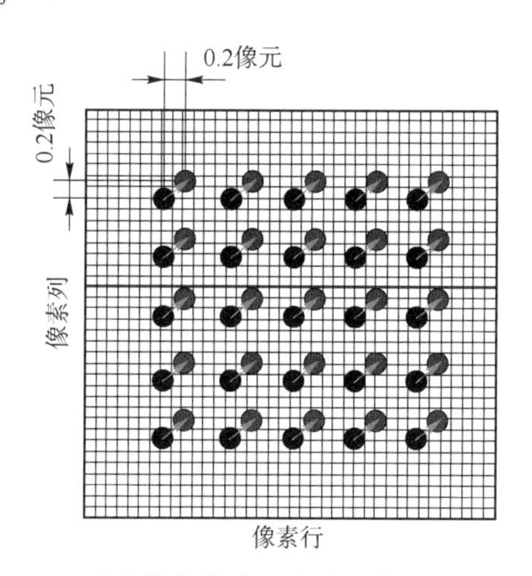

图 9-17　星点靶标微步距移动示意图（附彩图）

第 3 步，工况 3~12：靶标像移动 0.4,0.6,…,2 像元，重复第 1 步，得到工况 3~12 的星点坐标均值$(\bar{X}_j^{(3)}, \bar{Y}_j^{(3)}),\cdots,(\bar{X}_j^{(M)}, \bar{Y}_j^{(M)})$，其中 $M=12$。

第 4 步，从工况 2 开始，采用帧间差分方法，分别计算每个工况相比于前一个工况条件下对应 W 个星点坐标之间的差：

$$\Delta\bar{X}_j^{(k)} = \bar{X}_j^{(k+1)} - \bar{X}_j^{(k)} \tag{9-28}$$

$$\Delta\bar{Y}_j^{(k)} = \bar{Y}_j^{(k+1)} - \bar{Y}_j^{(k)} \tag{9-29}$$

第 5 步，根据第 4 步的计算结果，分别统计每组$(\Delta\bar{X}_j^{(k)}, \Delta\bar{Y}_j^{(k)})$（$k=1,2,\cdots,11$）内 25 个星点相对于各组均值的残差；

$$\delta\overline{X}_j^{(k)} = \Delta\overline{X}_j^{(k)} - \frac{1}{W}\sum_{j=1}^{W}\Delta\overline{X}_j^{(k)} \tag{9-30}$$

$$\delta\overline{Y}_j^{(k)} = \Delta\overline{Y}_j^{(k)} - \frac{1}{W}\sum_{j=1}^{W}\Delta\overline{Y}_j^{(k)} \tag{9-31}$$

第 6 步，统计所有组的残差($\delta\overline{X}_j^{(k)}$,$\delta\overline{Y}_j^{(k)}$)，求均方差，进而得到高频误差 HSFE（3σ）:

$$\sigma_x=\sqrt{\frac{\sum_{k=1}^{M-1}\sum_{j=1}^{W}(\delta\overline{X}_j^{(k)})^2}{W\cdot(M-1)}} \tag{9-32}$$

$$\sigma_y=\sqrt{\frac{\sum_{k=1}^{M-1}\sum_{j=1}^{W}(\delta\overline{Y}_j^{(k)})^2}{W\cdot(M-1)}} \tag{9-33}$$

$$\text{HSFE}_x=3\sigma_x\times p \tag{9-34}$$

$$\text{HSFE}_y=3\sigma_y\times p \tag{9-35}$$

9.4.3 LSFE 误差标定方法

本小节主要针对色差和畸变校正导致的 LSFE 进行测试。

1. 色差（低频误差）

基本测量方案与图 9-16 所示的基于平行光管和靶标的 TE 测试类似，仅需将靶标移动三次，覆盖四个边缘视场，同时在靶标前方放置不同谱段的滤光片进行测试。星点靶标在视场内的位置如图 9-18 所示。

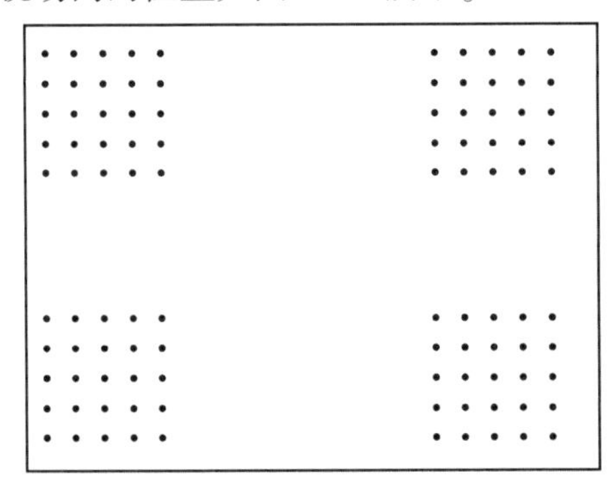

图 9-18 星点靶标在视场内的位置

具体流程如下：

第 1 步，工况 1：靶标位于星相机左上视场，安装 500 nm（带宽 100 nm，下同）滤光片。

第 2 步，连续时间段开启星相机对靶标成像，至少保存 $N=30$ 帧图，计算所有图像的星点质心坐标$(X_{j,i},Y_{j,i})$，从而可以给出每个星点坐标的均值：

$$\overline{X}_j^{(1)}=\frac{1}{N}\sum_{i=1}^{N}X_{j,i}^{(1)} \tag{9-36}$$

$$\overline{Y}_j^{(1)}=\frac{1}{N}\sum_{i=1}^{N}Y_{j,i}^{(1)} \tag{9-37}$$

式中，$i=1,2,\cdots,N$；$j=1,2,\cdots,W$。

第 3 步，安装 600 nm 滤光片，并重复第 2 步。

第 4 步，安装 800 nm 滤光片，并重复第 2 步。

第 5 步，将靶标移动到星相机视场右上角，重复第 1~4 步（工况 2）。

第 6 步，将靶标移动到星相机视场左下角，重复第 1~4 步（工况 3）。

第 7 步，将靶标移动到星相机视场右下角，重复第 1~4 步（工况 4）。

第 8 步，针对每个工况，以 600 nm 谱段星点坐标为基准，计算不同谱段下 5×5星点中每个星点之间的距离：

$$\begin{cases}\delta_{jX(600-500)}^{(k)}=\overline{X}_{j600}^{(k)}-\overline{X}_{j500}^{(k)}\\ \delta_{jY(600-500)}^{(k)}=\overline{Y}_{j600}^{(k)}-\overline{Y}_{j500}^{(k)}\\ \delta_{jX(800-600)}^{(k)}=\overline{X}_{j800}^{(k)}-\overline{X}_{j600}^{(k)}\\ \delta_{jY(800-600)}^{(k)}=\overline{Y}_{j800}^{(k)}-\overline{Y}_{j600}^{(k)}\end{cases} \tag{9-38}$$

式中，$k=1,2,3,4$。

第 9 步，根据第 8 步对所有工况下不同谱段相对 600 nm 谱段之间的星点距离计算均值并除以 2，得到各视场下不同谱段相对于 600 nm 谱段的星点位置误差：

$$\begin{cases}\bar{\delta}_{X(600-500)}=\dfrac{\sum\limits_{k=1}^{4}\sum\limits_{j=1}^{W}\delta_{jX(600-500)}^{(k)}}{2W\times 4}\\ \bar{\delta}_{Y(600-500)}=\dfrac{\sum\limits_{k=1}^{4}\sum\limits_{j=1}^{W}\delta_{jY(600-500)}^{(k)}}{2W\times 4}\\ \bar{\delta}_{X(800-600)}=\dfrac{\sum\limits_{k=1}^{4}\sum\limits_{j=1}^{W}\delta_{jX(800-600)}^{(k)}}{2W\times 4}\\ \bar{\delta}_{Y(800-600)}=\dfrac{\sum\limits_{k=1}^{4}\sum\limits_{j=1}^{W}\delta_{jY(800-600)}^{(k)}}{2W\times 4}\end{cases} \tag{9-39}$$

第 10 步，考虑实际上恒星光谱的分布[50]与用滤光片计算的差异，根据器件参数与镜头透过率进行估计。将第 9 步得到的结果除以 3，可近似为色差导致的星点低频误差 $\sigma_{\mathrm{LSFE-S}}$。

2. 畸变标定残差

由畸变标定导致的低频误差测试方法可参考文献［17］，基本测量方案见图 9-16，仅对靶标进行替换，采用预先标定的静态网格状星点靶标进行测试，如图 9-19 所示。

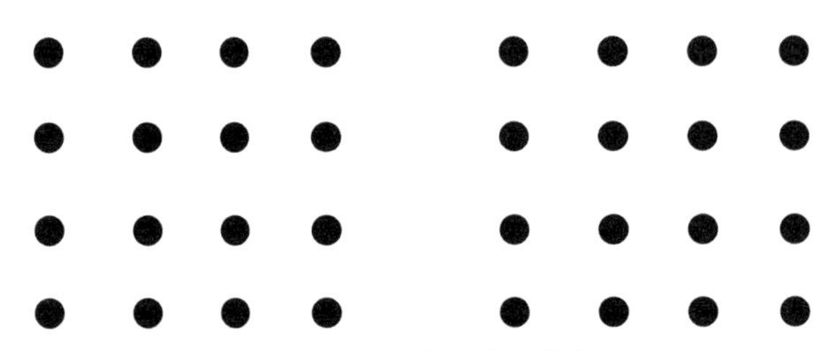

图 9-19　标定用星点靶标

具体流程如下：

第 1 步，在连续时间段开启星相机对靶标成像，保存 $N\geqslant 30$ 帧图，计算所有图像的星点质心坐标$(X_{j,i},Y_{j,i})$，计算每个星点坐标的均值$(\bar{X}_j,\bar{Y}_j)$：

$$\bar{X}_j=\frac{1}{N}\sum_{i=1}^{N}X_{j,i} \tag{9-40}$$

$$\overline{Y}_j=\frac{1}{N}\sum_{i=1}^{N}Y_{j,i} \tag{9-41}$$

式中，$i=1,2,\cdots,N$；$j=1,2,\cdots,W,W=32$。

第 2 步，计算星点坐标的均值$(\overline{X}_j,\overline{Y}_j)$与标定靶标对应的星点坐标$(\overline{X}_j^{(0)},\overline{Y}_j^{(0)})$之残差：

$$\delta X_j=\overline{X}_j-\overline{X}_j^{(0)} \tag{9-42}$$

$$\delta Y_j=\overline{Y}_j-\overline{Y}_j^{(0)} \tag{9-43}$$

第 3 步，计算$(\delta X_j,\delta Y_j)$均值与标准差：

$$\overline{\delta X}=\frac{1}{W}\sum_{j=1}^{W}\delta X_j \tag{9-44}$$

$$\overline{\delta Y}=\frac{1}{W}\sum_{j=1}^{W}\delta Y_j \tag{9-45}$$

$$\sigma_{\delta X}=\sqrt{\frac{\sum_{j=1}^{W}(\delta X_j-\overline{\delta X})^2}{W-1}} \tag{9-46}$$

$$\sigma_{\delta Y}=\sqrt{\frac{\sum_{j=1}^{W}(\delta Y_j-\overline{\delta Y})^2}{W-1}} \tag{9-47}$$

第 4 步，通过星点坐标$(\overline{X}_j^{(0)},\overline{Y}_j^{(0)})$及残差$(\delta X_j,\delta Y_j)$，采用最小二乘法对畸变进行三次多项式拟合得到拟合后的残差估计值$(\hat{\delta}X_j,\hat{\delta}Y_j)$，计算残差估计值与残差之差：

$$\Delta\delta X_j=\delta X_j-\hat{\delta}X_j \tag{9-48}$$

$$\Delta\delta Y_j=\delta Y_j-\hat{\delta}Y_j \tag{9-49}$$

第 5 步，计算$(\Delta\delta X_j,\Delta\delta Y_j)$标准差：

$$\sigma_{\Delta\delta X}=\sqrt{\frac{\sum_{j=1}^{W}(\Delta\delta X_j-\overline{\Delta\delta X})^2}{W-1}} \tag{9-50}$$

$$\sigma_{\Delta\delta Y}=\sqrt{\frac{\sum_{j=1}^{W}(\Delta\delta Y_j-\overline{\Delta\delta Y})^2}{W-1}} \tag{9-51}$$

第 6 步，根据上述计算结果，计算低频误差：

$$\sigma_{\mathrm{LSFE-C1}x}=\sqrt{\sigma_{\delta X}^{2}-\sigma_{\Delta\delta X}^{2}} \tag{9-52}$$

$$\sigma_{\mathrm{LSFE-C1}y}=\sqrt{\sigma_{\delta Y}^{2}-\sigma_{\Delta\delta Y}^{2}} \tag{9-53}$$

3. 标记位置误差

由于星相机精度高，因此采用星点靶标进行畸变标定时还需考虑靶标本身的标定精度，该误差也会带入畸变标定过程中，其精度取决于所采用的标定仪器，误差记为 $\sigma_{\mathrm{LSFE-C2}}$。

4. 质心提取误差

星相机畸变标定过程中对星点进行质心提取的精度较高，目前可以达到1/20像元，误差基本可以忽略。

5. 低频误差合成

上述误差部分具有一定的相关性，综合考虑的总低频误差按下式合成：

$$\sigma_{\mathrm{LSFE}}=\sqrt{\sigma_{\mathrm{LSFE-S}}^{2}+(\sigma_{\mathrm{LSFE-C1}}i+\sigma_{\mathrm{LSFE-C2}})^{2}},\quad i=x,y \tag{9-54}$$

9.4.4 试验验证

以本书课题研究的星相机为例，TE 测试结果如图 9-20 所示。

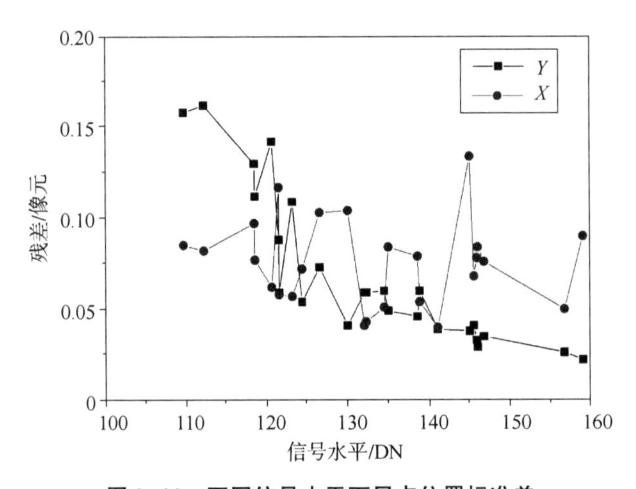

图 9-20 不同信号水平下星点位置标准差

按照式（9-24）、式（9-25），单个星点 TE 为：$\sigma_{\mathrm{TE}x}=1.14''(3\sigma)$，$\sigma_{\mathrm{TE}y}=1.23''(3\sigma)$。

高频误差测试结果如图 9-21 所示。

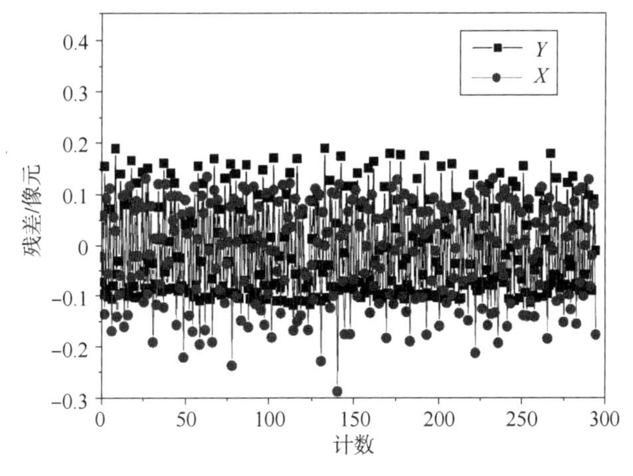

图 9-21　HSFE 残差（附彩图）

按照式（9-32）~式（9-35），单个星点 HSFE 为：$\sigma_{\mathrm{HSFE}x}=1.08''(3\sigma)$，$\sigma_{\mathrm{HSFE}y}=1.01''(3\sigma)$。

1. LSFE（色差）

由色差导致的 LSFE（以 600 nm 为基准）测试经式（9-38）整理后如图 9-22 所示。

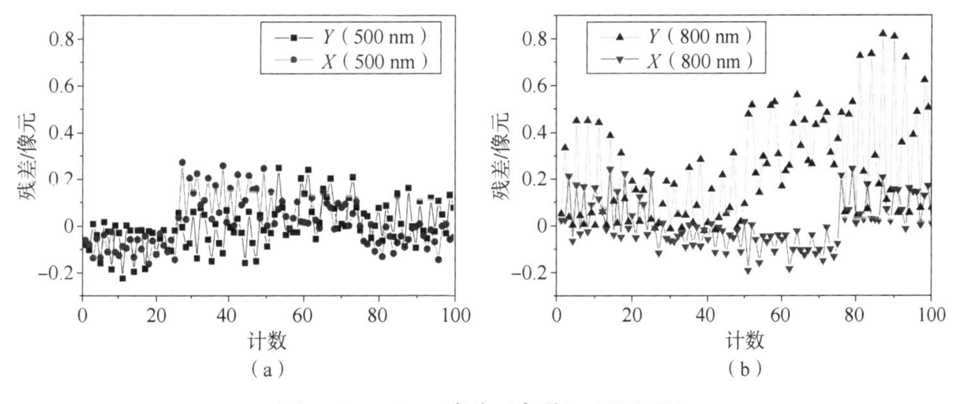

图 9-22　LSFE 残差（色差）（附彩图）

根据图 9-22 数据进行统计分析，由于色差导致的星点 X/Y 方向质心误差分别为 0.006 像元（3σ）和 0.12 像元（3σ）。进一步，计算得到单个星点由色差导致的低频误差 $\sigma_{\mathrm{LSFE-S}}$ 为：$\sigma_{\mathrm{LSFE-S}x}=0.03''(3\sigma)$，$\sigma_{\mathrm{LSFE-S}y}=0.66''(3\sigma)$。

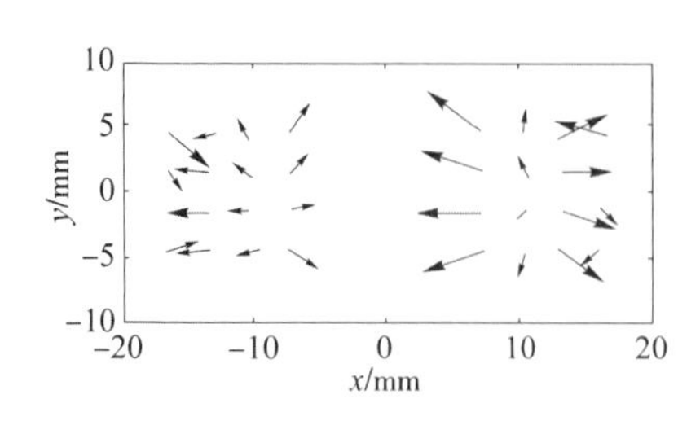

图 9-23 LSFE 残差（畸变标定）

2. LSFE（畸变残差）

星相机畸变标定 LSFE 残差如图 9-23 所示。根据式（9-40）~式（9-53）计算得到低频误差：

$$\sigma_{\mathrm{LSFE-C1}x}=0.29''(3\sigma)$$

$$\sigma_{\mathrm{LSFE-C1}y}=0.41''(3\sigma)$$

3. 标记位置误差

采用高精度全站仪对星点靶标进行标定，按照厂家参数，单个星点的标定误差 $\sigma_{\mathrm{LSFE-C2}}$ 为 $0.5''(3\sigma)$。

4. 低频误差合成

按照式（9-54）对 LSFE 进行合成，得到单个星点导致的 LSFE：

$$\sigma_{\mathrm{LSFE}x}=0.91''(3\sigma)$$

$$\sigma_{\mathrm{LSFE}y}=1.12''(3\sigma)$$

TE、HSFE、LSFE 三项误差独立，按照误差合成原理，则单星合成误差为

$$\sigma_x=1.76''(3\sigma),\ \sigma_y=1.95''(3\sigma)$$

结合星相机设计探测能力，如采用 N 颗星参与姿态计算，则按照独立参数的平均值的均方根可以得到姿态精度，公式如下：

$$\bar{\sigma}_i=\frac{\sigma_i}{\sqrt{N}},\quad i=x,y \tag{9-55}$$

计算得到 X 方向为 $0.56''(3\sigma)$，Y 方向为 $0.62''(3\sigma)$。

9.5 外场试验

星相机具有姿态测量精度高的特点，在航天光学遥感卫星领域具有重要的应用前景[51-52]。星相机的地面标定是当前的一个研究热点[8,45]，主要有实验室标定[8,44]和外场标定[45]两类。本书课题主要关注外场标定。外场标定由于直接面向真实星空观测，其结果更为直观可靠，但受大气环境、标定设备振动等影响，标定精度有限。

针对当前外场标定的缺点，本书课题组提出了一种数字 TDI 星相机外场标定方法[53]，其核心思路是：将两台性能一致的星相机固连，并指向同一天区，通

过赤道仪带动两台星相机按照不同角速度转动，分别获取静态和动态情况下的姿态四元数，然后计算两个姿态四元数之间的转动矩阵，以消除振动、大气扰动等影响，最后利用该转动矩阵对星相机姿态确定精度进行评价。

9.5.1　外场试验方法

基于该方法的外场试验模型如图 9-24 所示。图中，$O_AX_AY_AZ_A$、$O_BX_BY_BZ_B$ 分别为星相机 A、B 的参考坐标系。星相机外场精度标定流程如图 9-25 所示。

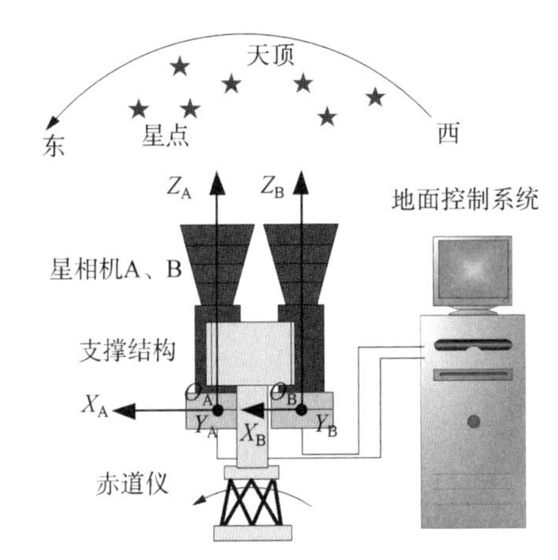

图 9-24　星相机外场试验模型示意图

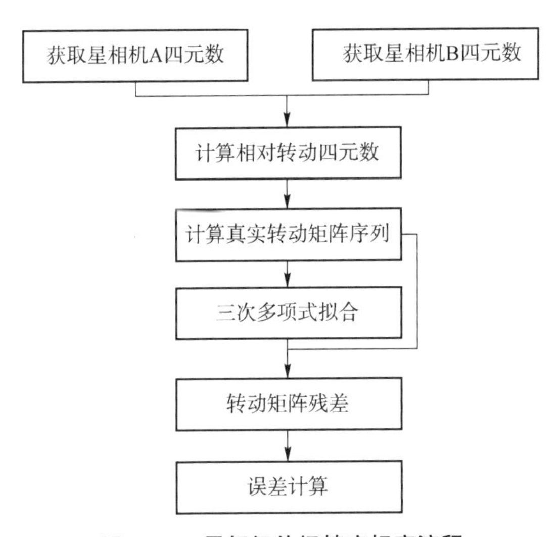

图 9-25　星相机外场精度标定流程

静态精度标定步骤如下：

第 1 步，星相机 A、B 指向天顶，连续采集数据 N 次，得到姿态四元数序列对 $(q_A(t), q_B(t))$，$t=1,2,\cdots,N$；

其中，

$$\begin{cases} q_A(t)=q_{A0}(t)+q_{A1}(t)\mathrm{i}+q_{A2}(t)\mathrm{j}+q_{A3}(t)\mathrm{k} \\ q_B(t)=q_{B0}(t)+q_{B1}(t)\mathrm{i}+q_{B2}(t)\mathrm{j}+q_{B3}(t)\mathrm{k} \end{cases} \tag{9-56}$$

第 2 步，获取 $q_A(t), q_B(t)$ 之间相对转动四元数 $\boldsymbol{q}(t)$：

$$\boldsymbol{q}(t)=q_A(t)/q_B(t) \tag{9-57}$$

式中，$\boldsymbol{q}(t)=[q_0(t) \quad q_1(t) \quad q_2(t) \quad q_3(t)]$。

第 3 步，从 $q(t)$ 计算得到 t 时刻的转动角度 $\varphi(t)$ 和坐标矢量 $\boldsymbol{v}(t)$：

$$\varphi(t)=2a\cos(q_0(t)) \tag{9-58}$$

$$\boldsymbol{v}(t)=\begin{bmatrix} X(t) \\ Y(t) \\ Z(t) \end{bmatrix}=\begin{bmatrix} \dfrac{q_1(t)}{\sin(\varphi(t)/2)} \\ \dfrac{q_2(t)}{\sin(\varphi(t)/2)} \\ \dfrac{q_3(t)}{\sin(\varphi(t)/2)} \end{bmatrix} \tag{9-59}$$

第 4 步，在惯性坐标系下确定星相机坐标系各轴姿态矩阵：

$$\begin{aligned} \boldsymbol{M}_{\mathrm{real}}(t) &= \boldsymbol{M}(X(t), Y(t), Z(t), \varphi(t)) \\ &= \begin{bmatrix} x\_X(t) & y\_X(t) & z\_X(t) \\ x\_Y(t) & y\_Y(t) & z\_Y(t) \\ x\_Z(t) & y\_Z(t) & z\_Z(t) \end{bmatrix} \end{aligned} \tag{9-60}$$

式中，

$$\boldsymbol{M}(X,Y,Z,\varphi)=\begin{bmatrix} \cos\varphi+(1-\cos\varphi)X^2 & (1-\cos\varphi)XY-Z\sin\varphi & (1-\cos\varphi)XZ+Y\sin\varphi \\ (1-\cos\varphi)XY+Z\sin\varphi & \cos\varphi+(1-\cos\varphi)Y^2 & (1-\cos\varphi)YZ-X\sin\varphi \\ (1-\cos\varphi)XZ-Y\sin\varphi & (1-\cos\varphi)YZ+X\sin\varphi & \cos\varphi+(1-\cos\varphi)Z^2 \end{bmatrix} \tag{9-61}$$

式中，$y\_X(t)$——t 时刻星相机坐标系 X 轴在天球坐标系 Y 轴上的坐标投影，其他投影的符号类似。

第 5 步，对姿态矩阵 $\boldsymbol{M}_{\text{real}}(1),\boldsymbol{M}_{\text{real}}(2),\cdots,\boldsymbol{M}_{\text{real}}(N)$ 每个分量进行三次多项式拟合，得到每个时刻的投影矩阵：

$$\boldsymbol{M}_{\text{poly}}(t)=\begin{bmatrix} X\_X(t) & Y\_X(t) & Z\_X(t) \\ X\_Y(t) & Y\_Y(t) & Z\_Y(t) \\ X\_Z(t) & Y\_Z(t) & Z\_Z(t) \end{bmatrix} \tag{9-62}$$

式中，$Y\_X(t)$——t 时刻星相机坐标系 X 轴在天球坐标系 Y 轴上的坐标投影，其余定义类似。

第 6 步，获取误差矩阵：

$$\boldsymbol{M}_{\text{err}}(t)=\boldsymbol{M}_{\text{poly}}(t)\cdot\boldsymbol{M}_{\text{real}}^{\text{T}}(t)=\begin{bmatrix} M_{11}(t) & M_{12}(t) & M_{13}(t) \\ M_{21}(t) & M_{22}(t) & M_{23}(t) \\ M_{31}(t) & M_{32}(t) & M_{33}(t) \end{bmatrix} \tag{9-63}$$

第 7 步，从误差矩阵 $\boldsymbol{M}_{\text{err}}(t)$ 计算得到绕 X、Y、Z 三轴残差：

$$\begin{bmatrix} \delta\varphi_x(t) \\ \delta\varphi_y(t) \\ \delta\varphi_z(t) \end{bmatrix}=\begin{bmatrix} \dfrac{-M_{32}(t)}{M_{33}(t)} \\ \dfrac{M_{31}(t)}{\sqrt{1-(M_{31}(t))^2}} \\ \dfrac{-M_{21}(t)}{M_{11}(t)} \end{bmatrix} \tag{9-64}$$

第 8 步，按照误差理论，对上述误差进行统计，得到绕三轴误差（3σ）。

$$\begin{cases} \sigma_x=\dfrac{3}{\sqrt{2}}\cdot\sqrt{\dfrac{\sum\limits_{t=1}^{N}(\delta\varphi_X(t))^2}{N-1}} \\ \sigma_y=\dfrac{3}{\sqrt{2}}\cdot\sqrt{\dfrac{\sum\limits_{t=1}^{N}(\delta\varphi_Y(t))^2}{N-1}} \\ \sigma_z=\dfrac{3}{\sqrt{2}}\cdot\sqrt{\dfrac{\sum\limits_{t=1}^{N}(\delta\varphi_Z(t))^2}{N-1}} \end{cases} \tag{9-65}$$

动态标定方法与静态的类似，区别在于第 1 步在天顶范围附近按照不同的轨道角速度转动赤道仪，同时改变星相机的 TDI 级数。

9.5.2 外场试验系统搭建

本书课题组在国家天文台兴隆观测站搭建了星相机外场试验系统，如图 9-26 所示。

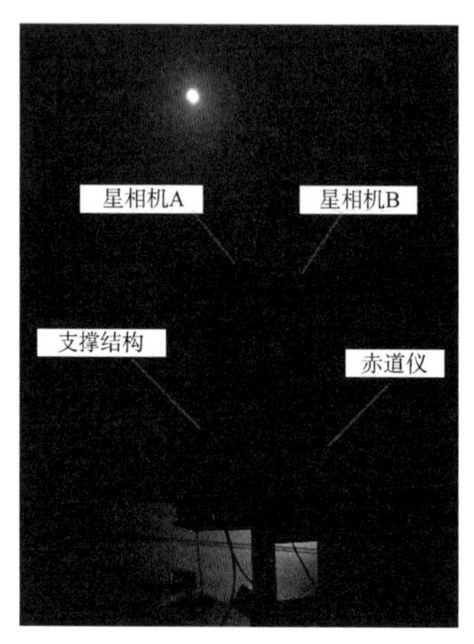

图 9-26 星相机外场试验现场

9.5.3 试验验证及分析

1. 静态精度验证

静态精度的验证结果如图 9-27 所示。为了便于对比，本节给出了基于单台星相机的精度验证结果，其方法与 9.5.1 节的类似，区别在于直接用 $q_A(t)$ 替代 $q(t)$ 进行后续计算，为便于讨论，将其称为一般方法，将 9.5.1 节方法称为新方法。

图 9-27（a）（b）表明，采用新方法得到的星相机绕 X、Y 轴的误差远小于一般方法，验证了本方法的高精度特性；从图 9-27（c）可知，两种方法得到的绕 Z 轴误差基本相当。

2. 动态精度验证

赤道仪按照不同角速度转动时，星相机的动态测试结果如图 9-28～图 9-30 所示。

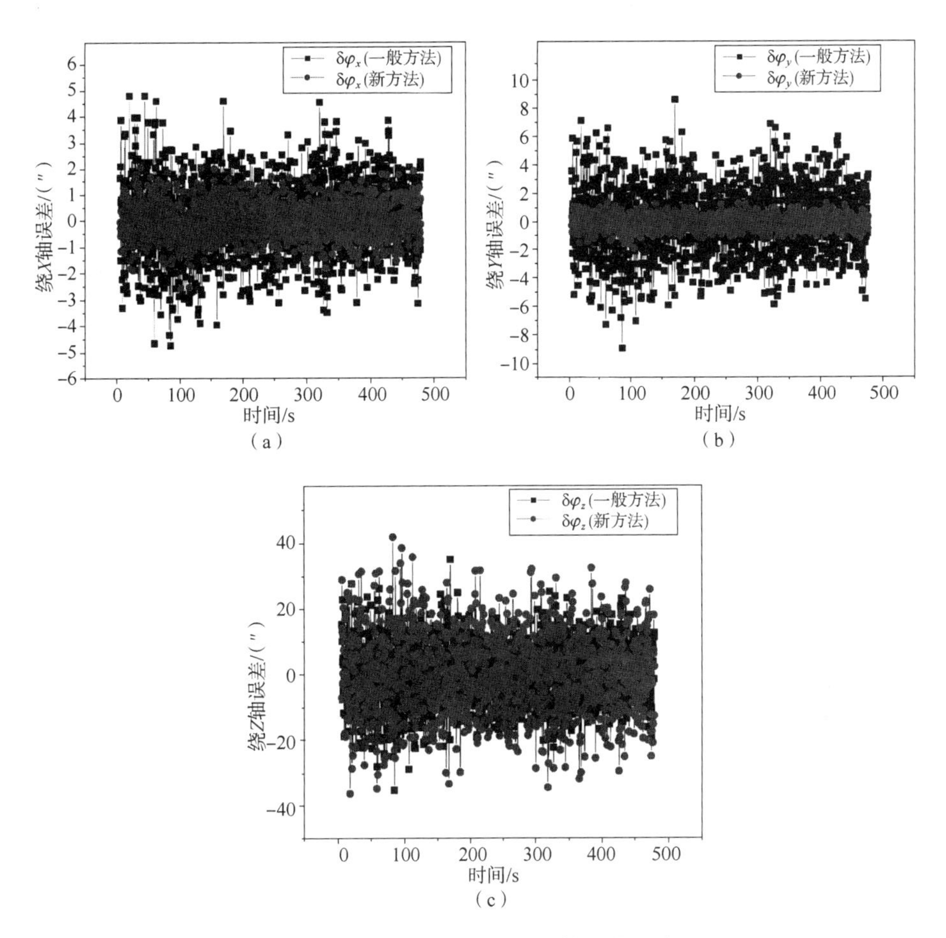

图 9-27　赤道仪角速度 0°/s 星相机三轴测量误差（附彩图）

(a) 绕 X 轴误差；(b) 绕 Y 轴误差；(c) 绕 Z 轴误差

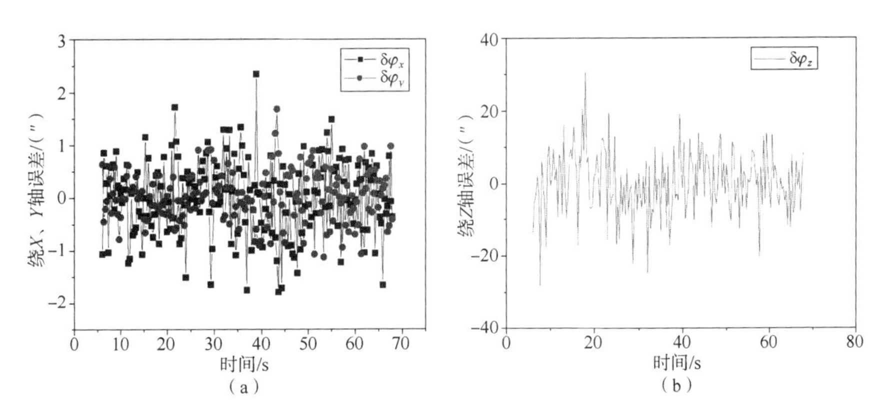

图 9-28　赤道仪角速度 0.065°/s 星相机三轴测量残差

(a) 绕 X、Y 轴误差（附彩图）；(b) 绕 Z 轴误差

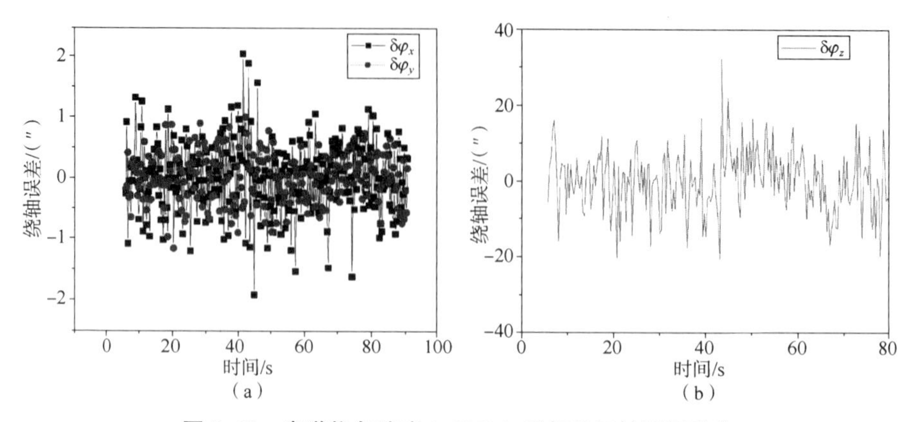

图 9-29　赤道仪角速度 0.085°/s 星相机三轴测量残差

(a) 绕 X、Y 轴误差 (附彩图); (b) 绕 Z 轴误差

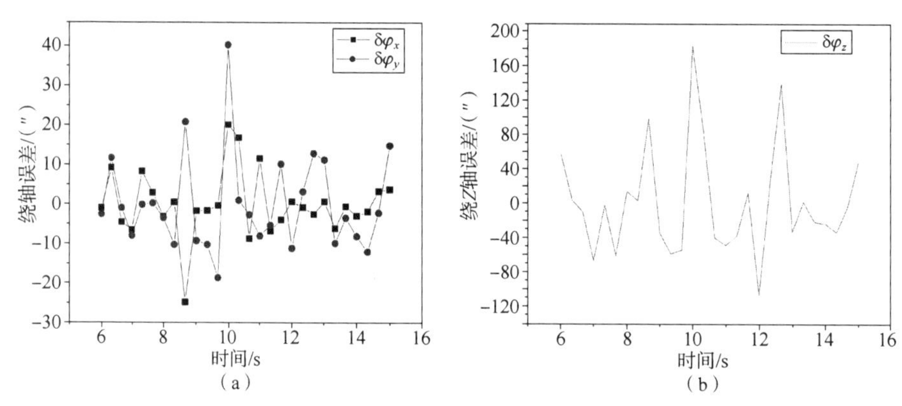

图 9-30　赤道仪角速度 0.2°/s 星相机三轴测量残差

(a) 绕 X、Y 轴误差 (附彩图); (b) 绕 Z 轴误差

由图 9-28 (a)、图 9-29 (a)、图 9-30 (a) 可知，当角速度小于 0.085°/s 时，星相机 X、Y 两轴误差相对较小，而当角速度达到 0.2°/s 时，星相机 X、Y 轴误差急剧增大。

3. 数据分析

对星相机动静态数据进行统计分析，数据汇总如表 9-4 所示。

表 9-4　不同赤道仪转速下星相机误差统计结果汇总

赤道仪角速度/[(°)·s^{-1}]	0	0.065	0.085	0.2
TDI 级数	1	3	3	3
曝光时间/ms	57	84	84	84

续表

绕 X 轴误差 σ_x/[('')，3σ]	1.45	1.5	1.26	18
绕 Y 轴误差 σ_y/[('')，3σ]	0.99	1.02	0.84	26.1
绕 Z 轴误差 σ_z/[('')，3σ]	24	19.08	17.61	135

从表 9-5 可知，在角速度≤0.085°/s 时，星相机 X、Y 轴动态条件下精度与静态精度基本一致。分析认为，动态条件下，通过 TDI 使得星点信噪比和形状得到了良好的保障（图 9-31），与静态效果接近，从而质心提取精度也接近，使得最终的结果也一致。

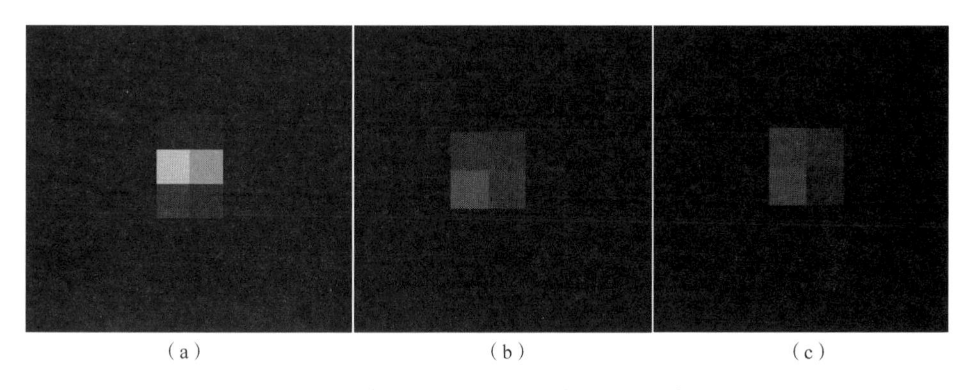

(a)　(b)　(c)

图 9-31　赤道仪不同角速度下的星相机星点图像

(a) 角速度 0°/s；(b) 角速度 0.065°/s；(c) 角速度 0.085°/s

9.6　在轨精度评价

星相机作为高精度仪器，在实验室标定结果不直接，而外场试验受大气、振动等因素影响较大，精度评价结果一般偏大，因此有必要开展在轨精度评估工作，以客观地反映产品的精度特性。按照评估方法的差异，一般可分为直接评估法和夹角评估法，以下分别论述。

9.6.1　直接评估法[54-56]

星相机精度直接评估法指的是通过直接对星相机四元数进行拟合和误差剖离，得到星相机各类型误差的方法，一般针对单台星相机数据进行处理。按照前述讨论，星相机误差可分为低频误差、高频误差、瞬态误差三类，其直接评估流程如图 9-32 所示。

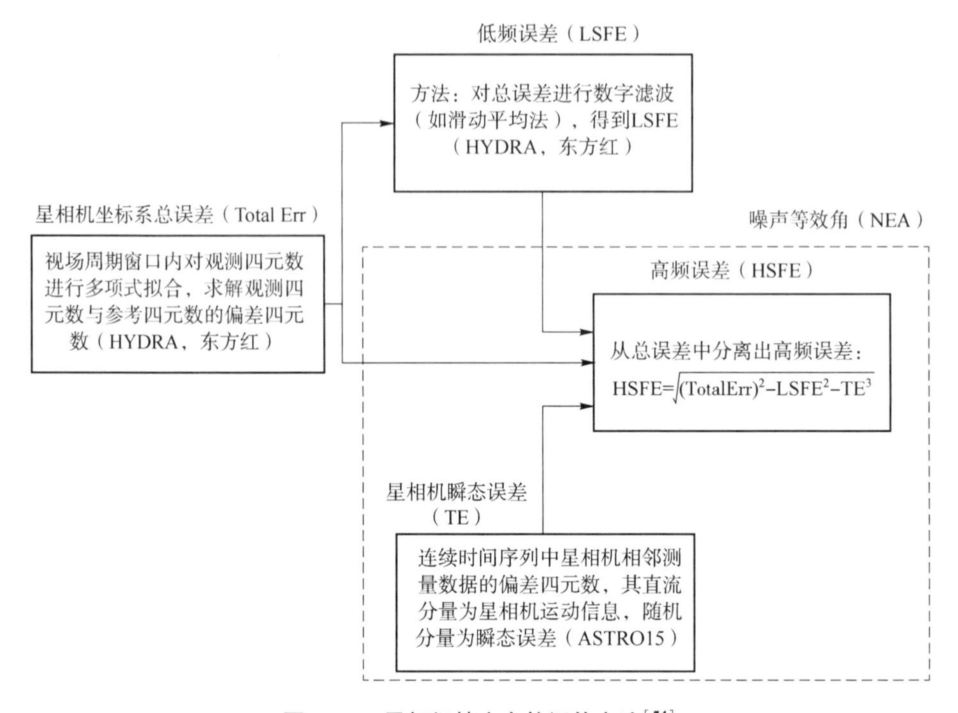

图 9-32　星相机精度在轨评估方法[54]

1. 星相机总误差计算

基于实测星相机四元数以 7 阶多项式拟合得到参考四元数，以此作为基准计算误差，一般要求所采集四元数序列时段覆盖恒星划过的视场[55-56]。

星相机总误差的计算步骤如下：

第 1 步，获取星相机连续姿态观测四元数序列 $q_{\mathrm{stc},k}$，$k=1,2,\cdots,n$。

第 2 步，以 7 阶多项式拟合观测四元数，并进行归一化处理，得到参考四元数序列 $q_{\mathrm{stc\_poli},k}$。

第 3 步，利用如下四元数姿态转换函数，求解四元数观测量与参考量之间的偏差四元数 $\Delta q_{\mathrm{stc},k}$。

$$\Delta q_{\mathrm{stc},k}=q_{\mathrm{stc\_poli},k}^{-1}\otimes q_{\mathrm{stc},k} \tag{9-66}$$

第 4 步，按照"3→2→1"转序得到星相机坐标系 Z、Y、X 轴欧拉角形式的偏差量$\Delta\phi_{z,k}, \Delta\phi_{y,k}, \Delta\phi_{x,k}$。MATLAB 代码公式：

$$[\Delta\phi_{z,k}, \Delta\phi_{y,k}, \Delta\phi_{x,k}] = \text{quat2dcm}(\Delta q_{\text{stc},k})。 \tag{9-67}$$

第 5 步，根据 $\Delta\phi_{z,k}, \Delta\phi_{y,k}, \Delta\phi_{x,k}$序列分别进行统计分析，得到星相机各轴总误差：

$$\text{TotalErr} = 3\text{std}(\Delta\phi_z, \Delta\phi_y, \Delta\phi_x)。 \tag{9-68}$$

2. 低频误差（LSFE）计算

对于星相机低频误差，选用滑动平均滤波的方式更简单有效。选取窗口长度为 L，则对于每一个总误差数据，计算以该数据为中心，前后各取$(L-1)/2$ 个数据求取平均值，形成滤波后的误差数据。公式如下：

$$\begin{cases} \Delta\phi_{x1,k} = \dfrac{1}{L}\sum\limits_{i=k-\frac{L-1}{2}}^{k-\frac{L+1}{2}} \Delta\phi_{x,i} \\ \Delta\phi_{y1,k} = \dfrac{1}{L}\sum\limits_{i=k-\frac{L-1}{2}}^{k-\frac{L+1}{2}} \Delta\phi_{y,i} \\ \Delta\phi_{z1,k} = \dfrac{1}{L}\sum\limits_{i=k-\frac{L-1}{2}}^{k-\frac{L+1}{2}} \Delta\phi_{z,i} \end{cases} \tag{9-69}$$

式中，$k = \dfrac{L+1}{2}, \dfrac{L+3}{2}, \cdots, n-\dfrac{L-1}{2}$。

本节选择窗口长度为 5（即 5 点移动平均），得到平滑后的低频误差数据。

对数字滤波后的序列分别进行统计分析，得到星相机各轴低频误差。MATLAB 代码公式：

$$\text{LSFE\_Err} = 3\text{std}(\Delta\phi_{z1}, \Delta\phi_{y1}, \Delta\phi_{x1}) \tag{9-70}$$

3. 瞬态误差（TE）计算

采用历元差法计算 TE，通过相邻四元数差分，计算相邻时刻星相机三轴姿态角增量，其直流部分体现卫星的运动，剩余部分体现星相机姿态测量噪声。

（1）差分四元数计算公式如下：

$$\Delta q_{\text{stc}} = q_{\text{stc},i+1}^{-1} \otimes q_{\text{stc},i} \tag{9-71}$$

（2）按照“3→2→1”转序，将差分四元数转换为绕 Z、Y、X 三轴欧拉角，公式如下：

$$[\Delta\phi_{z,k},\Delta\phi_{y,k},\Delta\phi_{x,k}]=\mathrm{quat2dcm}(\Delta q_{\mathrm{stc},k}) \tag{9-72}$$

（3）根据 $\Delta\phi_{z,k},\Delta\phi_{y,k},\Delta\phi_{x,k}$ 序列分别进行统计分析，得到星相机各轴总误差：

$$\mathrm{TE}=3\mathrm{std}(\Delta\phi_z,\Delta\phi_y,\Delta\phi_x) \tag{9-73}$$

需要注意的是，当四元数采样间隔与星相机曝光时间接近时，该值体现为 TE，随着采样时间增大，其结果将体现 HSFE 的影响。

4. 高频误差（HSFE）计算

通过星相机总误差 TotalErr 以及 LSFE、TE，按照下式计算 HSFE：

$$\mathrm{HSFE}=\sqrt{(\mathrm{TotalErr})^2-\mathrm{LSFE}^2-\mathrm{TE}^2} \tag{9-74}$$

9.6.2 夹角评估法[56]

星相机精度夹角评估法是指利用两台星相机四元数，计算星相机视轴间的夹角，考虑到一般情况下星相机间的夹角为不变量，因此可以通过分析所计算的夹角数据得到星相机精度，一般需同时利用两台星相机数据进行处理。

计算过程如下：

第 1 步，根据星相机 1、2 四元数计算星相机 1、2 视轴在惯性坐标系下的矢量 $\boldsymbol{V}_{\mathrm{stc1}z}$、$\boldsymbol{V}_{\mathrm{stc2}z}$，公式如下（以星相机 1 为例）：

$$\boldsymbol{V}_{\mathrm{stc1}z}=\boldsymbol{Q}_{\mathrm{stc1}}^{\mathrm{new}}\otimes\begin{bmatrix}0\\0\\0\\1\end{bmatrix}\otimes(\boldsymbol{Q}_{\mathrm{stc1}}^{\mathrm{new}})^{-1} \tag{9-75}$$

第 2 步，利用 $\boldsymbol{V}_{\mathrm{stc1}z},\boldsymbol{V}_{\mathrm{stc2}z}$，即可计算得到星相机 1、2 的夹角 θ：

$$\theta=\arccos\left(\frac{\boldsymbol{V}_{\mathrm{stc1}z}\cdot\boldsymbol{V}_{\mathrm{stc2}z}}{|\boldsymbol{V}_{\mathrm{stc1}z}|\cdot|\boldsymbol{V}_{\mathrm{stc2}z}|}\right) \tag{9-76}$$

第 3 步，针对单条航线计算得到的星相机夹角 $\theta_i(i=1,2,\cdots,n)$，采用 3 次多项式拟合，得到拟合后的星相机间夹角序列 $\theta_i'(i=1,2,\cdots,n)$。进一步可得到拟

合后的夹角均值 $\bar{\theta}_{\text{average}}$ 和残差序列 $\Delta\theta_i(i=1,2,\cdots,n)$，公式如下：

$$\bar{\theta}_{\text{average}}=\frac{\sum_{i=1}^{n}\theta_i}{n} \tag{9-77}$$

$$\Delta\theta_i=\theta_i-\theta_i' \tag{9-78}$$

第 4 步，对残差序列进行误差分离，按照滑动窗口法得到低频误差，进一步可以得到噪声等效角（noise equivalent angle，NEA）误差 σ_{NEA}，公式如下：

$$\sigma_{\text{Total\_Error}}=\sqrt{\sigma_{\text{LSFE}}^2+\sigma_{\text{NEA}}^2} \tag{9-79}$$

9.6.3　在轨验证

1. 直接评估法验证

选取 2021 年 1 月 25 日在轨星相机 1、2 四元数数据，数据段长度为 180 s，覆盖星相机探测器视场范围，按照直接评估法计算得到的星相机精度结果如图 9-33~图 9-35 所示。

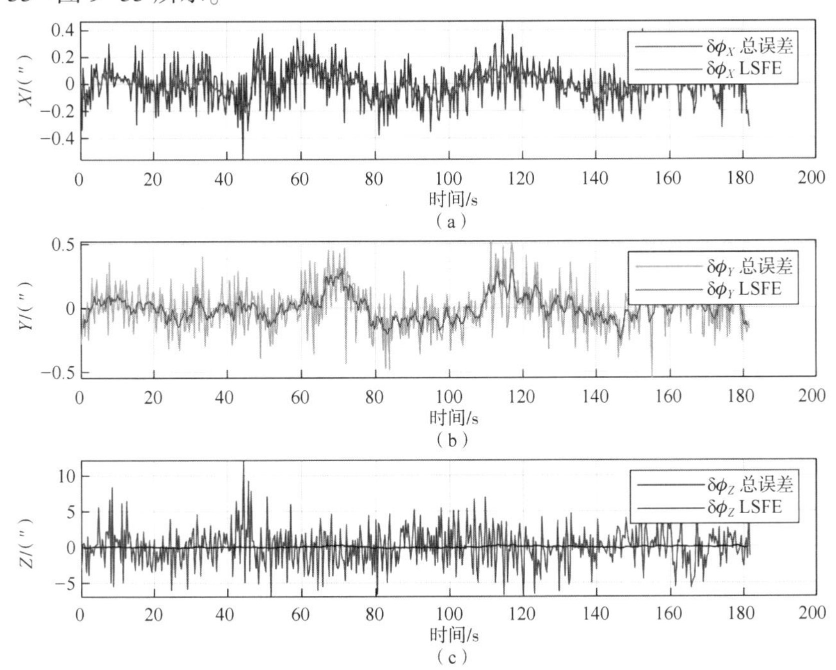

图 9-33　星相机总误差及 LSFE（附彩图）

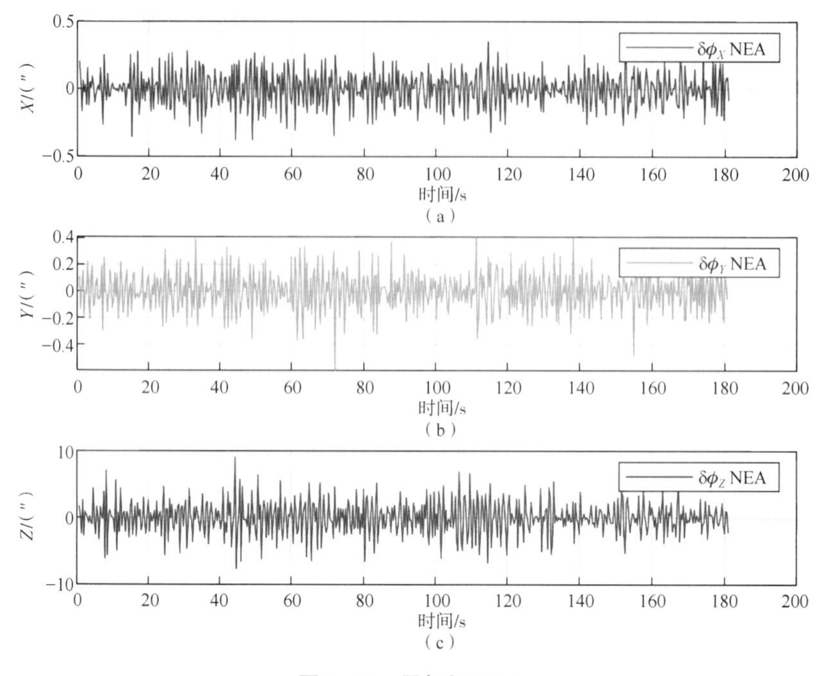

图 9-34 星相机 NEA

(a) $\delta\phi_X$；(b) $\delta\phi_Y$；(c) $\delta\phi_Z$

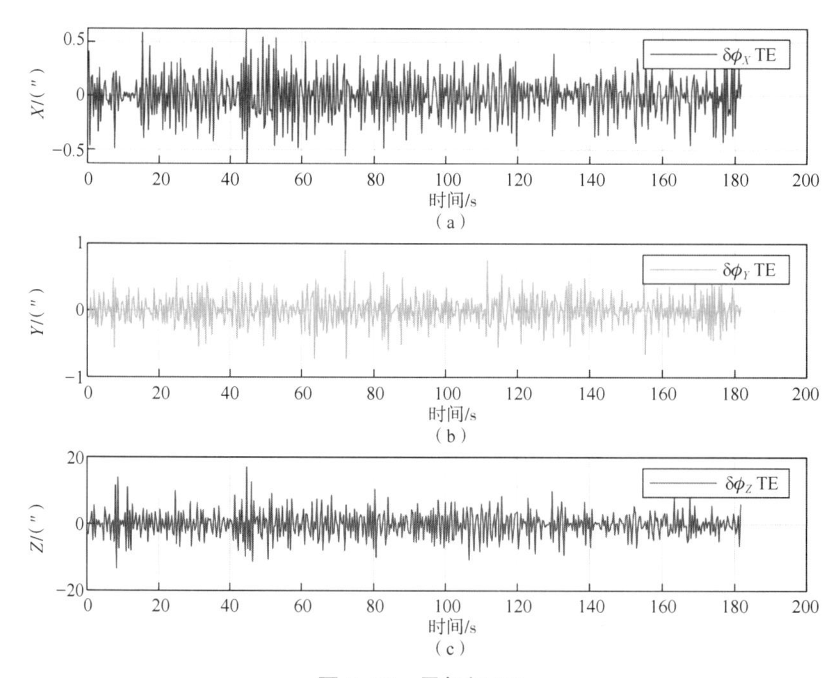

图 9-35 星相机 TE

(a) $\delta\phi_X$；(b) $\delta\phi_Y$；(c) $\delta\phi_Z$

星相机在轨精度汇总结果如表 9-5 所示。

表 9-5　星相机在轨精度结果汇总　　单位：(″)/(3σ)

星相机轴	总误差	LSFE	NEA	TE
X 轴	0. 46	0. 23	0. 40	0. 32
Y 轴	0. 52	0. 29	0. 44	0. 35
Z 轴	8. 22	3. 41	7. 63	6. 22

由表 9-5 可知，星相机 *X*、*Y* 轴精度均优于 1″，*Z* 轴精度优于 10″，在轨达到了良好的性能。

2. 夹角评估法

选用 2021 年 2 月 8 日星相机四元数数据，计算得到星相机 1、2 的视轴夹角总误差如图 9-36 所示。

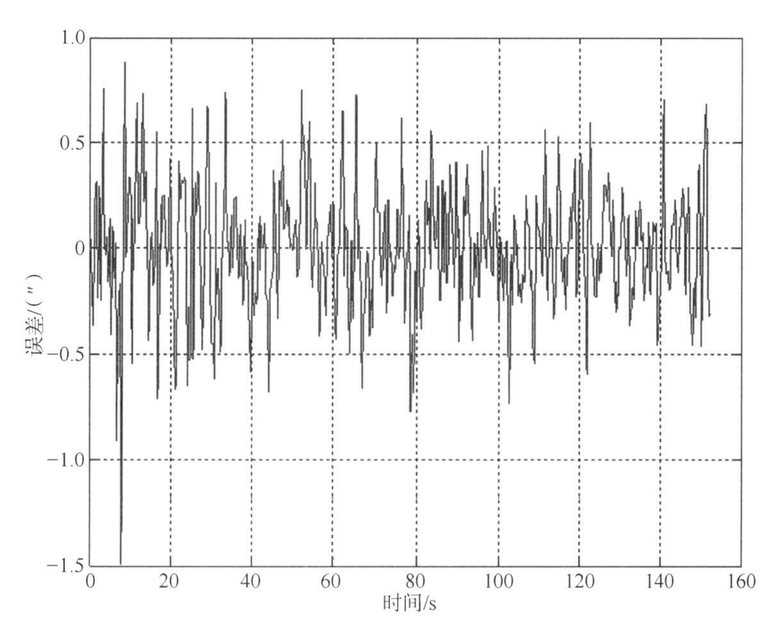

图 9-36　星相机 1/2 夹角总误差

考虑到两台星相机为等精度设计，根据星相机夹角总误差可以计算得到单台星相机指向精度（*X*、*Y* 轴精度合成）为 0. 7″(3σ)，其中低频误差为 0. 41″(3σ)，噪声等效角误差为 0. 65″(3σ)，与直接评估法得到的结果一致。

9.7 本章小结

本章首先对星相机实验室参数标定方法进行了说明，其次对星相机测试用星模拟器进行了介绍，最后分别对实验室精度评价、外场试验、在轨精度评价方法及试验验证情况进行了详细描述。本章内容可为星相机标定与精度评价提供较为全面的参考。

参考文献

[1] 樊巧云，李小娟，张广军. 星敏感器镜头畸变模型选择 [J]. 红外与激光工程，2012，41 (3)：665-670.

[2] 王佩军. 摄影测量学 [M]. 武汉：武汉大学出版社，2010.

[3] 乔瑞军，沈忙作. 测量相机内方位元素及畸变的计算方法 [J]. 光电工程，1999，26 (6)：59-63.

[4] LIEBE C C. Accuracy performance of star trackers：a tutorial [J]. IEEE Transactions on Aerospace and Electronics Systems，2002，38 (2)：587-599.

[5] 邢飞，董瑛，武延鹏，等. 星敏感器参数分析与自主校正 [J]. 清华大学学报（自然科学版），2005，45 (11)：1484-1488.

[6] 王宏力，陆敬辉，崔祥祥. 大视场星敏感器星光制导技术及应用 [M]. 北京：国防工业出版社，2015.

[7] 屠善澄. 卫星姿态动力学与控制 [M]. 北京：中国宇航出版社，1999.

[8] WEI X G，ZHANG G J，FAN Q Y，et al. Star sensor calibration based on integrated modelling with intrinsic and extrinsic parameters [J]. Measurement，2014，55：117-125.

[9] 郁道银，谈恒英. 工程光学 [M]. 北京：机械工业出版社，2011.

[10] 孙高飞. 甚高精度星模拟器及其关键技术研究 [D]. 长春：长春理工大学，2012.

[11] 陈才敏. 一种大视场高性能星敏感器研制 [D]. 哈尔滨：哈尔滨工业大学，2013.

[12] 乔培玉，何昕，魏仲慧，等. 高精度星敏感器的标定 [J]. 红外与激光工程，2012，41 (10)：2779-2784.

[13] WENG J Y，COHEN P R，HERNIOU M. Camera calibration with distortion models and accuracy evaluation [J]. IEEE Transactions on Pattern Analysis and Machine Intelligence，1992，14 (10)：965-980.

[14] 邢飞，尤政，孙婷，等. APS CMOS 星敏感器系统原理及实现方法 [M]. 北京：国防工业出版社，2017.

[15] Star sensors terminology and performance specification：ECSS-E-ST-60-20C [S/OL]. [2021-06-01]. http://ecss.nl/standard/ecss-e-st-60-20c-star-sensor-terminology-and-performance-specification/.

[16] HANCOCK B R，STIRBL R C，CUNNINGHAM T J，et al. CMOS active pixel sensor specific performance effects on star tracker/imager position accuracy [J]. Functional Integration of Opto-Electro-Mechanical Devices and Systems，2001，4284：43-53.

[17] 郑循江，张广军，毛晓楠. 一种甚高精度星敏感器精度测试方法 [J]. 红外与激光工程，2015，44 (5)：1605-1609.

[18] XIONG K，WEI X G，ZHANG G J，et al. High-accuracy star sensor calibration based on intrinsic and extrinsic parameter decoupling [J]. Optical Engineering，2015，54 (3)：034112.

[19] SCHMIDT U，ELSTNER C，MICHEL K. ASTRO 15 star tracker flight experience and further improvements towards the ASTRO APS star tracker [C] // AIAA Guidance，Navigation and Control Conference and Exhibit，Honolulu，2008.

[20] 刘海波，王文学，陈圣义，等. 利用星间角距不变性标定星敏感器内部参数 [J]. 国防科技大学学报，2014，36 (6)：48-52.

[21] 张尧，王宏力，陆敬辉，等. 基于粒子群算法的星敏感器光学误差标定方法 [J]. 红外与激光工程，2017，46 (10)：1017002.

[22] 王东杰，李重阳，王伟之，等. 一种 CCD 器件不连续的星相机内方位元素测试方法及系统：CN108426701B [P]. 2020-02-14.

[23] MARK E P. Kalman filter for spacecraft system alignment calibration [J]. Journal of Guidance，Control and Dynamics，2001，24 (6)：1187-1195.

[24] SAMAAN M, GRIFFITH T, JUNKINS J, et al. Autonomous on-orbit calibration of star trackers [C] // Space Core Technology Conference, Colorado, 2001: 1 -11.

[25] SINGLA P. A new attitude determination approach using split field of view star camera [D]. Texas: Texas A&M University Master of Science, 2002.

[26] PAUL S, TERESA H, KATHIE B. Design of the EO-1 pulsed plasma thruster attitude control experiment [C]//37th AIAA/ASME/SAE/ASEE Joint Propulsion Conference, Salt Lake City, 2001: 3-11.

[27] TRAVIS H D. Attitude determination using star tracker data with Kalman filters [D]. Monterey : Naval Postgraduate School, 2001.

[28] 马士宝. 动态星模拟器星图仿真技术研究 [D]. 长春: 长春理工大学, 2008.

[29] 赵晨光, 谭久彬, 刘俭, 等. 用于天文导航设备检测的星模拟装置 [J]. 光学精密工程, 2010, 18 (6): 1326-1332.

[30] 马强, 张涛. 星等及光谱可调的标定用单星模拟器系统设计 [J]. 应用光学, 2014, 35 (1): 38-42.

[31] 孙高飞, 张国玉, 姜会林, 等. 一种静态星模拟器的设计与星点位置修正方法 [J]. 激光与电子学进展, 2011 (9): 67-71.

[32] 孙高飞, 张国玉, 姜会林, 等. 甚高精度星模拟器设计 [J]. 光学精密工程, 2011 (8): 1730-1735.

[33] 何婕. 高分动态星模拟器光学系统设计 [D]. 苏州: 苏州大学, 2014.

[34] 刘石, 张国玉, 孙高飞, 等. 基于 LCOS 拼接技术的动态星模拟器设计 [J]. 空间科学学报, 2013, 33 (2): 200-206.

[35] 陈启梦, 张国玉, 王凌云, 等. 高精度星敏感器测试设备的设计 [J]. 红外与激光工程, 2014, 43 (7): 2234-2239.

[36] 刘瑞敏, 郭喜庆, 刘洋, 等. 具光反馈功能的星模拟器设计 [J]. 应用光学, 2012, 33 (3): 485-489.

[37] 郑茹, 张国玉, 高越, 等. 基于 LCOS 拼接技术的动态星模拟器光学系统设计 [J]. 仪器仪表学报, 2012 (9): 2145-2149.

[38] 张文明. 小型星模拟器的研制方法和研制技术 [D]. 成都: 电子科技大学, 2003.

[39] 王南华，张陶，赵旭行. 小型动态星模拟器设计 [J]. 控制工程，1996 (3)：17-22.

[40] 郭敬明，魏仲慧，何昕，等. CCD 星图模拟器的设计及验证 [J]. 中国光学与应用光学，2010，3 (5)：486-493.

[41] 张文明，林玲，郝永杰，等. 小型星模拟器中星图动态显示系统的设计 [J]. 光电工程，2000，27 (5)：11-14.

[42] 中国人民解放军总装备部电子信息基础部. 星敏感器标定与精度测试方法：GJB 8137—2013 [S]. 北京：总装备部军标出版发行部，2013.

[43] 孙高飞，张国玉，郑茹. 星敏感器标定方法的研究现状与发展趋势 [J]. 长春理工大学学报（自然科学版），2010，33 (4)：9-14.

[44] 王伟之，王妍，于艳波，等. 亚角秒级星相机的精度测定 [J]. 红外与激光工程，2018，47 (9)：0917002.

[45] 姜文英，陈元枝，俞晓磊，等. 星敏感器外场观星标定及检验方法研究 [J]. 计量学报，2016，37 (3)：251-254.

[46] 卢欣，武延鹏，钟红军，等. 星敏感器低频误差分析 [J]. 空间控制技术与应用，2014，40 (2)：1-7.

[47] 陈聪，王宏力，崔祥祥，等. 基于预测跟踪星表提高星敏感器实时性的方法 [J]. 红外与激光工程，2013，42 (8)：2190-2196.

[48] SIRKIS J. System response to automated grid methods [J]. Optical Engineering, 1990, 29 (12): 1485-1491.

[49] 李莹莹，赵永超，吴昊，等. 大孔径静态干涉成像光谱仪的坏像元检测修正 [J]. 航天返回与遥感，2015，36 (5)：76-82.

[50] WU Z M, YANG J J, SU D Z. Experimental study for the effects of stellar spectrums on the location accuracy of a star sensor [J]. Proceedings of SPIE, ISPDI 2011: Advances in Imaging Detectors and Applications, 2011, 8194: 819422.

[51] 王任享. 中国无地面控制点摄影测量卫星追述（二）：1∶10 000 传输型摄影测量卫星技术思考 [J]. 航天返回与遥感，2014，35 (2)：1-5.

[52] 王新义，高连义，尹明，等. 传输型立体测绘卫星定位误差分析与评估 [J]. 测绘科学技术学报，2012，29 (6)：427-434.

[53] WANG W Z, DI J J, ZONG Y H, et al. Digital TDI star camera calibration based

on real space [C] // Telescopes, Space Optics and Instrumentation, Beijing, 2020: 1157005.
[54] 李苗, 顾玥, 余维, 等. 星敏感器精度评定方法研究 [C] //第四届高分辨率对地观测学术年会, 武汉, 2017.
[55] 霍德聪, 黄琳, 李岩, 等. 星敏感器在轨测量误差分析 [J]. 遥感学报, 2012, 16 (增刊): 57-70.
[56] 毛晓楠, 周琦, 马英超, 等. 浦江一号卫星星敏感器在轨测量精度分析 [J]. 红外与激光工程, 2017, 46 (5): 0517002.

第10章 星相机环境试验与验证

10.1 引言

星相机在整个工作历程中，历经地面阶段、发射运载阶段及在轨飞行阶段等环境工况，受到力、热、真空环境及空间辐射等严酷的环境载荷作用，星相机的强度和刚度、光机结构的尺寸稳定性及光学元件的光学性能直接面临威胁，因此在发射前必须通过地面环境试验进行全面验证[1]。环境试验是指在地面条件下，利用等效的方式模拟空间环境条件对星相机进行试验。通过环境试验，考核星相机对空间环境的适应能力及设计的合理性。环境试验是星相机研制过程中的必要组成部分，是确保星相机在轨正常工作和稳定运行的重要环节。

10.2 力学环境试验

力学环境试验主要模拟火箭发射及飞行过程中的环境，主要验证星相机承受力学环境并能正常工作的能力，即试验后星相机性能指标是否仍能满足设计指标要求，提前暴露星相机的原材料、元器件以及工艺缺陷，检验星相机的工作可靠性。

星相机力学环境试验通常包含正弦振动试验和随机振动试验，一般正弦振动与随机振动按加载方向顺序进行。

10.2.1 正弦振动

正弦振动的来源是通过星箭对接面传递的由火箭发动机及 POGO 效应产生的低频振动环境及运输过程中的振动环境。正弦振动试验是指某一瞬间在试验件上只施加一个频率，激振频率以线性或者对数扫频的方法平滑递增，同时按照试验条件要求控制不同频率处的振动量级，从而考核产品对正弦激励的承受能力[2]。正弦振动可诱发光学系统整机（或组件）的共振，甚至造成结构破坏或者光学元件相对位置发生不可恢复的变化。

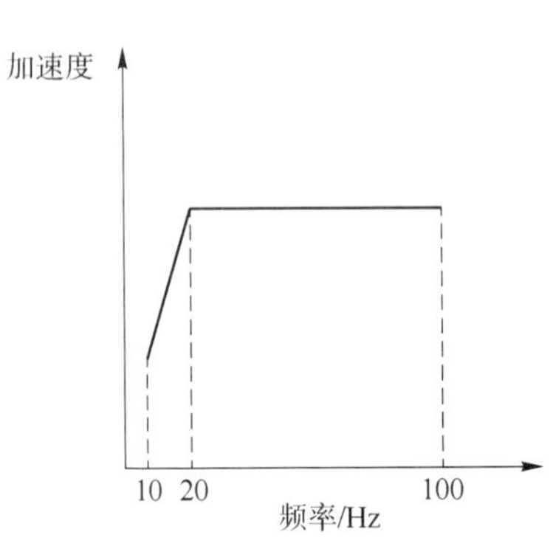

图 10-1 典型正弦振动输入曲线

星相机的正弦振动试验载荷通常包含特征级和大量级正弦振动。星相机正弦振动频率范围一般在 10～100 Hz，正弦振动输入曲线如图 10-1 所示。

在每次大量级振动的前后，需进行特征级的正弦振动，用于对比大量级振动前后星相机结构特性是否发生变化。特征级振动条件一般如表 10-1 所示。

表 10-1 特征级振动条件

频率范围/Hz	振动幅值/g	扫描率/($\mathrm{oct \cdot min^{-1}}$)
10～1 000	0.2	4

正弦振动试验利用振动台产生的正弦振动输入试验件。正弦振动的频率按倍频程连续变化；加载时间以每分钟倍频程数表示[2]。因为振动响应具有三向性，所以试验方向为星相机的相互垂直的 X、Y、Z 三个方向。试验中，安装控制传感器控制振动输入，并安装测量传感器测量振动响应。

10.2.2 随机振动

随机振动试验用于模拟卫星的声振动环境[3]。在航天器发射过程中，随机振动会导致光学组件局部高频抖动，使已在地面装调好的光学系统精度遭到破坏；振动过程中的最大应力可能使星相机上的关键器件瞬时失灵，或者导致连接螺栓的松脱甚至断裂[4]。随机振动试验是将所有频率成分包含的能量同时施加在试验件上，由于随机振动试验中各种频率产生的共振同时呈现，因此它是暴露产品故障和缺陷的重要手段。

星相机随机振动频率范围一般在 20~2 000 Hz，其激励条件一般用沿双对数坐标分布的梯形加速度功率谱表示，如图 10-2 所示。

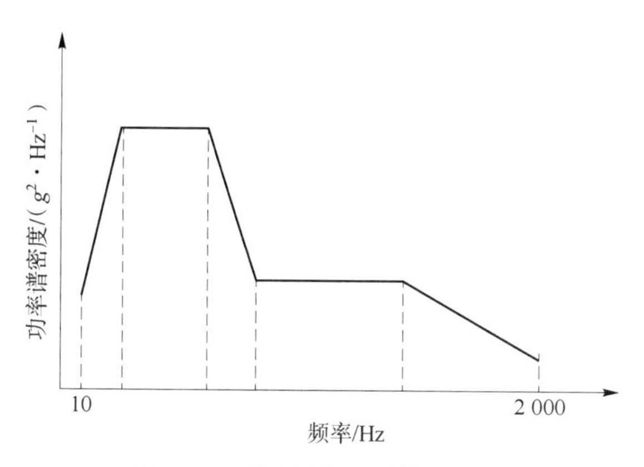

图 10-2　典型随机振动输入曲线

随机振动试验中，试验件安装的边界条件、控制传感器及测量传感器与正弦振动试验相同。试验的加载方向为 X、Y、Z 三个方向。

10.2.3　试验控制

在正弦振动试验及随机振动试验过程中，均需考虑试验件的技术状态、控制传感器位置及测量传感器的位置布置、试验流程、试验控制、试验判据等因素。

1. 试验件状态确认

星相机力学环境试验的状态确认，包含确定星相机的试验坐标系、星相机主体的状态、试验工装状态及安装孔位。

2. 控制传感器及测量传感器布置

星相机振动试验的控制传感器通常安装在星相机与振动工装的对接面上，正弦振动采用 4 点平均控制方式，随机振动采用极大值控制方式，控制点均采用单向加速度传感器。

按照星相机主体的力学传递路径，在力学敏感部位粘贴三向加速度测量传感器。

3. 试验流程

星相机振动试验按照 X、Y、Z 三个方向分别加载，各方向振动过程中，首先进行正弦振动试验，然后进行随机振动试验。在试验过程中，可根据试验结果对试验顺序进行适当调整。星相机鉴定产品振动试验流程如图 10-3 所示。

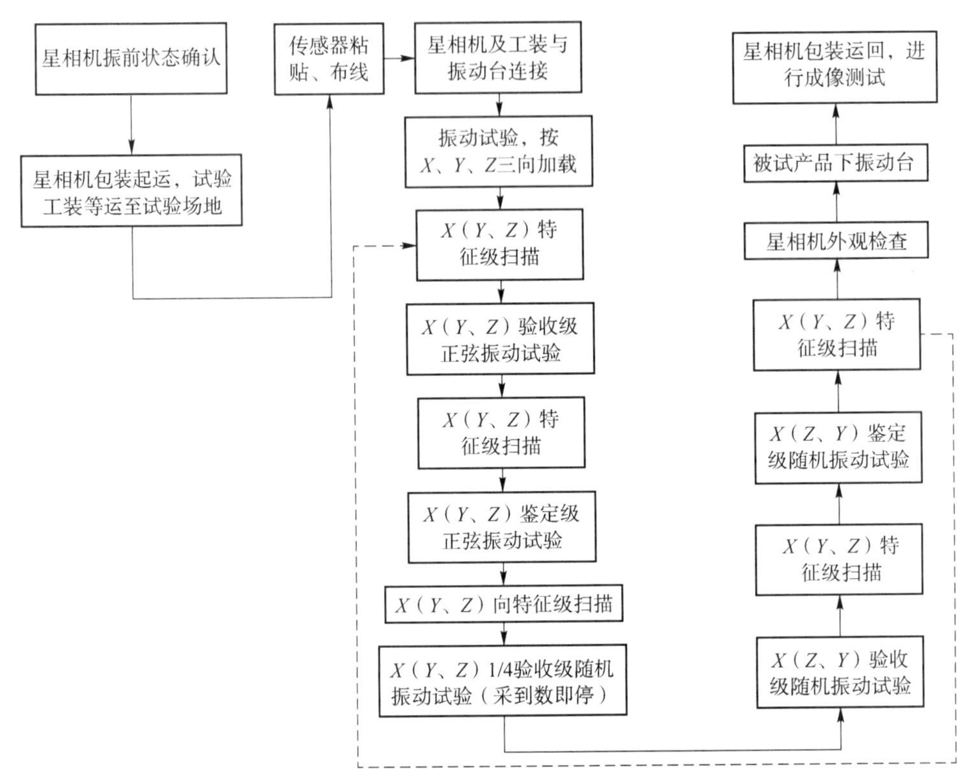

图 10-3　星相机鉴定产品振动试验流程

4. 试验控制要求

星相机振动试验中，如果关键组件出现共振频率，则响应放大较大时允许进行下凹。下凹条件及限幅条件（包括下凹频段及量级）可由试验小组现场协商确定。

5. 试验判据

振动试验每次验收级后的特征级扫描属于试验中的产品监视，主振频（即一阶频率）响应变化应不大于 4%；试验前后对星相机进行成像测试，振动试验后的成像质量无明显下降则代表试验成功。

10.2.4　试验案例

本小节给出了星相机正样产品的振动试验状态、流程及试验结果。

星相机采用 4 个控制点、8 个测点进行试验，部分测点位置如图 10-4 所示。

图 10-4　星相机部分测点位置示意图（附彩图）

通常，正样产品只进行验收级振动试验，因此可按照图 10-5 所示的试验流程及规定的试验条件进行振动试验。

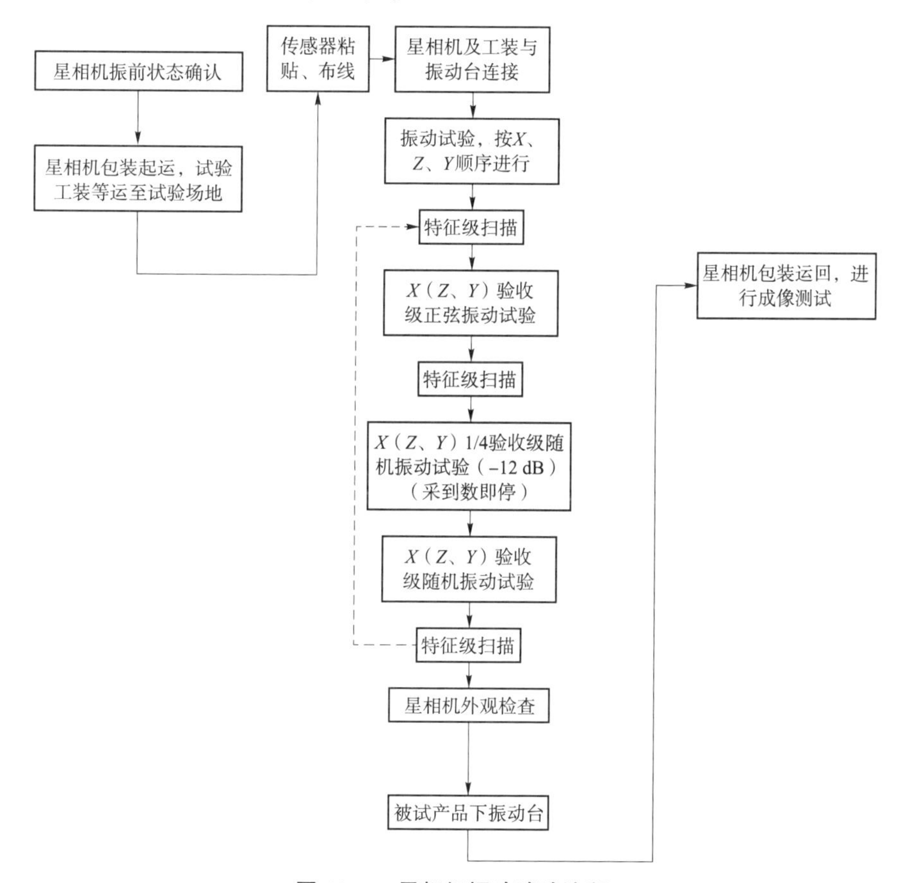

图 10-5　星相机振动试验流程

特征级正弦扫描振动试验曲线如图 10-6~图 10-8 所示。

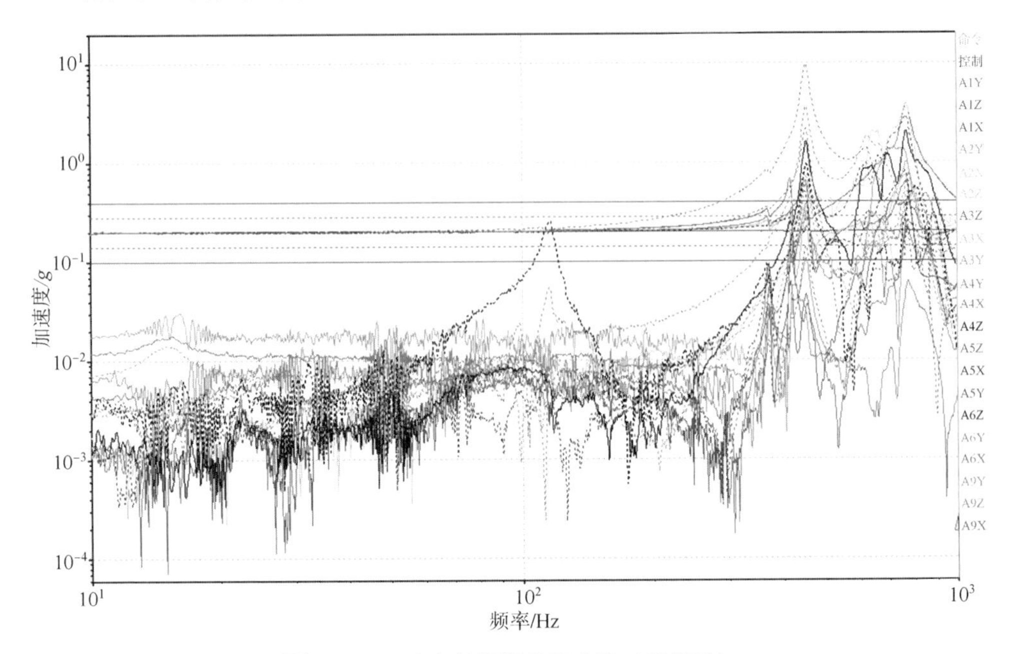

图 10-6 *X* 方向特征级响应曲线（附彩图）

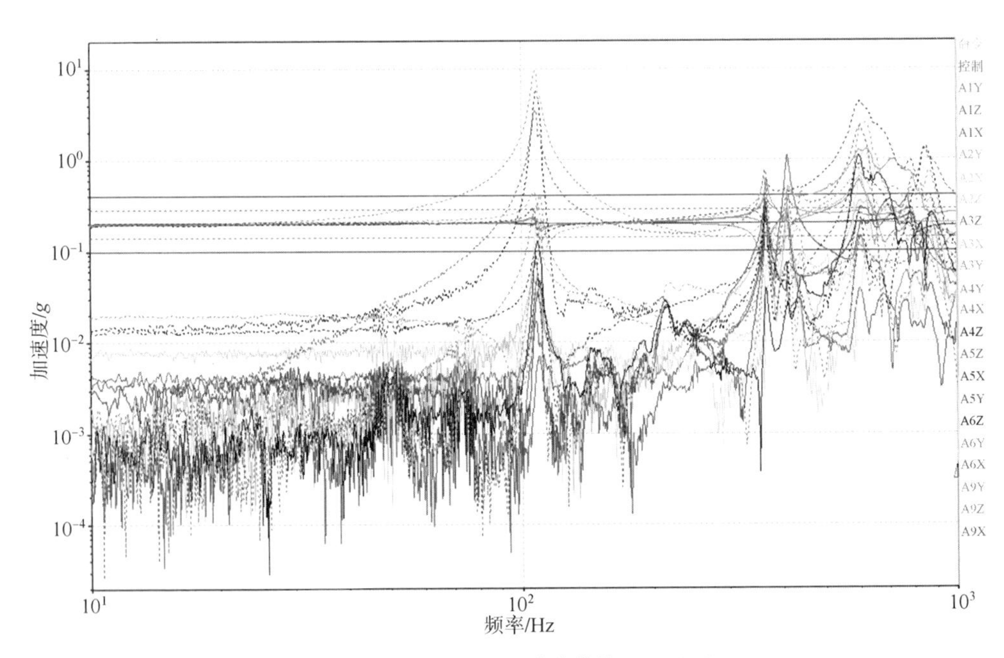

图 10-7 *Y* 方向特征级响应曲线（附彩图）

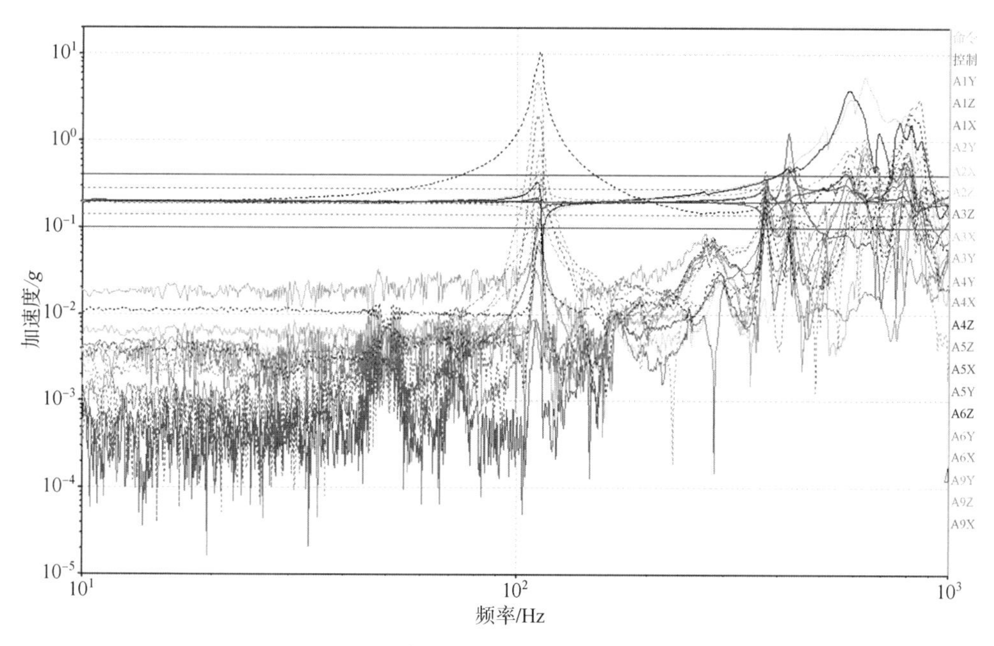

图 10-8　*Z* 方向特征级响应曲线（附彩图）

从图 10-6~图 10-8 各测点的试验数据分析可知，星相机三个方向的一阶基频分别为：*X* 方向为 451.7 Hz，*Y* 方向为 107.8 Hz，*Z* 方向为 113.6 Hz。

星相机经历了验收级正弦振动试验、随机振动试验后，各方向振动试验前后的基频对比如表 10-2 所示。进一步分析可知，各方向基频频漂均小于4%，满足指标要求；外观检查结果表明，星相机结构在经历验收级振动试验后未发生松动、破坏或变形；力学试验后，各项功能的性能指标检测正常，星相机顺利通过力学环境试验考核。

表 10-2　振动试验前后的基频对比

振动方向	试验前基频/Hz	试验后基频/Hz	频漂/%
X	451.7	450.6	0.24
Y	107.8	106.8	0.93
Z	113.6	110.3	2.90

10.3　热平衡试验

热平衡试验是空间光学遥感器研制中的重要试验内容，遥感器的热控设计通常需要通过地面的热平衡试验进行验证；地面热平衡试验需要创造一个模拟试验环境和条件，来代替空间高真空和超低温的环境[5]。

星相机的热平衡试验在空间环境模拟室中进行，通常利用红外笼模拟星相机入光口的外热流；利用电加热控温方法模拟卫星舱、星相机支架安装面等定温边界；采用热敏电阻、热电偶作为控温传感器。热平衡试验的目的是获得温度数据，验证星相机主体热控设计的正确性并根据试验数据完善热分析模型；验证热控产品的功能，并为热成像试验提供试验条件。

热平衡试验的实施需考虑空间环境模拟室的选择、产品的技术状态、试验边界的模拟、试验控制、测试项目等因素。

10.3.1 空间环境模拟室

根据星相机与空间环境模拟室的特征尺寸（如长度、直径）、光学测试要求等，空间环境模拟室应满足以下要求：

（1）试验时，可监测空间环境模拟室内的压力不高于 1.3×10^{-3} Pa，热沉表面温度不高于 100 K。

（2）热沉朝向星相机主体表面对太阳光的吸收比不小于 0.95，半球发射率不小于 0.90。

（3）空载时，空间环境模拟室内的背景热流应不大于 10 W/m^2。

（4）能够提供满足试验要求的测量、供电和信号传输通道。

（5）应有石英玻璃观察窗和找平装置。

（6）可安装污染测量装置（如光学试片或微量天平等），连续空载运行24 h后，空间环境模拟室内的有机污染物一般应不超过 1×10^{-7} g/cm^2。

（7）应有接地装置，接地电阻应不大于 1.0 Ω。

空间环境模拟室的剖面结构如图 10-9 所示。

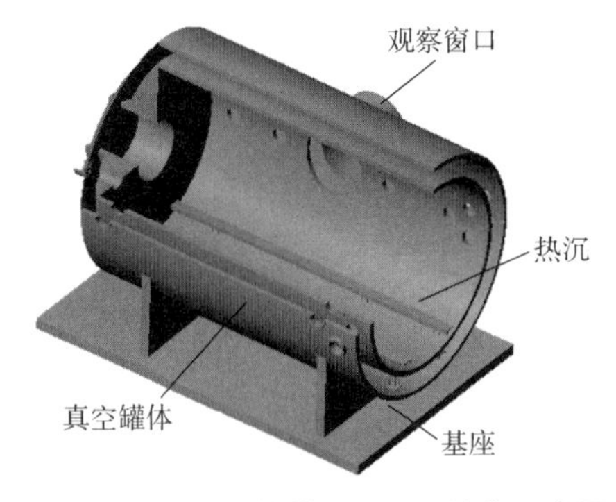

图 10-9 空间环境模拟室剖面结构示意图

10.3.2　试验技术状态确认

1. 产品技术状态确认

星相机主体一般由镜头组件、电子学组件、遮光罩组件、安装支架等组成；参加热平衡试验的星相机主体放在空间环境模拟室内，配套试验的温控设备及地面测试设备放在空间环境模拟室外，通过穿罐电缆进行连接。星相机主体的试验状态与热控设计状态应尽量保持一致。

2. 安装状态确认

星相机主体的安装状态应与实际工作状态接近，安装方式尽量不改变其边界条件和试验设备状态；安装所用的支撑、固定装置不得使用高放气量和含污染物的材料，并尽量减少对热沉的遮挡。

10.3.3　试验边界的模拟

星相机热平衡试验的边界模拟包含外热流的模拟和卫星舱温度边界的模拟。

1. 外热流的模拟

热平衡试验中，空间外热流的模拟是必要的试验条件之一，由于航天器在轨运行期间所受的空间外热流随时间一直处于瞬态变化中，所以空间外热流模拟的方法和准确性对热平衡试验结果的正确与否有重要影响[6]。

外热流模拟装置主要有红外加热器、接触式电加热器和太阳模拟器三种。星相机热平衡外热流模拟的原则如下：

（1）太阳未直射星相机内部光学表面时，一般选用红外笼模拟入光口外热流；高轨遥感器的行星辐射及行星反照热流可忽略时，一般选用接触式电加热器模拟入射到入光口内部结构件的外热流。

（2）一般选用接触式电加热器模拟星相机散热面及多层外表面外热流。

2. 卫星舱温度边界的模拟

卫星舱温度边界的模拟要满足星相机在卫星上的实际热环境，为热平衡试验创造规定的试验条件。根据星相机在卫星舱的安装位置及各卫星舱板的设计温度，设计模拟卫星舱，通过粘贴电加热器、喷涂层、包覆多层等手段，使得定温边界区域内的各处温度与设定控温值的偏差不超过 2 ℃。

10.3.4 试验控制

星相机主体的热平衡试验通常按图 10-10 所示的试验流程进行。

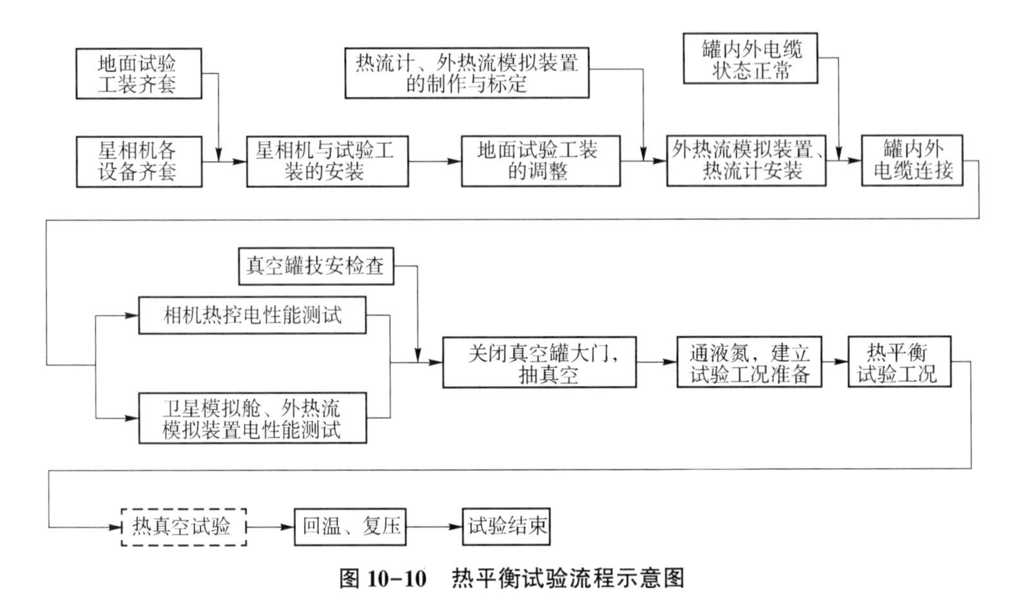

图 10-10 热平衡试验流程示意图

星相机热平衡试验工况一般为周期性瞬态工况，包含极端高温工况及极端低温工况；在试验过程中，需要通过温度监测点的测量值变化情况来判定工况是否稳定，当监测点的温度变化情况符合下列条件之一时，认为试验工况达到稳定。

（1）监测点温度周期性波动：在连续 4 个试验周期的对应时刻，若监测点温度值变化在±0.5 ℃以内，则认为试验工况达到稳定。

（2）某些热容较大（或间接控温）的结构件呈现单调变化的趋势：若在连续 4 h 内监测点单调变化值不大于 0.1 ℃/h，则认为试验工况达到稳定。

对于温度监测点，布置时应与热分析模型的计算节点位置相对应，并与飞行遥测点位置相对应。

10.3.5　试验案例

本小节给出了某星相机正样产品的热平衡试验状态、试验流程及试验结果。

星相机通过星相机支架与支撑工装安装，星相机支架在卫星模拟舱内，星相机裸露在卫星模拟舱外部，其试验状态布局示意图如图 10-11 所示。

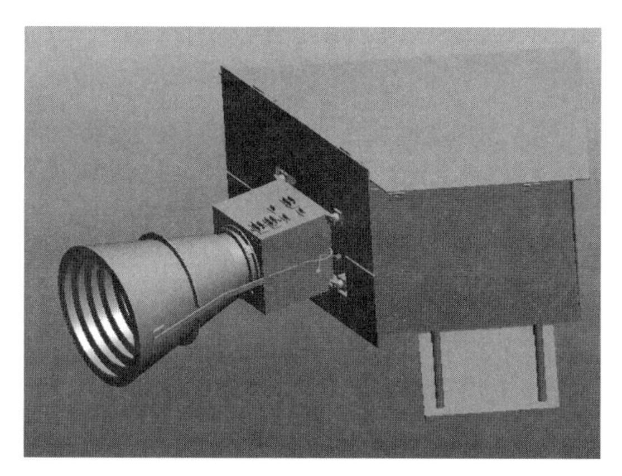

图 10-11　星相机试验状态布局示意图

星相机遮光罩入光口通过红外笼进行外热流模拟，星相机遮光罩侧面多层外热流通过粘贴外热流模拟加热回路来模拟。

星相机支架在整星舱板内，卫星六面舱板的温度边界如表 10-3 所示。

表 10-3　卫星六面舱板的温度边界

舱板温度极值	$\pm X$	$\pm Y$	$+Z$	$-Z$
极低值/℃	−5	−5	−5	−5
极高值/℃	25	25	25	30

卫星模拟舱的舱板内表面喷涂黑漆，外表面包覆多层隔热组件，用于模拟定温边界。

星相机热平衡试验进行两个工况（表 10-4），分别为一个低温瞬态工况（工况一）和一个高温瞬态工况（工况二），按工况一→工况二的顺序进行试验。每圈阴影区起始时间定义为初始时刻；瞬态工况的外热流定义为相机外热流按台阶瞬态施加，模拟地球阴影区和光照区外热流的变化。

表 10-4 试验工况

热试验	轨道	内热源	边界温度	控温回路	备注
工况一	单圈不成像（正常对地对日工况）	焦面内热源不工作	低温	有控温	低温瞬态
工况二	单圈成像，北纬 80°附近，侧摆-45°，阴影区 +Z对地	焦面工作	高温	有控温	高温瞬态

选择星相机主光学系统上的三个遥测热敏电阻数据作为工况稳定的主要依据，并结合其他数据按照工况稳定判据进行综合判断。由试验数据分析星相机热控设计的合理性，若有问题就据此进行热适应性修改。

典型工况下星相机关键测点温度曲线如图 10-12 所示。星相机焦面和镜头温度在连续多个循环中非常稳定，温度波动不超过 0.5 ℃，这表明星相机具有良好的热稳定能力。

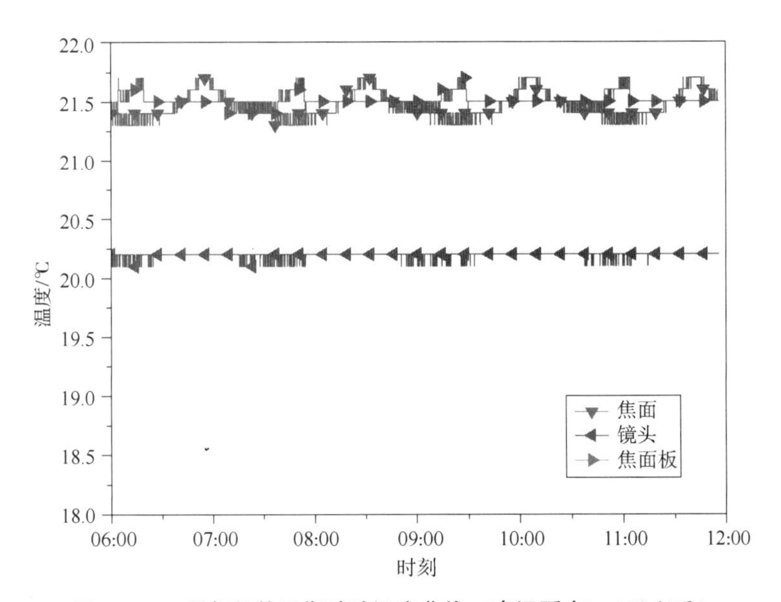

图 10-12 星相机热平衡试验温度曲线（高温瞬态）（附彩图）

10.4 热真空试验

热真空试验是星相机的重要试验项目，它是在真空环境条件下对星相机施加比正常工作环境温度更加苛刻的温度应力，暴露星相机的设计缺陷和质量缺陷，检验星相机在所施加的环境条件下正常工作的能力。试验时，将星相机置于空间环境模拟室中，调整星相机外部热流和内部热功耗，使星相机组件温度达到要求的试验温度，通过星相机在轨各种工作模式下的性能测试来验证组件在规定的热循环环境应力下正常工作的能力。

星相机的热真空试验与热平衡试验通常在同一次试验中完成，先进行热平衡试验，接着在同样的试验状态下完成热真空试验。

10.4.1　试验条件

1. 试验温度

通常星相机热真空试验温度要求在卫星总体给定边界温度的基础上外扩 5~10 ℃，试验控制时允许有±2 ℃的偏差，温度平均变化率应尽量大于星相机在轨飞行时的温度平均变化率。

2. 试验时间

热真空循环一般不少于 4 次，如果选做了常压热循环试验，则允许将真空热循环次数减少为 1 次；每个循环高温、低温端各保持至少 2 h。

3. 试验工况

（1）热真空低温工况。

（2）热真空高温工况。

10.4.2　试验步骤及判据

在热真空试验期间，星相机热控单元始终工作，星相机的主动控温状态为初始默认的控温目标值。外热流根据实际情况在相机口到达的最小外热流与最大外热流之间调整。步骤如下：

第 1 步，按规定变温速率进行升（降）温。

第 2 步，控制点的温度达到规定值时，进行温度保持，温度保持时间大于 2 h。

第 3 步，满足规定温度保持时间后，进行热（冷）启动。

第 4 步，星相机热启动后，开始计时，模拟在轨工作模式进行成像和性能检测。

第 5 步，相机断电，按规定进行工况转换。

典型的星相机热真空试验高低温工况循环如图 10-13 所示。图中：①升温过程，温度平均变化速率≥1 ℃/min；②高/低温端温度保持；③组件性能测试，时间≥2 h；④降温过程，温度平均变化速度≥1 ℃/min。

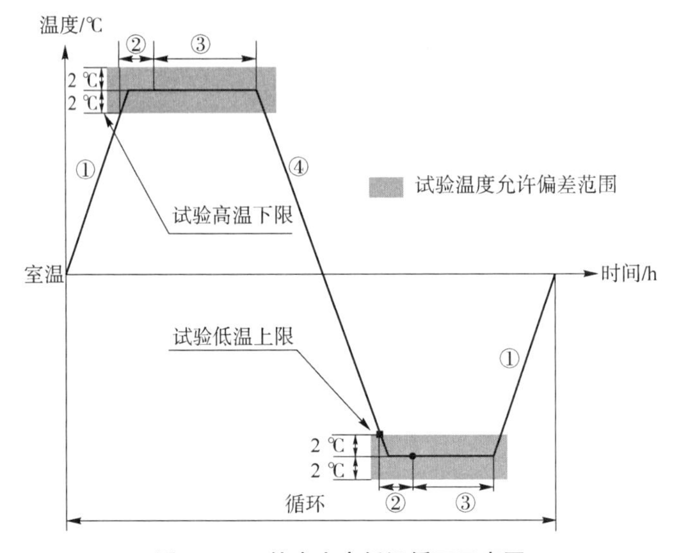

图 10-13 热真空高低温循环示意图

试验过程中星相机各项功能测试正常，热真空试验通过。

10.4.3 试验案例

表 10-5 给出了某星相机的热真空低温功能测试结果。在热真空高温工况及低温工况下，星相机各项功能正常，星相机通过了热真空试验。

表 10-5 热真空低温功能测试结果

测试项目	判读	测试项目	判读
星相机加电/断电	正确	星图识别	正确
星相机参数调整	正确	四元数计算	正确
遥控遥测功能	正确	拍摄	正确

10.5 EMC 试验

10.5.1 试验目的

获得星相机的电磁兼容性（electromagnetic compatibility，EMC）数据，为在复杂的电磁环境中分析整星电磁兼容性和有效性提供数据基础。

10.5.2 试验项目及要求

1. 电源线传导发射 CE101（30 Hz~10 kHz）

本要求适用于设备的直流电源线，包括正线和返回线，不包括星相机电源的输出端导线。当星相机的负载电流不大于 3 A 时，限值应按图 10-14 所示的曲线使用；当星相机的负载电流大于 3 A 时，限值应按图 10-14 所示的曲线加 $20\lg\frac{I}{3}$ 使用（其中电流 I 的单位为 A）。

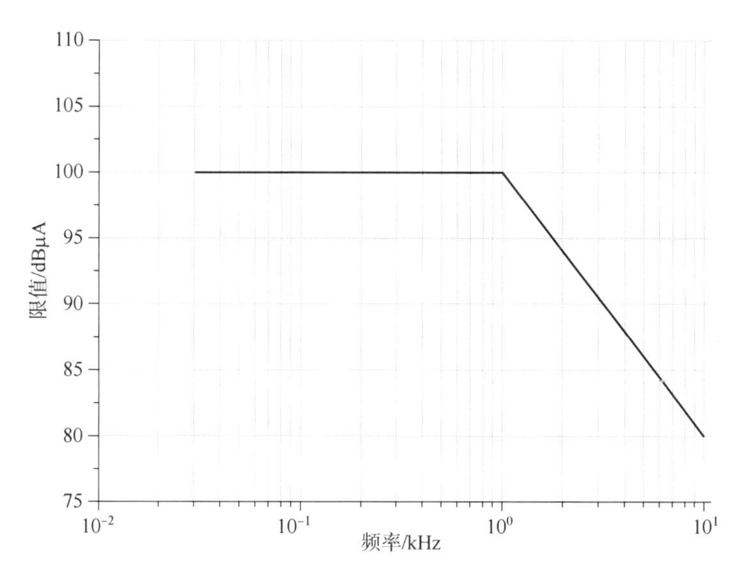

图 10-14 星上设备电源线 CE101 传导发射限制曲线

2. 设备级传导发射 CE102（10 kHz~10 MHz）

本要求适用于卫星上的所有设备电源导线（包括返回线，但不包括星相机电源的输出端导线)。

当星相机的工作电流不超过 1 A 时,电源线传导发射电平应满足图 10-15 所示的限值要求。

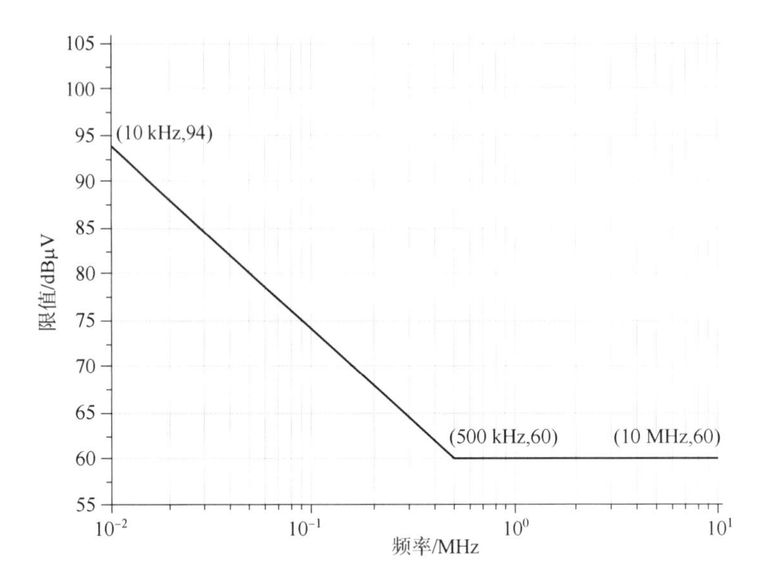

图 10-15 星上设备电源线 CE102 传导发射限制曲线

当星相机的工作电流超过 1 A 时,考虑限值可以在现有基础上放宽 10 lg$I$。例如,某设备工作电压为 100 V,额定电流为 3 A,则 500 kHz~10 MHz 频段限值可以在现有 66 dBμV 的基础上放宽到 70.77 dBμV。

3. 电源线尖峰信号(时域)传导发射(CE107)

本项适用于所有含内置电路开关的航天器设备,要求在设备加电启动瞬间记录电流,当测量启动电流时,要求所用的供电电源应具有与星上相应供电母线相同的输出阻抗(要求一次电源主母线的输出阻抗小于 100 mΩ)。测试结果应满足以下规定:

(1)电流跃变最大斜率:小于 10^6 A/s。

(2)持续时间:小于 5 ms。

(3)浪涌幅度:启动电流限制在其相应稳态电流的 1.5 倍或 2 A 以内,取其较大者(或经电源总体认可)。

4. 电源线传导敏感度(CS101 30 Hz~150 kHz)

本要求适用于星上所有电子、电气设备/分系统的直流电源线,不包括回线。

卫星的敏感度判断准则分为三级：生存级、工作级、性能级。

生存级：星相机在规定强度的干扰环境中不会有任何永久性的性能失效。生存级要求星相机在加电和不加电两种状态下均能满足要求。

工作级：星相机在规定强度的干扰环境中不会出现故障、功能失效、工作状态（或模式）改变、存储器变化或其他需要外部干预的情况。工作级要求星相机具有执行所有常规辅助性功能（如星相机系统自检等），但不包括精确完成某些特定功能（由相应级别设计师确定）的能力。

性能级：星相机在规定强度的干扰环境中，能可靠执行其工程任务并满足各项技术性能指标要求的能力。

当按表 10-6、图 10-16 规定的试验信号电平进行试验时，星相机应满足表 10-7 中相应的敏感度要求[7]。

表 10-6　星上设备/分系统 CS101 电源线注入电压性能级要求

曲线 1（≥28 V）	曲线 2（<28 V）	曲线 3（≤12 V）	曲线 4（≤5 V）
生存级	性能级	性能级	性能级

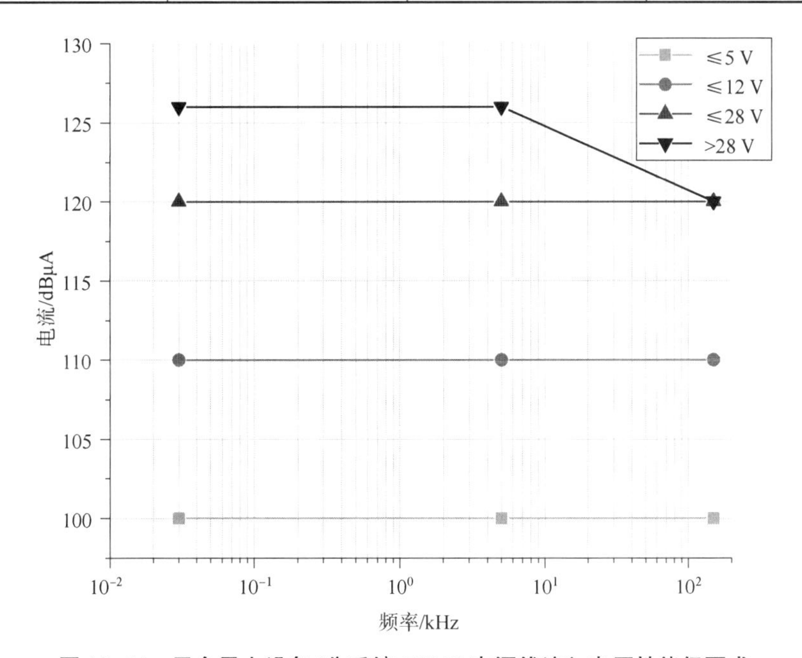

图 10-16　平台星上设备/分系统 CS101 电源线注入电压性能级要求

表 10-7 星上设备/分系统 CS101 电源线注入功率要求

频率/kHz	注入功率极限值/W
0. 03	80
5	80
150	0. 09

5. 设备级辐射发射（RE102 10 kHz~18 GHz）

星上电子、电气设备和互连电缆的辐射发射要求如图 10-17 所示。

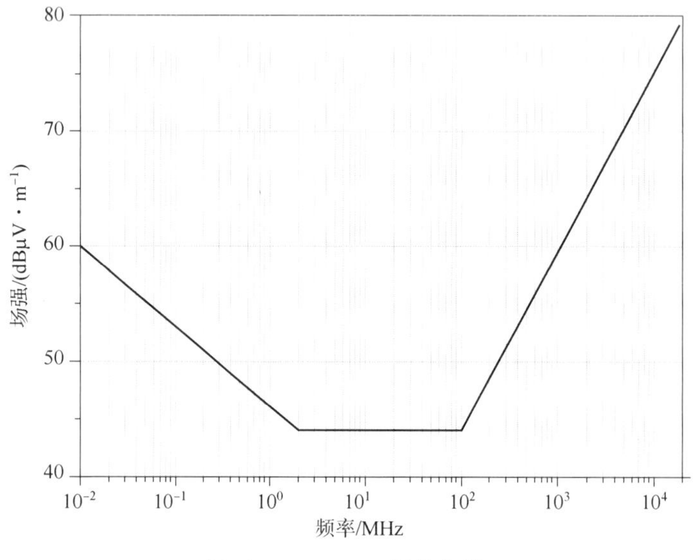

图 10-17 RE102 限值曲线

6. 设备级辐射敏感度要求（RS103 2 MHz~18 GHz）

本要求适用于星上电子、电气设备/分系统和互连电缆。

当按规定的电场强度对星相机进行电场辐射敏感度试验时，星相机工作级和性能级应分别满足相应级别的敏感度判断准则要求。对于暴露于星上发射天线辐射范围内的星外设备或分系统，应该在星上发射天线的相关频段内同时进行辐射敏感度试验。

若设备在测试中出现敏感现象，EMC 实验室应进行性能级敏感度阈值的测定，即测定设备在出现受扰现象的临界状态时所施加干扰的程度，并将敏感度阈值的测定数据附在 EMC 试验报告中。

EMC 试验时，设备互连电缆的基本状态应与接口数据单要求一致，如屏蔽、绞线方式等。如果设备在进行 EMC 试验时，互连电缆为非屏蔽电缆，而接口数据单要求为屏蔽，也不允许现场使用屏蔽胶带、屏蔽套等对电缆、设备机壳和接插件进行屏蔽，则所有屏蔽互连电缆只能是满足接口数据单要求的制成品，否则只能在非屏蔽状态下进行 EMC 试验[7]。

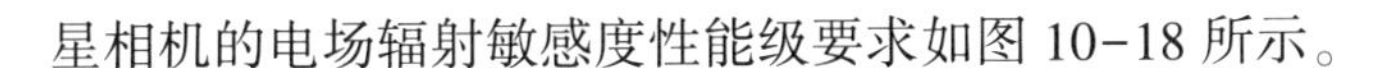

星相机的电场辐射敏感度性能级要求如图 10-18 所示。

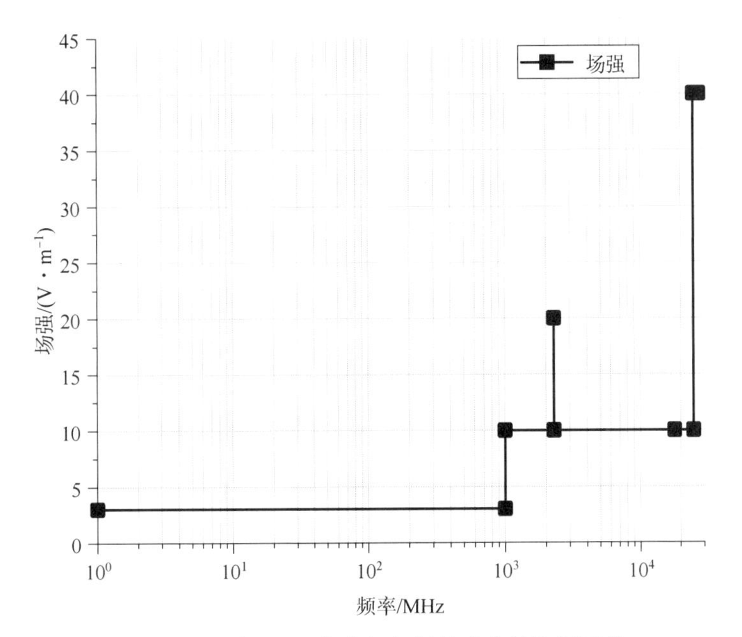

图 10-18　某卫星设备电场辐射敏感度性能级要求

10.5.3　试验数据分析

根据 EMC 测试数据，判断星相机是否满足上述 EMC 试验项目的要求。如果测试结果超差，则需提供问题定位和分析报告。

对于未满足 EMC 规范要求的有关发射（CE 类、RE 类）[8] 的测试项目，要分析其干扰源及其传播路径；对于未满足 EMC 规范要求的有关敏感度（CS 类、RS 类）的试验项目，要测试星相机的敏感度阈值。

星相机典型 EMC 试验结果如图 10-19～图 10-21 所示。

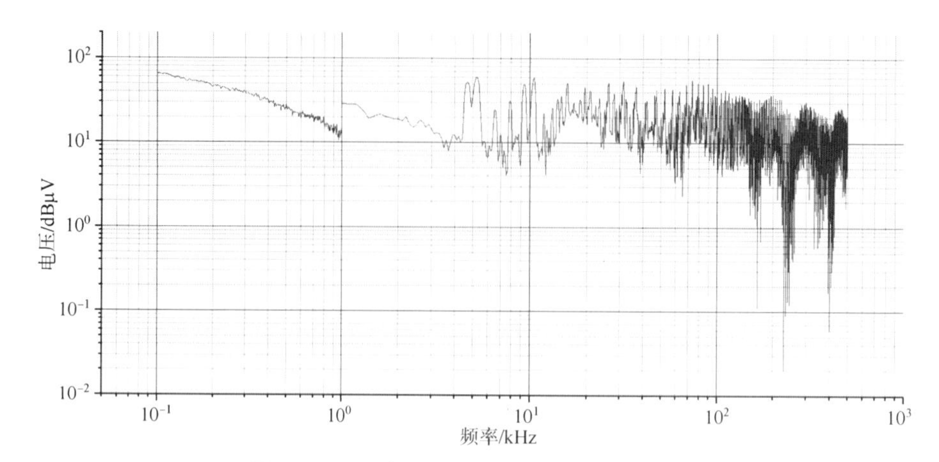

图 10-19 星相机 EMC 试验结果（CE102）

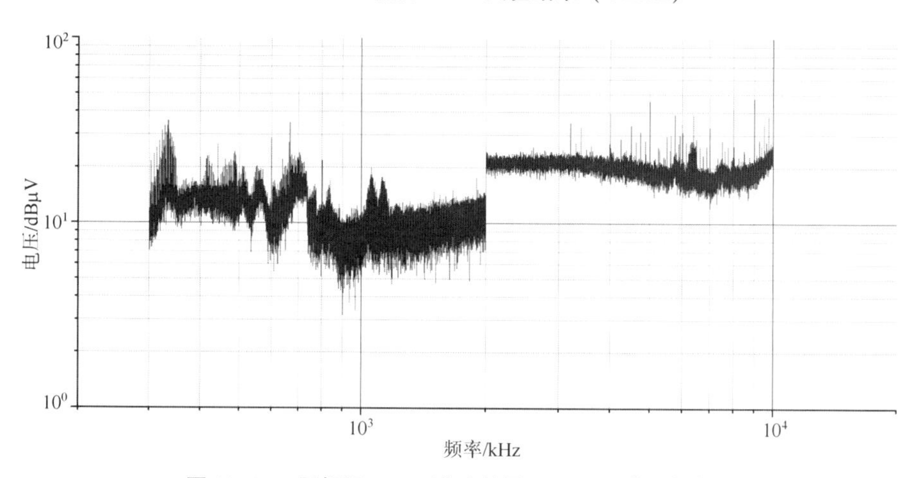

图 10-20 星相机 EMC 试验结果（RE102 水平极化）

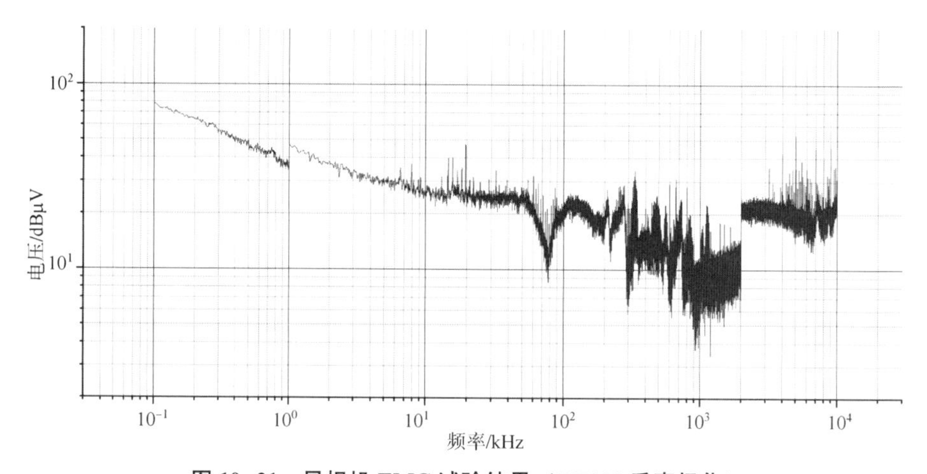

图 10-21 星相机 EMC 试验结果（RE102 垂直极化）

10.6　本章小结

本章介绍了星相机的环境试验与验证，主要介绍了力学环境试验、热平衡试验、热真空试验及 EMC 试验；力学环境试验分别介绍了正弦振动、随机振动及试验过程控制问题；热平衡及热真空试验对空间环境模拟室、试验技术状态确认、试验边界模拟、试验控制等方面进行了详细的介绍；最后，以一个星相机的试验方案为例，给出了实例说明，可用于指导星相机环境试验验证实践。

参考文献

[1] 卢锷，颜昌翔，吴清文，等. 空间光学遥感器环境适应性设计与试验研究［J］. 中国光学与应用光学，2009，2（5）：364-376.

[2] 刘宏伟，吴清文.《GJB 150A 军用装备实验室环境试验方法》与空间光学遥感器力学试验［C］// 2012 年全国振动工程及应用学术会议，郑州，2012：31-37.

[3] 刘忠臣，朱延江. 大型空间遥感器动力学试验［J］. 光机电信息，2011，28（7）：59-63.

[4] 成武，卢欣. 有限元分析在航天器产品设计中的应用［J］. 空间控制技术与应用，2008，34（4）：28-32.

[5] 王建设. 空间光学遥感器热平衡试验装置的设计［J］. 光学精密工程，2000，8（6）：536-539.

[6] 关奉伟，刘巨，于善猛，等. 空间光学遥感器热试验外热流模拟机程控实现［J］. 中国光学，2014，7（6）：982-987.

[7] 中国人民解放军总装备部. 中华人民共和国军用标准 军用设备和分系统电磁发射和敏感度要求与测量 GJB 151B—2013［S］. 北京：总装备部军标出版发行部，2013.

[8] 中国人民解放军总装备部. 中华人民共和国军用标准 电磁干扰和电磁兼容性术语 GJB 72A—2002［S］. 北京：总装备部军标出版发行部，2003.

索　引

0~9（数字）

A~Z（英文）

A~B

C

D

E~F

G

H

J

K~N

O~Q

R

S

T

W

X

（王彦祥、张若舒 编制）

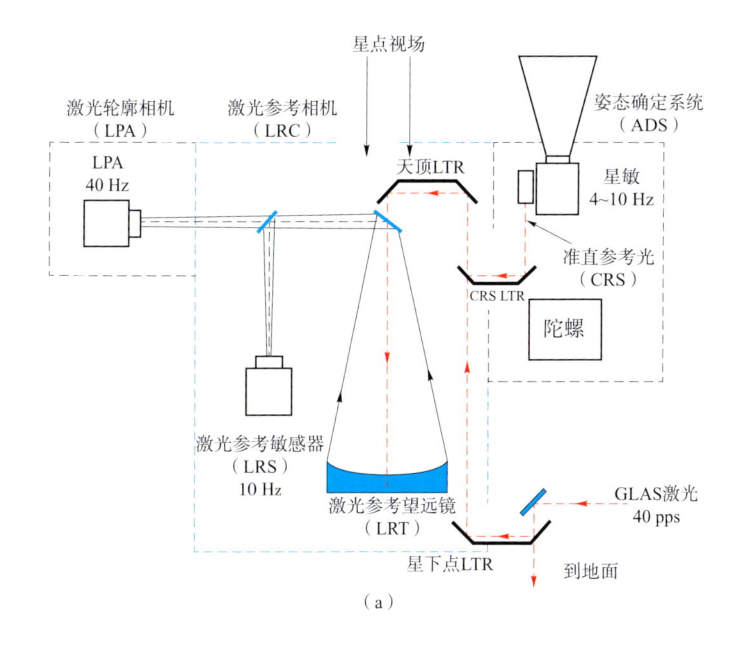

图 1-2　GLAS 恒星参考架示意图

（a）光路图

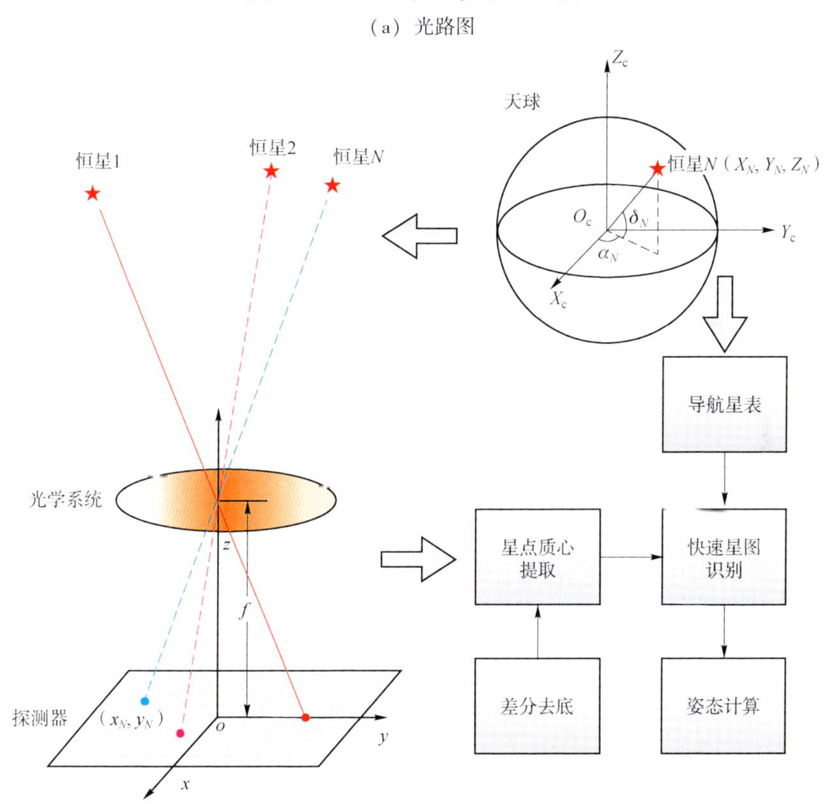

图 1-3　星相机定姿工作原理示意图

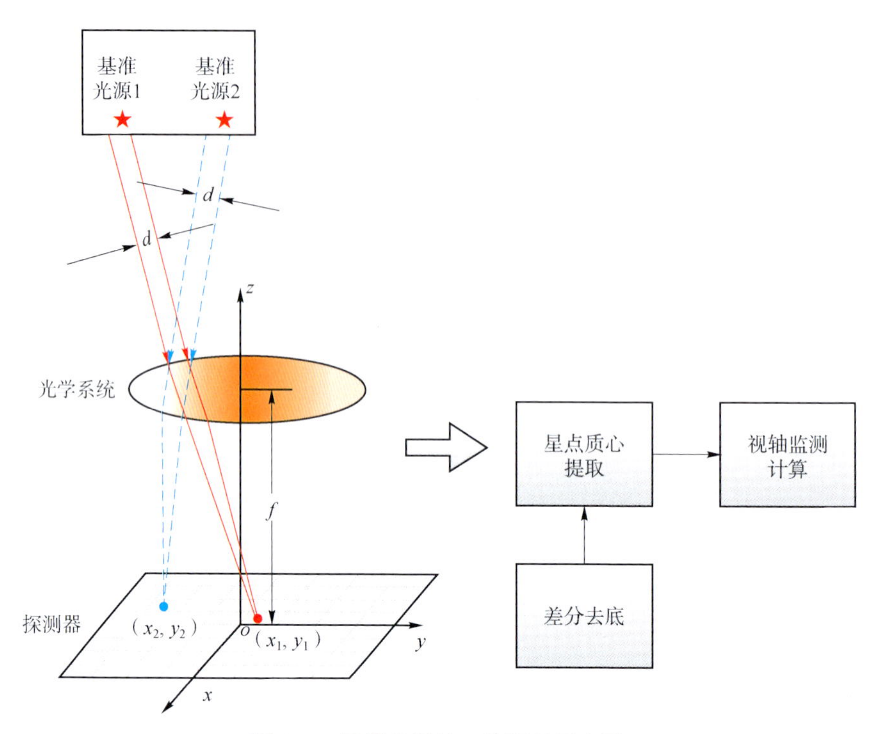

图 1-4　星相机视轴工作原理示意图

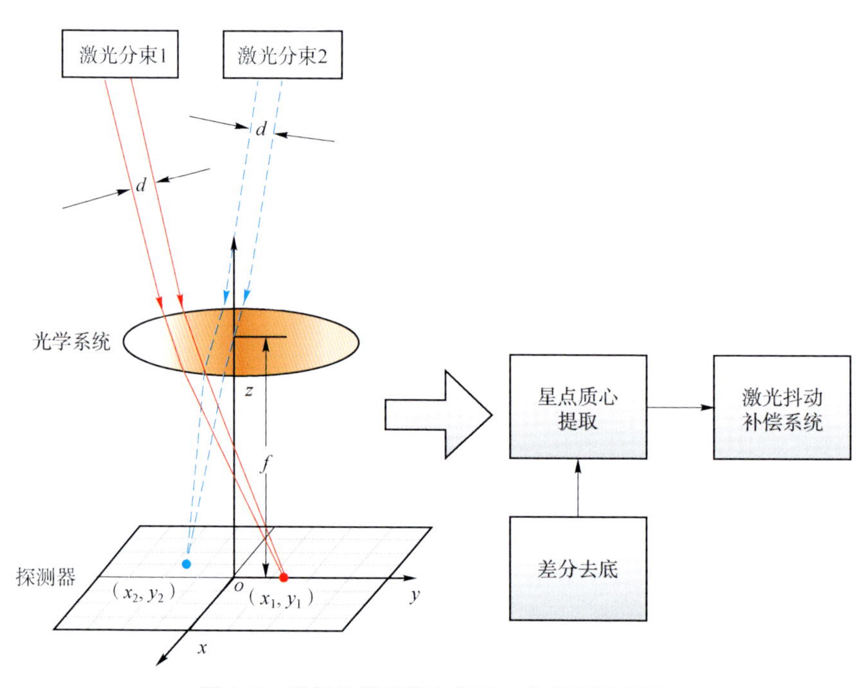

图 1-8　星相机激光指向记录工作原理示意图

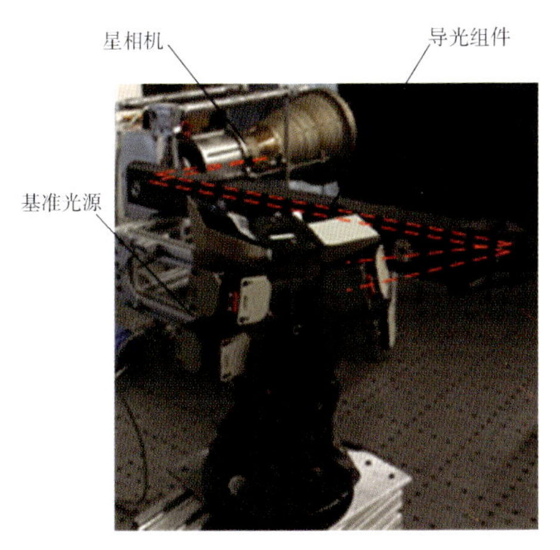

图 1-14　星相机视轴监视系统

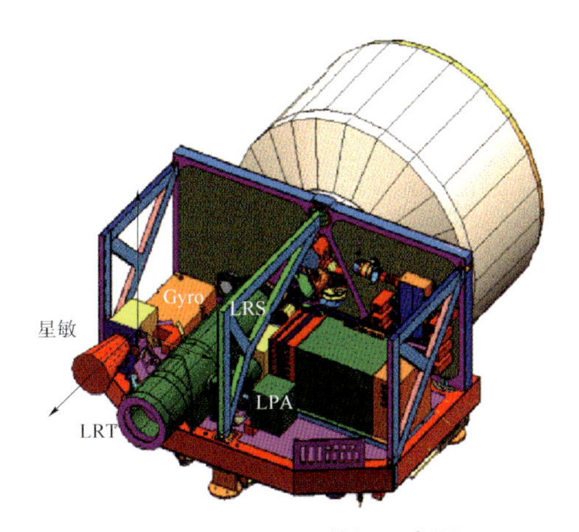

图 1-16　GLAS 整机示意图

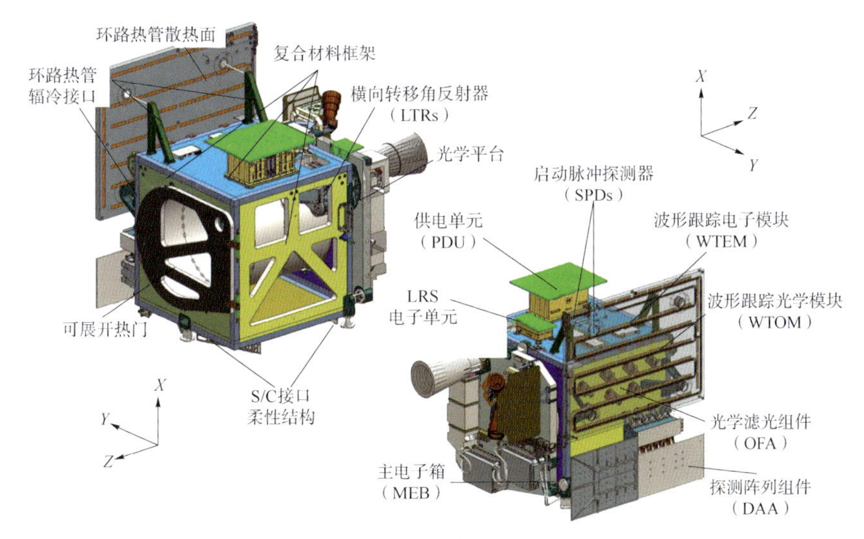

图 1-17　ATLAS 光学系统示意图

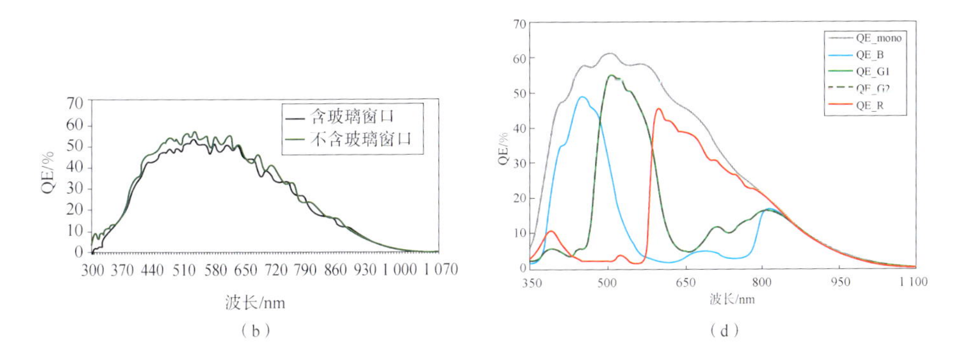

图 2-1　CMV 系列典型器件量子效率

（b）CMV4000；（d）CMV50000

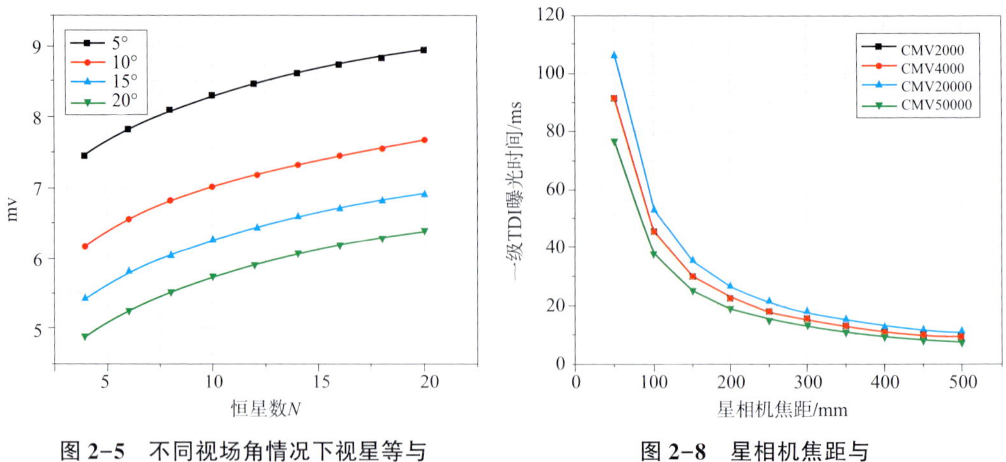

图 **2-5** 不同视场角情况下视星等与捕获恒星数的关系

图 **2-8** 星相机焦距与一级 **TDI** 曝光时间关系

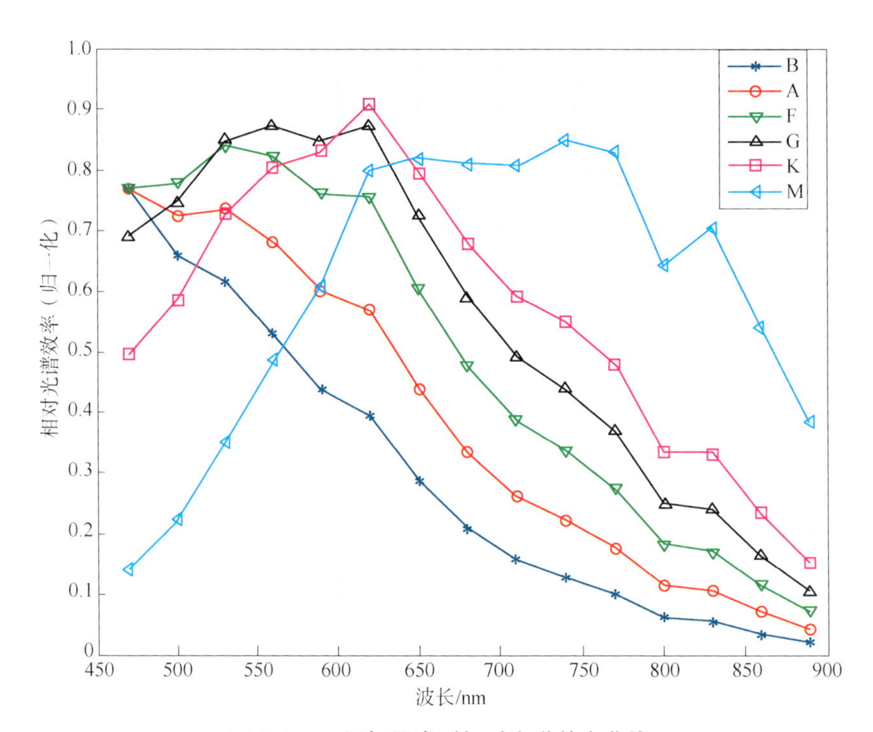

图 **2-9** 不同恒星类型相对光谱效率曲线

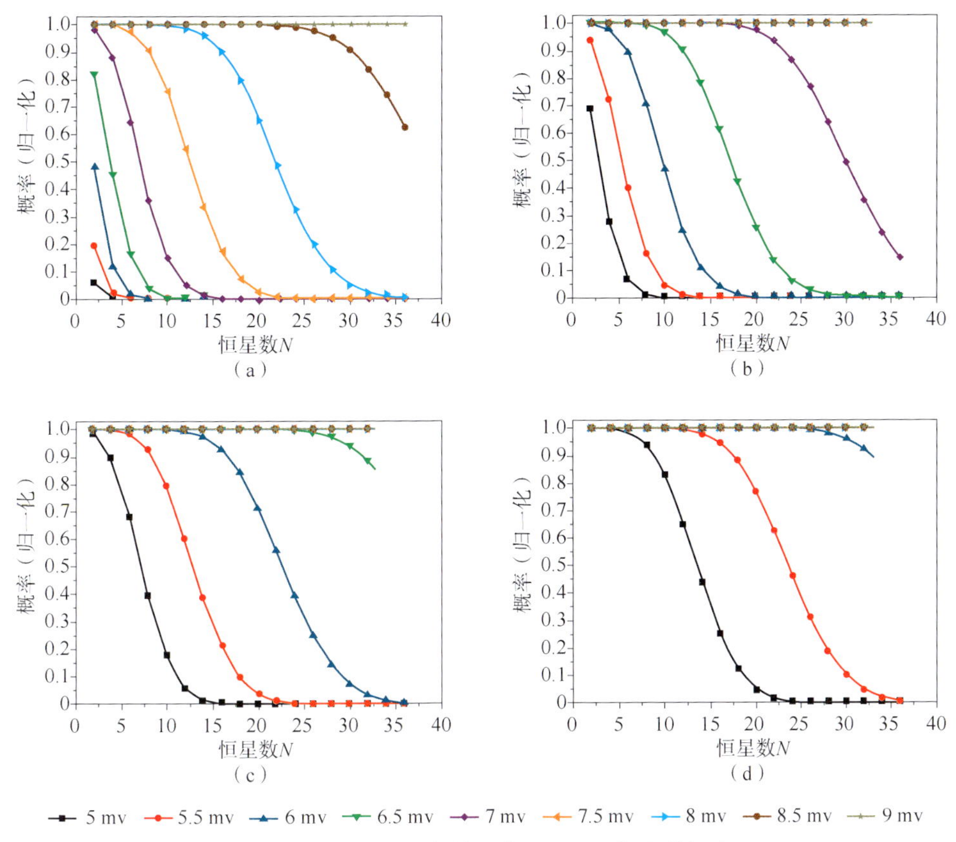

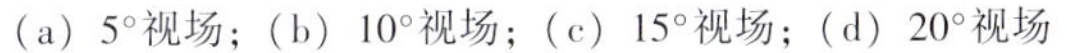

图 2-10　不同视场条件下出现≥N颗恒星的概率

(a) 5°视场；(b) 10°视场；(c) 15°视场；(d) 20°视场

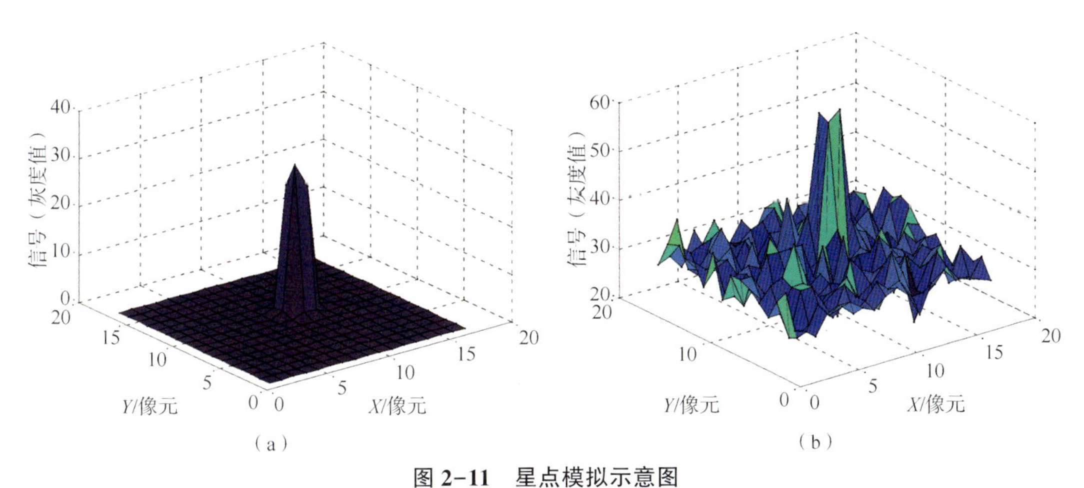

图 2-11　星点模拟示意图

(a) 理想星点；(b) 加入噪声后的星点

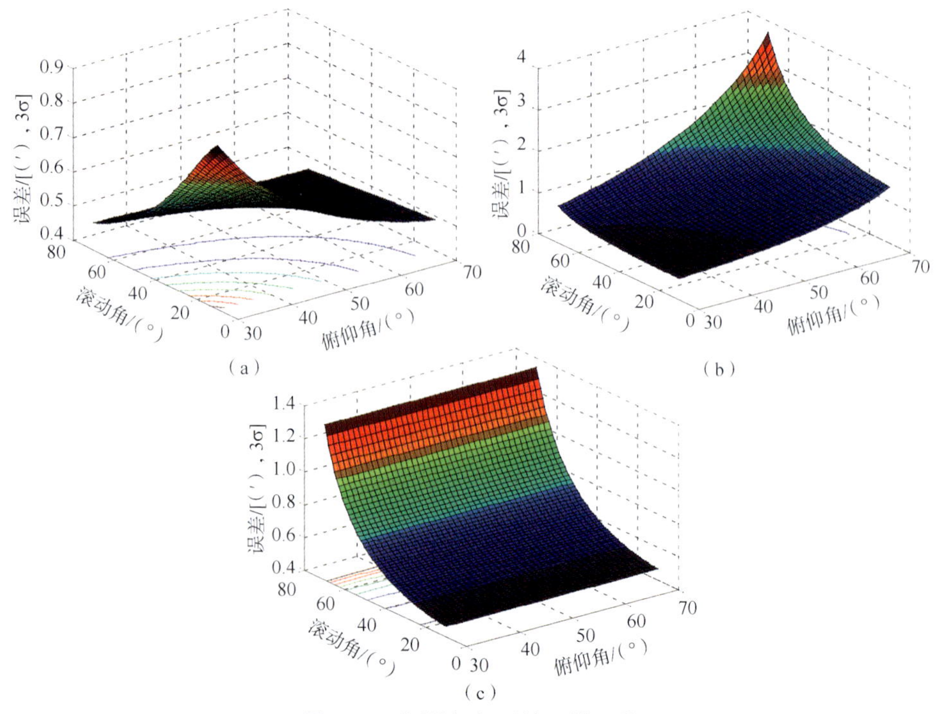

图 2-21　测绘相机系统三轴误差

(a) 测绘相机系统 X 轴；(b) 测绘相机系统 Y 轴；(c) 测绘相机系统 Z 轴

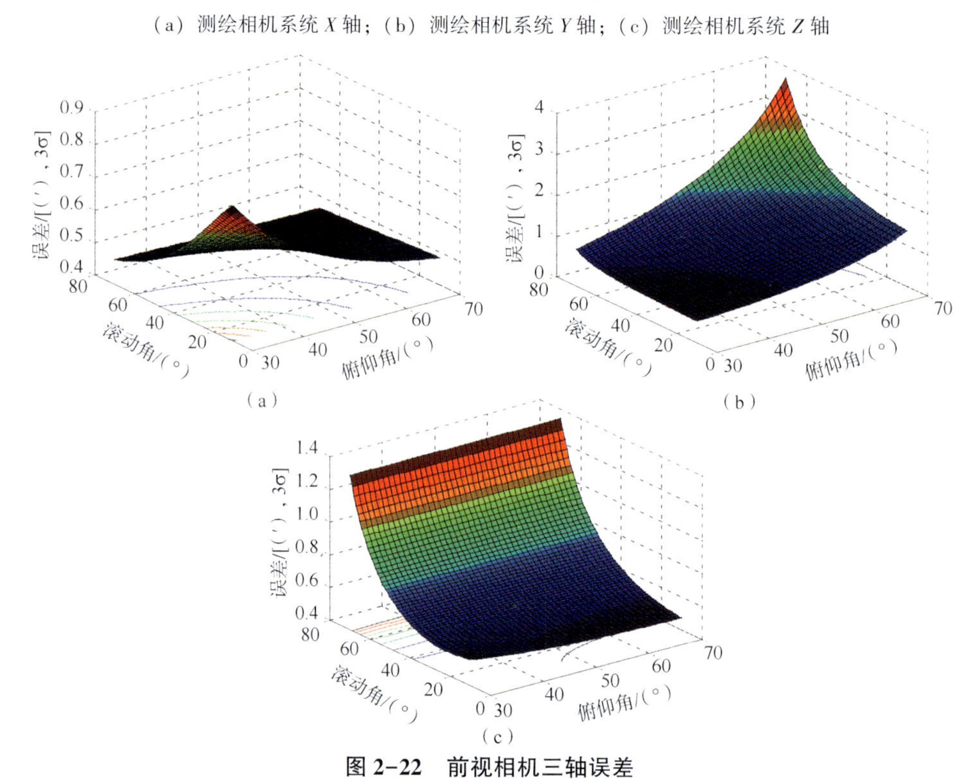

图 2-22　前视相机三轴误差

(a) 前视相机 X_F 轴；(b) 前视相机 Y_F 轴；(c) 前视相机 Z_F 轴

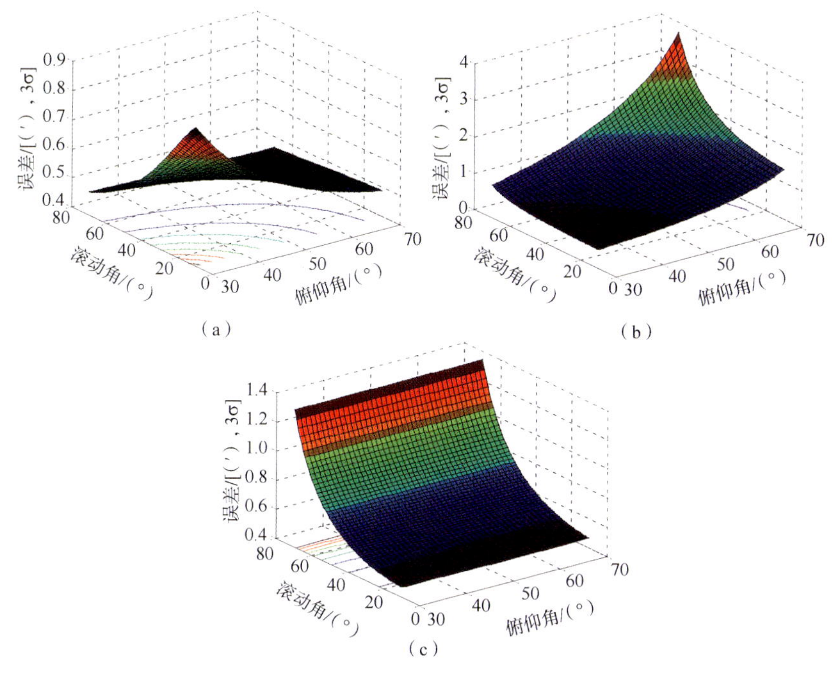

(a) (b) (c)

图 2-23　后视相机三轴误差

(a) 后视相机 X_B 轴；(b) 后视相机 Y_B 轴；(c) 后视相机 Z_B 轴

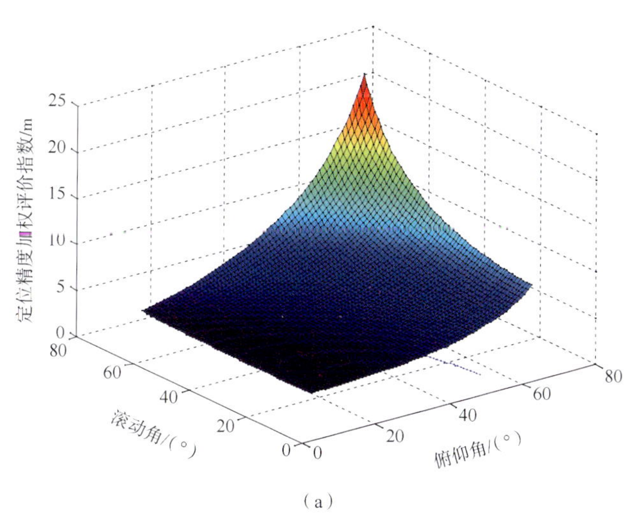

(a)

图 2-24　定位精度综合评价与星相机视轴夹角的关系

(a) 定位精度加权评价指数

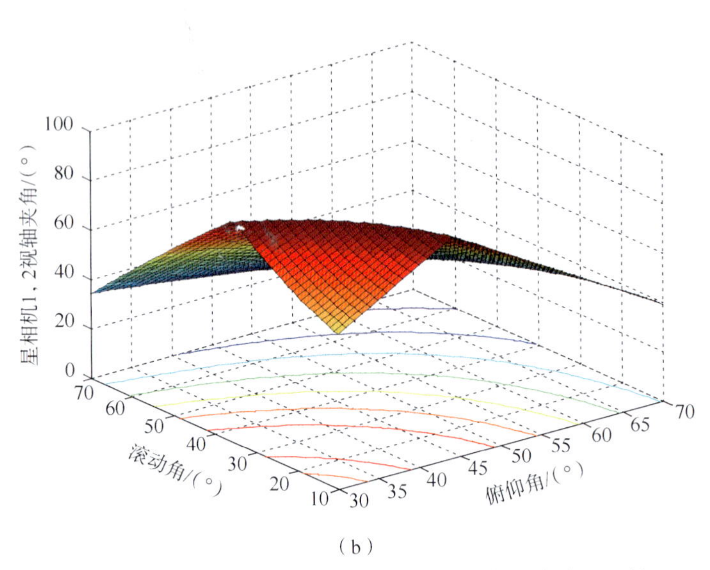

(b)

图 2-24　定位精度综合评价与星相机视轴夹角的关系（续）

(b) 星相机视轴夹角

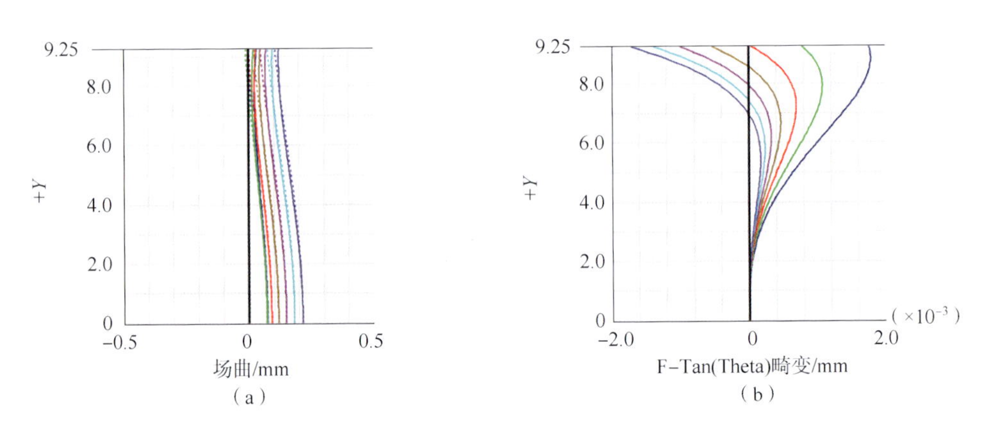

图 3-12　光学系统场曲畸变曲线

(a) 场曲；(b) 畸变

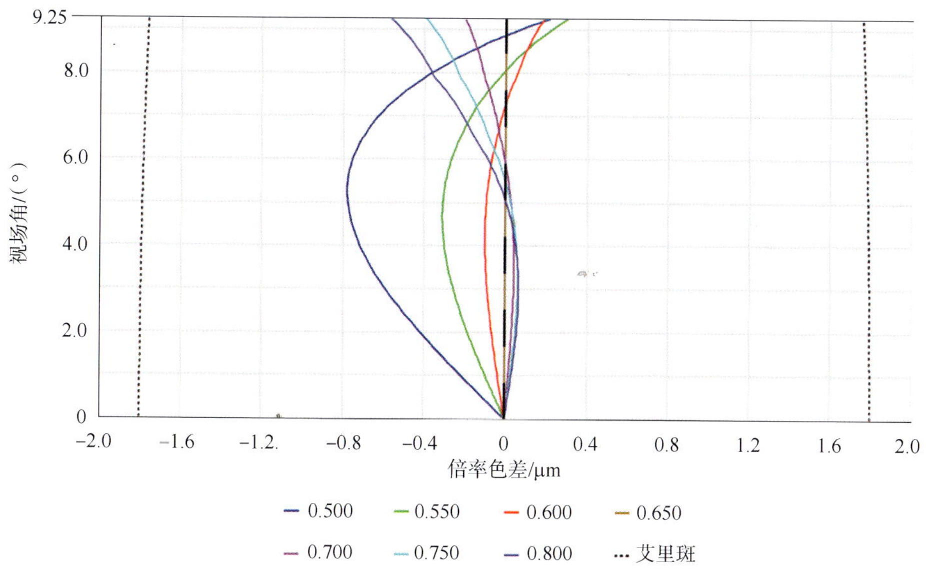

图 3-13　光学系统倍率色差曲线

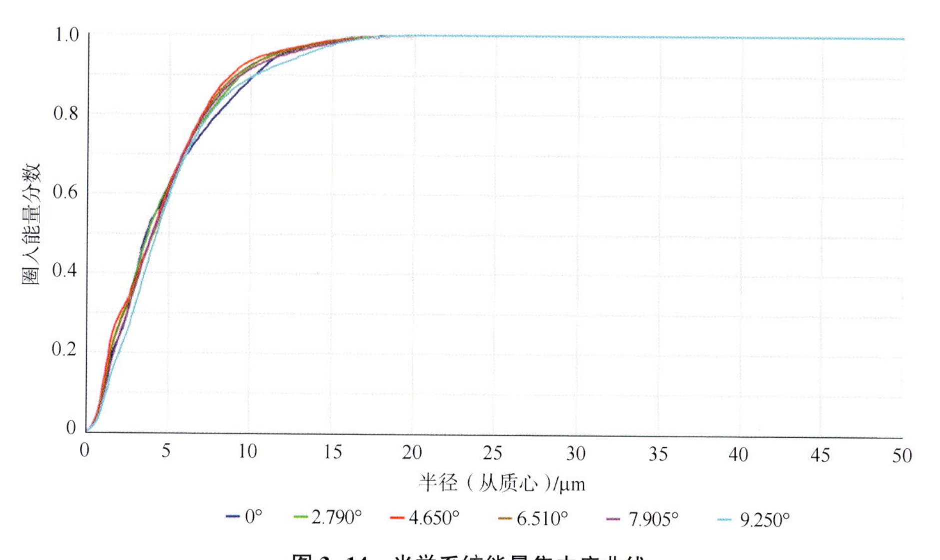

图 3-14　光学系统能量集中度曲线

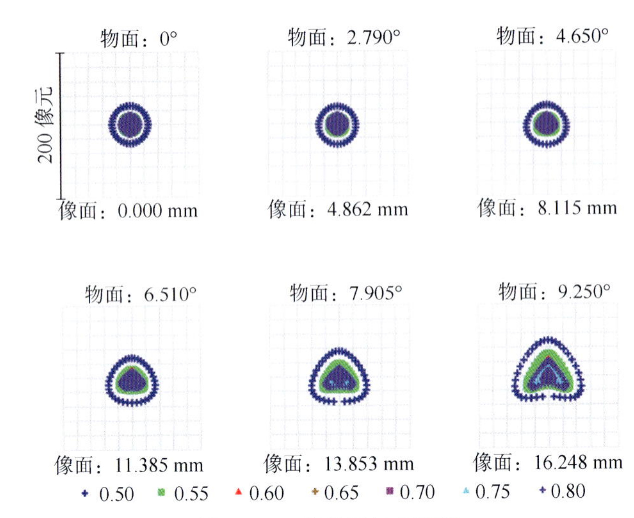

图 3-15　光学系统点列图

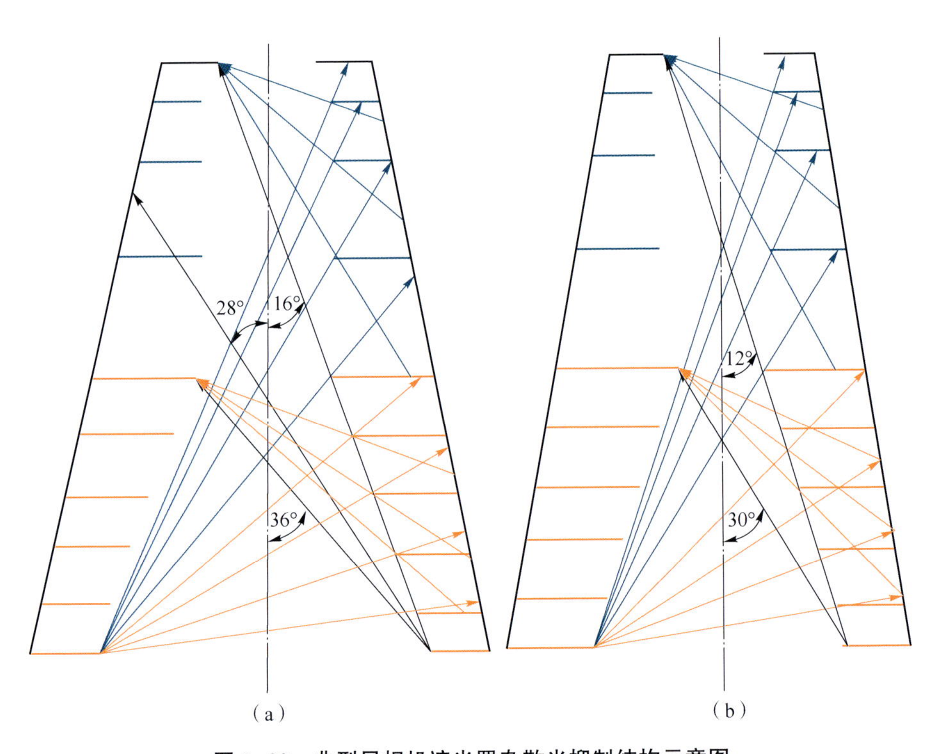

图 3-20　典型星相机遮光罩杂散光抑制结构示意图

(a) 遮光罩沿飞行方向的剖面；(b) 遮光罩垂直于飞行方向的剖面

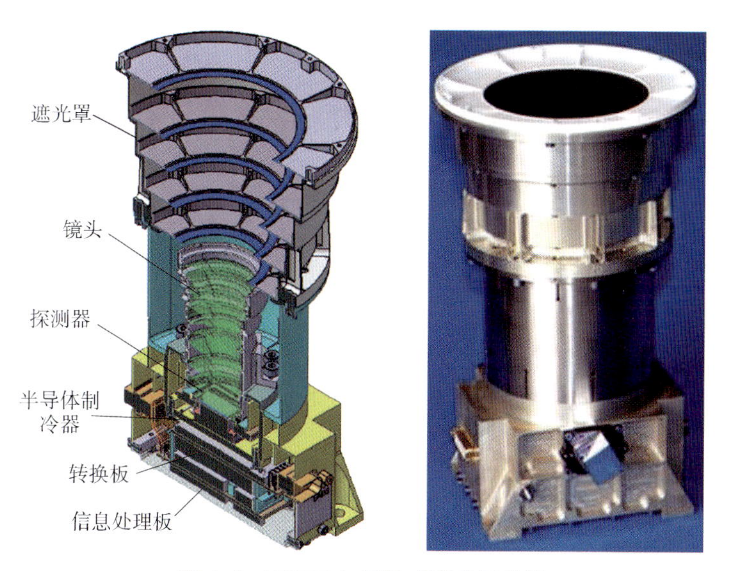

图 4-1　HYDRA 星敏感器光机头部

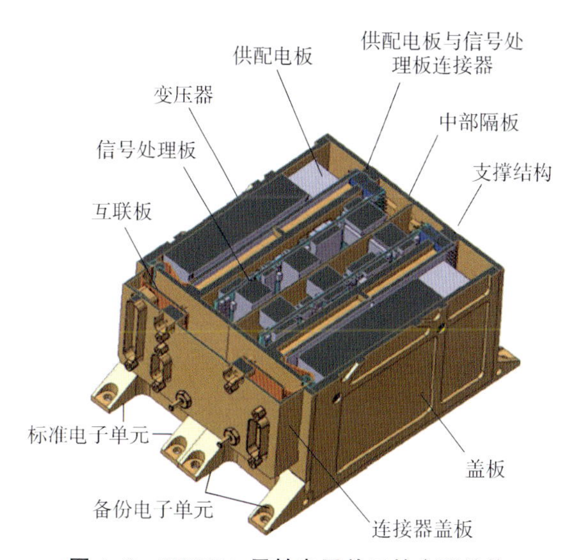

图 4-2　HYDRA 星敏电子单元的主要结构

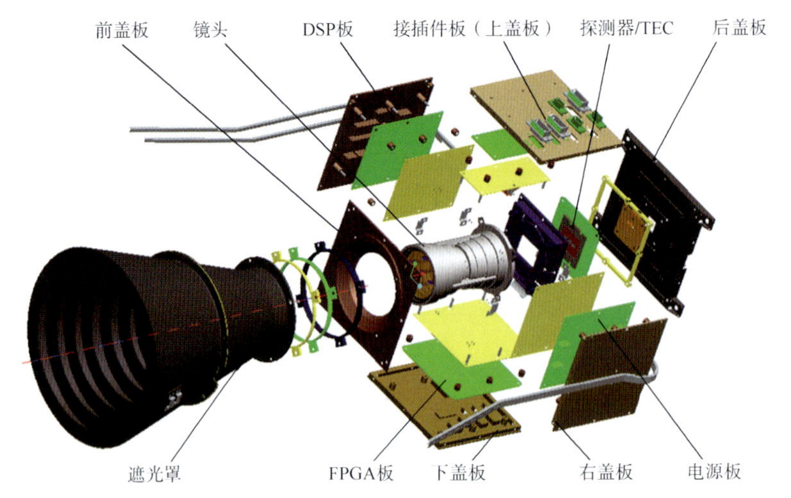

图 4-5　本书课题组与北京航空航天大学合作研制的星相机

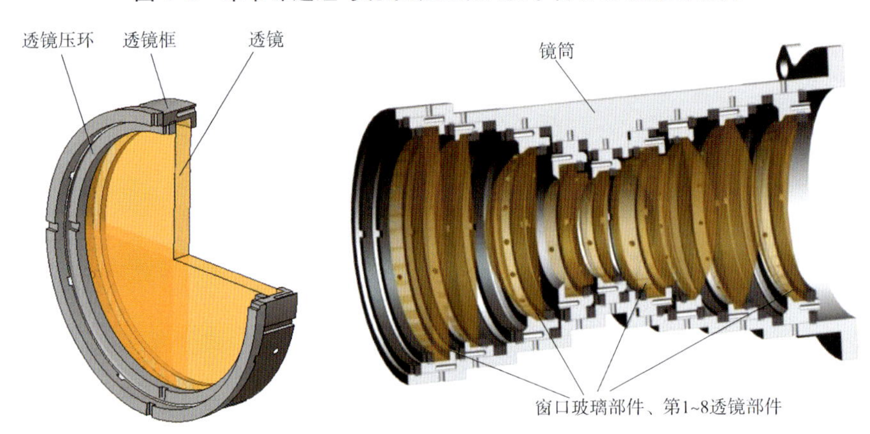

图 4-6　典型的星相机镜头结构设计

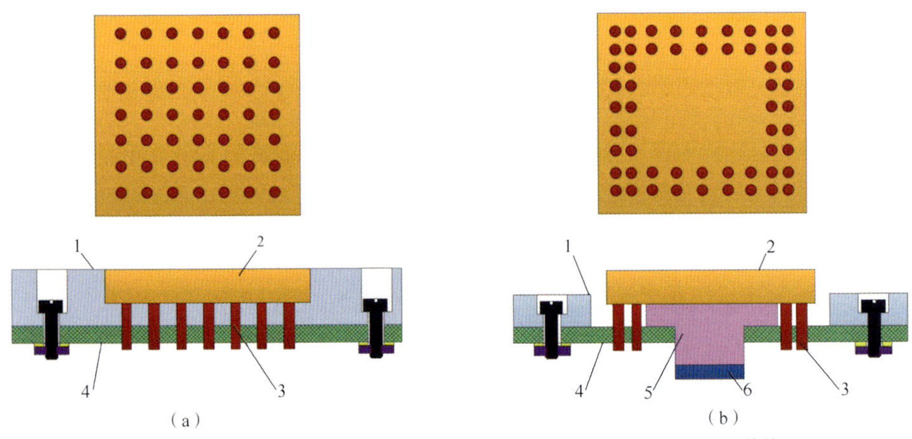

1—探测器安装板；2—探测器光敏面；3—探测器管脚；4—探测器电路板；5—散热座；6—TEC

图 4-7　星相机焦平面设计

(a) 探测器管脚居中均布；(b) 探测器管脚周向环绕

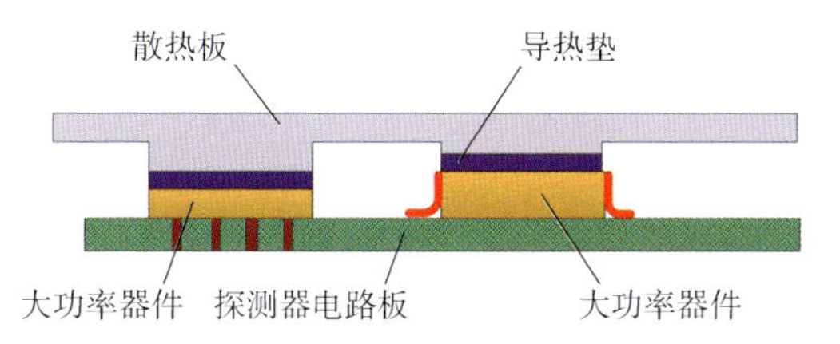

图 4-8　电路板典型散热结构设计

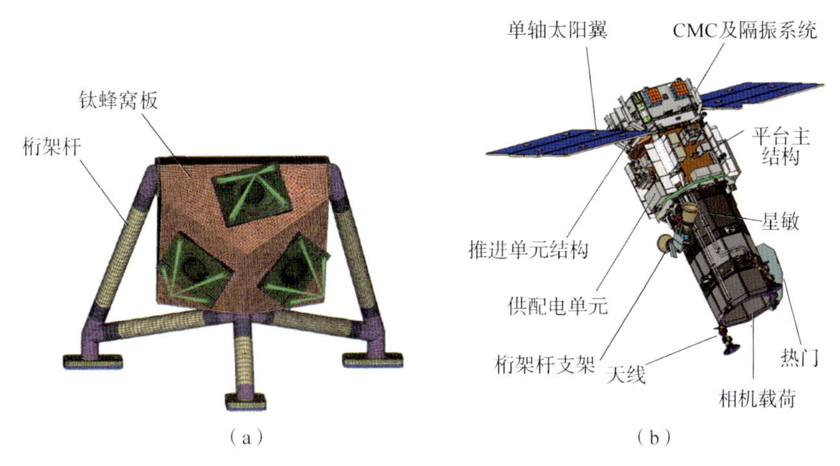

图 4-11　桁架式安装支架

（a）桁架杆组合支架；（b）WorldView-2 桁架杆支架

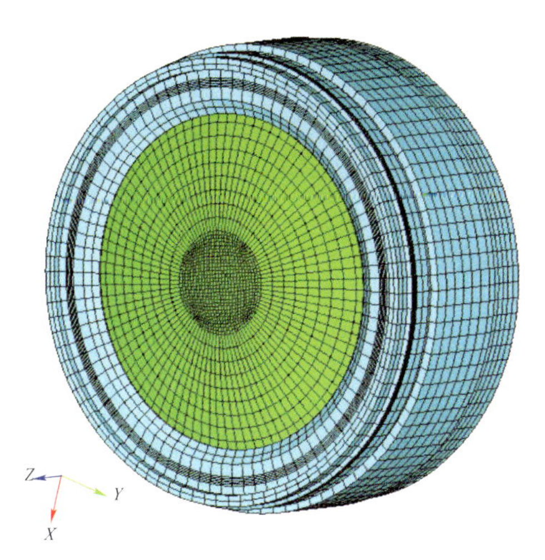

图 4-14　透镜组有限元建模

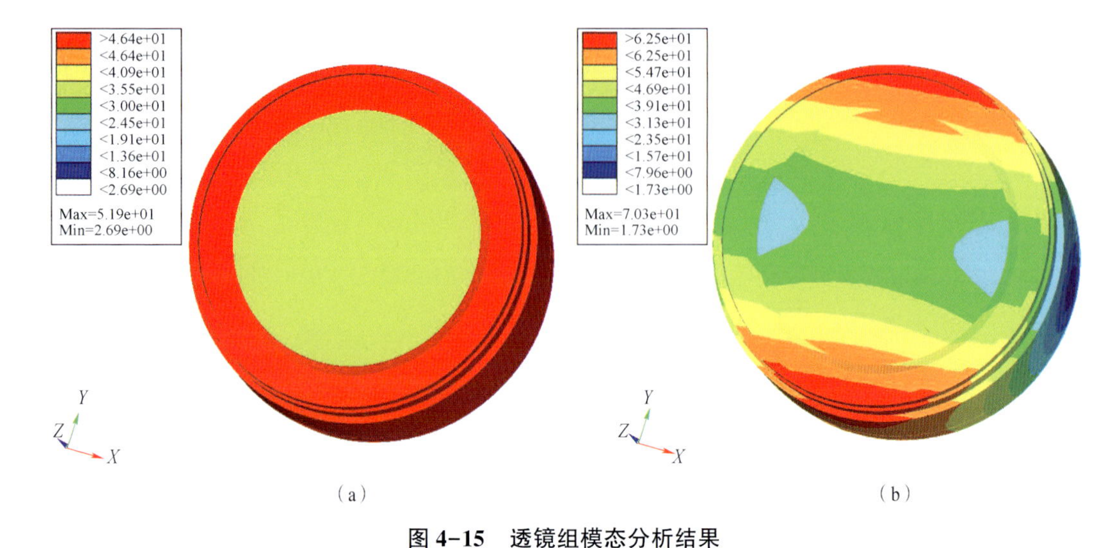

图 4-15　透镜组模态分析结果

(a) 一阶基频 567.6 Hz；(b) 二阶基频 627.6 Hz

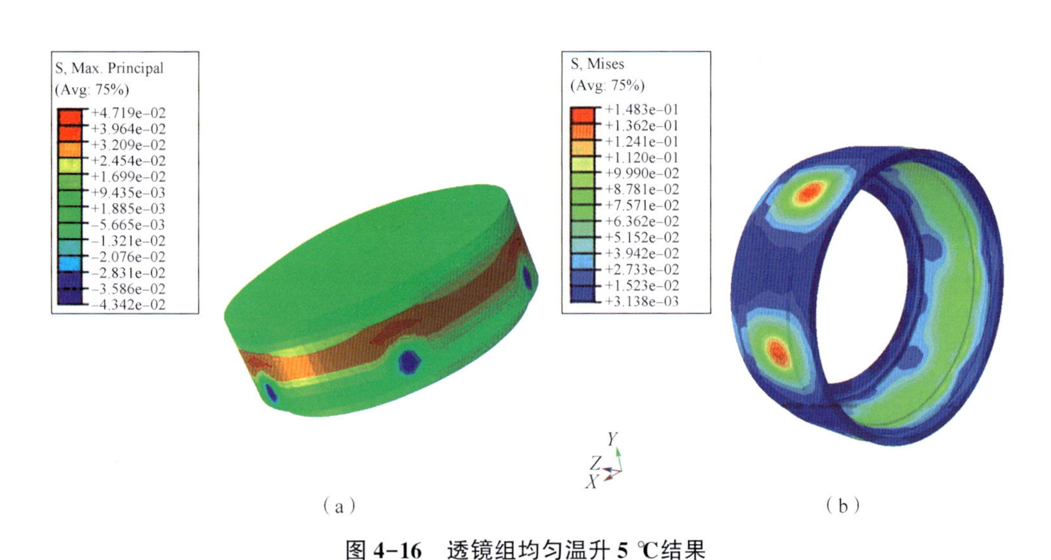

图 4-16　透镜组均匀温升 5 ℃结果

(a) 透镜最大主应力分布；(b) 镜框最大主应力分布

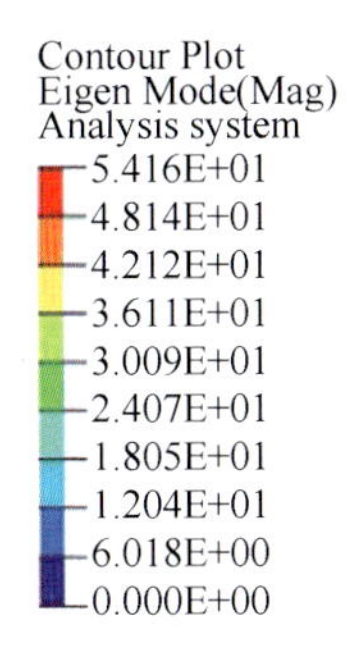

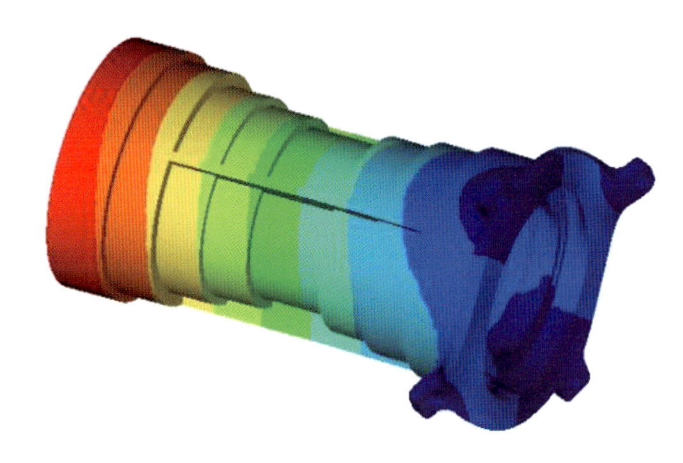

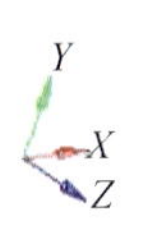

图 **4-17**　星相机镜头模态分析结果

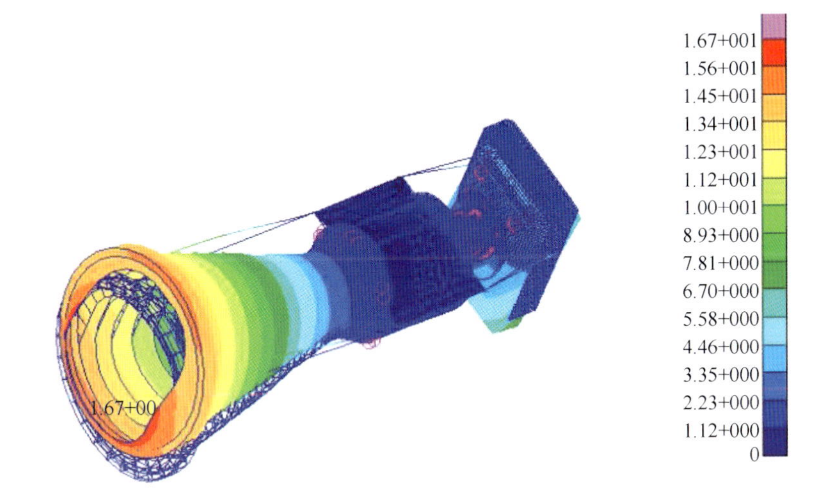

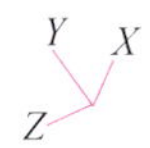

图 **4-18**　星相机模态分析结果

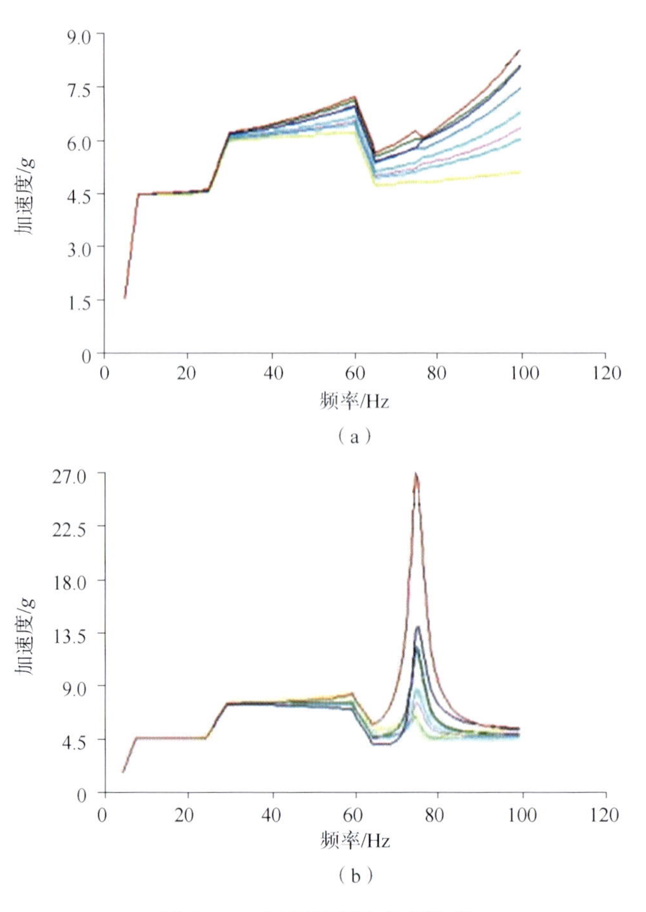

图 4-19　星相机频响分析结果

（a）径向；（b）轴向

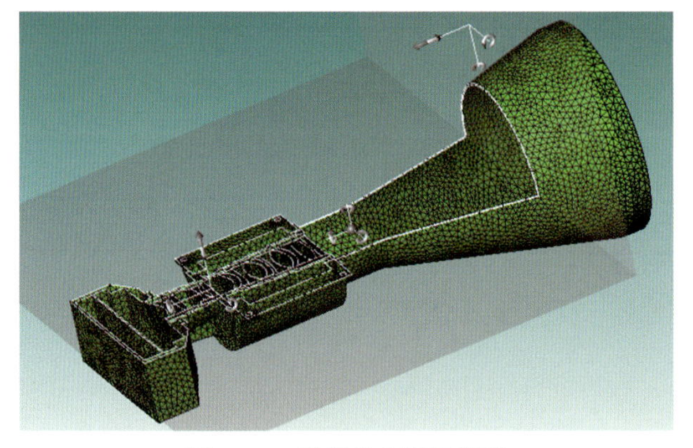

图 4-30　星相机有限元模型

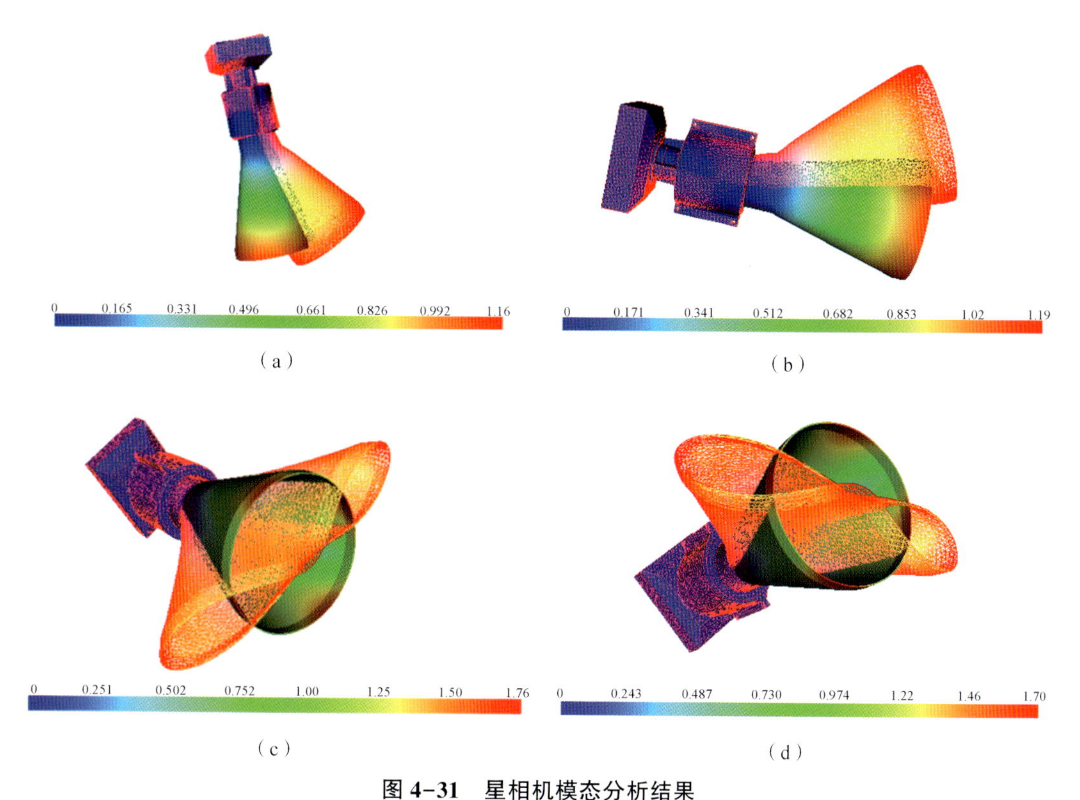

图 4-31　星相机模态分析结果

（a）一阶频率 80 Hz；（b）二阶频率 122 Hz；（c）三阶频率 155 Hz；（d）四阶频率 158 Hz

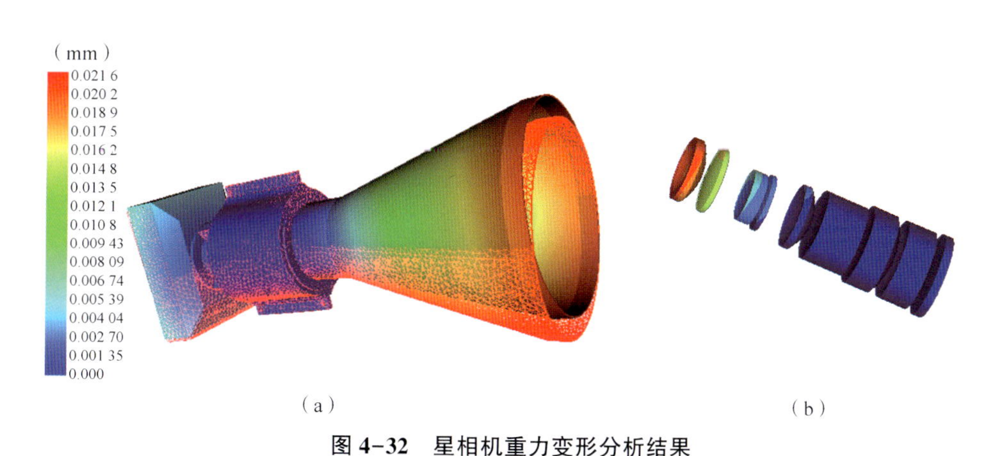

图 4-32　星相机重力变形分析结果

（a）1g 重力下结构变形云图；（b）1g 重力下光学系统镜面变形云图

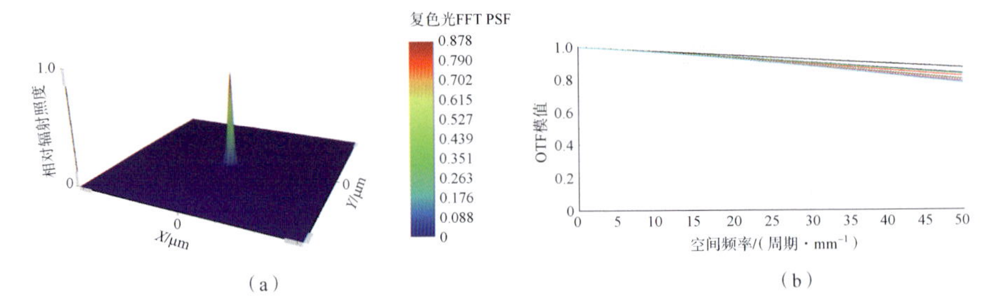

图 4-33　星相机重力变形光学质量结果

(a) 点扩散函数；(b) 衍射 MTF

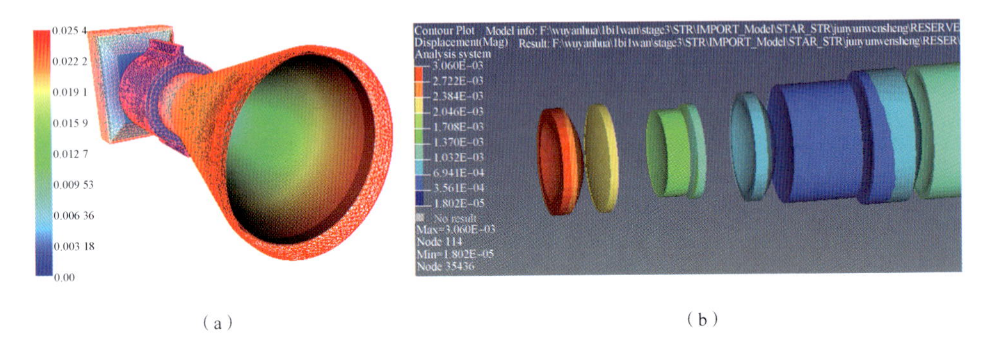

图 4-34　星相机均匀温升 2 ℃工况下的变形分析结果

(a) 结构变形云图；(b) 光学镜面变形云图

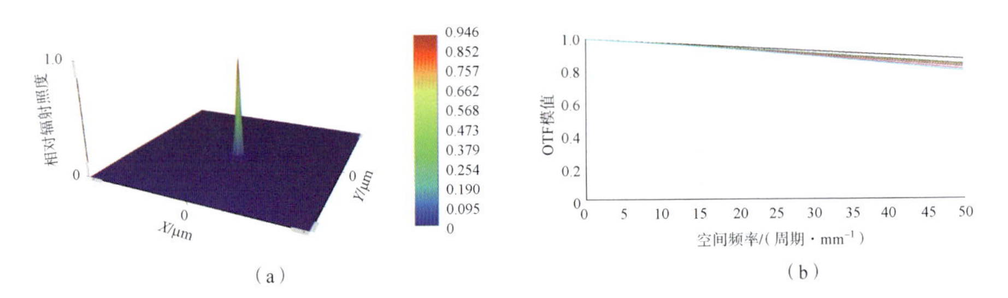

图 4-35　星相机均匀温升 2 ℃工况下的像质结果

(a) 点扩散函数；(b) 衍射 MTF

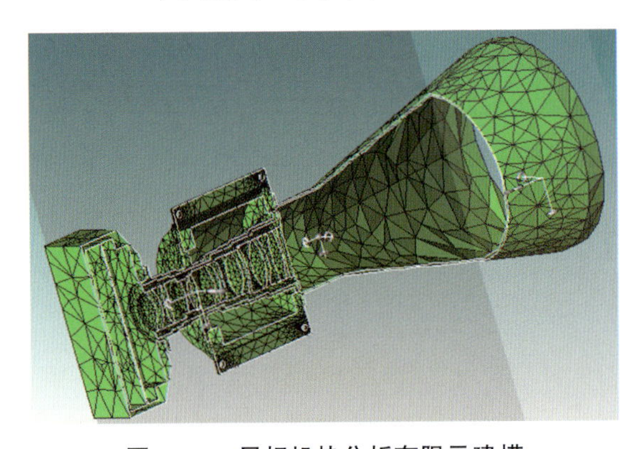

图 4-37　星相机热分析有限元建模

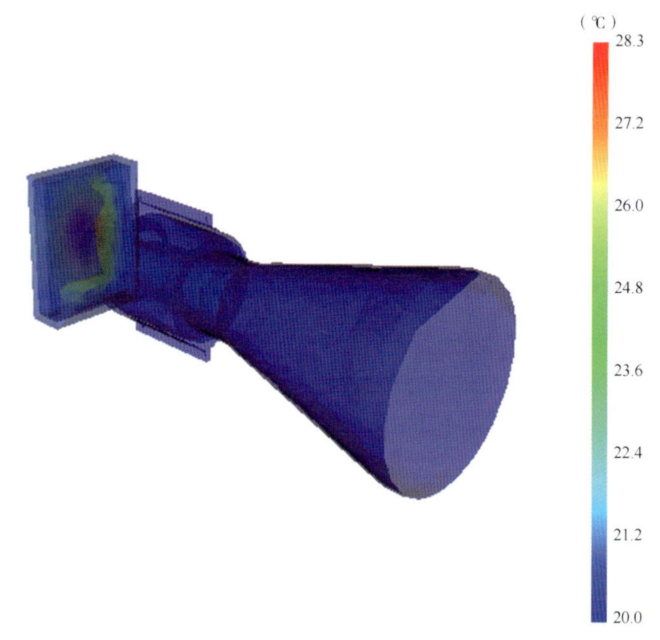

图 4-38　典型热分析温度场结果

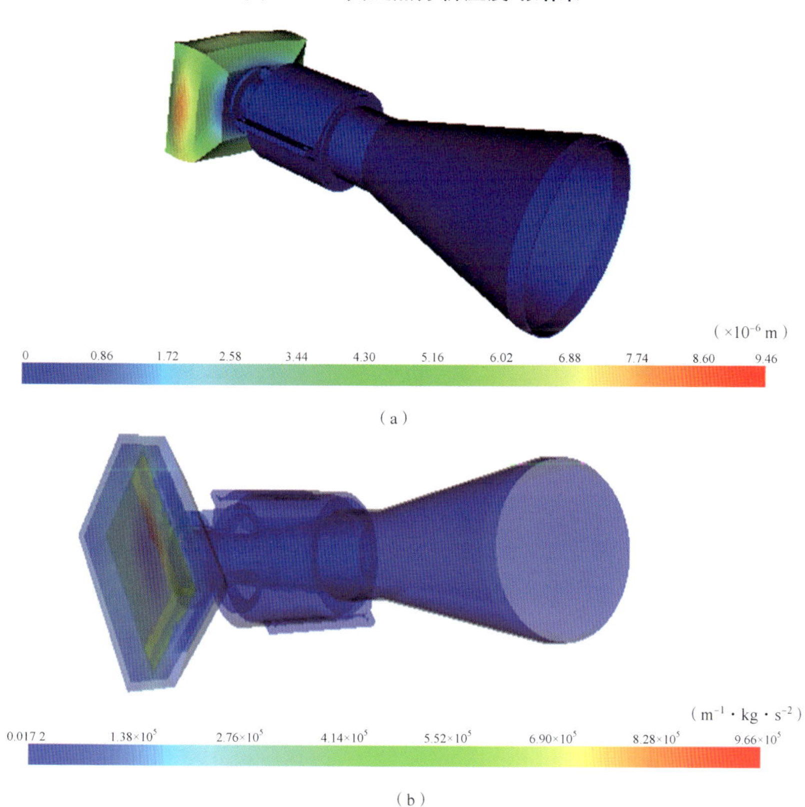

图 4-40　星相机热机映射结果

(a) 轨热分析工况下某时刻结构位移；(b) 轨热分析工况下某时刻结构变形

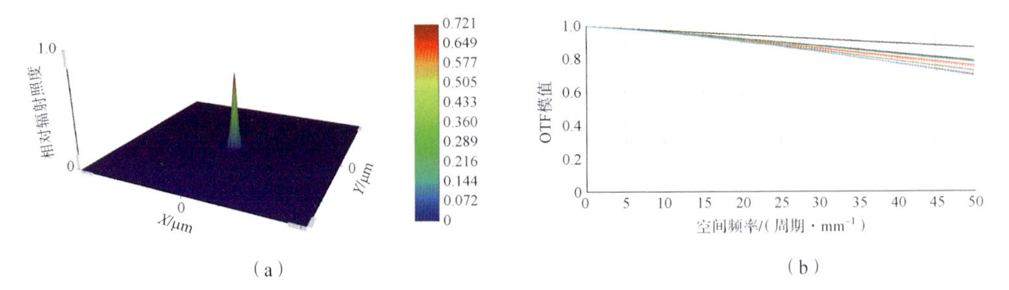

图 4-41　星相机光机热集成分析结果

(a) 点扩散函数；(b) 衍射 MTF

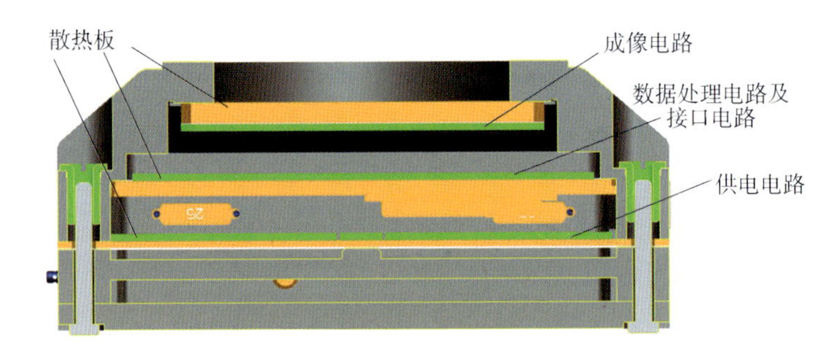

图 5-1　层摞式电路结构示意图

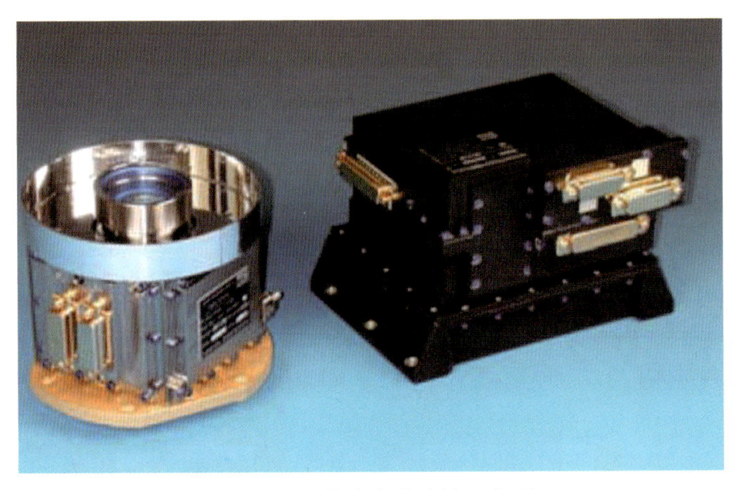

图 5-3　分体式电路结构示意图

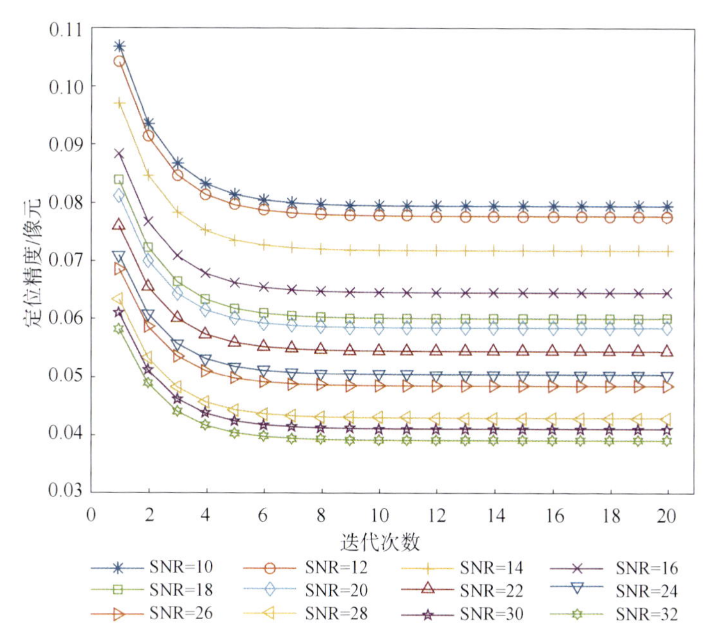

图 6-5　不同信噪比下质心定位精度与迭代次数的关系

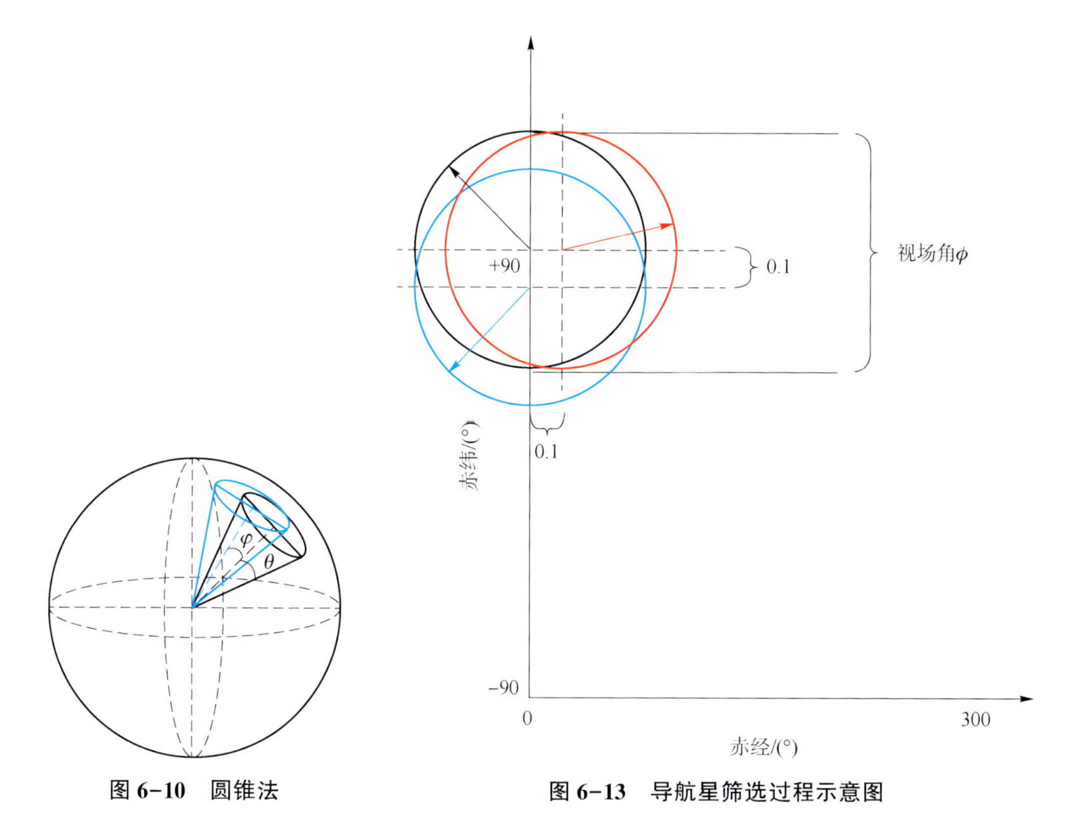

图 6-10　圆锥法

图 6-13　导航星筛选过程示示意图

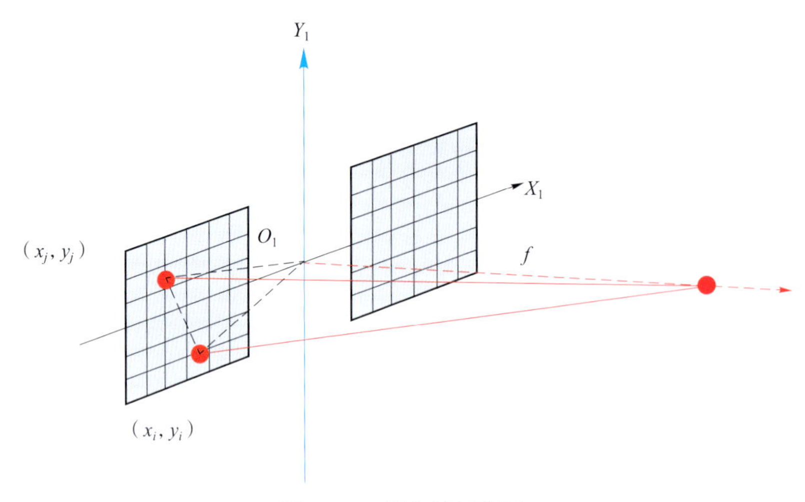

图 6-21　星点几何关系

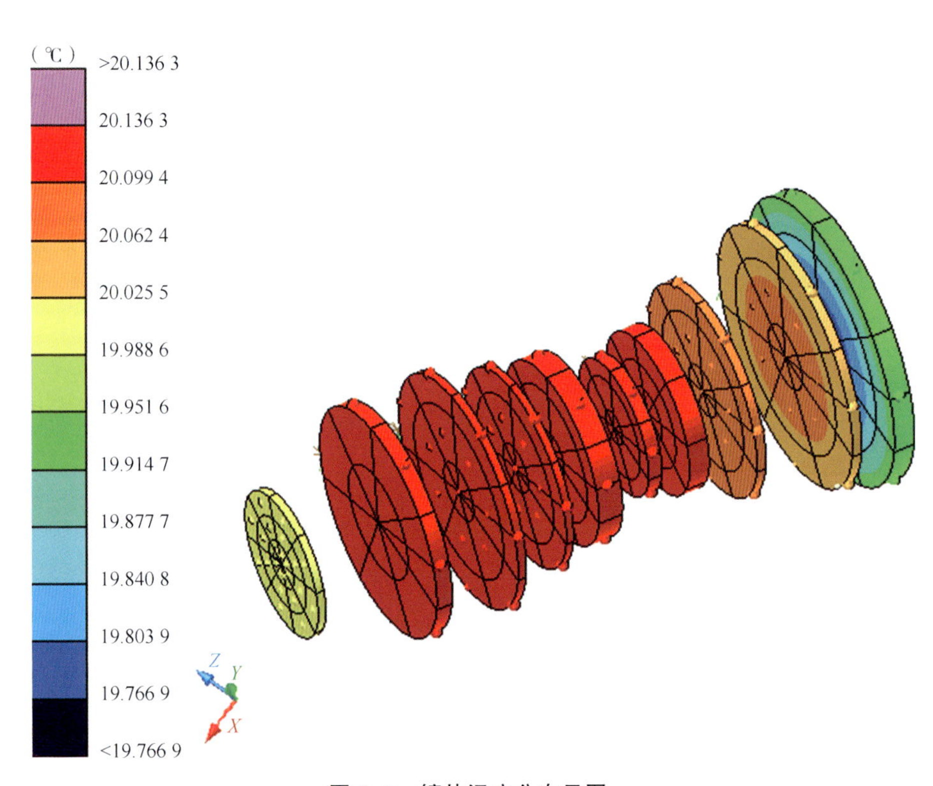

图 7-8　镜片温度分布云图

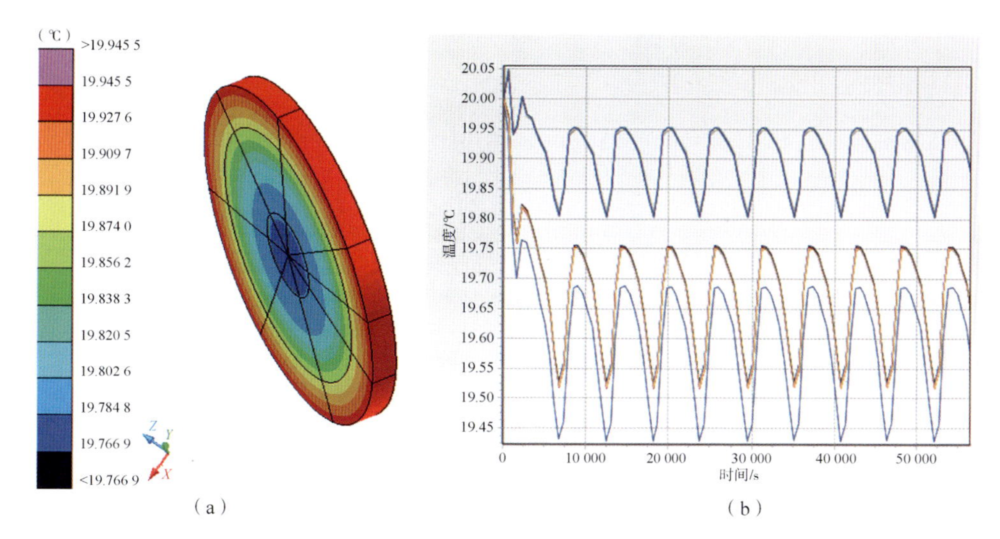

图 7-9　镜片 1（近入光口）温度分布及变化曲线

（a）温度分布；（b）若干采样点的温度变化曲线

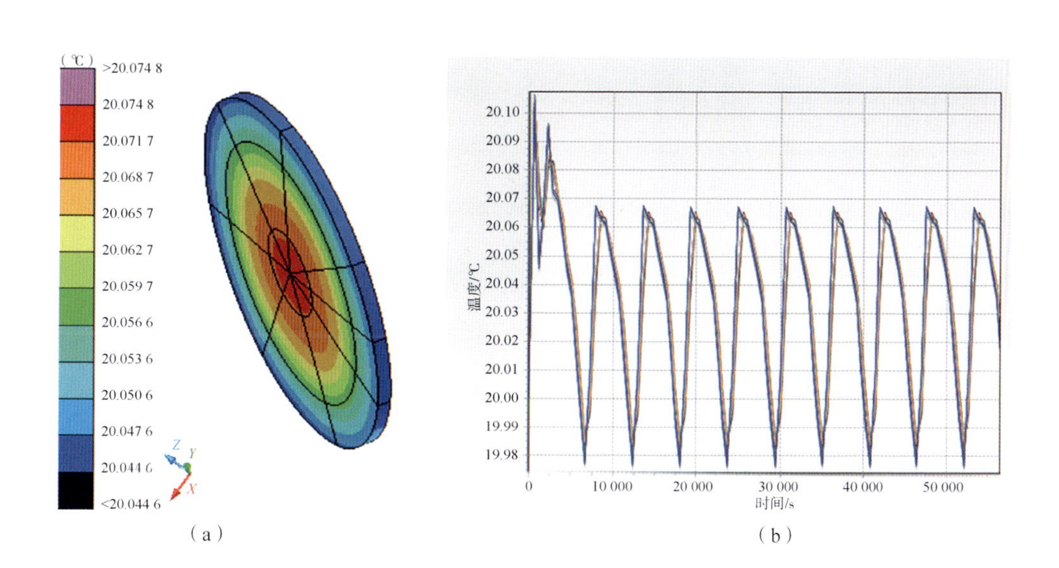

图 7-10　镜片 2 温度分布及变化曲线

（a）温度分布；（b）若干采样点的温度变化曲线

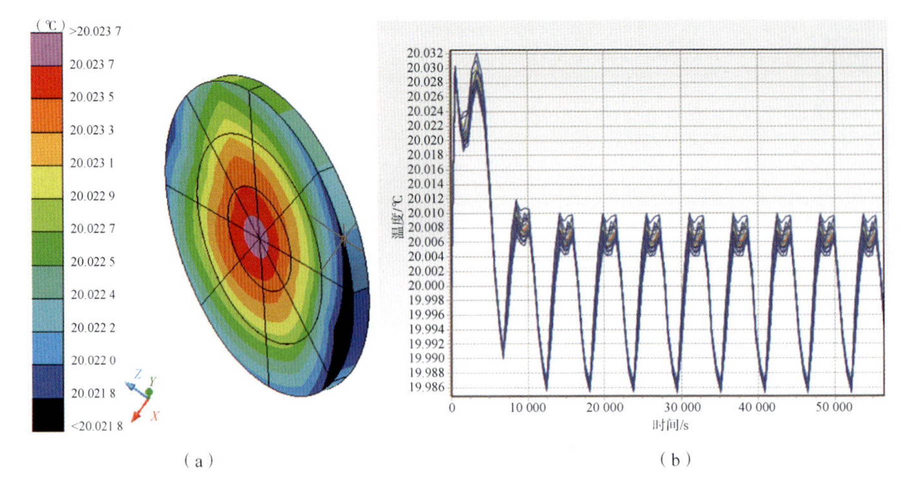

图 7-11　镜片 10 温度分布及变化曲线

(a) 温度分布；(b) 若干采样点的温度变化曲线

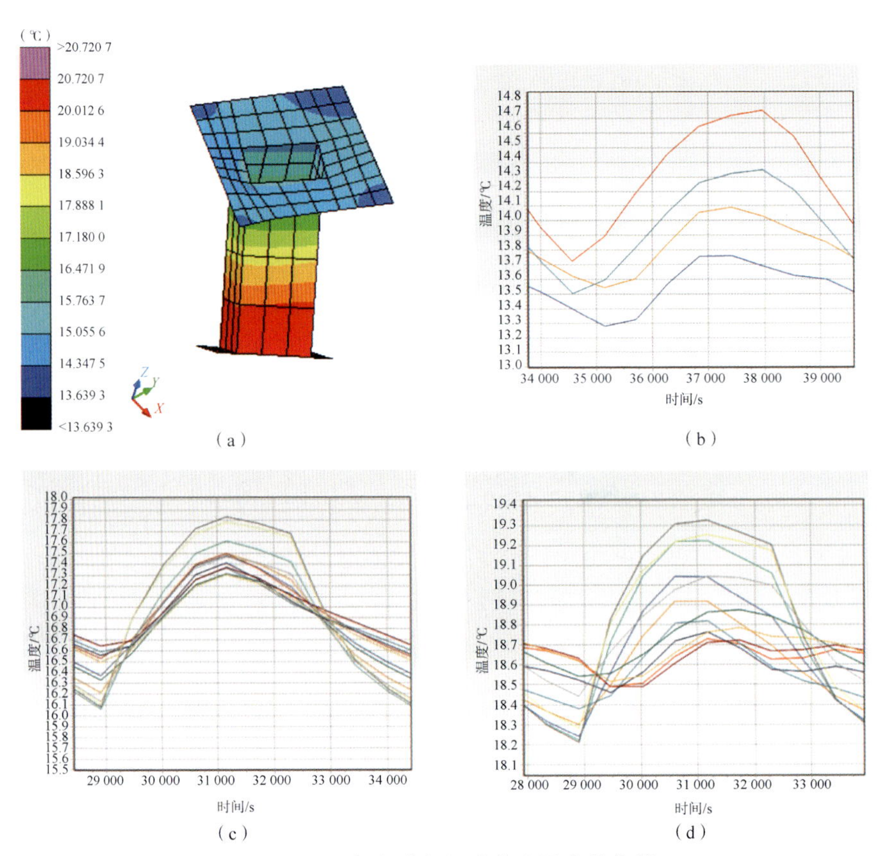

图 7-12　星相机支架温度分布及变化曲线

(a) 支架温度云图；(b) 星相机安装面温度曲线；(c) 周向 1 温度曲线；(d) 周向 2 温度曲线

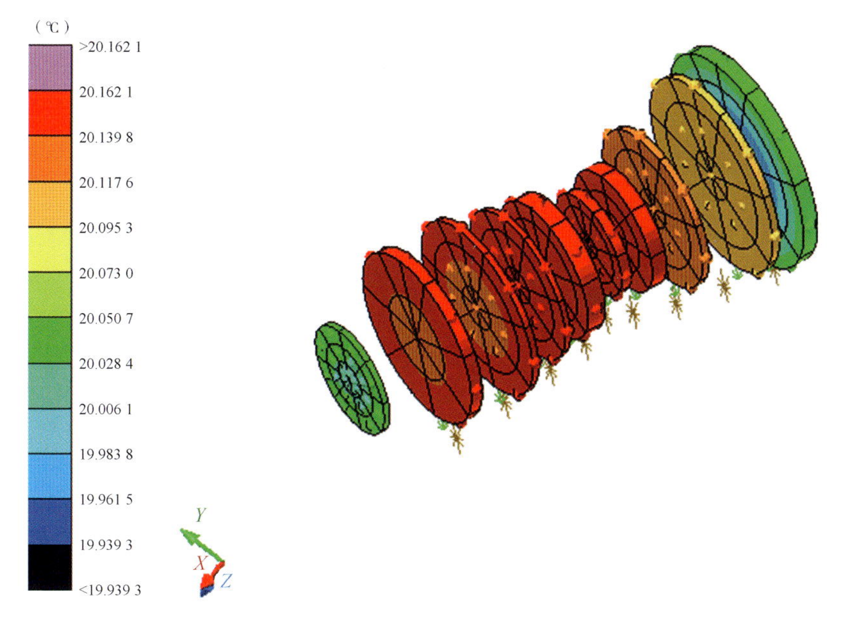

图 7-13 镜片温度分布云图

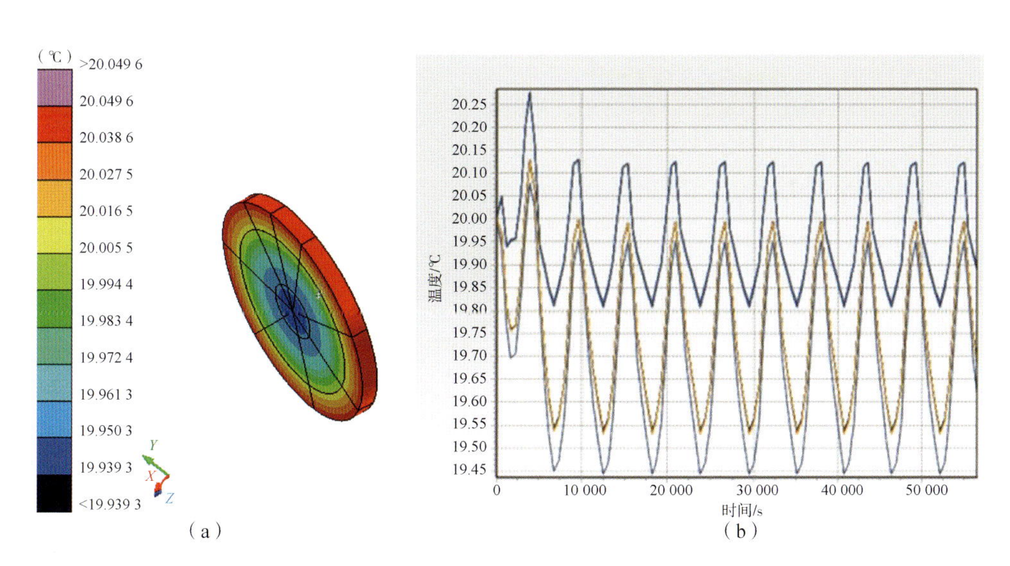

图 7-14 镜片 1（近入光口）温度分布及变化曲线

（a）温度分布；（b）若干采样点的温度变化曲线

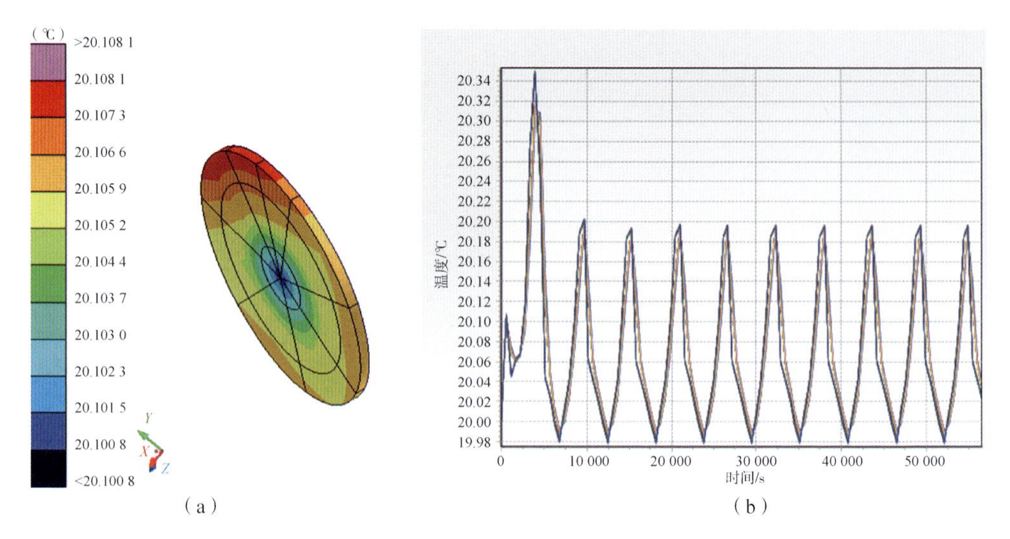

图 7-15　镜片 2 温度分布及变化曲线

(a) 温度分布；(b) 若干采样点的温度变化曲线

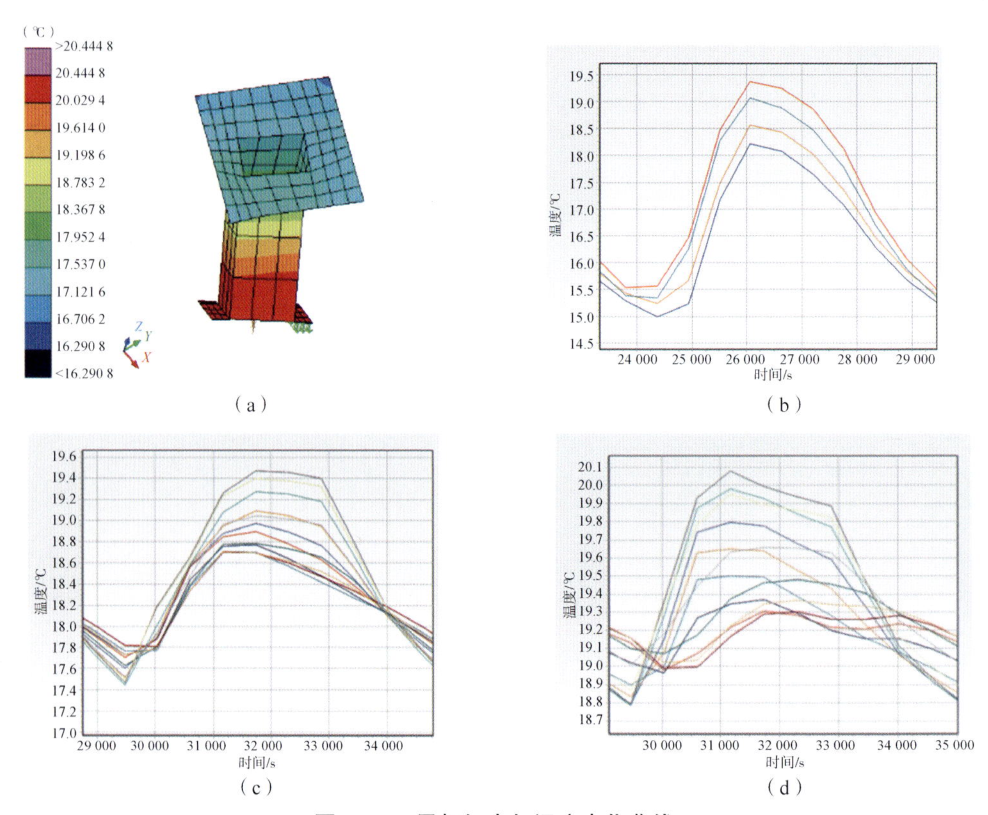

图 7-16　星相机支架温度变化曲线

(a) 支架温度云图；(b) 星相机安装面温度曲线；(c) 周向 1 温度曲线；(d) 周向 2 温度曲线

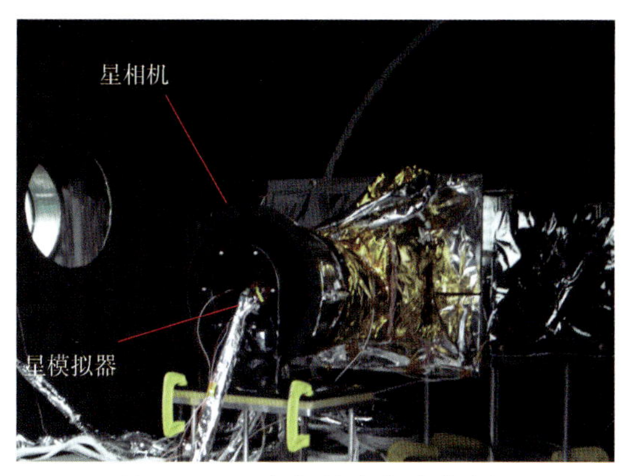

图 7-17　星相机热真空试验验证

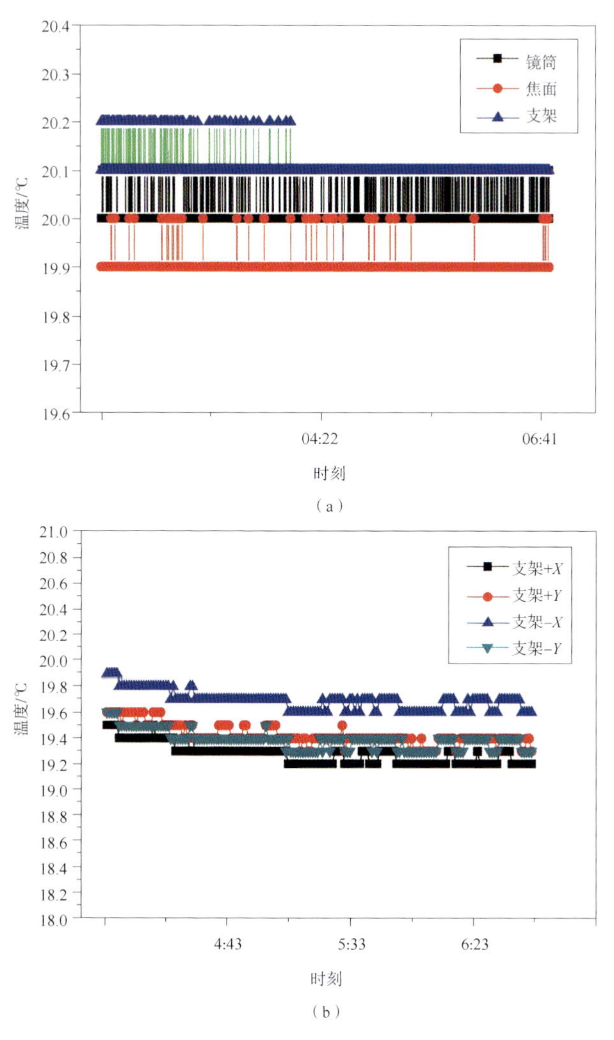

图 7-19　星相机热平衡试验温度曲线（工况一）

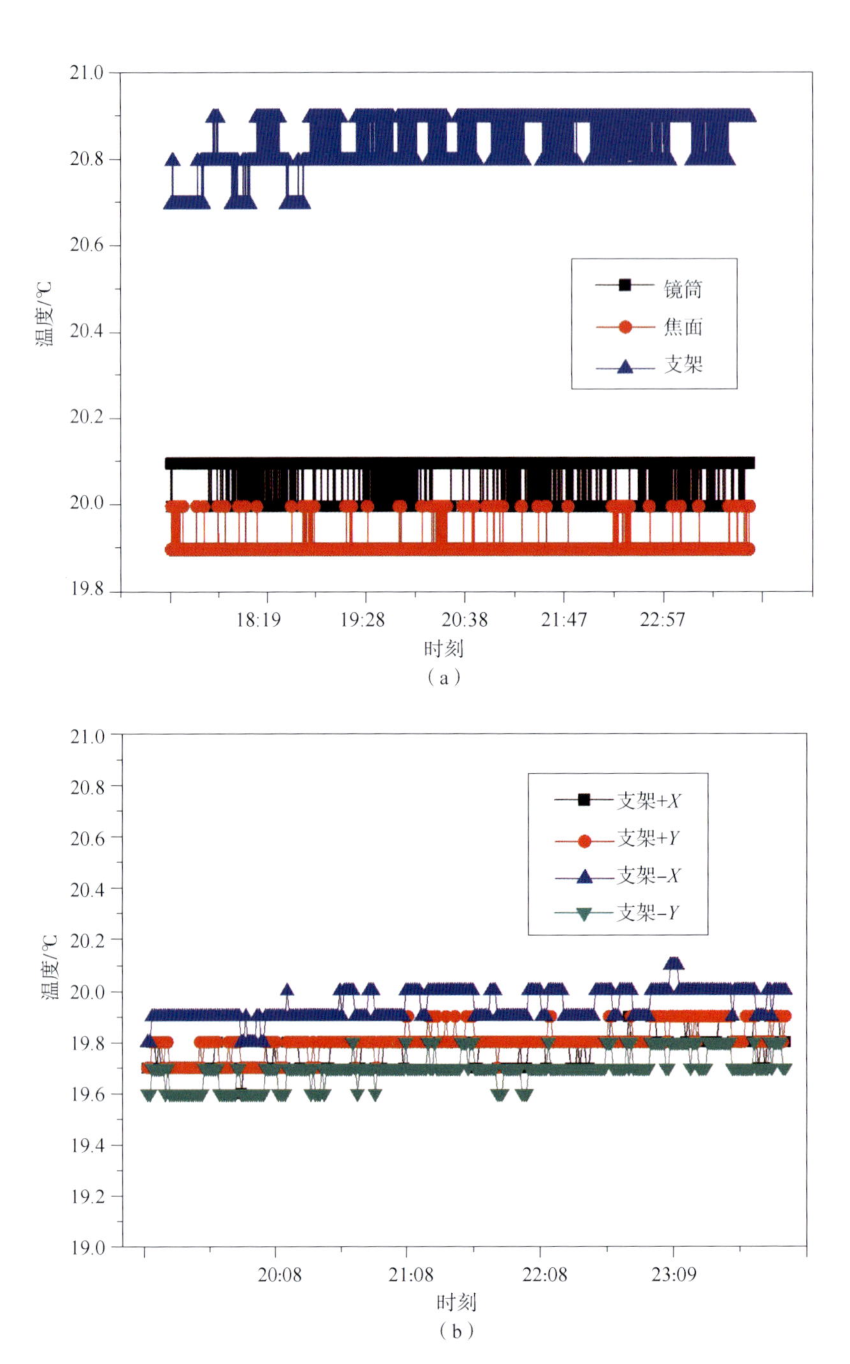

图 7-20　星相机热平衡试验温度曲线（工况二）

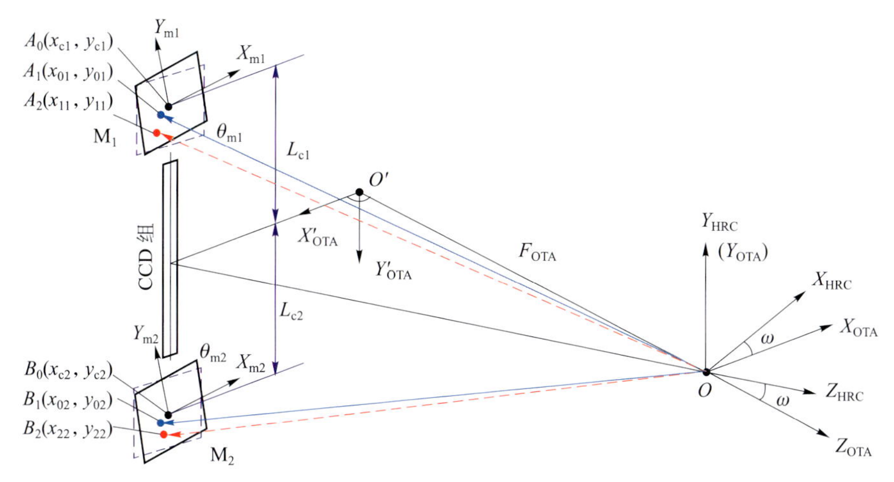

图 8-2　单台相机内外参数星上测量原理示意图

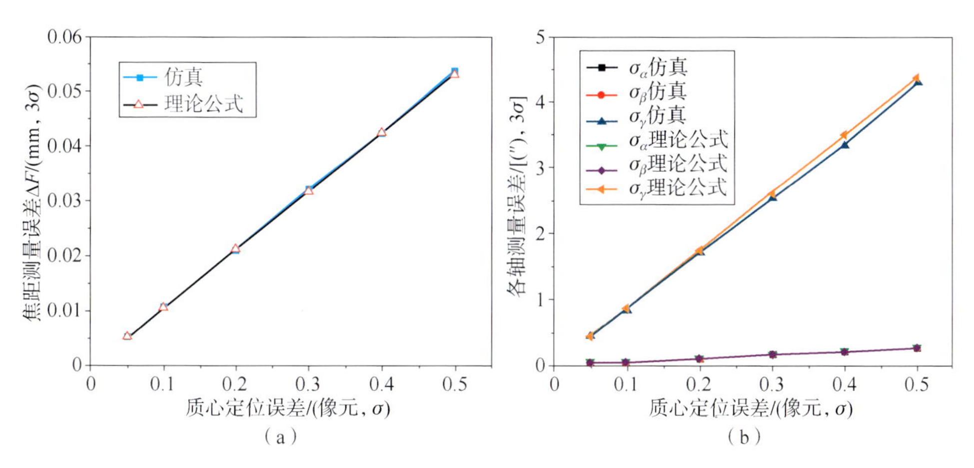

图 8-4　不同质心提取精度时各内外参数误差

(a) 焦距测量误差；(b) 各轴测量误差

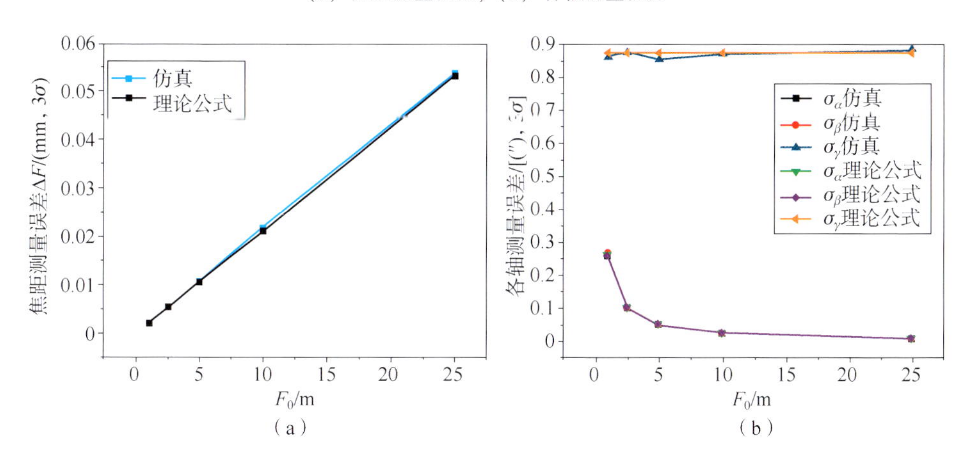

图 8-6　不同焦距时各测量参数误差

(a) ΔF；(b) $\sigma_\alpha, \sigma_\beta, \sigma_\gamma$

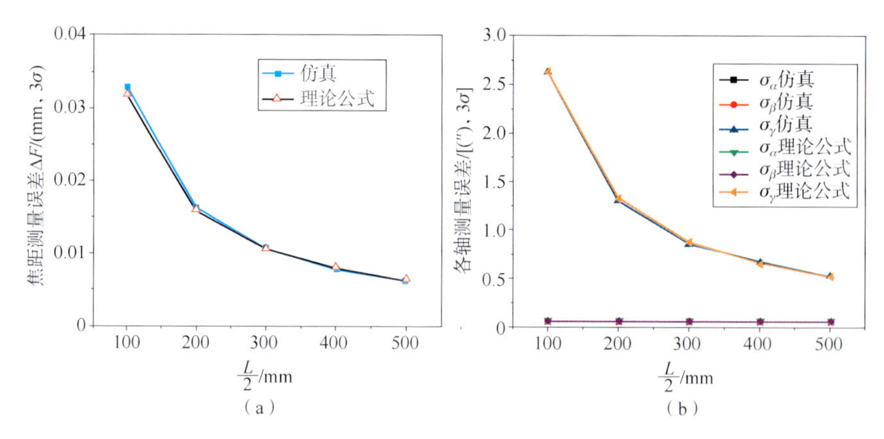

图 8-7　不同器件间距 L 情况下的各测量参数误差

（a）ΔF；（b）$\sigma_\alpha, \sigma_\beta, \sigma_\gamma$

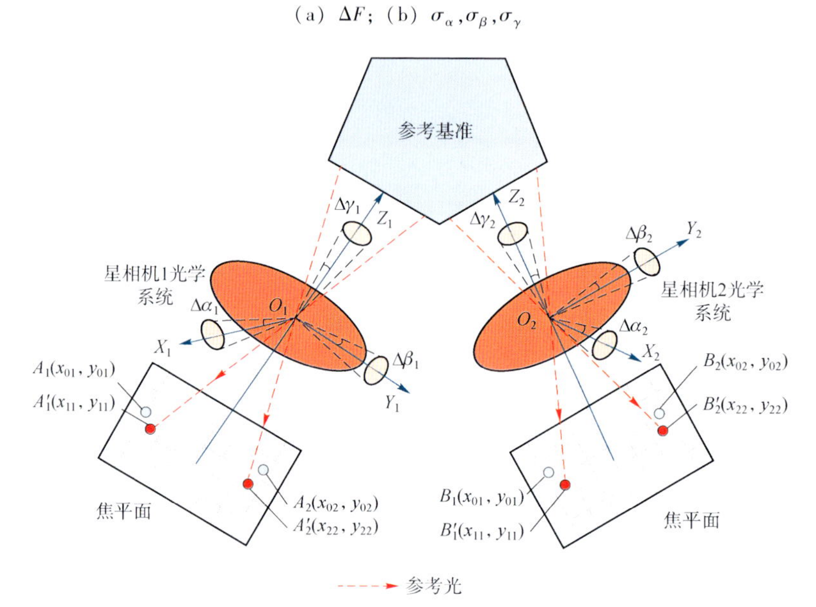

图 8-9　星相机光轴测量原理

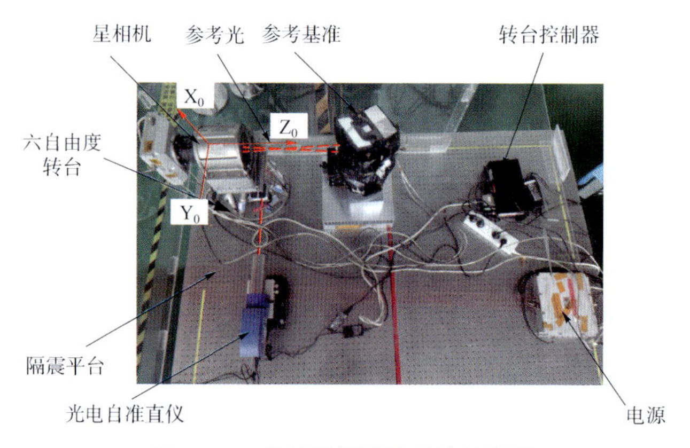

图 8-12　光轴测量试验系统示意图

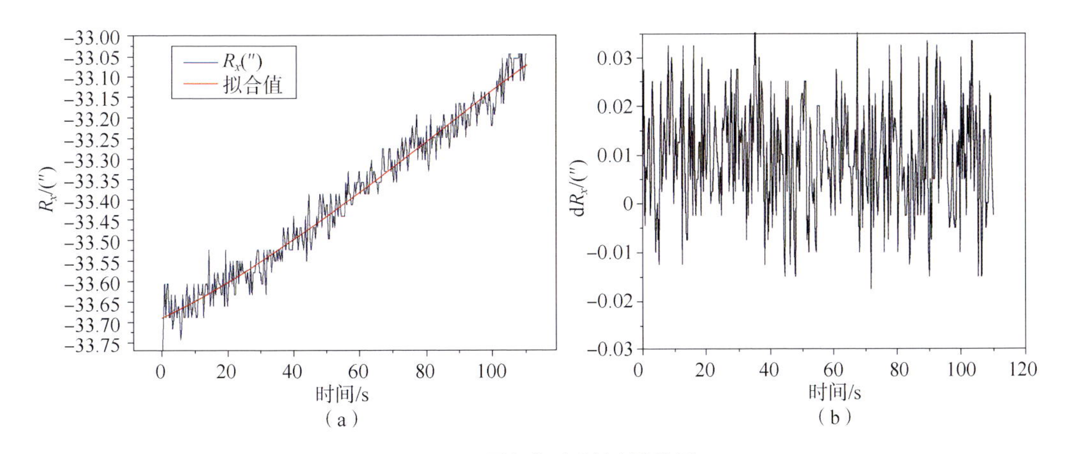

图 8-14 星相机光轴测量结果

(a) 100 s 内绕 X 轴变化；(b) 去除趋势项后残差

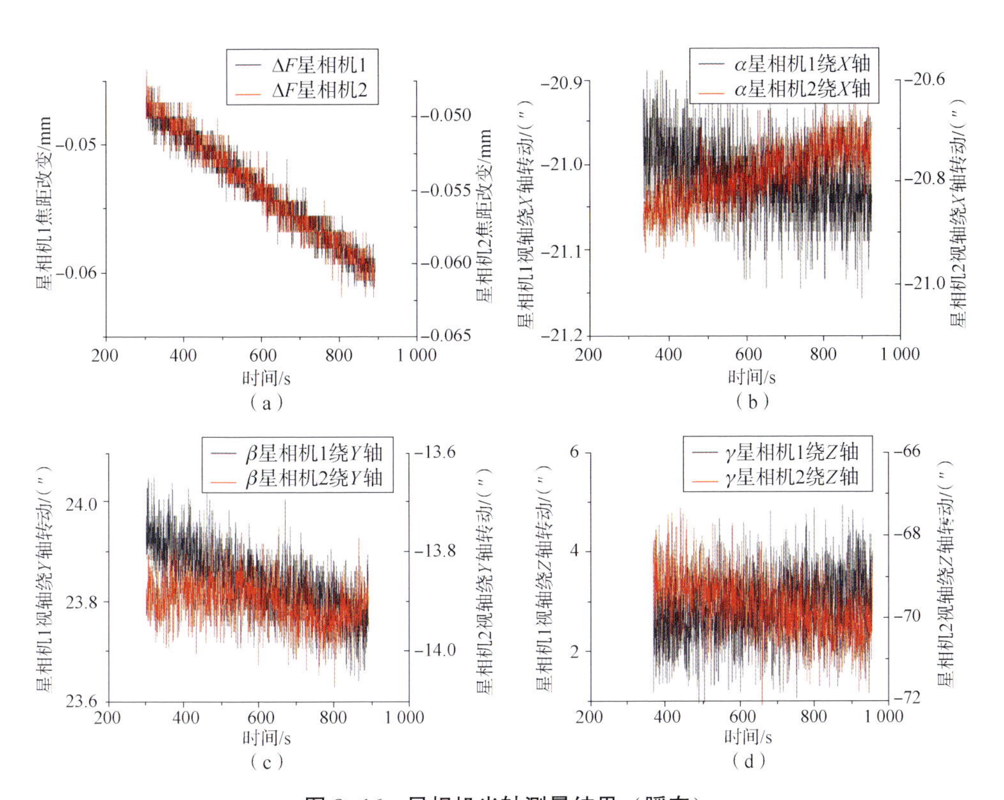

图 8-16 星相机光轴测量结果（瞬态）

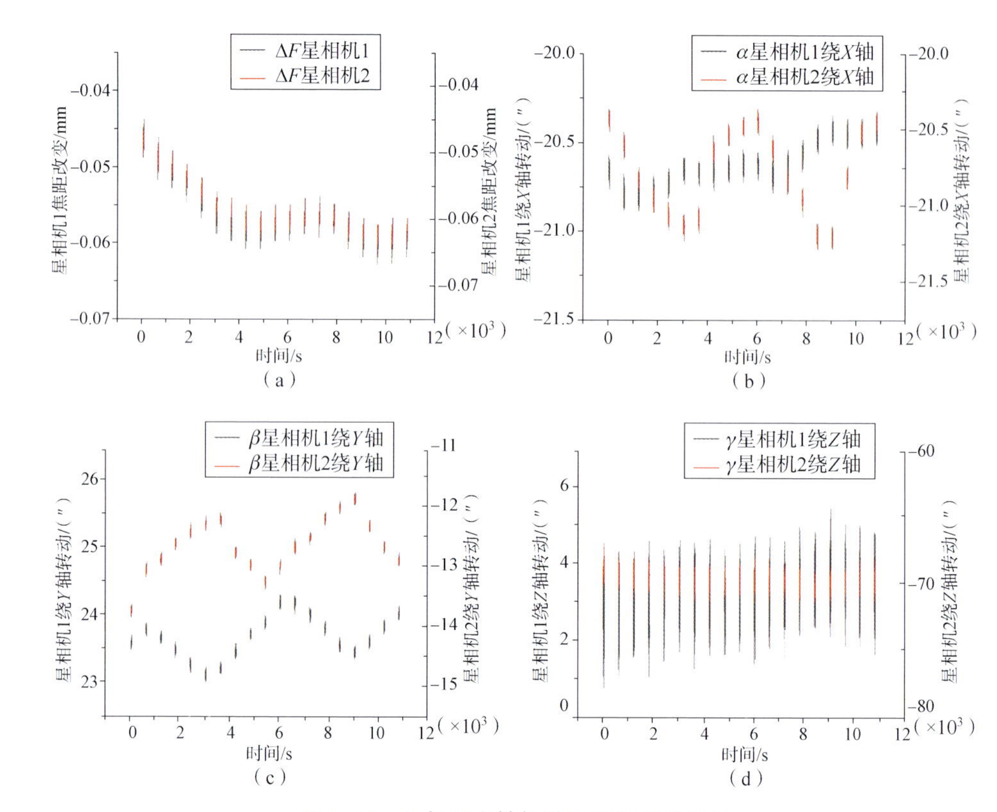

图 8-18　星相机光轴轨道周期性测试结果

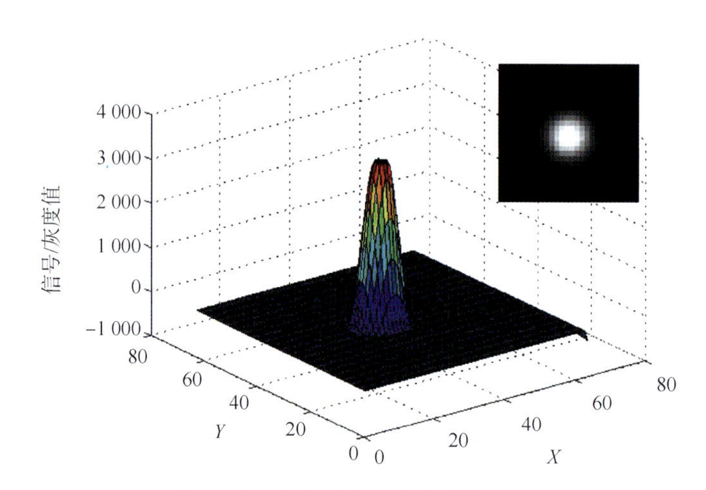

图 8-19　星相机光轴在轨测量光点

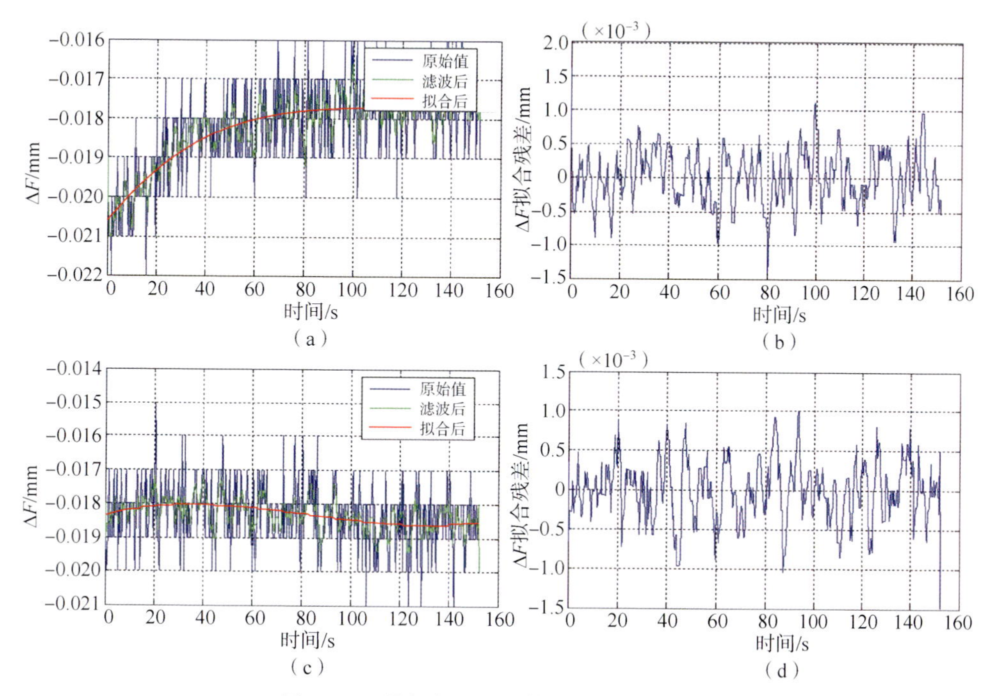

图 8-20　星相机 1/2 光轴测量结果（ΔF）

（a）星相机 1 焦距变化曲线；（b）星相机 1 焦距变化拟合残差曲线；

（c）星相机 2 焦距变化曲线；（d）星相机 3 焦距变化拟合残差曲线

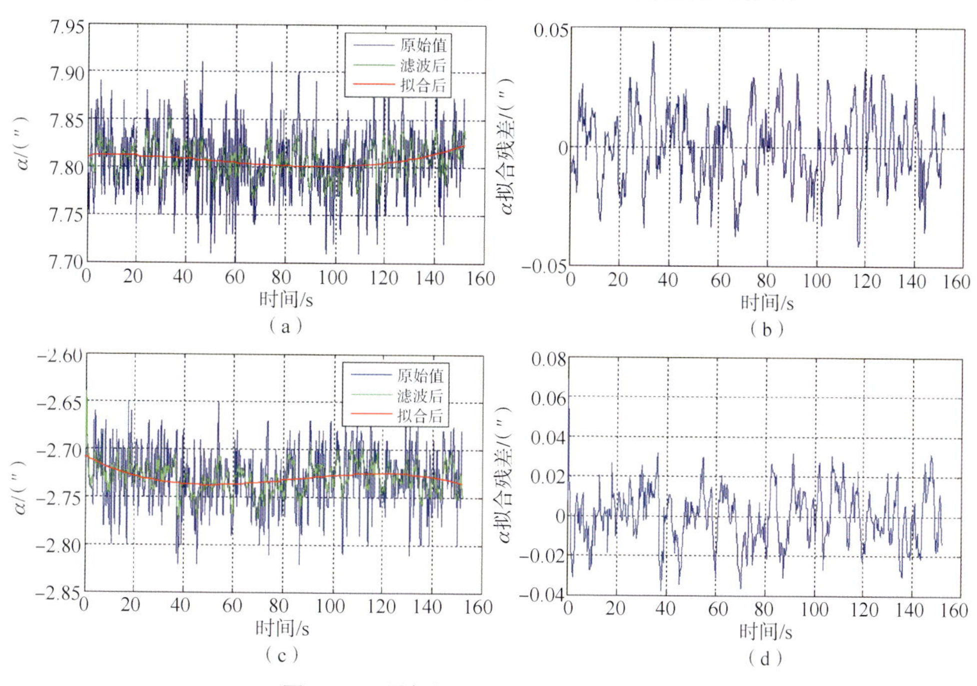

图 8-21　星相机 1/2 光轴测量结果（α）

（a）星相机 1 光轴绕 X 轴变化曲线；（b）星相机 1 光轴绕 X 轴变化拟合残差曲线；

（c）星相机 2 光轴绕 X 轴变化曲线；（d）星相机 2 光轴绕 X 轴变化拟合残差曲线

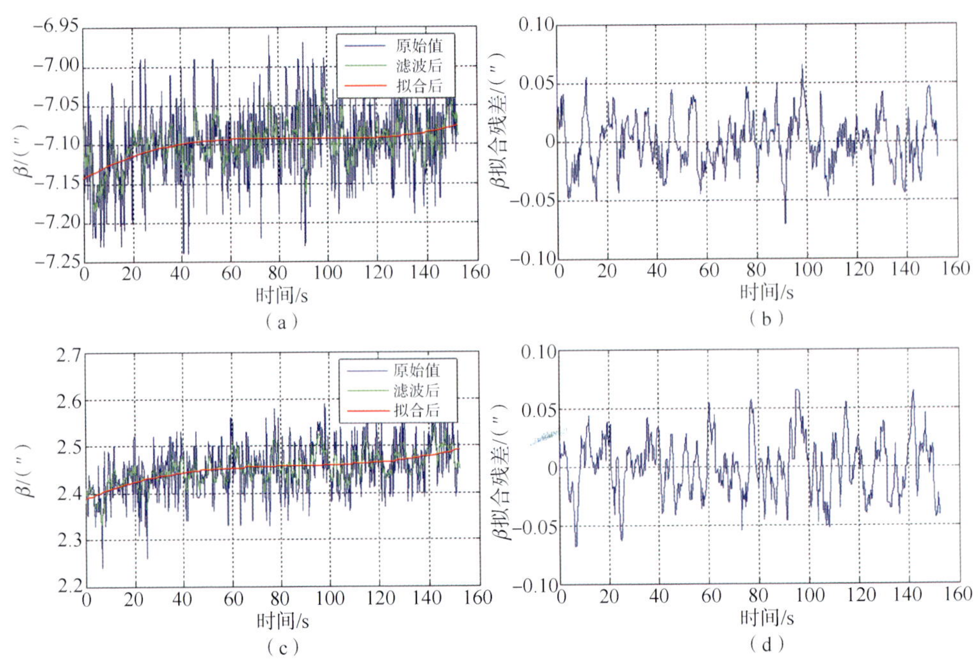

图 8-22　星相机 1/2 光轴测量结果（β）

（a）星相机 1 光轴绕 Y 轴变化曲线；（b）星相机 1 光轴绕 Y 轴变化拟合残差曲线；
（c）星相机 2 光轴绕 Y 轴变化曲线；（d）星相机 2 光轴绕 Y 轴变化拟合残差曲线

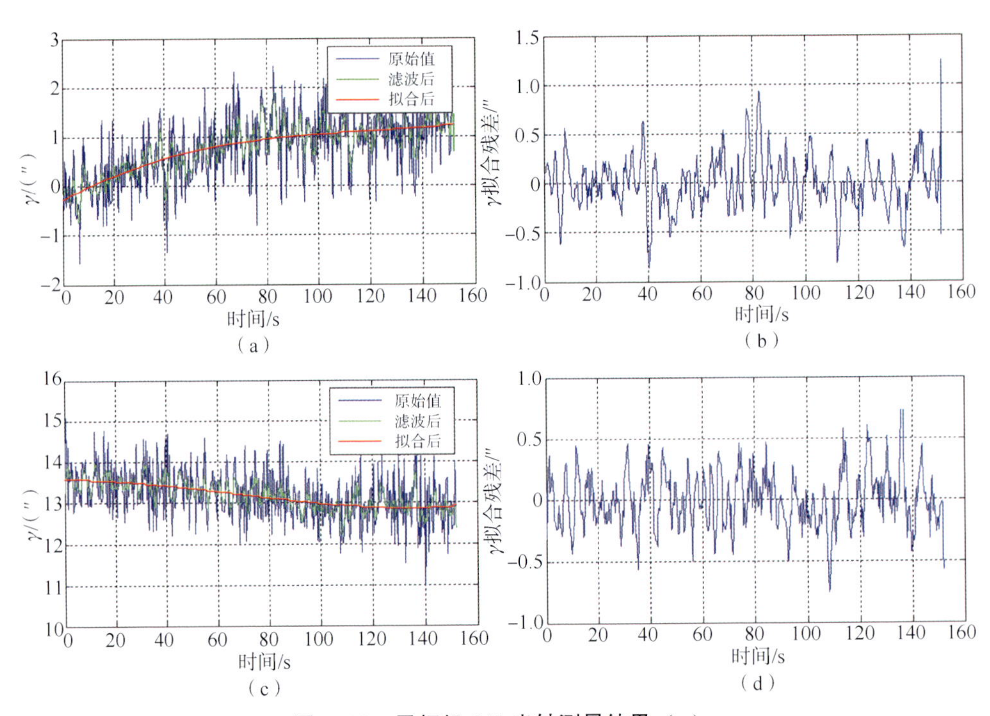

图 8-23　星相机 1/2 光轴测量结果（γ）

（a）星相机 1 光轴绕 Z 轴变化曲线；（b）星相机 1 光轴绕 Z 轴变化拟合残差曲线；
（c）星相机 2 光轴绕 Z 轴变化曲线；（d）星相机 2 光轴绕 Z 轴变化拟合残差曲线

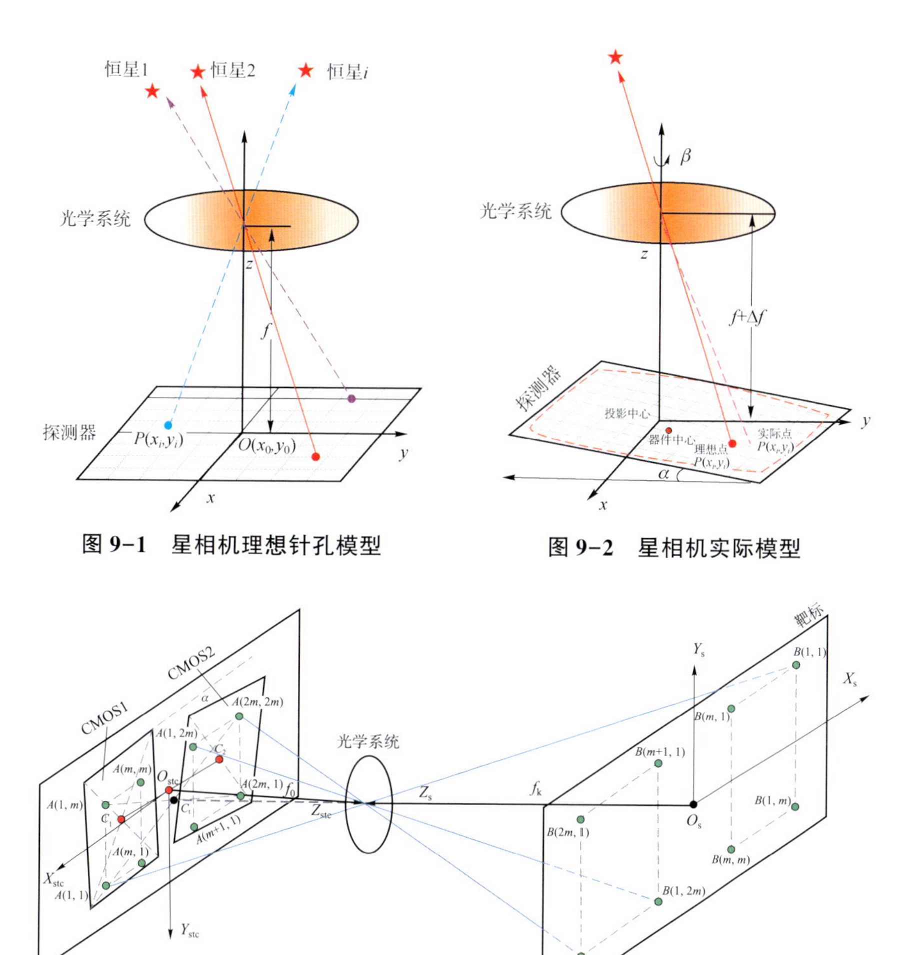

图 9-1　星相机理想针孔模型

图 9-2　星相机实际模型

图 9-8　双面阵星相机数学模型

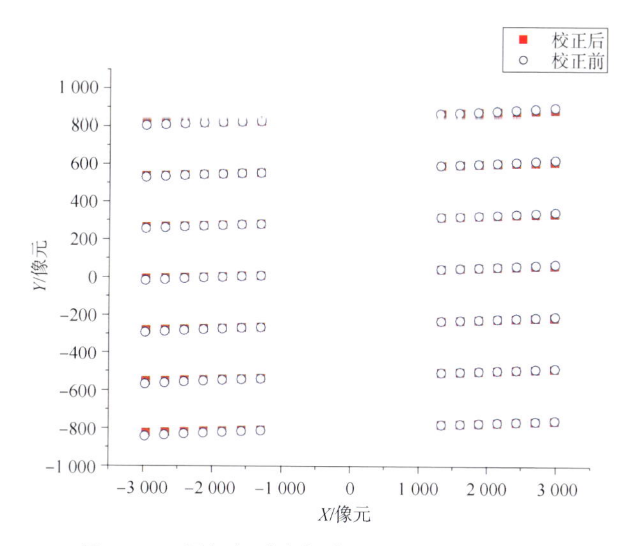

图 9-10　星相机畸变标定结果（放大 500 倍）

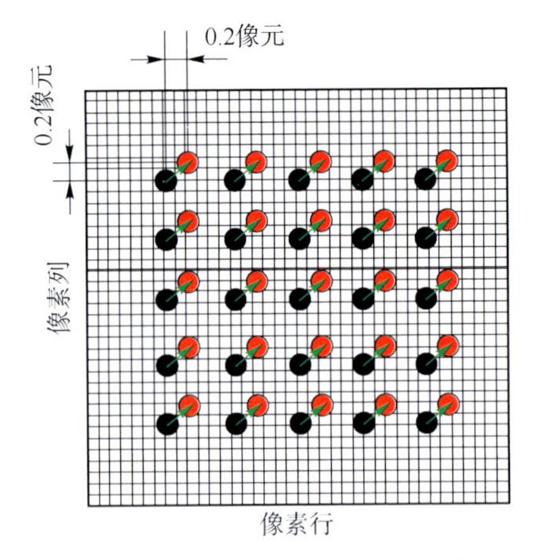

图 9-17　星点靶标微步距移动示意图

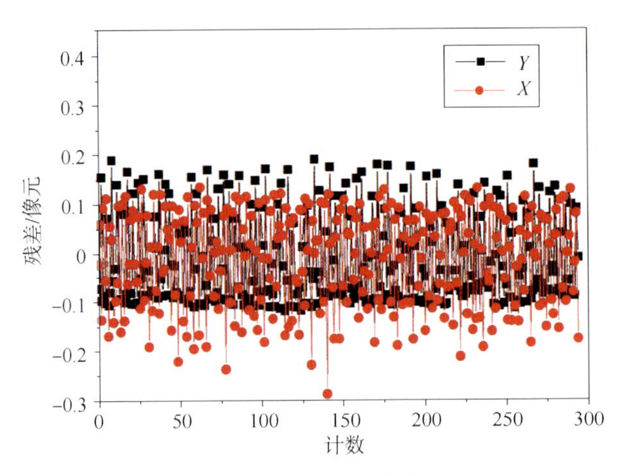

图 9-21　HSFE 残差

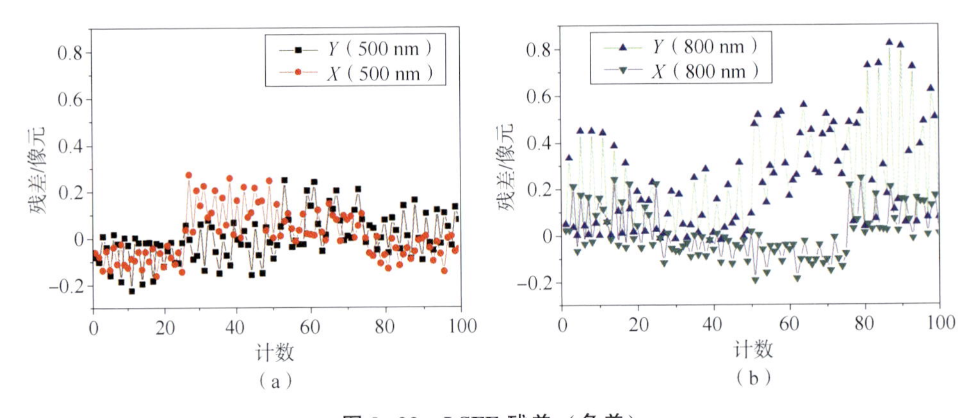

图 9-22　LSFE 残差（色差）

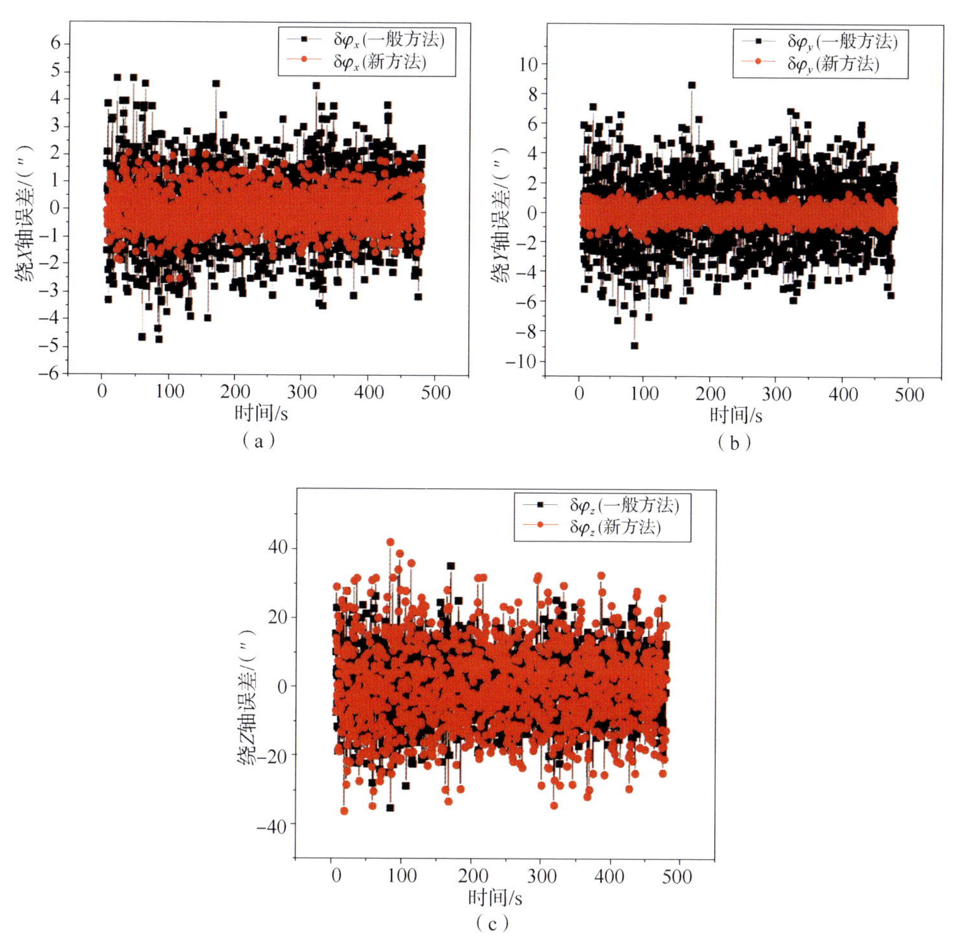

图 9-27　赤道仪角速度 0°/s 星相机三轴测量误差

(a) 绕 X 轴误差；(b) 绕 Y 轴误差；(c) 绕 Z 轴误差

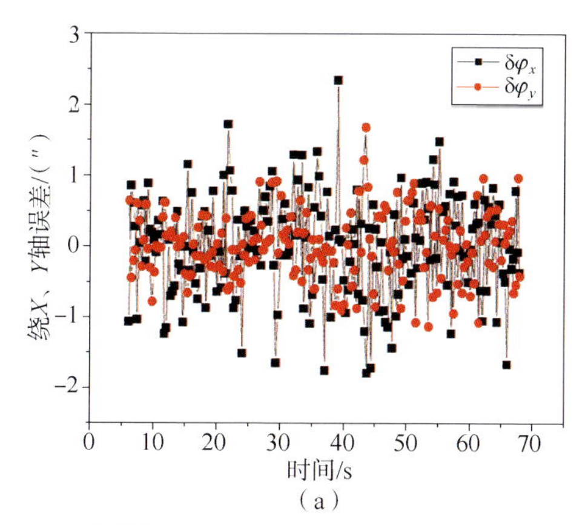

图 9-28　赤道仪角速度 0.065°/s 星相机三轴测量残差

(a) 绕 X、Y 轴误差

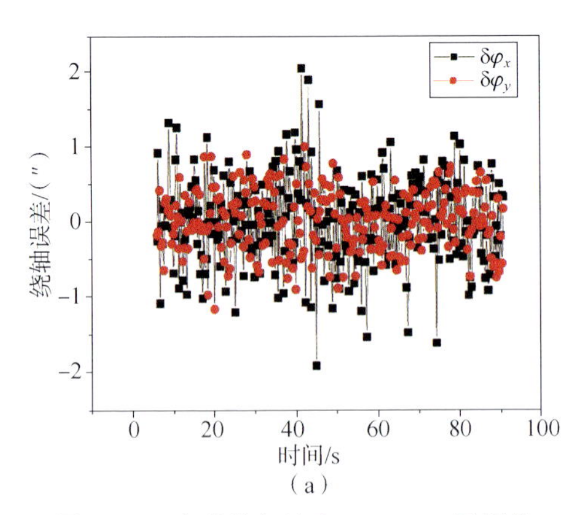

图 9-29　赤道仪角速度 0.085°/s 星相机三轴测量残差

(a) 绕 X、Y 轴误差

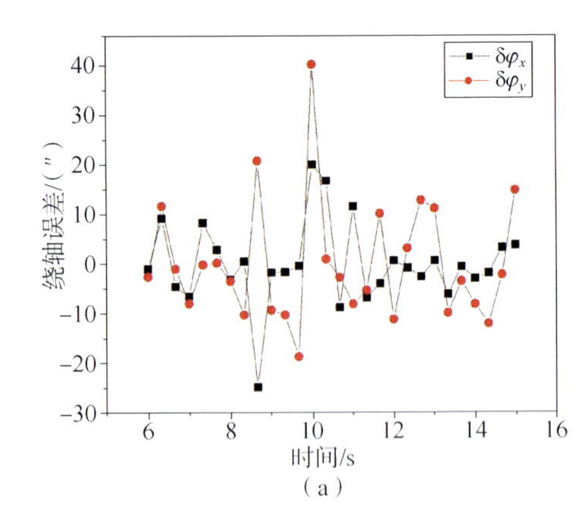

图 9-30　赤道仪角速度 0.2°/s 星相机三轴测量残差

(a) 绕 X、Y 轴误差

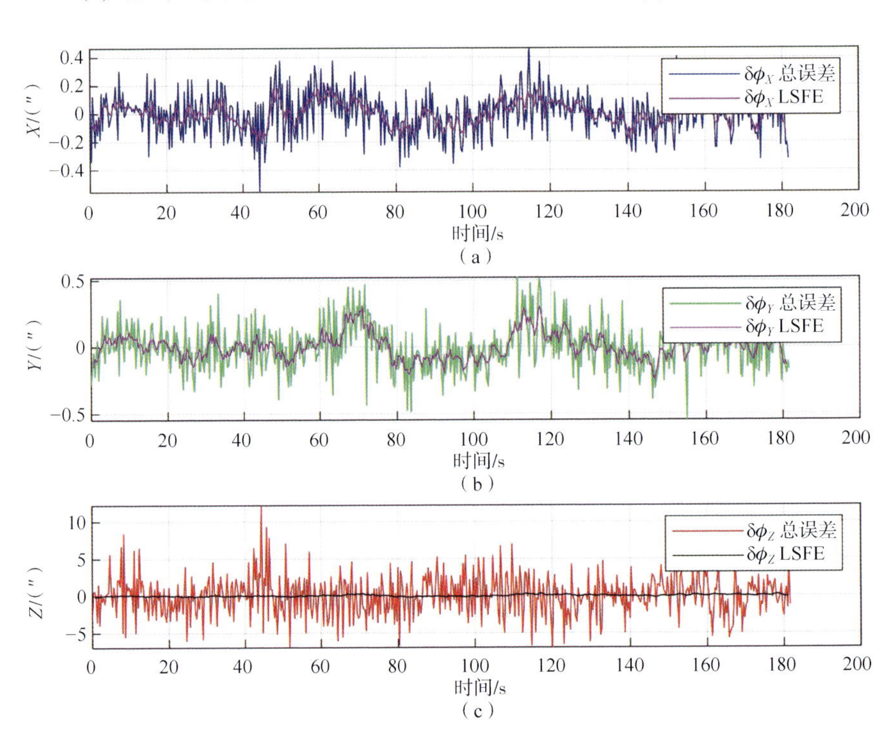

图 9-33　星相机总误差及 LSFE

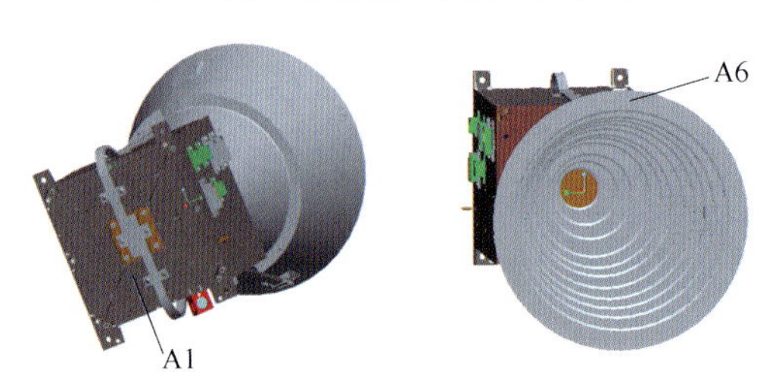

图 10-4　星相机部分测点位置示意图

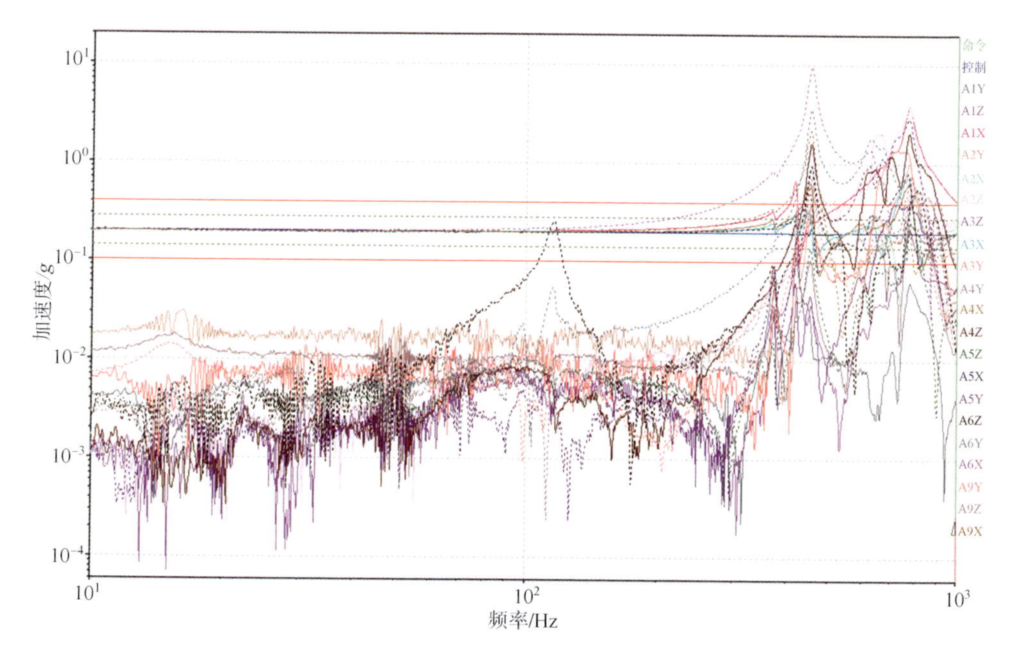

图 10-6　*X* 方向特征级响应曲线

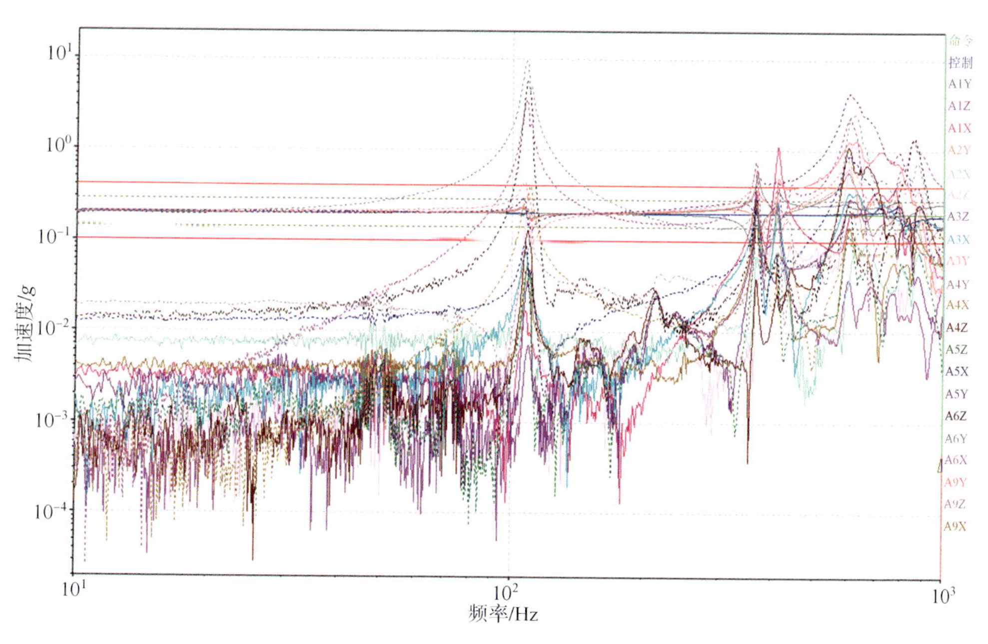

图 10-7　*Y* 方向特征级响应曲线

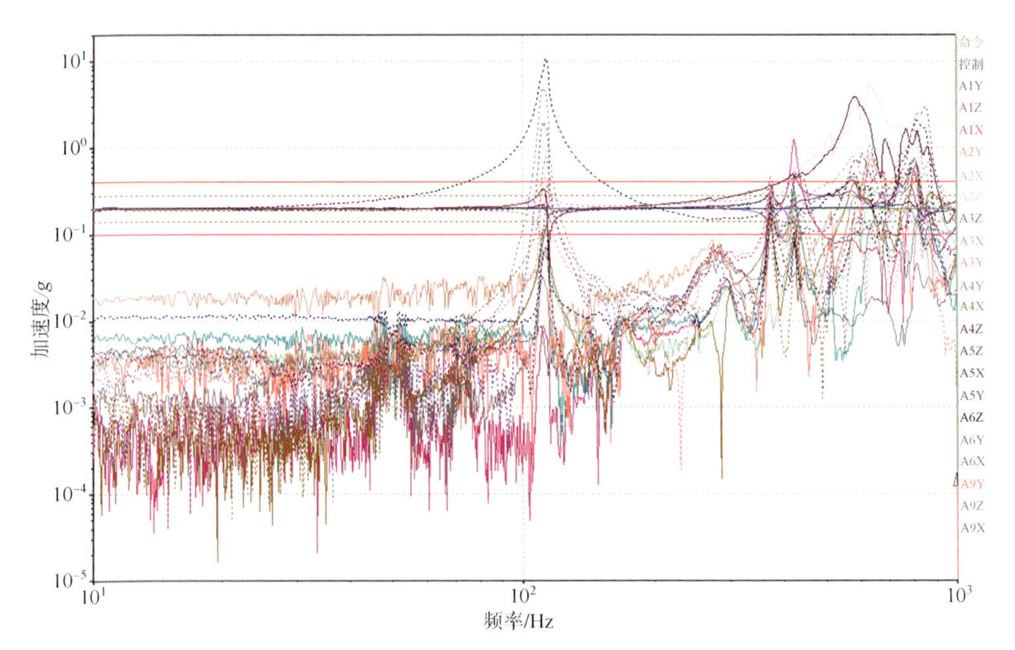

图 10-8　Z 方向特征级响应曲线

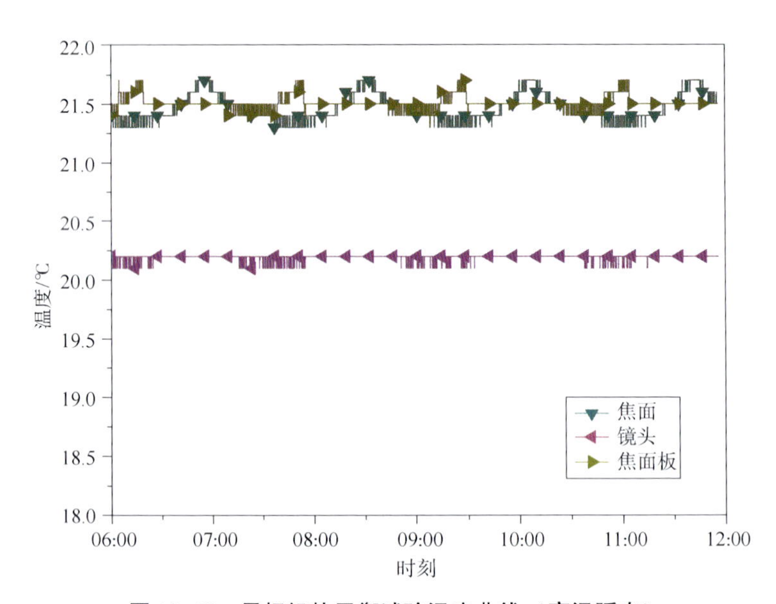

图 10-12　星相机热平衡试验温度曲线（高温瞬态）